地理信息系统理论与应用丛书

空间信息技术原理及其应用
（上册）

赵忠明　周天颖　严泰来 等　编著

科学出版社

北　京

内 容 简 介

本书是系统阐述地理广域空间信息技术原理以及应用的专业书籍。本书首先介绍了空间信息技术的内涵、科学意义,然后对数字表达地理信息的理论及方法、遥感图像成像原理、图像处理方法、全球定位技术原理以及地理信息系统技术等内容做了较系统深入的阐述,并对部分技术的底层开发做了介绍。

本书是海峡两岸三家单位合作编著,集众学者所长,以实际研究为基础,理论阐述系统、深入浅出,具有诸多创新,海峡两岸分别以中文简体和繁体两种版本出版,可作为地理信息工程、遥感以及相关专业硕士、博士的教材,也可供相关专业工程技术人员参考。

图书在版编目(CIP)数据

空间信息技术原理及其应用. 上册/赵忠明等编著. —北京:科学出版社,2013.1

(地理信息系统理论与应用丛书)

ISBN 978-7-03-036492-0

Ⅰ. ①空… Ⅱ. ①赵… Ⅲ. ①空间信息技术 Ⅳ. ①P208

中国版本图书馆 CIP 数据核字(2013)第 012644 号

责任编辑:朱海燕 韦 沁 吕晨旭 / 责任校对:郑金红
责任印制:徐晓晨 / 封面设计:王 浩

科 学 出 版 社 出版
北京东黄城根北街 16 号
邮政编码:100717
http://www.sciencep.com

北京虎彩文化传播有限公司 印刷
科学出版社发行 各地新华书店经销

*

2013 年 4 月第 一 版 开本:787×1092 1/16
2019 年 2 月第二次印刷 印张:23 1/4
字数:530 000

定价:88.00 元
(如有印装质量问题,我社负责调换)

本 书 作 者

赵忠明　周天颖　严泰来　杨龙士　洪本善

张晓东　张　超　杨建宇　王鹏新　黄健熙

汪承义　黄碧慧　孟　瑜　黄青青　陈静波

杨　健　穆青云　叶美伶

序 一

当今世界已经进入信息化时代。继农耕革命、工业革命之后，信息革命作为"第三次浪潮"，深刻地影响和改变着人类社会的生产和生活方式。在现代信息技术手段下，"可上九天揽月，可下五洋捉鳖"早已不再是遥不可及的梦想。尤其是空间信息技术的发展，为人类从地球以外观测地球、整体性与多层次深入观测地球带来了必要条件，不仅极大地克服了时间与空间的障碍，将浩瀚的宇宙与漫长的历史信息容纳在伸手可触的计算机之中；而且极大地缩小了国家与国家、人群与人群之间的距离，将偌大的地球变成了"狭小"的地球村，极大地便利了人类交往、社会发展和文明进步。在引发人类社会和经济结构质的变革与飞跃的同时，空间信息技术也为缓解人类社会所面临的能源匮乏、环境恶化、灾害频发以及人口增长等生存压力与严峻挑战，提供了技术上的可能与支撑。

近年来，中国大陆在空间信息技术发展及应用上取得了巨大的成就。从成功发射了载人宇宙飞船，在探测宇宙技术进程上迈出了关键的一步，到完成了1∶25万比例960万平方公里全境数字化地形图的制作工程，为国土信息化管理奠定坚实的基础。从发射全球定位"北斗"系列卫星、实现有自主产权的地球精确定位测量，到成功发射并运行"嫦娥"对月观测遥感卫星，开始月球探测计划的第一步；从研制并行式"银河"巨型计算机，在运行速度和数据存储量等多项指标上达到世界第一，到运用云计算技术，在网上数据处理与数据传输上走到世界前列，再到发射"天宫"一号空间试验站、实现与另一艘宇宙飞船的精准对接，成为世界上掌握这一技术的第三个国家。所有这些科学成就为中国乃至世界的现代科学技术发展做出了重大贡献。

在漫长的人类科技和文明发展史上，中华民族曾以造纸术、指南针、火药、活字印刷术等四大发明丰富了人类文明的宝库，推动了社会发展的进步，并据此成为文明古国的重要标志。未来世界的竞争，一定程度上将是以空间信息技术等为代表的高新科技和创新能力的竞争。在空间信息技术原理及应用上，海峡两岸互有优势，各具特色，为了更好地取长补短，相得益彰，海峡两岸的学者走到一起，精诚合作，经过数年的努力，完成了《空间信息技术原理及其应用》上册的写作任务。

这不仅为两岸高等学校相关专业提供了高层次的技术专著,具有重要的学术价值,而且通过共同编著,两岸学者加深了了解,沟通了感情,互通了有无。我们有理由相信,在两岸同胞共同努力下,中华民族的复兴将是计日程功的伟业,中华民族曾经为人类的发展做出过巨大贡献,也一定会继续为人类发展做出更大贡献!

　　是为序。

海峡两岸关系协会会长　陈云林

2012 年 9 月

序　二

当今世界乃是信息之世界，举凡国土规划、社会管理、企事业经营决策，以至于大众个人日常生活之料理、工具之采购无不需要信息。资料搜集、信息撷取以及信息分析需要以计算机技术为内核的信息技术。信息以及信息技术成为人们生产、生活须臾不可缺少的工具与智慧。在诸多信息以及信息技术中，尤以空间信息及空间信息技术与人们生活、生产乃至社会发展关系密切。因为任何的生活、生产都需要空间环境。

信息技术深刻地改变世界。从人们的移动电话到卫星电视；从电子图书到三维数值地图；从自动机械到智慧机器人，透过信息技术将浩瀚的世界容纳在不盈一尺甚至方寸大小的电脑之中，将海量的信息显示在计算机荧幕之上。在人们惊叹世界科学技术发展之迅速、精神与物质之富有的同时，深感人类正在受到自然环境多方的威胁，诸如地震、台风、旱涝甚至污染、病疫等等，缓解这些愈演愈烈的威胁期待信息技术、特别是空间信息技术的支援。

台湾近年来信息技术发展很快，在计算机硬件方面，台湾生产的晶片已占世界产量的80%，独占该产业世界之鳌头；基于云计算（cloud computing）的计算机网络技术在台湾深入普及到各个行业领域，大幅度提升了行业间的数据交流、信息分析乃至经营管理、科学决策之品质。2004年，台湾发射了"福卫二号"遥感卫星，分辨率2m，达到了当时的世界先进技术水平。2005年台湾土地管理部门完成了全台湾的地籍调查，将包括门牌号码在内的土地产权、产籍等诸多巨额土地资产信息数码化，土地管理信息化深入到家家户户。台湾现已成为世界计算机硬体以及软体的主要基地之一。计算机信息业极大地推动了台湾经济的全面发展，近几年来，台湾在经济徘徊之后进入加速期，年增长率达到4%以上。更由于云计算技术的发展，自2012年起，未来在交通领域投注大量经费用于交通云之建设。更令人兴奋的是，2013年台湾即将发射的"福卫五号"，以更先进的技术贡献未来的对地观测甚至月球观测。

两岸共同编著、出版的《空间信息技术原理及其应用》一书完成了一件好事，不仅为两岸高等教育、科技发展提供了一本高水准的教材和参考书籍，而且沟通了两岸科技同仁的感情。这里我要向本书的作者们表示诚挚的敬意和感激，祝贺本书在台北与北京以繁体字与简体字两种版本同时出版，感谢专书的作者们为推进两岸学术交流付出的努力和辛劳。我们期待更多的这样的著述出版发行，能有更多更深的交流和合作。仅略缀数语，以志贺忱。

财团法人海峡交流基金会董事长 江丙坤

2012 年 9 月

前　言

现代社会是一个高度信息化的社会，而在纷繁、众多的信息中，空间信息是其中主要的、起着支撑作用的信息之一，已经成为支撑与推动现代社会运行与发展的主要技术之一。当前，空间信息技术已经深入到现代社会的各个层面。从科学研究、工农业生产，到人们的日常生活、社会活动，如宇宙探测、地学研究、精密机械制造及精准农业生产，直到日常娱乐、体育活动等，都存在着空间信息技术的支持与应用。

空间信息技术并非现代社会独有的技术。事实上，自人类进入文明社会以来，就有空间信息技术的雏形，如古人观测天象、研究气象，就依靠了地球空间信息技术的支持。只是当时的空间信息技术没有计算机的支持，没有将这门技术研究归纳形成体系，构成完整的技术系统。随着人类社会的发展，空间信息技术逐渐形成包含众多科学技术的技术。生活在现代社会的人们，自觉或不自觉地都在使用空间信息技术，享受着这门技术提供的诸多信息，如气象信息、方位信息、三维动画影像等。

本书分为上下两册。上册为理论基础，主要论述遥感、全球定位系统及地理信息系统的技术原理，包括地物辐射原理、光谱辐射、大气效应、遥感卫星运行及扫描成像、色度学、遥感图像处理、无线电远程测距定位、地图投影、地表空间数字表达、空间分析、数字地图输出等，内容涵盖了现代空间信息技术及应用的基本原理，在理论上为该门技术的各种应用奠定较为深厚的基础。下册为技术应用，主要论述资源管理、土地资产管理、农业生产、防灾减灾、城乡建设、运输车辆管理、智能化生活科技等诸多方面的实际应用；下册在应用理念、技术方法上进行较深入的论述，对于应用涉及到的数理统计学、应用模型、计算机网络与云计算等知识，在下册开始作为应用基础进行介绍。本书旨在为空间信息技术专业的博士、硕士研究生提供综合性的基础教材，为相关专业的研究人员提供必要的基础知识与技术。

本书由海峡两岸三家单位——中国科学院遥感应用研究所、逢甲大学地理资讯系统研究中心、中国农业大学信息与电气工程学院共同编著完成。上述三家单位都是从事现代空间信息技术的专业研究和教学机构，都是海峡两岸在该门技术引进与创立之初就从事研究与应用的单位，基本上代表了海峡两岸研究与应用的较高技术水平。多年来，三家单位在技术研究与系统研制、与相关管理部门结合，着力于技术开发，进行了大量工作，获得了丰硕的研究成果，在研究生培养与教学上积累了丰富的经验。本书是多年研究成果与教学经验的总结，其中包含一些带有创新性的成果。比如，对于雷达遥感"叠掩"、"顶点位移"现象的数学解析；遥感三个分辨率相互制约的分析；遥感影像中的薄云及阴影处理；地理信息系统的"空间数据结构"、"定积分割"算法、云计算与 GIS 的结合等等理论与技术问题都有创新性的介绍。

本书在空间信息技术领域第一次以高层次教科书的形式实现海峡两岸的学术合作，为实现两岸的文化融合与传承做了一点实事。本书以简体汉字和繁体汉字两种版本在海峡两岸同时出版发行，这件事的意义远不止于学术本身的意义。文化是维系民族凝聚力的灵魂，而科学技术是文化的重要组成部分，本书作者同仁为能有这样一个机会以实际行动弥补海峡两岸文化裂痕、联络民族情感做一点实事而深感荣幸。

　　长期以来,空间信息技术的相关专业术语已产生较大差异,甚至技术思想存在差异。以两种版本出版本书,所需克服的困难不仅是简体字与繁体字间的相互转换的问题。本书力求以两岸读者所习惯的语言和深入浅出的表达方式阐述技术原理及其应用,书中部分字句会有所不同。

　　本书从构想到编写出版,参与的作者包括中国科学院遥感应用研究所、逢甲大学地理资讯系统研究中心、中国农业大学信息与电气工程学院等海峡两岸三家单位的教师、研究人员及研究生。在此同时感谢这三家单位中协助参与的人员:陈建胜、姬渊、郑义、贺东旭、武斌、孔赟珑、苏伟、杨扬、陈彦清、苏晓慧、陈建甫、简致远、吴政庭和林亚萱等。

　　由于空间信息技术的飞速发展,作者同仁们深感编写这本书在知识与技术方面的缺陷与不足,力不从心,许多本应属于该技术领域的知识与技术成果未能包含在内,叙述的能力与知识存在缺漏等诸多缺憾,恳请读者不吝赐教、批评指正。

编　者

2012 年 6 月

目 录

序一

序二

前言

第 1 章　绪论 ··· 1

1.1　空间信息技术的研究内容 ······································ 1

1.2　空间信息科学与技术的发展历程 ······························ 5

1.3　空间信息技术的理论与实际意义 ······························ 9

1.4　空间信息技术的发展展望 ······································ 13

1.5　小结 ·· 18

思考题 ·· 18

参考文献 ·· 19

第 2 章　遥感与地理信息系统的基本概念 ························ 20

2.1　数据、信息及空间信息 ·· 20

2.2　图像、图形及其数据表达 ······································ 21

2.3　立体角 ·· 27

2.4　投影 ·· 29

2.5　地图学基本知识 ·· 31

2.6　空间数据的不确定性、元数据及数据的标准化 ················ 41

2.7　小结 ·· 45

思考题 ·· 46

参考文献 ·· 46

第 3 章　遥感探测技术原理 ···································· 48

3.1　遥感探测技术工作模型 ·· 48

3.2　物体的辐射特性 ·· 51

3.3　大气效应 ·· 57

3.4　地物反射及其反射光谱特性 ···································· 61

3.5　遥感影像的四种分辨率及其相互关系 ·························· 65

3.6　定量遥感基本原理及遥感研究方法 ···························· 70

3.7　小结 ·· 74

思考题 ·· 74

参考文献 ·· 75

第4章　遥感传感器及其载荷平台 ··· 76
　4.1　航空摄影测量 ·· 76
　4.2　合成孔径雷达 ·· 84
　4.3　可见光-多光谱遥感与雷达遥感 ·· 95
　4.4　无人机遥感平台 ·· 104
　4.5　三维信息获取 ·· 110
　4.6　几种主要卫星遥感影像数据 ·· 121
　4.7　小结 ·· 127
　思考题 ·· 128
　参考文献 ··· 128

第5章　遥感数字影像处理基础 ··· 130
　5.1　色度学与影像彩色合成概述 ·· 130
　5.2　辐射校正 ·· 134
　5.3　影像几何校正 ·· 138
　5.4　影像增强 ·· 144
　5.5　像元级图像数据融合 ·· 150
　5.6　去云及去阴影技术 ·· 155
　5.7　统程化处理 ·· 165
　5.8　小结 ·· 165
　思考题 ·· 166
　参考文献 ··· 167

第6章　遥感数字影像识别与判译 ··· 169
　6.1　遥感地物影像特征及其特征空间 ·· 169
　6.2　影像分类原理与过程 ·· 179
　6.3　面向对象图像处理技术 ··· 192
　6.4　遥感数字影像识别与判译质量的衡量 ·· 198
　6.5　小结 ·· 202
　思考题 ·· 203
　参考文献 ··· 204

第7章　全球定位系统 ··· 205
　7.1　全球定位的基本概念与原理 ··· 205
　7.2　测距原理 ·· 211
　7.3　定位坐标解算 ·· 215
　7.4　坐标系统转换 ·· 217
　7.5　卫星轨道坐标系 ··· 221

7.6　差分式全球定位基本原理 ･･ 224

7.7　全球定位系统的使用方法 ･･ 226

7.8　小结 ･･ 233

思考题 ･･･ 234

参考文献 ･･･ 235

第 8 章　空间信息的数字化表达 ･･･ 237

8.1　空间信息表达概述 ･･･ 237

8.2　空间信息矢量格式表达 ･･･ 239

8.3　空间信息网格格式表达 ･･･ 251

8.4　空间信息三角网格式表达 ･･ 263

8.5　空间信息时序化表达 ･･･ 266

8.6　小结 ･･ 274

思考题 ･･･ 275

参考文献 ･･･ 276

第 9 章　地理信息系统主要功能及其实现（Ⅰ） ･･････････････････････････････ 277

9.1　图件数据的输入与处理 ･･･ 277

9.2　图形几何校正与坐标变换 ･･ 284

9.3　图形搜索与捕捉 ･･･ 288

9.4　图形编辑与基本空间信息获取 ･･ 292

9.5　离散样本点数据处理技术 ･･ 298

9.6　小结 ･･ 307

思考题 ･･･ 308

参考文献 ･･･ 309

第 10 章　地理信息系统功能及其实现（Ⅱ） ･････････････････････････････････ 311

10.1　缓冲区分析 ･･ 311

10.2　地形分析 ･･ 314

10.3　TIN 模型及空间信息全三维表达 ･･････････････････････････････････････ 319

10.4　路网分析 ･･ 324

10.5　叠加分析 ･･ 330

10.6　系统输出 ･･ 335

10.7　云计算与地理信息系统 ･･ 343

10.8　小结 ･･･ 352

思考题 ･･･ 354

参考文献 ･･･ 355

第1章 绪 论

1.1 空间信息技术的研究内容

空间信息技术(spatial information technology)是当代发展最快、影响国民经济发展与人们日常生活最为深刻、应用最为广泛的学科领域之一。广义上讲,凡是涉及空间信息数据,包括宇宙空间宏观、地球表面中观以人体或其他物体细部微观位置的信息数据,对其自动获取、存储、分析及信息提取的技术都称为空间信息技术。狭义上讲,地理空间信息数据的自动获取、存储、分析及信息提取的技术都称为空间信息技术。本书采用后者作为空间信息技术的定义,将研究内容主要限定在地理空间信息的范畴之内。

空间信息技术大致可以分为信息数据的采集、整合、分析及表达四个主要技术内容。遥感技术(remote sensing,RS)主要承担广域空间信息数据的采集与分析的任务;全球定位系统(global positioning system,GPS)主要承担地表物体精准空间位置数据的采集任务;地理信息系统(geographic information systems,GIS)主要承担信息数据的整合、存储、分析及输出表达的任务。由于这三项技术在技术上相互补充、结合紧密,在实际中常常整合使用,又因三项技术的英文名称中都带有"S"字样,因而将三项技术的集成整合称为"3S"技术。"3S"技术是学科发展以及应用深入的必然结果,这三项技术支撑起空间信息技术的主要内容。

1.1.1 遥感技术

遥感是人们用来对地(包括其他星体的星地)观测,并获取地球及宇宙其他星体表面时空信息的科学技术。它借助于太阳及地表辐射的电磁波或人工发射的电磁波经地表物体及大气多种形式的反射(散射)、折射及吸收作用,最终被传感器截获而获得地表面状信息。它是人们快速、大面积、非接触式地获取地表信息的技术手段,最终的产品是遥感影像(图 1-1),反映地表(包括大气)的面状信息。随着遥感应用的深入,遥感内涵不断扩大,一些用电磁波以非图像方式获取地面点状的信息或点状信息集合的技术,如地磁场测量、重力测量、高程测量、大气电离层多参数测量等遥测,测试结果的数据集以分布图的方式表达,这类技术也被纳入到遥感技术范围内,统称为"遥感技术"。

从学科内涵分析,遥感涵盖了辐射物理学、计量光谱学、天体运动学、测量学、数理统计、计算机图形学以及图像处理等学科的相关领域。它的外延可以延伸到农学、气象学、地质学、地理学、计量化学、天体物理学、信息学、电磁场论、电子技术等基础科学与应用科学的相关领域。尽管遥感是一门应用型的科学技术,但是它的理论性很强,是航空、航天技术、电子技术、计算机技术发展的结果,遥感受制于这些学科的发展,同时又对这些学科的发展起到重要的推动作用。

图 1-1　遥感影像图

ETM+ 全色波段,空间分辨率 15m

遥感在学科内容上,大致可划分为遥感物理基础、遥感技术基础、遥感影像处理、遥感应用四大组成部分。遥感物理包括辐射理论、物理光学、几何光学、天体运动学、微波电磁场理论(雷达理论)等相关内容。遥感技术基础包括遥感平台及传感器技术。遥感物理基础及遥感技术基础为遥感影像的生成过程分析、遥感影像的几何误差与辐射误差的产生机理分析、遥感影像的目视解译与计算机解译奠定了理论与技术的基础。遥感影像处理包括光学图像处理与数字图像处理,包含色度学、图像几何和辐射校正、图像增强、数字滤波、数字图像融合、纹理分析、图像分类与识别等内容,这一部分为遥感与地理信息系统的衔接奠定了基础,同时也为这门技术的应用创造了条件。遥感技术也有独立的应用,其范围主要包括农业、林业、地质、气象、水利、国土资源管理、环境、海洋及军事等领域,这些领域各有不同的应用需求,因而在技术上各有其特点,涉及的理论也各有不同。

1.1.2　全球定位系统

全球定位系统是以无线电测距以及高精度授时为基础,在计算机支持下,在地球上的任何一个地点、任何一个时间自动获取点位三维坐标数据的一种技术手段。这项技术将当代的原子时钟技术、微电子技术、数字通信技术以及计算机技术集成在一起,充分利用卫星自控技术的成就,构建了可以覆盖全球的大地测量系统。它依靠与地球外层空间均匀分布的 24 颗卫星中的 4 颗或 4 颗以上的卫星联络,自动分辨测试仪器与各卫星的实时距离,通过实时计算,得到待测点的位置坐标数据。通过近 20 年的发展,其测试精度已达到米数量级,使用差分全球定位系统(DGPS),定位精度可达到亚厘米数量级,测量速度可达到 0.1s,而仪器设备却可小型轻便化达到 500g 以内,甚至可以像手表一样带在手腕上(图 1-2)。

图 1-2 轻便实用化的全球定位系统
数据来源:http://www.garmin.com.tw

全球定位系统以测试准确、使用便捷、无需传统测量的通视条件和与计算机设有接口等技术优势,对传统的大地测量技术产生了巨大的冲击,其测试的数据不仅可以用来对遥感影像数据进行准确定位与校正,而且可以直接用来对各种地物,包括汽车、飞机等移动物体,进行实时精准定位,向地理信息系统提供准确数据。由于这项技术的加入,地图制作变得精准而简单,空间信息技术得以强有力地补充与完善,自动化、精准化、集成化的程度得以大幅度地提升。

1.1.3 地理信息系统

地理信息系统是整合遥感、全球定位系统及其他多种测绘技术于一体的计算机系统。它不是简单地将这些技术手段相加,而是以一种全新的组织形式将复杂的、海量的数据有序、有机地组织在一起,将时空地理信息定量、全方位、可视化地展示在人们面前,向人们提供时间与空间分析的功能,支持人们发现未知的知识与信息,对各种与地理相关的时空现象与事件做出科学合理的反应与分析。

地理信息系统是利用解析几何与数字拓扑学原理,按照计算机可以接受的方式,利用计算机大数据量存储管理和高速处理计算数据的功能,实现地理空间定量化分析的系统。地图学、计算机图形学、数据库(数据仓库)技术、网络通信技术是地理信息系统的技术基础,地理现象的可视化、定量化以及与用户友好的界面是该系统的技术特点。该项技术向人们提供地表各种地物,包括自然地物如森林、草场、河流,以及人工建筑物的位置、面积、状态等自然属性和价值、权属等社会属性,从而将空间信息技术推向更深入、更广泛的实际应用层面。图 1-3 显示的是利用地理信息系统制作的数字化土地利用图,用户在系统支持下,点击鼠标,即可以读取图上每一地块的面积、土地利用的种类及权属状况等。

图 1-3　利用地理信息系统制作的土地利用图

数据来源：http://lui.nlsc.gov.tw/LUWeb/AboutLU/AboutLU.aspx

1.1.4　"3S"的技术集成

　　技术集成并不是几种技术的简单组合,而是将相关技术加以融合、相互配合、优势互补,充分将各个技术发挥到极致,以获取更好的应用效果。

　　遥感、全球定位系统和地理信息系统三项技术是自然地集成到一起的,它们的集成是功能互补、技术融合的有机集成;遥感技术以影像形式提供数据源;全球定位系统以离散点位的形式提供辅助信息源,并用来对遥感影像进行几何定位与校正;而地理信息系统则容纳前两项技术的数据成果外加其他数据,包括大量地物属性数据,加以统一管理,并进行空间的综合分析。三项技术的集成不仅将信息数据的采集、分析到输出全程系列化,而且可以在更深的层次上发现未知的信息。例如,使用经过全球定位系统校正过的遥感影像与地理信息系统制作的土壤类型分布线划地图进行叠加分析,不仅可以获知在不同类型的土壤上植被的分布特征,还可分析地形与地质环境对于土壤生成的影响。又如,中分辨率的遥感影像与地理信息系统制作的行政区划地图叠加,可以获得每一行政区内各种土地利用的类型、分布及面积,便于土地的科学管理。

1.2 空间信息科学与技术的发展历程

1.2.1 历史上的空间信息技术

空间信息技术并非是今天才有的技术。人类向文明社会过渡的初始,先人就十分关注地理现象的时空演化,分布在世界各地的数十万年前的岩画,就存在地图与星象图的雏形。中国人在历史上曾经创造过灿烂的文明,在空间信息技术的发明与应用方面也曾走在世界的前列。春秋时期,在齐国实施的"井田制"是土地管理、土地规划的开始,而管理与规划的"井田"就是一种空间的信息。《史记》中记载的"图穷匕首见"的故事证明,我们的祖先在春秋战国时期就意识到地图的重要性,懂得制作地图,将地图用于战争与国土管理。秦人"车同轨、书同文"的实践表明,古人已经懂得运用空间信息指导道路工程的标准化建设。公元1世纪,东汉张衡发明了浑天地动仪,在圆球上的八个方位各布设一条龙,各条龙的龙口分别含一个圆球,龙口下各有一只蟾蜍。如果哪个方向的地区发生地震,则对应方位的龙便吐出圆球,落入蟾蜍口中,自动向人们作地震报警。这台地震仪的发明表明,古人已将空间信息测量用于地震救灾的实践中。1967年,在湖南长沙发现的马王堆汉墓中,发现了两千多年以前的汉代古人基于较精确的透视原理制作的地图,为我国古代地图科学的应用提供了有力的物证。汉代以后,地图用于指挥战争、建立地理档案已十分普遍,宋朝兴起的各地地方志中,就有大量的、多比例尺的系列地图。明代重视户籍与地籍的管理,目前尚有保存的明代土地管理的"鱼鳞册"就蕴含了地籍图的雏形。1708年,清代大地测绘工作者历经十年时间,绘制了《皇舆全览图》,这是我国第一部采用三角测量法和伪圆柱投影实测的地图,共有41幅区域地图。这部地图集代表了当时世界空间信息技术的最高水平。古人重视空间信息,懂得运用初步的空间信息科学原理表达地理信息,但是由于受到当时技术条件的限制,没有能将零星的初步空间信息技术上升到科学的高度,未能形成一个技术体系。

1.2.2 计算机技术的发展

1946年,美国人发明了计算机,开启了现代信息技术与信息时代的大门。作为信息的重要组成部分——空间信息,在计算机发明的最初几年就开始占据信息与信息技术的重要地位,当时就有人尝试将地籍图输入计算机,形成地籍数据库用于房地产管理,开始了现代空间信息技术的实际应用。计算机自发明问世以来,经历了数次重大的技术变革:电子管、半导体、集成电路、大规模集成电路、计算机网络等;计算机软件也由程序级、小型软件级、系统级发展到软件平台、组件结构化应用系统,呈现了计算机硬件与软件交替发展、异彩纷呈、交相辉映的局面,计算机技术成为20世纪发展最快、应用最为广泛的学科之一。在计算机技术的有力支撑下,空间信息技术在广阔的应用层面多方位、多渠道地迅速发展。

1.2.3　遥感技术的发展

遥感技术是空间信息技术中一项重要技术。它可以追溯到20世纪初期,1903年,美国人发明飞机后不久,人们以飞机作为巡天的工具,利用飞机能在空中做高速运动的特点,便捷地观察地面,并用摄影器材将观察到的景物记录下来,用来进行大地测量与绘制地图,这就是航空摄影测量的开始。从第二次世界大战后直到现在,航空摄影测量已成为地图制作的主要技术手段。1957年,原苏联第一颗人造地球卫星发射成功,标志着卫星遥感的开始。为遥感提供载荷平台是卫星发射的主要目的之一。1972年7月,美国发射了第一颗地球资源技术卫星,简称ERTS,两年后改称MSS,其以陆地卫星(Landsat)装载的MSS传感器而得名。此后,相继发射了Landsat系列7颗遥感卫星,传感器增加了TM,其空间分辨率由MSS的80m提高到TM的30m,而后其全色波段空间分辨率达到15m(ETM+),其辐射分辨率(即对电磁波的能量的敏感程度)也有所提高。法国于1986年发射了SPOT遥感卫星,其全色波段空间分辨率达到10m,2000年又发射了SPOT-5,全色波段空间分辨率达到2.5m,传感器的多种性能也有较大的提高。

以上都是基于可见光与红外波段的被动遥感,而主动遥感,即雷达遥感,正沿着另一个发展历程也在同时迅速发展。雷达技术最早出现在20世纪初、第一次世界大战中期,用于地面对空中飞机的侦查。这种雷达与目前的雷达遥感的本质区别在于雷达只是从地面进行空中的监测,不能成像。第二次世界大战以后,人们将雷达设备由地面"搬到"空中,增加了成像的功能,这就是雷达遥感。20世纪50年代已经出现了能够成像的机载侧视雷达(SLAR),60年代高空间分辨率的机载合成孔径雷达(SAR)成功发明,并用于高空军事侦察。1978年,美国发射了"先驱者金星一号"和"海洋卫星一号",空间分辨率达到25m。1981年,美国装载在航天飞机上的雷达遥感传感器SIR-A获取了反映埃及西北部沙漠地区地下古河道的遥感影像,这一科学成就轰动了世界。此后多个国家的多种雷达遥感卫星不断升空,获得了源源不断的多种空间分辨率的雷达遥感数据。雷达遥感以其全天候、全天时,以及能够穿透土壤(干燥土壤)等多种技术优势成为遥感技术中不可替代的一种对地观测技术。

到了20世纪90年代,主动遥感与被动遥感并行发展,甚至在一颗卫星上搭载两种遥感传感器同时工作。现在地球外层空间,大约有1500颗遥感卫星在工作。卫星的空间分辨率最高可达0.3m(美国军用雷达遥感卫星),商业化的QuickBird可见光-多光谱遥感卫星的空间分辨率可达0.6m。

中国海峡两岸的遥感科学技术起步较晚,但是发展很快。1964年,大陆的土壤工作者利用航空影像进行了土壤制图试验。1974年,中国科学院地理研究所在云南腾冲进行航空测图试验,开始了遥感技术的系统研究。1979年,中国科学院遥感应用研究所成立,遥感技术成为国家的一个重要的科学研究领域。同年,原北京农业大学,即中国农业大学前身,在联合国粮农组织(FAO)支持下,引进国外遥感专家,应用卫星遥感技术辅助全国第二次土壤普查,并组织多期培训班,培训了一批遥感应用科技人员。此后,遥感在农业、气象、地质调查、生态环境、水利等领域的应用研究全面展开。1983年,机载雷达遥感系统试验成功,获取了首批机载侧视雷达遥感影像。1989年,使用回收式"尖兵一号"卫星,进行航天遥感试验获得成功。

1988 年首次成功发射"风云一号"气象遥感卫星,开拓了自行研制遥感卫星的先河,此后中国与巴西联合研制的中巴地球资源卫星、"风云"气象遥感卫星系列多颗卫星相继发射成功,中国大陆有了自己的卫星遥感影像数据。2008 年 1 月和 2010 年 10 月,相继成功发射"嫦娥一号"、"嫦娥二号"遥感卫星(空间分辨率 1.9m),将遥感观测对象由地球扩展到月球。1999 年 1 月,台湾发射了"福卫一号"(Rocsat-1)遥感卫星,进行海洋水色、大气电离层电离效应等领域的研究。2004 年 5 月又成功发射了"福卫二号"遥感卫星(Formosat-2),空间分辨率达到 2m,获得的遥感影像数据用来进行土地利用变化、生态环境、自然灾害等多领域研究。2006 年,逢甲大学 GIS 研究中心引进激光雷达遥感(LiDAR)技术,将 LiDAR 传感器设置在无人驾驶飞机上,可以随时在灾害现场摄取影像,解决灾害现场难以得到实时信息的困难。目前,海峡两岸的遥感工作者参加了多项重大国际遥感项目研究,在国际遥感科学技术的研究领域发挥了重要作用。

为配合遥感技术在数据获取方面的飞速发展,一批遥感影像处理软件纷纷崭露头角,其中包括 ERDAS、ENVI、PCI 等国外产品,中国科学院遥感应用研究所也推出了 Synergy、Skyeyes 等综合图像处理软件。

1.2.4 全球定位系统的发展

全球定位系统是人造地球卫星升空以后出现的大地测绘技术。20 世纪 60 年代,美国运用卫星多普勒定位技术实施对地面点定位,获得了地面测站点的三维地心坐标。1965 年,前苏联建立了一个由 12 颗卫星组成的导航系统,对飞机进行导航。1973 年,美国开始研制真正意义上的全球定位系统,定名为 GPS。1982 年,前苏联发射全球定位卫星系列的第一颗卫星,将定位系统定名为 GLONASS,前苏联解体后由俄罗斯接替部署,1995 年完成了 24 颗卫星加 1 颗备用卫星的布局。此时国际上的定位水平精度为 50～70m,垂直精度为 75m。

2000 年 10～12 月,中国大陆相继发射了自行研制的"北斗"导航试验卫星一号与二号,构成"北斗"卫星导航系统,提供公路交通、铁路运输和海上作业等领域的导航定位服务。

2002 年开始,随着 GPS、GLONASS、"北斗"等全球定位系统的相继建立,国际上形成多元化的格局,摆脱了对单一系统的依赖,形成了国际共有、国际共享的安全资源环境,美国也放弃了卫星使用权控制的"SA"政策,全球定位系统在交通、城乡土地规划、大地测量、地质勘察等更宽层面上获得了广泛的应用,技术趋于成熟。

1.2.5 地理信息系统的发展

如前所述,在计算机发明的最初几年,空间信息技术就将计算机作为该项技术的支撑,地理信息系统就有了先期雏形的概念。1956 年,奥地利测绘部门首先建立了地籍数据库。1963 年,加拿大测量学家 Tomlinson 首先提出了地理信息系统这一术语,并以国家的力量建立了世界上第一个 GIS——加拿大地理信息系统(CGIS),用于自然资源的管理和规划。此后不久,美国哈佛大学研制出 SYMAP 系统软件,并发展了基于栅格的操作方法。同时,与 GIS 有关的组织和机构也纷纷建立。1966 年,美国成立了城市和区域地理信息系统协会;国际地理联合会于 1968 年设立了地理数据库收集和处理委员会。

　　20 世纪 80 年代后期到 90 年代,在经济与科技发达国家,政府通过指定信息法令、指定各种技术标准、建立各种行业大型数据库来引导 GIS 的发展。1994 年,美国由联邦政府成立联邦地理数据委员会(FGDC),组织州、地区政府工作组,提出了国家数字地理数据工作框架,指导各州具体实施。在这一时期,出现了 Arc/Info、GenaMap、MapInfo 等大型软件系统,此时 GIS 技术发展的重点已经不在某一个单机软件上,而是在网络传输管理体系上。为了实现网络管理,20 世纪 90 年代发展了一种分布式异构数据库(或称数据仓库——warehouse)网络管理系统,对不同数据结构的数据库进行管理,而数据库之间数据往来是通过“元数据”(metadata)以及相应的标准转换格式数据技术实现的。

　　从 20 世纪后期到 21 世纪,地理信息系统向网络化、多元化方向发展。Com GIS 是 Web GIS 的一个发展方向,它是面向对象技术和构件式软件技术在 GIS 软件开发中的应用;Open GIS 的核心是标准,它是在计算机和网络环境下,根据行业标准和接口(interface)所建立起来的 GIS,它可以使不同的 GIS 软件之间具有良好的互操作性,以及在异构分布式数据库之间实现信息共享。一些有特色的软件系统在将 GIS 推向深层次应用中发挥了重要作用,其中包括美国的 ArcGIS、ArcView 等。同时,一批有自主版权的国产软件系统也得到了广泛的应用,其中包括武汉中地数码集团的 MapGIS、台湾逢甲大学的 EasyMap、北京超图软件股份有限公司的 SuperMap 等。

　　计算机网络计算(grid computing)技术于 2005 年出现,而后又发展为云计算技术(cloud computing),可以自动将计算机网络上的硬件、软件以及数据三种资源整合为一体协调使用,计算机功能得到巨大的提升。地理信息系统率先运用这种技术,使地理信息走进世界的各个角落,乃至千家万户。

1.2.6　空间信息技术在海峡两岸的综合应用

　　空间信息技术在中国海峡两岸一经出现,立即就被应用到国民经济建设的各个领域。

　　在遥感技术方面,1974 年,大陆引进美国地球资源卫星图像,开始了资源环境信息技术的实验与应用研究。先后开展了京津唐地区红外遥感实验、新疆哈密地区航空遥感实验、天津渤海湾地区的环境遥感研究和天津地区的农业土地资源清查等工作,并于 1977 年诞生了第一张由计算机输出的全要素地图。1979 年,原北京农业大学在农业部的支持下,与联合国粮农组织(FAO)进行农业遥感技术引进与合作,邀请专家,先后开展了全国第二次土壤普查及中原地区冬小麦估产工作,培训并培养了中国大陆最早的一批遥感专家与技术骨干。至此,以遥感技术为先导的空间信息技术得以迅速发展,并深入到农业、气象、水利、土地管理、林业、地质、国防等相关领域,在气象预报、作物估产、草场监测、旱涝灾情监测、土地利用调查、地质探矿、林业监测、边境勘察等方面取得了巨大的经济与社会效益。其中,为气象预报提供的天气云图、为土地详查提供的西藏等人迹罕至地区的土地利用图件、“三北”防护林调查与设计,以及为 1991 年安徽淮河流域和 1998 年长江流域与松花江流域抗洪救灾发挥的巨大作用为世人所瞩目。

　　台湾于 1959 年成立农林航空测量队,应用航测技术,开展森林资源调查及土地利用调查,自 1973 年开始进行台湾地区 1∶5 000 地形图的绘制。1993 年,台湾建立资源卫星接收站,接收地球资源卫星遥感影像数据。目前接收的卫星数据包括 SPOT-4、SPOT-5、ERS-2、Terra、Aqua 及"福卫二号"等。遥感与航测技术最初多应用于农业森林资源调查与土地动态监测,2000 年起逐渐扩展至灾害监测与防治等相关应用。2006 年,台湾测绘部门应用遥感技术进行全台湾土地利用调查,其土地使用分类共分三级,第一级共分为 9 大类,第二级在第一级的基础上再细分为 41 类,第三级在第二级的基础上再分为稻作等 103 类,历时三年完成全台土地利用的调查。雷达影像的应用最早出现于 1982 年,初期多应用于地质构造分析与地形特征提取,后续出现于水灾监测与地层下陷等应用。2000 年成功大学引进激光雷达(light detection and ranging，LiDAR)进行应用测试。2002 年,交通大学及工业研究院合作完成商业系统的引进测试。

在 GIS 方面,1986 年,中科院组织 15 个单位研制了黄土高原土壤侵蚀信息系统与土地利用信息系统。20 世纪 90 年代在举世瞩目的长江三峡水利工程实施论证阶段,水利部门组织开发了多套地理信息系统,进行各方面的论证,取得了很好的效果。1995 年,土地管理部门分两批组织全国土地信息系统演示会,有 40 多项土地信息系统开发、应用成果参加演示。到 1998 年为止,大陆已有 200 多个城市建立了土地信息系统,农业部门的农情、农业资源信息网络已经连通了 1 400 个以上的县市。与此同时,在农业环境质量评价和动态分析、人口承载潜力等方面进行了深入研究,开展了水库淹没、水资源估算、土地资源清查、环境质量评价等多项专题的试验研究。在此基础上建立了 1∶100 万国土基础信息系统和全国土地信息系统、1∶400 万全国资源与环境信息系统及 1∶250 万水土保持信息系统等。至 2003 年,全国 1∶25 万数字化地图制作完成。

1986 年,台湾大学引进 Arc/Info,研究开发实用型国土资源管理系统。台北市工务、行政管理部门引进 Intergraph 软件平台,建立地理信息中心,建设城市管理、基础设施管理系统。1990 年,逢甲大学 GIS 研究中心、台湾大学地理系与资策会相继成立,将国土管理、防灾减灾列为系统开发的重点领域。同年台湾国土管理部门成立国土信息系统推动小组,在推动小组统一领导下,在三年内建立了公共管理、交通路网、国土规划、基本地形图、自然资源与生态、自然环境、环境质量、土地、社会经济九大数据库系统,资料覆盖全台湾,比例尺分别为 1∶1 000、1∶5 000、1∶25 000、1∶50 000 等多种系列。2001 年,开始整合各部门分散的系统数据库,加以整合数据流通供应,促进数据增值应用服务。2006 年,开始建立空间数据库,以服务导向架构的概念(service oriented architecture，SOA),进行图件整合作业,空间数据交换的标准与服务日益受到重视。2010 年,逢甲大学地理信息系统研究中心成为台湾第一个国际开放式空间信息协会(open geospatial consortium，OGC)主要会员(principal member),并于 2011 年举办了台湾首次的 OGC 技术委员会会议(TC meetings),带动了国际化空间信息技术的发展。

1.3　空间信息技术的理论与实际意义

1.3.1　促进哲学观念的更新

遥感技术的兴起可以表征现代空间信息技术的开始。遥感技术的出现是人类文明史上第一次人们从地球以外观测地球,遥感将广袤浩瀚的地球空间发生的种种信息几乎在同一时间、断面实时、准确而又整体性地表达在一幅幅图像上。由此,产生了人们对自身所处的空间环境认识的巨大冲击,促使人们重新审视传统的认识与观念,从宏观整体上研究地球上出现的各种自然现象,甚至包括一些社会现象,例如全球大气的厄尔尼诺现象、地球表层的碳与氧物质循环问题、世界范围的粮食安全问题、污染造成的臭氧层空洞问题等,以及由此引发的人们对人口控制、能源消耗、环境保护、可持续发展等重大问题的思考。人们开始审视与约束自身在开发和利用自然资源上的种种行为,首次意识到由于对自己与自然的位置关系认识不当、肆意破坏自然界的生态平衡,形成了生存的危机,导致旱灾、水灾、生物灾害频发;碳排放过渡引发的大气温室效应致使冰川以及南北极冰盖融化,海面升高;生物物种急剧消失,生态环境恶化,资源枯竭等。

空间信息技术帮助人们端正对自然的认识:自然不是任人宰割、肆意践踏的对象,在自然的面前,人类不能为所欲为。事实上,人类正在承受由于自己对自然的恶行逆举而受到的惩罚。在哲学层面上,空间信息技术促使人们改变了"征服自然"、"自然为我所用"、与自然相对立的错误观念,转变为与自然协调发展、"天人合一"、遵从自然规律的科学理念。这种观念上的改变对于人类生存与发展的贡献无疑是巨大的,意义是极其深远的。

空间信息技术的深刻科学内涵在于:它不仅能够实时、准确提供地表的表象信息,如土地覆盖的各种土地类型的几何位置、面积、相互位置关系等;还可以提供土地及大气的潜在信息,如地面与海洋表面温度、作物长势、地面生物量、作物营养亏缺、大气污染等;并且还可以连续地对地面进行长期观测,构成时间、空间一体化的多维信息集合。这种大面积、实时准确的多维时空信息对于深刻认识地球自然环境、各种自然现象的发生发展,以及人与自然相互作用产生的各种问题的演化是必不可少的先决条件,这种条件在现代空间信息技术出现以前是我们所不具备的。人们认识的局限性与缺乏地学空间的必要信息,以及没有掌握获取这类信息的技术手段有着密切的关系。科学自然观、科学发展观应当在包括空间信息技术在内的各种科学技术的支持下,不断提升与进步。

1.3.2　加速社会进步

空间信息技术在推动社会信息化、社会进步中起到了关键性的作用。空间信息技术提供的多尺度、多层面的时空信息,是人们社会活动、生产活动的基础信息。据统计,国民经济部门有 80% 的领域都需要以空间信息技术提供的时空信息为基础构建本行业的信息系统。1998 年 1 月,美国提出"数字地球"战略,由此在世界上掀起了社会信息化的热潮。在半年时间内,有 50 多个国家都先后提出了数字地球战略。中国大陆也在 1998 年 6 月提出发展数字地球战略。所谓"数字地球"是在遥感技术的支持下,适时采集全球地表信息,在计算机网络上构建一个虚拟地球,反映现势性很强的地学空间信息,实施经济、政治、科学研究的全球战略。此后,"数字地球"概念又衍生出数字农业、数字林业、数字国土、数字海洋等,社会信息化进程呈现加速的发展态势。空间信息技术的发展与普及为信息化社会的到来与发展创造了必要条件。

目前,中国大陆提出了建立和谐社会的宏伟发展战略。和谐社会包括了人与自然的和谐共处,这就要求人们应当严格规范自己的生产活动与社会活动,以一种审慎的态度利用自然资源,坚持自然资源可持续利用或永续利用的开发战略,开发与保护并重,实施节约经济、循环经济的方针。迄今为止,人类仍然还处在"必然王国",尚未进入"自由王国",这就需要国家以行政手段管理、协调、约束人们开发利用自然资源的行为。管理是一门科学,管理可以产生效益。从根本说来,对各种资源与物质的管理是对人使用资源与物质行为的管理。空间信息技术正是各级政府实施管理职能的技术保障之一,它以提供及时、准确、可视化信息的方式辅助政府监控各个单位直至个人对于自然资源开发的行为。和谐社会离不开空间信息技术的支持。

国土管理是资源管理的重要组成部分,合理、高效利用土地是国民经济可持续发展的必要条件。中国海峡两岸的国土管理部门都十分重视利用现代空间信息技术,严格管理土地的利用方式,提高土地利用效率,从严保护耕地,保障经济社会的可持续发展。

愈演愈烈的自然灾害对现代社会是一个巨大威胁。台湾南投"9·21"地震和四川汶川"5·12"地震的抗震救灾,以及 1998 年 8 月长江、辽河的洪水,2009 年 8 月台南"莫拉克"台风的抗洪救灾实践表明,空间信息技术对于及时全面掌握灾情、指挥救援以及灾后重建都有至关重要的作用。根据一则及时、准确的空间信息就可以多挽救数十、甚至数百人的生命;根据空间信息技术提供的精确灾情图可以合理、科学规划灾后的重新建设。中国科学院遥感应用研究所、逢甲大学 GIS 研究中心以及中国农业大学的研究人员都曾在重大地震与洪涝灾害的现场,运用空间信息技术参加过抗震救灾或抗洪救灾,发挥专业的技术优势,为减少灾害的损失做出了贡献。

1.3.3　提高科学研究水平

时空是一切物质存在的载体,又是物质运动的"舞台"。绝大部分的自然现象和社会现象都与时间与空间有关。对自然物体的静态与动态加载上精细时空坐标,使之定量、定位、定时,是科学研究深入、成熟的标志。现代空间信息技术为各个领域对于物体或物质的宏观或中观运动的定量、定位、定时研究提供了必要条件,从而加速了学科研究的发展。

随着空间信息技术的发展,虚拟现实技术成为诸多领域科学研究的有力工具。所谓虚拟现实是指使用计算机模拟研究对象的变化规律,以声、光、影像的形式,生动展现在各种设定条件下研究对象的发生、发展一直到消亡的全过程。地质工作者按照地质力学的种种假说,虚拟地质结构变化的过程,研究由此引发的各种地质现象,包括大陆漂移、山脉隆起等;气象工作者根据气象现象的成因分析,如虚拟温室效应、热带风暴等;农业工作者按照作物生长规律,在设定条件下模拟生长过程,研究农作措施的最佳效果。虚拟现实技术将长期、复杂、难以重现的条件变为计算机设定,大幅度缩短了研究过程,为理论研究、实验研究开辟了一个新的、便捷的途径。

逢甲大学利用遥感技术、传感器技术、地声分析技术以及多种配套器材设备,在桃园、苗栗、台中等 13 个泥石流多发的现场,设置了预警、监测装置,利用数据无线声像传输技术,在信息中心实时监测与观测泥石流的发生、发展的全过程以及水文、土壤、气象的全方位数据资料。这些设备既用来进行泥石流的科学研究,又是防灾减灾的实用设施,实现了(生)产、(教)学、管(理)、研(究)的有机结合。中国科学院遥感应用研究所利用遥感技术,对全国农情进行全年定期测报,每一旬(10 天)获得全国分省区的农情数据,精确到地区,向有关专家与管理人员分发;他们还用高空间分辨率、高光谱遥感影像,配合公安部门发现国内以及周边国家的罂粟种植案情,为世界的禁毒做出了贡献。中国农业大学使用计算机技术,建立国家级农业数字化图书馆,声像与文字综合一体,为农业研究人员提供了科技信息资料;他们还与中国农科院研究人员利用荧光遥感技术,发现玉米的光合作用效率是小麦的 1.6 倍,为今后开发生物能源提供了科学依据。

1.3.4   提升全社会的生产技术水平与生产效益

"知识就是力量","科学技术是第一生产力"。空间信息技术对于多种类型、多种行业的生产,特别是与自然关系密切、受自然条件约束紧密的农、林业生产,具有非常重要的意义。这项技术结合其他多种技术,彻底改变了传统的人工生产方式,为自动化、规模化、社会化大生产创造了条件;同时在组织生产、监控生产产品,特别是管理农产品流通方面发挥着重要作用。

"没有技术的生产是愚蠢的生产,而没有信息的生产则是盲目的生产"。空间信息技术同时在提升生产技术水平和改变生产盲目性两个方面发挥着重要作用。它为传统农、林业生产方式的改造提供了一种有力的技术支撑,从盲目性的生产行为变为在信息指导下的有针对性的生产行为;从粗放的耕作变为定位、定量的自动化精细耕作;从粗放的牲畜放牧变为大规模群养而又个体化的配方饲养;从家庭小量的农产品交易与无序管理变为批量而又个性化交易与流通全程有序的管理,使农林生产走上信息化、科学化的轨道。大面积农作物遥感估产、旱情监测、精确农业、精确林业、电子商务等,都是空间信息技术应用普及到一定程度以后提出来的新概念、新型生产管理模式。

生态环境的恶化是现代社会面临的一个新问题,恶化的原因有人为的原因,也有自然的原因。在诸多生态环境恶化的现象中,土地沙漠化、石漠化以及泥石流是对人类生存与发展以及生产、生活都具有重要威胁的一个自然现象,即使对于尚未沙漠化的地区,沙尘暴也对广大人民的生产生活有重要的影响。空间信息技术可以监测这些现象,以提供信息的方式供研究人员寻找现象的成因,协助指导人们植树造林、种草、绿化环境、改善生态环境。

1.3.5   改善人们的生活质量

现代空间信息技术已经深入到人们的生活之中,深刻地改变着人们的生活模式。衣食住行以及文化娱乐是衡量人们生活质量的几个主要方面。空间信息技术对工农业生产带来的变化大幅度提高了人们的着装与食品质量与数量;生态环境的改善提升了人们的居住条件,为人们提供了一个碧水蓝天的舒适环境。

"行"是现代生活的一个重要内容。驾车旅游已经越来越多地成为多数家庭生活的一部分。全球定位技术结合地理信息系统为人们外出驾车旅游带来了方便,现在大多数汽车中都带有 GPS 导航装置,只要设定目的地,装置就可以通过声音、屏幕画面指导汽车驾驶员沿着最短路径到达旅游地。城市交通阻塞常常是城市居民生活的苦恼,基于空间信息技术的交通疏导系统可以协助交通管理人员发现交通阻塞地点、选择交通疏导方案。现在,许多旅游服务企事业单位已经开发出一套自动导游设备,游人只要戴上设备自带的耳机,衣兜装上机匣,设备就可以根据游人所在位置面对的场景做相关介绍。

长期以来,电影是人们的一种十分普及的文化娱乐方式。在空间信息技术支持下,电影从拍摄到观看都有重要的变化。以"泰坦尼克号"为代表的灾难片的拍摄,空间信息技术提供了多种方法模拟灾难的场景,既有强烈的震撼效果,又可以节省大量的拍摄成本;使用立体成像原理,观众可以观看立体电影,效果比普通电影又向贴近真实迈进了一步。空间信息技术也已经应用到体育比赛裁判、竞技研究上来,比如重放网球比赛的场景、细部定位网球是否出界、测量网球或足球的球速、跟踪球的飞行距离等。这种技术增加了体育比赛的观赏性及裁判的公平性。空间信息技术甚至进入到家庭,只要在电视机上增加一个设备,娱乐者手上戴一个手套,运行相应计算机软件,就可以在虚拟场景下对着电视屏幕打保龄球、高尔夫球,甚至两人比赛"拳击"。空间信息技术极大地丰富了人们文化娱乐的内容,使现代文化娱乐更加丰富多彩。

1.4　空间信息技术的发展展望

1.4.1　空间信息技术亟待解决的问题

任何一门技术,只要它越普及,人们对它的要求就越高,技术在人们的需求促使下得以快速发展;而越是发展,所带来的问题就越多。这里不对空间信息技术引发的社会问题(如电子游戏引发的对青少年的教育问题、信息经济问题等)做探讨,而仅就当前亟待解决的主要技术问题进行讨论。

1. 标准化和规范化问题

标准化问题是任何一门技术普及以后必然要解决的问题,而且这个问题贯穿于该技术生命周期的始终。因为技术在进步,新的技术以及技术新的应用层面不断出现,就需要用新的标准去规范,使之增强其生命力。

空间信息技术如前所述,是普及化程度相当高的技术,而且是处于发展中的技术,该技术的标准化问题早已引起人们关注。尽管国际上、海峡两岸有关部门都已经制定了许多标准,但是由于技术还在发展、应用面还在扩大,这门技术的各类标准还存在空缺,已有的标准还有待于完善。空间信息技术的标准大致可以分为两类:一类是信息表达的标准,如数据编码、数据单位、数据质量、数据格式、元数据(metadata)标准等;另一类是技术方面的标准,如计算机程序标准、平台通用性标准、数据传输接口协议标准等。一些标准虽已建立,但由于技术进步,标准需要提高,如数据精度在有些应用领域需要提高,再如软件的工作运行速度以及容错性等都需要在适当时间提高标准。

2. 新技术使用意识问题

现代社会是知识与信息"大爆炸"、技术飞速进步的时代。每天各方面的信息多如牛毛,而技术更新又使人眼花缭乱、目不暇接。以计算机为例,不会上网、不会使用网络技术进行网络通信在中老年龄人群中不在少数。人们习惯于一种工作、学习以及生活方式,而对于新技术引发的工作、学习以及生活方式的变革不适应,不懂得如何使用新技术改变已有的方式,改善工作、学习的效率以及生活的质量,即缺乏新技术使用意识。在现代社会,出现某种科技"盲"并不是少数人的"个案"。

空间信息技术在新技术中属于层次较高、较复杂的技术。习惯于传统工作方式的公务人员不习惯于用空间信息技术定量、定位地发现问题、解决问题,常常想不到使用这一技术;习惯于传统生活方式的居民不习惯于用空间信息技术改善自己的生活,也想不到使用这一技术辅助自己的生活决策,比如购置房地产。

信息技术意识需要培养。在青少年中培养空间信息技术意识,是推进社会进步、促进青少年知识技能结构改造的必要措施。逢甲大学 GIS 研究中心从 2002 年开始,以举办夏令营、兴趣小组等多种形式,在小学、中学老师支持与协助下,讲解与展示地理信息系统技术与地理现象知识,培养小学生、中学生的兴趣,受到学生、老师以及家长的欢迎,在普及地理信息系统技术、从小树立新技术意识方面收到很好的效果。

3. 空间信息技术的普及化与工程化

技术工程化需要大量基础性工作。当前空间信息技术还没有整套的技术标准,以遥感技术为例,没有遥感影像质量标准、遥感影像处理工程技术标准、"3S"一体化的基础数据集标准等;没有长时间系列、多尺度、覆盖大范围的遥感数据集;缺乏各个应用领域的标准参数数据库,如农作物反射光谱数据库、农作物雷达多波段后向散射系数数据库等。这一基础性的工作对于空间信息技术的普及显然是非常必要的。

一门技术使用方法的简易,绝不是原理的简单,恰恰相反,需要在技术原理上一再改进,综合许多相关技术,将复杂的技术步骤消纳于计算机程序之中,从而将使用方法智能化。将某种技术使用方法归纳成简单、固定的操作步骤,这就是技术的工程化。由于空间信息技术应用面极其广泛,用一个简易操作步骤概括所有的应用领域,显然是不可能的。为了解决技术工程化的问题,将空间信息技术对于各种应用分别加以专业化,开发专业应用系统,在专业应用范围内,构建工程化应用模式,这是空间信息技术普及化的一条可行的发展路线。事实上,现在已经出现了大量的空间信息技术应用系统,如地籍管理系统、大地测量信息系统等,已在很大程度上实现了技术工程化。

1.4.2　空间信息技术的学科前沿

1. 空间信息不确定性研究

空间信息的不确定性是 20 世纪末提出来的有普遍意义的问题,并已成为国际科学界的共识。典型的例证就是海岸线长度,显然对于同一海岸,以不同尺度单位,如以千米为单位和以米为单位测量,就会得到完全不同的长度。一个自然山体的表面积也存在同样情况。使用空间信息技术获取的许多数据,如某地区的土壤湿度、生物量、作物产量等,也不存在确定的"真值"。空间信息的不确定性来自两个方面:一方面,数据本身在理论上就没有真值;另一方面,数据在理论上或许有真值,但实际无法测到真值。海岸线长度、山体表面积等属于前者;

而土壤湿度、生物量等属于后者。

空间信息数据在获取过程中往往存在一个或多个不确定的干扰因素,而这些因素又是随机动态的,具有不可重复性,这就造成数据的不确定性与数据验证的困难。数据的验证是一个复杂问题。对于数据的不确定性问题有人已做过大量工作,开拓出"不确定数学"理论,对于图形问题,又开拓出分形理论;针对遥感数据的不确定性,国内外也都有人开始研究。由数据不确定性引发出来的信息精度以及可靠性问题与空间信息技术的应用关系极大。事实上,在计算机技术支持下,针对某一应用问题,获取一套数据并不困难,但是如何合理估计数据可靠性与不确定性却是必须要面对的实际问题。

2. 时空信息综合研究

空间信息是一个动态信息,在某些领域信息的变化速率较长,比如一个地区的房地产信息,一天就有数十宗、甚至上百宗交易变化。如何将这些变化的信息数据(包括坐标数据或属性数据,或两者兼而有之)准确加以记录,就存在问题:如果每一宗地变化一次,就改画一张地籍图,大量未变化的数据也随之重复记录,势必造成大量数据存储空间的浪费。变化信息数据存储以后,能否支持重现某一个指定时间的宗地权属分布原貌或者给出某一地段在宗地空间与权属的变化历史沿革,对于系统的数据结构合理性以及功能完备性都是一个考量。如果空间信息是全三维的,问题更要复杂,因为对于全三维空间数据,高效、合理的拓扑表达与检索尚待研究,加上时间的拓扑,问题的复杂性又上了一个层次。

对于遥感影像的时空信息综合研究,实际是影像图谱的研究。影像图谱是地物随时间演化过程的表达,遥感影像图谱构建对图像处理技术有较高的要求,要将不同比例尺、不同时间的影像按照时间序列、比例尺序列严格地加以组织,以满足用户由远至近、由过去到现在跟踪显示的要求。图谱研究是遥感技术研究一个方面的深入,它在时间序列上研究较大区域生态环境演变的过程,揭示变化的规律,借以预测变化的趋势。

3. 数据获取的机理性研究

数据获取是空间信息技术中的关键一环节。遥感是空间信息数据获取的主要技术手段,因此这里的数据获取主要是指遥感的数据获取。不少人已经指出,在遥感技术中,目前从遥感影像提取信息的统计模型很多,而机理性的模型却很少。实际上,之所以出现这种现象,其根本原因是对于数据获取的机理不清楚,只能根据有限的经验统计出某种"规律"而生成模型,这种"规律"使用范围取决于取材统计数据的范围,范围越广,模型适用性就越广。由于问题的复杂性,这种统计往往不完全可靠,如同"盲人摸象":摸到象的腿就以为象是一根柱子,摸到象的腹部就以为象是一面墙。

直到目前为止,对于地物的辐射与散射的机理还存在着许多未知领域,特别是对于微波更是如此,人们还不能理清地物辐射及散射与地物微观结构的关系,不能按照"场"理论研究地物辐射与散射现象,不能将辐射及散射场同大气效应结合起来,不能有效地排除噪声干扰,只能在地物的辐射与散射等试验性的特性曲线上进行研究,已经构建的诸多模型往往是粗糙的、局部经验型的,特别对于目前的旱情监测模型、污染检测模型更是如此。相比全球定位系统,遥感有更大的基础理论研究空间。

4. 数据压缩方法研究

目前空间信息数据呈几何级数的增长态势在快速增加,但磁性物质的计算机数据存储空间却呈算术级数的增长态势在缓慢增加。大量空间数据,特别是遥感每天积累的数据,处于使用效率很低、却难以舍弃的状态。对于大至一个国家、小至一个单位都有这个问题,数据累积势必要造成"数据灾难"。时空数据的利用与数据压缩的研究势在必行。问题是如何让人方便地利用,如何实施数据压缩,以何种标准压缩。比较理想的方式是按所谓"时空隧道"的方式组织构建海量的时空数据(仓)库。这种数据库首先是一种分布式网络数据库,因为任何计算机单机都无法存储如此海量的数据。这里所谓"时空隧道"的方式是指允许用户穿越时空,如同星外来客,在任何一个时段,以任何一个比例尺观察地球,即空间数据以某种比例尺解压,将指定的观察时间与空间尺度的地学信息呈现于用户面前。这种功能对于计算机网络现行的数据结构与数据管理是一个挑战。

即使有很好的时空数据压缩方案,部分空间数据的舍弃也还要进行,因为新陈代谢、吐故纳新是自然界的普遍规律,空间数据肯定也需要新陈代谢。以何种标准检定哪些数据可以舍弃、哪些数据不可以舍弃,笼统的原则标准恐怕难以具备可操作性,要对具体应用领域作具体分析,针对具体应用目标制定具体的标准。对占总量较小的变化的区域数据,数据库仅保留变化前后的遥感数据,舍弃不变的或过时且无用的数据,系统支持随时根据需要恢复或基本恢复任意时段的数据,这种舍弃实质上又是时空数据的压缩了。

5. 统一空间数据表达的研究

目前用于表达空间数据的基本格式有两种:矢量格式(vector format)与栅格格式(raster format)。矢量格式是目前数据存储的基本格式,但其数据结构复杂,数据安全性差,各个 GIS 平台之间数据由于数据结构差异而不能直接互用,对于图形叠加分析等功能,程序复杂,稳定性不高,是广泛使用空间数据的一个主要障碍。栅格格式数据可以弥补矢量数据格式的种种缺点,其最大的优点在于数据结构简单,不但容易实现各个系统平台的沟通,而且也能较容易地实现与遥感数据的沟通。但是由于栅格尺寸固定、而地球表面是一个不可展面的原因,这种格式数据不能不重叠、又不遗漏地完整覆盖全球。目前地图学采用的 6°或 3°投影带的方式可以将图幅完整覆盖全球,但是常常又引发投影转换的问题。

用简单而又统一的空间数据表达格式完整覆盖全球是构建数字化地球的一个要求。这个要求是可以实现的,其途径可以使用改造的栅格格式来解决。所谓改造的栅格格式是指打破栅格固定尺寸的制约,以微小经度差与纬度差定义网格,不同栅格只在同一纬度上面积相等,在不同一纬度上面积不相等,纬度越高面积越小。这种空间数据的表达方法既保留了栅格格式的优点,又克服了这种格式数据不能完整覆盖全球的缺点。

统一空间数据表达的研究势在必行,但是如果实行这种统一,就要对目前所有软件平台的数据结构进行深层次的改造,这是问题的困难所在。

6. 云计算技术的延伸研究

云计算技术彻底打破了不同 GIS 系统之间、结构不同的空间数据库之间的障碍,在计算机网络上统一管理,网络上的数据资源、计算分析功能资源统一调配,数据流、信息流以及分析功能流,按照需要自动流向用户终端。云计算技术的出现,有效地遏制了网络技术对于计算机硬件要求越来越高的趋势,现在普通计算机可以在云计算技术支持下的网络中进行原来只有高性能计算机才能完成的工作,包括巨量空间数据(如图形、图像数据)的检索与处理。

显然,这种技术又一次将 GIS 技术提升到一个全新的高度,无疑具有强大的生命力,代表了 GIS 的一个发展方向。事实上,现在这一技术已经得到了一定范围的应用。由于这一技术尚处于开始阶段,引发的计算机技术以及 RS、GIS 本身的问题很多,作为一个学科前沿,有不少问题需要研究。

1.4.3　空间信息技术的发展趋势

1. 向实际应用更加贴近

空间信息技术作为一门实用型的技术,实际应用是其发展的原动力,如果不能开拓更宽、更深入的应用领域,这门技术的发展就会停止。实际需要空间信息技术,而空间信息技术更需要实际应用。空间信息技术会向多元化方向发展。

空间信息技术的实际应用有大领域的应用,如生态环境管理,地球的大气圈、水圈及植被圈检测,土地覆盖监测等;也有细小、深入的领域的应用,如家政管理、村镇管理、企业管理、农场管理等。这些领域中有已在应用的领域,也有新开拓的领域。空间信息技术贴近实际表现在提供的信息更加准确、可信度更高、使用更加便捷、用户界面更加友好、更能满足用户的需求。这里需要信息技术工作者与应用专业工作者有更紧密的结合。

2. 按照用户的习惯语义工作

空间信息技术是一门较复杂的技术门类。由于这一技术的功能繁多、操作步骤繁复,非专业人员受制于专业的限制,不能选择经济合理的数据,不能优选功能类似而面向不同、特点不同的模块,特别是对于专业特有的专用语、术语不能正确理解,以至于对这门技术望而却步。如同其他信息技术的发展趋势一样,系统需要按照用户习惯的语言,正确理解用户语言的语义,自动、“聪明”地按照用户要求工作。这里需要将知识工程的理论与技术、本体论(ontology)同空间信息技术有更好的结合。

3. 被动式转向为主动式空间信息服务

开发空间信息技术的根本目的是向用户提供信息服务。目前,这种服务通常是被动式的,即用户提出要求,系统作出响应,给出相应的信息数据,很少有主动式服务,即提醒用户针对特定的环境条件、数据条件,建议用户如何工作、如何出行、为某些工作需作何种准备、提供工作方案等,以达到既定的工作目的或活动要求。

空间信息涉及多种专业的研究,甚至生活的方方面面,主动式信息服务又将系统功能进一步提高,智能化程度更高,从而服务水平又有提升。目前主动式非空间信息服务已有初步的开发,如家政信息系统、智能机器人等,而空间信息技术也必将向这一方向发展。

4. 由"贵族"式系统向"平民化"转向

信息系统是空间信息技术直接面向用户的一个主要形式。以前的空间信息系统以系统庞大复杂、功能全面、技术高精尖而著称,系统的计算机硬件、软件对于一般个人既没有这样的需求,在经济上也没有可能支撑,所谓"贵族"式系统就是这个概念。随着计算机技术的发展,这种局面会有改变,系统会向"平民化"转向,比如用掌上电脑(PDA)支持的数字城市信息系统就代表了这种发展趋势。这种系统软硬件结合,相得益彰,功能专一而实用,价格对于普通人可以承受。

1.5 小 结

空间信息技术在本书中定义为地理空间信息数据的自动获取、存储、分析以及信息提取的技术,该项技术门类主要包括遥感技术、全球定位系统、地理信息系统三项技术,并加以集成整合。

空间信息技术可以从太空大面积、快速获取地球信息,在整体上了解人类所处的自然环境,促使人们思考对自然生态的恶行逆施,重新审视人与自然的关系。空间信息技术对于国民经济生产产生重大影响,在智能化生产与按需针对性生产两个方面大幅度提高了生产效益,提升了资源管理与生产管理的科学水平。空间信息技术可以模拟自然变化过程,为科学技术研究提供了定量化的技术手段;同时为人们的衣食住行提供了良好的生活环境。

空间信息不确定性研究、时空信息综合研究、数据获取的机理性研究、数据压缩方法研究、统一空间数据表达的研究、格网技术或云端技术的延伸研究等方面是空间信息技术的前沿性问题。

在社会驱动与技术驱动下,空间信息技术将向着多元化、实用化、大众化等方向快速发展,将成为社会进步重要的强大驱动力。

思 考 题

(1)如何理解空间信息技术是一门理性很强的应用技术学科?

(2)为什么遥感技术、全球定位系统、地理信息系统能够成功地集成整合为"3S"技术?

(3)就个人理解,空间信息技术对于人们形成正确的自然观、宇宙观以及科学发展观有何重大的作用?

(4)举例说明空间信息技术对于国民经济生产产生的重大影响。

(5)空间信息的不确定性对于空间信息技术的应用有什么影响,为此在空间信息获取时需要注意哪些问题?

(6)举例说明空间信息技术对于提高科学技术研究水平有什么作用?

(7)在个人生活中用到了哪些空间信息技术?

（8）信息技术理念对于现代化管理有什么作用？

（9）就个人理解，空间信息技术还有哪些亟待解决的问题？

（10）数据获取的机理性研究对于发展空间信息技术有什么作用？

参 考 文 献

承继成,郭华东,史文中,等.2004.遥感数据的不确定问题.北京:科学出版社

戴昌达,姜小光,唐伶俐.2004.遥感影像应用处理与分析.北京:清华大学出版社

林培.1990.农业遥感.北京:北京农业大学出版社

马蔼乃.1984.遥感概论.北京:科学出版社

严泰来,王鹏新.2008.遥感技术与农业应用.北京:中国农业大学出版社

严泰来,朱德海.1993.土地信息系统.北京:中国科技文献出版社

严泰来.2000.资源环境信息系统概论.北京:北京林业出版社

杨龙士,雷祖强,周天颖.2008.遥感探测理论与分析实务.台北:文魁电脑图书资料股份有限公司

张忠吉.2006.现阶段国土资讯系统基础环境建置之实质意义及发展趋势.国土资讯系统通讯,57(3):58～60

周天颖.2008.地理资讯系统理论与实务.台北:儒林图书出版公司

朱德海,严泰来.2000.土地管理信息系统.北京:中国农业大学出版社

第 2 章　遥感与地理信息系统的基本概念

本章给出遥感与地理信息系统的主要基本概念,作为后面各章节的基础。其中部分概念的定义是初步的,详细的定义及其解释详见后面的相应章节。

2.1　数据、信息及空间信息

2.1.1　数据

数据是人们科学研究、各行各业生产乃至日常生活不可缺少的表达内容。科学研究以数据作为研究的根据和研究成果的表述形式;生产活动以数据作为设计、管理、指令操作的表述手段;而生活经常以数据作为表达思想的一个途径。这里的"数据"不仅仅是数字,还包括文字、图形、图像、声音等,凡是通过有效渠道能够定量、定性表达事物客观存在的资料都称作数据。比如表达地理现象的地图、医院对人体拍摄的 X 光照片、海底侦测物体的声纳信息等,都被称作为数据。对于计算机而言,数据是指可以输入到计算机并能为计算机进行处理的一切对象,其格式往往和具体的计算机系统有关,随载荷它的物理设备的形式而改变。

2.1.2　信息

信息是客观世界的反映,是客观事物或客观规律存在及其演变情况的反映。信息至今没有公认的定义,我们可以这样理解:它能被人们用作某种决策的依据,反映着与某种决策(如科学判断、生产计划、操作方式、商品交易等)有关的客观事物或客观规律。它与消息、报导和知识有一定联系。信息具有如下的主要特征:

(1)客观性。任何信息都是与客观事实紧密相联的,这是信息正确性的保证。虚假的"信息"不能称为信息。

(2)适用性。信息都是与某种应用对象联系的,需要具有一定的实用价值。

(3)可表达性。任何信息都可以用一种或多种数据表达,如地理信息可以用地图、影像、文字等多种形式的数据表达,被人们普遍理解。

(4)传输性。信息可在其发送者和接收者之间传输和交换。

(5)共享性。信息与实物不同,信息可以传输给多个用户,为多个用户共享,而其本身并无损失。

信息的这些特点,使信息成为当代社会发展的一项重要资源。因此,我们可以认为,信息是除了可再生资源(如水、土、生物等)和非再生资源(各种矿物)之外,作为维持人类社会的社会活动、经济活动、生产活动的第三资源。

2.1.3　数据与信息

　　数据是信息的载体,信息是数据内涵的意义。数据是信息的具体表现,只有数据对实体行为能够产生影响时才成为"信息";只有理解了数据的含义,对数据做出正确解释才能得到数据中所包含的信息。这就是说,数据不等同于信息,只有将数据"升华"才能成为信息,也就是能为人们的科学研究、生产、生活解决某个问题的数据才是信息。将数据"升华"至信息需要有技术、知识或经验。比如,医院对人体拍摄的 X 光照片是数据,这种数据所包含的信息并不是每个人都能够理解,只有医生根据一定的知识与经验才能给出正确的判断,即该照片的主人是否有病、什么病等信息。遥感影像也是数据,空间信息工作者使用种种图像处理技术与自身的知识与经验,有时还需要其他的信息,才能给出影像的解译,对于地物及其性状做出判断,形成地表信息。

2.1.4　空间信息

　　凡是表示地表各种地物的位置、形状、性状、自然属性以及社会属性的信息都称为"空间信息"。空间信息可分为表象信息与潜在信息两种:人的眼睛可以从画面直观获取的信息,如地物的位置、形状、种类,都属于表象信息;而地物性状、社会属性,如土壤湿度、作物长势、土地产权归属等,眼睛不能从画面上直观获取,这些信息属于潜在信息。使用空间信息技术,可以获取地物的表象信息和少部分的潜在信息,相当多的潜在信息,如社会属性信息,一般不能使用空间信息技术直接获取。

　　总体说来,空间信息包括两类数据:空间数据与属性数据。空间数据表达物体的位置、形状以及由该类数据计算得到的物体面积、体积以及物体的高度或深度等;而属性数据表达物体的自然性状、社会属性等。两者相辅相成,构成完整的空间信息:没有属性数据,空间数据仅仅是一个空虚的框架;而缺少空间数据,属性数据就没有位置归属。

　　空间数据一般在建立坐标系的基础上用坐标表示,经常用笛卡尔直角坐标系的(x,y,z)表示;地理坐标的经纬度(L,B)也是空间数据的一种表示方法;而属性数据在计算机系统中用编码表示。这两种数据最终以代码形式存储在计算机数据库系统中。

2.2　图像、图形及其数据表达

2.2.1　图像

　　图像(image)又称作"影像",是物体或地理现象以画面表示的自然原始形态,是自然实体的构象,眼睛所看到的物体在头脑中的反映就是图像。图像是一个连续的画面,明暗、色泽反映物体表面的性质,表现表面质地的粗糙或细腻,又可以表现色彩鲜明或昏暗;图像表现的对应物体外围有一连续的、明显或不明显的线条表示物体的轮廓,将物体与物体分割开来。

　　图像在计算机中表现为由大小均匀、分布连续的像元或称像素(pixel)组成的集合,本书以下一律称为像元。像元是计算机存储图像数据的独立单位,每个像元有行列(i,j)编号,表示其在图像中的位置;而色彩或其他属性则以编码形式存储在该行列号下的存储单元内。需要说明的是图像像元的大小是人为设定的,取决于图像的空间分辨率,不同的图像可能有不同尺寸的像元构成。

图像通常是由摄像器材对准目标物获取的,遥感是空间信息系统主要的图像获取手段。事实上,遥感是将摄像器材置于移动平台(如飞机、卫星等),进行对地摄像的一种技术。

2.2.2　图形

图形(graph)是图像的一种抽象。人们从某种需要出发,将一种物体表面或地理现象内部的次要差异忽略,仅将物体或地理现象的轮廓勾勒出来,表现其位置、面积以及其他空间信息;对于轮廓以内的各种属性则认为是均一的,或称为均质的。这里的物体或地理现象,有些是有明显的自然边界,如道路、河流、山体等,可以根据摄像的影像勾划出边界;有些是人为认定的边界,典型的图形是行政区划地图,在每一区划地域范围内,行政归属是一个,可以用一个编码表示,显然,这种勾勒的轮廓完全是人为的划分,单纯用摄像的方式不能得出这种边界。

图形可以用像元的方式表现,此时物体或地理现象的轮廓也用像元划出,用特殊的编码加以表示,轮廓内用相同属性编码的像元网格覆盖;或者各个不同的物体或地理现象,包括其边界用不同属性编码表示,边界像元的边线连接起来形成不明显的轮廓线。图形的这种表现方式称为"栅格格式",又称作"网格格式"。这样,栅格格式的数据既可以表现图形,又可以表现图像。

图形还可以用另一种方式表现:即将物体或地理现象的边界用坐标点数据表现,这些坐标点按照一定顺序连接起来,形成坐标链(vertex),将物体或地理现象封闭起来;坐标点之间的间距可以不等,视边界弯曲的"急"或"缓"而定:弯曲"急"的地方多取几个点,坐标点间距减小;弯曲"缓"的地方少取几个点,坐标点间距加大。此时表现的图形实际上是多边形(polygon),一个物体或一种地理现象就是一个多边形,坐标点即为多边形的顶点。图形的这种表现方式称为"矢量格式",这里所以称之为"矢量"是因为这些坐标点按照一定顺序连接起来,有一定方向;而坐标点的间距有其长度,有方向又有长度的量通常称为"矢量"。

栅格格式与矢量格式是图形数据的两种基本表现格式。前者既可以表现图形,又可以表现图像;后者只能表现图形。关于栅格格式与矢量格式的详细阐述见 2.2.4 节和 2.2.5 节。

2.2.3　图件三要素

包括地图、土地管理的宗地草图在内的表现地物位置的各种图统称为"图件"。图件是空间信息表达的基本形式。图件一般可以分解为点、线、面三要素,分别代表点状地物、线状地物以及面状地物。这里的"面"通常称作图斑。不同比例尺的图件,点状、线状、面状地物有不同所指:在小比例尺图件中,城市可以作为点状地物,河流、公路、铁路都可以作为线状地物,省或地区行政区划作为面状地物;而在大比例尺图件,井位、测量控制点作为点状地物,灌溉水渠、篱笆可以作为线状地物,街坊、宗地、甚至建筑物都作为面状地物。

2.2.4　栅格格式

栅格格式(raster format)数据结构是基于以下的考虑:设想用一张透明的网格纸蒙在图件上,图件就被分割为相互衔接、各自独立、面积相等的面积单元,在计算机存储设备中构建一个相应的栅格阵列,每个栅格用行与列序号(i,j)表达出该栅格的空间位置,并将每个栅格赋予属性编码,以这样方式完整表达一幅图件上的所有信息。这里的属性编码在遥感影像中可以是彩色编码,在地理图件中可以是地区的编码、自然属性编码或权属编码等。

在栅格格式下,图件栅格尺寸大小由数据精度要求决定,又取决于不同的表现对象:

(1)在遥感影像中,栅格尺寸实际是地面相应单元的尺寸,随着遥感影像空间分辨率的不同,尺寸的变化范围很大,从几十厘米到 1km。

(2)在数码相机中,栅格尺寸取决于一帧影像的像素数目,现在普通数码相机,像素数目有 600 万像素、1 200 万像素等不同档次。而一个像素,即一个栅格的实际空间尺寸又与像素数目与取景距离有关。

(3)在栅格格式的地图中,栅格尺寸由扫描数字化地图的扫描仪精度决定。这里的扫描仪是指一个类同复印机的设备,其不同于复印机的性能在于扫描仪可以将扫描过的图像或地图数字化并存储于计算机中,复印机也能对扫描过的图像或地图进行数字化,但只限于重复印制,并不存储。两者的区别就在数据能否存储上。

栅格格式数据结构简单,对于一幅图件用行列整齐的数据阵列表示,每一横行都有相等的栅格组成,这样用二维(i,j)的形式就可以清楚地存储所有信息数据,对于每一栅格,它的上、下、左、右栅格属性数据只用相应的二维栅格编号即可立即检索出来,无须任何判断。每种软件平台对于栅格格式数据,其结构并无多大区别,就是因为数据结构十分简单的原因。在栅格格式图件中,点、线、面三要素在表现形式上不做区别处理:对于图件中的每个点,都分别占用一个栅格;而对于各条线、各个面,分别占用相应位置的栅格,形成所属各个线或面的集合。由于上面阐述的栅格格式数据表达的特点,点、线、面要素之间的空间关系无需进行特殊的判断,仅用它们的栅格行列编号(i,j)即可判断出来,这是栅格格式数据结构简单的又一原因。

在实际情况中,点状地物有可能恰好位于某线状地物的"线"上;线状地物有可能同时是某面状地物的边界。比如某扬水站设在某河渠上;又比如某条公路是两个县的边界线。由于实际情况的这种复杂性,栅格格式对不同类型的地物空间数据给予分层次处理,分别存储在不同数据文件中。

2.2.5　矢量格式

矢量格式(vector format)是表达图形信息的主要数据格式。这种格式之所以能够成功地表达图形信息,是因为在用图形表达空间信息的图件中,"点"有其(x,y)坐标,直接用(x,y)坐标即可表示"点";"线"可以用有方向的坐标链表示,其属性用一个编码表示;而"面"的内部,其属性被认为是同质的,只要用坐标链表示其边界即可,无需对"面"内部各点逐一加以表示,对其属性也可以用一个编码表示。

在矢量格式图件中,点、线、面三要素需要做区别处理,对它们按一定层次分别存储在各自的数据文件中。点、线、面三要素之间具有复杂的空间关系:点可能在某一条线上;点可能在某个面以内;某条线或其一部分可能同时是某个面边界的一部分,也可能进入到某个面以内;面与面之间,也有相邻、相离、包含等空间关系。对于空间信息技术,有一项重要功能就是要进行点、线、面之间的空间分析,通过空间分析可以获得未知的信息,所谓数据挖掘正是这个意思。使用矢量格式或上面叙述的栅格格式图件数据可以做这种空间分析。

2.2.6　数字高程模型

数字高程模型(digital elevation model,DEM)是栅格格式的一种,它是以高程数据作为栅格属性数据的一种表现地形的数据格式。这就是说,每一个栅格,都有一个高程数据,以此形成一个数据集合,如图 2-1 所示。

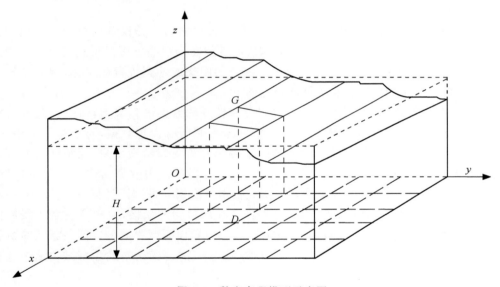

图 2-1　数字高程模型示意图

在图 2-1 中,在 x-O-y 平面上,分布面积相等的方形栅格,这些栅格各自都有一个高程,这样可以表现地形地貌。需要注意的是,DEM 仅仅能够表达简单的地形地貌,对于复杂的地形地貌,如带有山洞的山体,DEM 则不能表达。这是因为如果 x-O-y 平面设在山洞的底部,山洞洞底的网格就有三个高程的数据,即洞底高程、山洞顶部高程以及山洞上部山体表面的高程。按照栅格格式设置的规则,一个方格只能存储一个属性编码。因此,DEM 并不是全三维地表达任何复杂的地形地貌,有学者指出,DEM 只是"2.5"维空间数据。

为了全三维地表达复杂地形地貌,人们设计了一种新型的数据格式——TIN 数据格式,所谓 TIN 是英文 triangulated irregular network 的缩写,即"不规则三角网"。这种数据格式设置是基于如下的考虑:任何复杂的地形地貌,即复杂曲面,都可以用有限个小平面逼近,正如任何曲线可以用有限个线段去逼近一样。而任何小平面又可以分解为若干个三角形,因为空间中任意三角形的三个顶点可以决定一个平面,因而用有限个不规则三角形形成网络,就可以表现复杂曲面。这里的三角形是三维空间的三角形,每一顶点用(x,y,z)三维坐标表示。三角形三个顶点坐标确定以后,代入式(2-1)中:

$$z = a_0 + a_1 x + a_2 y \tag{2-1}$$

就可以将a_0、a_1、a_2三个系数计算出来,于是建立起如式(2-1)所示的三角形三维平面方程。对于该三角形在水平面上投影内任意一点(x,y),使用式(2-1),就可以计算高程(z)。这样就将任何复杂的地形地貌的空间点位坐标数据确定下来,空间信息得以表达。

上述的不规则三角网 TIN 数据格式可以认为是一种介于矢量格式与栅格格式之间的一种数据格式,原则上可以表达任意的空间曲面。对于用这种数据格式数据进行空间分析,仍有一些前沿性的问题需要研究。需要指出,不规则三角网不是全三维表达任何复杂曲面的唯一形式,对于全三维表达复杂的曲面已有其他多种数据格式,对于数据格式以及在该种格式下进行空间分析的研究仍是当前人们研究的一个前沿问题。

2.2.7　栅格格式与矢量格式的比较

栅格格式与矢量格式是空间信息表达的两种基本格式,遥感影像、地图以及其他空间数据都使用两种格式之中的一种,或兼而用之。两种数据格式各有优缺点,而且优势互补(见表 2-1)。

表 2-1　矢量格式与栅格格式主要优缺点比较

矢量格式	栅格格式
数据结构复杂	数据结构简单
数据精度高	数据精度较低
数据量相对较小	数据量相对较大
长于表达面状信息,但无法表达图像	长于表达点状信息,可以表达图像
图形运算复杂、高效	图形运算简单、但相对低效
数据格式多种多样,系统之间共享困难	数据格式单一,系统之间共享简单
拓扑与网格分析容易实现	拓扑与网格分析不容易实现

如果对这两种数据格式的特点更形象地概括,矢量格式是"只见森林而不见树木";栅格格式恰恰相反,是"只见树木而不见森林",各自的优缺点尽在其中。目前一般说来,数字化地图数据以矢量格式存储为主。系统之间数据共享通过建立标准交换格式实现,即各种系统的空间数据库都可以将自己的数据转换为标准交换格式,再将这种标准交换格式的数据转换到要转换的数据库中,以解决数据共享的问题。

2.2.8　数据的组织

各种类型的数据,如遥感影像数据、地图图形数据等,又可以按照属性的类型分为土壤类型分布图、气象区划图、土地利用图等多种多样的数据,在每种类型数据中又可分为若干细类,如气象区划图又可分为年均降雨量分布图、年均温度分布图等。

　　这些数据在计算机数据库中是通过数字地形模型(digital terrain mode,DTM)进行组织的。将这些图件用相同比例尺、相同投影方式、相互重合的图廓线分别全部数字化,并有序地组织存储在计算机中。图2-2 示意性地表达了这个模型的含意。这里所谓图件数字化是指纸质图件在计算机软硬件的支持下将图件上表达的信息数据,包括空间信息和属性数据,准确、完整地转化为计算机的代码,存入计算机数据库,供人们检索、分析。

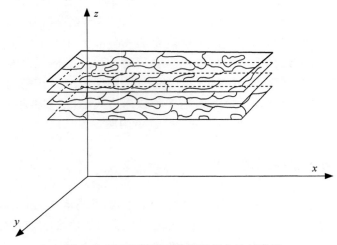

图 2-2　DTM 模型下数据组织方法示意图

　　DTM 模型可用一个简明的数学表达式表达,它是一系列二维函数的集合,即

$$I(k,p) = F_x(u_p, v_p)$$

$$(k=1,2,\cdots,m; p=1,2,\cdots,n) \tag{2-2}$$

式中,$I(k,p)$ 表示第 p 号地面单位(点、线或面)第 k 类信息取值;(u_p,v_p) 为第 p 号地面单位(点、线或面)的二维坐标值,可以是经纬度、平面直角坐标或网格的行列号;m 为属性类型数;n 为坐标点数目。

　　需要指出,DTM 模型中包含的数据可以是栅格格式的数据,也可以是矢量格式的数据。DTM 模型的意义在于它将各种类型数据分门别类地按一个个层面组织整合在一起,按照统一的框架,即一种比例尺、一种投影、一个图廓,形成一整套数据集合,便于我们全方位地分析问题。按照这种数据组织的构想,将这种模型做一定的扩展,即数据覆盖的地域扩展到全球,数据各层面允许数据精度不完全一样,对于一个层面数据也允许插进若干子层面,加进不同时间的数据,如土壤类型层面,加进不同时间土壤类型分布的数据,以供分析土壤类型演化的规律。按照这种方法构建的虚拟地球就是"数字地球",人们审视研究地球的各种宏观、中观现象就可以在这个虚拟地球上进行。

　　DTM 模型给出了数字图件层面的构建思想。事实上一幅普通地图也可以分解成多个层面,比如公路作为一个层面,水系作为一个层面,城镇分布也可作为一个层面,如此等等。图件分出的层面又称作图层。在地理信息系统中,图层(feature class)是一个重要的概念,它实际上是 DTM 模型的一种具体体现。在 DTM 的诸多图层中,表达地表高程的图层有特殊重要的意义,山坡面每一点高程的数据是通过前面已经阐述的数字高程模型(DEM)数据实现的,DEM 模型数据是 DTM 模型数据的一个子集。DTM 模型提供分层、有序存储的数据是地理信息系统实现多种数据空间综合分析的必要条件。

对于一个空间数据库,通常存储数十、甚至数百个图层数据,地理信息系统软件一般是首先给出图层数据的清单,请用户任意选择需要展示的图层,然后系统根据用户的选择,绘制出相应的图件。这样的图件展示的信息较为集中、清晰,避免了多种数据重叠、相互影响、给人凌乱的感觉。

2.2.9　空间信息数据与数据库

如上所述,空间信息包括空间数据与属性数据两类数据。空间数据回答信息发生的地点,而属性数据回答该地点是什么。为了将很大面积的这两类数据准确、完整地表示,需要建立一个空间信息数据库,并有相应的管理系统对此数据量庞大的数据加以管理,以支持对数据的查询、修改与增删。

空间数据与属性数据是两种性质完全不同的数据:空间数据结构以及表达形式相对复杂,其中包括图像与图形,图形中又有不同的数据格式,到目前为止,空间数据的格式随着信息系统平台的不同、遥感影像数据源的不同,而相互有差异,不能兼容;属性数据则相对简单,一律使用关系型数据库存储,在存储空间信息属性数据的数据库中,数据库一个记录表示一个空间对象的属性,空间对象可以是点状、线状或者面状地物(物件),而属性的种类可以灵活增加,比如可设所有权属的物主、面积、土地使用类型、土壤类型、高程等,每一种属性表达在设定的相应栏目中。

对于信息系统平台中空间数据格式各异、不能兼容的问题,目前的解决方法是建立标准的数据交换格式,要求所有信息系统平台的数据转换为标准格式,又能够将标准格式的数据转换为本平台使用的数据格式,以解决不同平台的数据沟通问题。

对于在信息系统平台内部空间数据与属性数据联系的问题,数据库管理系统采取主码与外码的方法建立数据文件的沟通与联系。由于系统内的空间数据与属性数据通常分别存储在不同的数据文件中,所谓主码是指空间数据或属性数据的数据文件中数据表达对象的识别码,这个识别码具有唯一性,即数据表达对象与识别码有唯一的对应关系;所谓外码是指在本数据文件中是一个普通的代码,而在其他某个或多个文件中是主码,通过主码与外码,可以实现数据文件之间的联系与沟通。

2.3　立　体　角

2.3.1　平面角与立体角

在遥感技术中,立体角(stereo-radian)是定量表述物体辐射强度的基本物理量之一,而物体辐射规律是遥感的物理基础之一,因此正确理解立体角的概念对于理解遥感原理有重要作用。立体角由弧度制下的平面角概念衍生而来。弧度制的平面角作如下定义:以任意一个角的顶点为圆心,以任意长度为半径(R)画出一个圆,角的两个边线所夹含的圆弧长度(L)与整个圆周长之比乘以系数"2π",即为该平面角的角度(α)。

$$\alpha = \frac{2\pi L}{2\pi R} = \frac{L}{R} \qquad (2\text{-}3)$$

将这一定义扩展到三维,即可得到立体角的定义:立体角是以锥或类锥体的顶点为球心,半径为 R 的球面被锥面或类锥体所截得的面积与整个球面的面积之比来度量的(图 2-3),其度量单位为球面度(steradian,sr),又称为"立体弧度",用公式表示为

$$\omega = \frac{A \cdot 4\pi}{4\pi \cdot R^2} = \frac{A}{R^2} \qquad (2\text{-}4)$$

式中,A 是锥面或类锥体所截得的球面面积;R 为球的半径;"4π"是系数。由式(2-4)可知,半个球体所张的立体角为 2π 球面度。

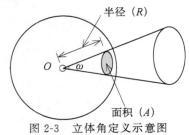

图 2-3　立体角定义示意图

任意一个矩形平面 A' 与平面外的一点 c 都可以构成立体角。此时,类锥体的顶点就设在点 c,类锥体的曲面外接该矩形平面 A';以点 c 为球心,以 R 为半径,做一个球面,而类锥体截获球面的面积,也就是矩形平面 A' 在类锥体方向在球面上的投影即为面元 A,按式(2-4)即可计算出矩形平面 A' 与平面外的一点 c 构成立体角的数值(参见图 2-3)。当然,点 c 不一定要设在矩形平面 A' 的正上方,设在平面外的任意位置都可以形成类锥体,也在球面上都有投影,只不过投影面积减小而已。此外,进一步扩展,A' 也可以不是平面,而是任意一个三维实体的曲面,都在球面上有投影,立体角的定义仍然成立。

理论上,面元 A 应当是一个球面,而当 R 充分大,R^2 远大于面元 A 面积时,比如在遥感拍摄影像时,R 为数公里,甚至数百公里,而面元 A 即地面一个单元,只有几个平方公里,或小到仅数平方米,甚至不足 1m^2,此时面元 A 就可以用平面代替。由式(2-4)可以看出,R 增大,立体角减小。对于同一个地面单元,和飞机载荷的遥感传感器形成的立体角比和卫星载荷的遥感传感器形成的立体角要大得多。

点状地物向外各个方向辐射电磁波能量,立体角就限定了在该角设定的空间范围内受到辐射的能量占该点状地物全部辐射能量的比例。这样,随着立体角增大,在该立体角范围内获取的点状地物辐射能量增大。同样道理,设想球面上局部面(在遥感的情况,就是地面单元)向外辐射能量,立体角就是表示在其垂直方位上角顶点接收到辐射能量的比例。因此,对于同一地面单元,飞机载荷的遥感传感器接收到的地面辐射能量,包括反射能量,比卫星载荷的遥感传感器要大得多,因为两者立体角差异很大。这就是为什么机载遥感传感器与卫星遥感传感器在对于电磁波有同等敏感程度的情况下,飞机遥感影像数据的信噪比要比卫星遥感影像数据高得多,图像质量要好得多。卫星遥感为了要取得较高质量的图像数据,对于传感器要采取更多的措施,比如将传感器置于液态氮的恒低温环境下,尽可能降低热噪声,以解决图像数据信噪比较低的问题。

2.3.2　受光截面

　　图 2-4 显示了相对一个点光源 O，一个受光四边形 A 及其截面 A' 的几何关系。四边形 A 的面积为"A"，相对一个点 O 构成一个立体角，将其投影到面 A' 的方向，该方向是：面 A' 的法线通过点 O，面 A 与面 A' 的两面角为 θ，四边形 A 的投影面 A' 还是四边形，其面积为"A'"。面积"A"与面积"A'"的关系为

$$A' = A \cdot \cos\theta \tag{2-5}$$

式中，θ 为矩形平面 A 与面元 A' 的夹角。显然，θ 越大，矩形平面 A 产生的有效面元 A' 就越小，甚至当 θ 为 90° 时，其有效面元面积为零，有效面元 A' 称为矩形平面 A 的截面。

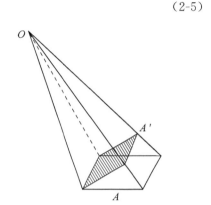

图 2-4　相对于某点一个面与其截面的关系示意图

　　图 2-4 所示的另一情况是：点 O 为遥感传感器，四边形 A 为地面辐射或反射单元，点 O 与四边形 A 构成一个立体角，四边形 A 与其截面 A' 相对于传感器 O 的辐射或反射效果是等效的。因此，地面单元相对于传感器的方位是非常重要的，方位不同，传感器接收其辐射或反射效果有很大的差别，因为有效的截面不同。比如遥感传感器的正下方（即在遥感原理章节中所定义的星下点）的地面单元与传感器斜向左右两侧的地面单元，其相对于传感器的截面有很大的不同。

　　卫星遥感中多数是等立体角成像，也就是说在遥感影像中，每一个像元与地面对应单元构成的立体角是相等的。但是图像中间部位的像元与左右两侧的像元同地面对应单元的距离是不一样的；图像中间部位像元同地面对应单元的距离小于图像左右两侧像元同地面对应单元的距离，根据式（2-4）对立体角的定义，为保持立体角 ω 值不变，当像元同地面对应单元的距离 R 增大时，地面对应单元的面积 A 势必要随之相应增大。这就是说，在一幅卫星遥感影像上，每个像元因其在图像的部位不同，对应地面单元的面积也随之不同：靠近图像南北中轴线像元的地面对应单元面积要小，成像精度要高；反之远离图像南北中轴线像元，即靠近图像东西两侧像元的地面对应单元面积要大，成像精度要低。由于各像元与地面单元构成的立体角 ω 值相同，因而各地面单元相对于像元的散射截面是相同的。

2.4　投　　影

　　投影在空间信息技术中是一个相当重要的概念，用空间信息技术制作出的所有图件，包括各种地图、遥感影像图等，都是各种种类的投影图。投影图有一个重要的特点，就是图上的一点与对应实物有严格的数学关系，这种数学关系维系着图件表现地物的准确性。

2.4.1 投影定义

所谓投影,就是空间任意一点 A 与一固定点 S 的连线 AS 被某个面 P 所截,直线 AS 与截面 P 的交点 a 叫做点 A 在截面上的投影,如图 2-5 所示。图中截面 P 通常称其为投影面,交点 a 叫做投影点,直线 Aa 称为投影线,固定点 S 称为投影中心,在投影面上得到的图形 abc 称为空间物体 ABC 的投影、构像或影像。

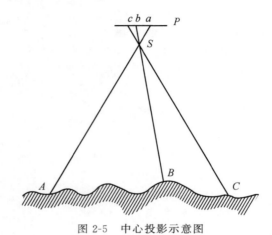

图 2-5 中心投影示意图

注意这里是投影的一般定义,这个与投影线相截的面,即投影面,可以是平面,也可以是曲面。在以上投影的定义下,衍生出多种投影方式。其中,地图或影像产品经常使用的是中心投影与正射投影;而在地图制作的过程中,还将投影面设置为圆锥面或圆柱面等多种曲面。

2.4.2 中心投影

在上述投影的一般定义中,将投影面设置为平面,这样的投影即为中心投影。参照图 2-5 中,投影面 P 为平面,物体上各点 A、B、C 在平面 P 上的投影是 a、b、c。

在中心投影中,地物点与投影点(像点)互为相应点,如图中 A 与 a,B 与 b,C 与 c 都是一一对应点。任何一对相应点与投影中心在中心投影构像时,一定位于一条直线上,称为三点共线,如直线 $A\text{-}S\text{-}a$。需要注意,当投影中心 S 设置在地物点与投影面之间时,在投影面得到的是与实际地物相反的图像或图形,即左方的地物在图像或图形中对应的投影点到了右方;反之右方的地物在图像或图形中对应的投影点到了左方,这就是在摄影中所谓的负片。如果投影中心 S 设置在地物点与投影面之上时,则没有这种左右倒置的现象。生活中,照相机拍摄的相片、电影等都属于中心投影,此时投影中心 S 就是镜头的中心,投影面就是胶卷。通常,中心投影在像平面上会有像点位移,即所谓的投影误差。投影误差有两种成因:地表物体的高低变化引起投影误差;像平面与地物的水准面不平行也会引起投影误差。关于投影误差的深入分析详见 5.2 节。

2.4.3　正射投影

正射投影是针对中心投影的投影误差提出来的一种理想化的投影。这种投影是将起伏不平的地面各个点位投影在假想平面 P' 上，要求假想平面 P' 与地表水准面平行，各点位的投影线与水平面垂直，相互平行。假想平面 P' 称为一次投影面，显然在一次投影面上地面各个点位的构像与真实地面的比例为 1∶1，地形起伏带来的投影误差在这里没有了，而且投影面又与地表水平面平行，像平面与地表的水准面不平行引起的投影误差也没有了，唯一的问题是需要将投影面比例减小，减到要求的比例尺。为此，进行二次投影，二次投影是典型的中心投影：该投影的投影中心设在一次投影面的正上方，即过平面 P' 中心垂直线的有限远处，二次投影面 P 平行于平面 P'，二次投影面 P 上的构像实际是一次投影面 P' 构像的缩小，而且是正片，如图 2-6 所示，即可得到正射投影的构像。

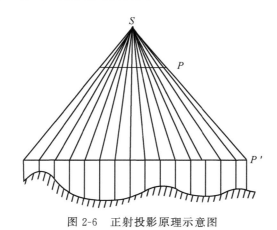

图 2-6　正射投影原理示意图

正射投影是理论上存在的理想投影，没有误差。地图制作的方向就是生成正射投影图件，尽管完全没有投影误差的地图并不存在。

2.5　地图学基本知识

地图是最直观、最容易被人们接受的一种表现地表空间信息的形式。地图可以作如下定义：所谓地图是按照一定法则，有选择地以二维或多维形式与手段在平面上或球面上表示地球若干地理现象的图形或图像，它具有严格的数学基础、完整的符号与文字注记系统，并能用地图综合的原则，科学地反映自然和社会现象分布特征及其相互关系。这里的"地理现象"是指反映地理某些特征、特种质地的客观存在，如地形、地物分布、行政边界等；而这里的"地图综合"是指在地图中按照某种需要，突出某些现象，忽略某些现象，以达到简单明了的目的。事实上任何地图都不可能将地面所有信息都加以表达，总是要有所省略。

如前所述，地图制作的原理是投影，地图上任意一点与其对应的地物有严格的数学关系。这是地图与其他表现地物位置及景观图件的根本区别。地图的严格数学基础，使得地图的使用者可以准确地从地图上的指定区域获取其面积,指定两点获取它们之间的距离及方向,指定线状地物如道路、沟渠等获取其长度,以及各个地块或区域之间的方位等各种信息数据。2.5.4节将介绍地图的三种基本投影。

2.5.1 地球模型

地球是一个不规则的、近似于球体的天体。更准确地说,地球类似于一个椭球体,两极扁平,长短半径大约相差21km。但它又不是一个规则的椭球体,地球北极圈内在加拿大北部略呈凸起,大约凸起10km;而南极又略呈凹陷,大约凹陷30km,呈现一个大体类似梨形的形状。基于这样的情况,地球可以被模拟为由以下参数决定的旋转椭球体:长半轴为6 378 140m;短半轴为6 356 863m。

注意在国际上,对于某些国家,由于其地理位置、版图的大小及形状等具有自己的特点,为制作本国地图,在设置旋转椭球体的长、短半轴的参数上会略有不同。

粗略地模拟地球,又可以认为地球是一个半径为6 371km的球体。

在地球模型下,地球的纬度定义为:椭球面上一点的法线与赤道的交角,这里的法线是指垂直于椭球面一点切面的直线,一般并不通过地心。地球的经度定义为:通过英国格林威治的子午线平面与某一点子午线平面所构成的两面角的角度,英国格林威治子午线以东称为东经,以西为西经。

2.5.2 地图制作原理

地球是一个不可展的复杂曲面,而一般纸质地图是一个平面,要把地球这样的曲面展开为平面,就必然发生裂缝或重叠。制作地图的总体基本思想是:

(1)选择一个假想的旋转椭球体模型,并将该模型置于真实地球的合适部位、保持与地球的恰当方位关系去模拟地球,将地球表面的地物映射到旋转椭球体模型上。

(2)将地球模型看作为一个"透明"的椭球体,在这个椭球体的中心设置一个点光源(投影中心),在椭球体外设置投影面——平面、圆锥面、圆柱面或椭圆柱面。注意,这些面都是可展面,并保持与椭球体一定的几何关系(相切或相割),如图2-7所示。

(3)点光源发射的光线(投影线)穿过椭球体或部分穿过椭球体与球外设置的投影面相交,产生地球(椭球体)表面地物的投影构象。

(4)将投影面展开铺平、分割,并按比例缩小,即成为通常的地图。

由以上地图制作的基本思想可以看出,影响地图制作精度的主要因素有:

(1)地球模型的设置,包括旋转椭球体的长、短轴的大小以及与真实地球空间关系。

(2)投影面的设置,包括投影面的种类、投影面的有关参数(如圆锥面的圆锥角度)以及投影面与地球的空间关系。

(3)投影面展开铺平、分割的方法。

以上三个因素中,投影面设置最为关键,对于地图误差影响最大。一般来讲,每一个国家根据本国在地球的特定部位、版图特点、面积大小,选择不同的地球模型、投影面以及投影面

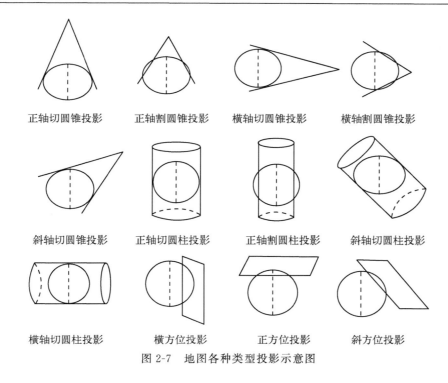

正轴切圆锥投影　　　　正轴割圆锥投影　　　　横轴切圆锥投影　　　　横轴割圆锥投影

斜轴切圆锥投影　　　　正轴切圆柱投影　　　　正轴割圆柱投影　　　　斜轴切圆柱投影

横轴切圆柱投影　　　　横方位投影　　　　　正方位投影　　　　　斜方位投影

图 2-7　地图各种类型投影示意图

展开铺平、分割的方法,从而将误差降到最小程度。此外,特殊用途的地图,如航海图、气象云图、地质填图等,对于制图误差都有不同的要求,因此也都有不同的选择。对于地图的制图误差问题,在以下内容中会有专项分析。

2.5.3　地形图

所谓地形图是指按照国家统一制定的编制规范和图式图例,由国家统一组织测绘,包含土地覆盖类型、地面高程、行政区划、人工设施等地理信息内容,提供给各地区、各部门使用的地图。地形图在各类地图中具有特殊的意义。从地形图的这一定义来看,可得出地形图有以下特点:

(1)地形图是一种综合性的地图,内容包含了多种综合性的信息,地形图的比例尺一般都覆盖从中比例尺到大比例尺的各种版本。因此,地形图常常可以作为多种专业制作专业图件的调查底图使用。比如,土地资源调查、地籍调查、土地利用规划等,使用地形图作为线索到实地进行勘丈测绘,以加快调查勘丈的进度。

(2)地形图提供的信息数据具有法律的效义,是国家统一组织测绘制作的地图,国家根据需要不定期对地形图进行有计划、有步骤的更新。地形图是国家各级政府对于本境内执法行政的依据。任何个人或其他单位团体都无权制作地形图。因此,地形图的准确性、科学性及权威性是毋庸置疑的。

2005 年,国家测绘部门制作了覆盖全国的 1∶5 万的数字地形图,这项成果为国土资源管理、全国土地详查、土壤普查、农业普查等国家执法行政以及实施国家大型信息工程创造了有利条件。

2.5.4　地图的三种基本投影

前文已述,在地球模拟椭球体外设置的投影面,可以是圆锥面,或圆柱(椭圆柱)面,甚至直接是平面,因为这些面都是可展面。这样,就形成了圆锥投影、圆柱(椭圆柱)投影、方位投影(投影面为平面)三种基本投影。这里的圆锥面、圆柱(椭圆柱)面、或平面与地球的关系又可以有相切或相割,方位又可以有纵向、横向与斜向等,形成了多种投影方式。以下介绍经常使用的两种投影方式——正割圆锥投影和横切圆柱投影。

1. 正割圆锥投影

这是用圆锥面纵向正割地球,将地球表面分布的地物投影在圆锥面上,再将圆锥面沿着圆锥母线裁开铺平,生成的投影图,如图 2-8 所示。

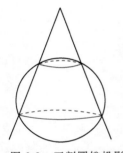

图 2-8　正割圆锥投影

由图 2-8 可以看到,用圆锥正割地球的球面,有两条相割的纬线,在这两条纬线上,没有投影误差。因为这两条纬线既是地球球面上的线,又是圆锥面上的线,因此这两条纬线称作标准纬线。两条标准纬线将地球球面及圆锥面分割为两部分,即两条纬线之间部分和两条纬线以外的部分。在两条纬线之间部分,地球球面上地物投影到圆锥面上,其投影被缩小,长度误差都为负。这是因为:假设地球球面两条纬线之间有两个点,分别与地球球心连线形成两条投影线,这两条投影线形成一个角,随着投影线的延伸,角的开口就越来越大;由图上可以看到,投影线先穿过圆锥面,后到达地球球面。这样在圆锥面上的投影被缩小;反之,两条纬线以外的部分投影被放大,长度误差为正。正轴圆锥投影的经纬网经线表现为向一点收敛的直线束,纬线在圆锥面投影成为同心圆弧。

圆锥投影的优点是可以跨越很大的经差范围,甚至东西两半球 360°,其对应的地图在长度、面积、方向三方面的误差都可以在一个较小的范围内,只要求投影制图范围的纵向不要在标准纬线两侧过远的位置。割圆锥投影的地图,其投影误差对于长度与面积有正也有负,使其在总体上控制在一个较小的范围内。这样制作的地图可以在纵向(即南北向)覆盖较大的范围,适合中国版图在东西向与南北向跨度都很大的特点。中国的全国地图以及各省、自治区或大区的行政区划图在采用正轴割圆锥投影的基础上,又采用等面积的特殊数学处理,使投影面积误差几乎为零,保证了地图上的各个地区在面积量算上的精度,这一投影的两条标准线分别为北纬 25°与北纬 47°纬线,分别穿越福建省与辽宁省。在整体上,保证了中国版图内各个地区面积量算的精度,对于两点距离以及方位的误差也都可以控制在较小的范围内。

2. 横切椭圆(圆)柱投影

横切椭圆(圆)柱投影又称高斯—克吕格投影,一般用在比例尺大于 1∶50 万的地图中,即 1∶20 万、1∶10 万等地图都采用该种投影。

高斯-克吕格投影的原理是:假设用一个椭圆(圆)柱面横向套在地球上,使椭圆柱面的轴线通过地心。这里选用椭圆柱面还是圆柱面,视采用的地球模型而定:如果地球模型是旋转椭球体,则选用椭圆柱面;如果地球模型是圆球体,则选用圆柱面。以椭圆柱面为例,该面与地球椭球体某一经线相切,此经线称为中央经线,又称中央子午线,以这种椭圆柱面作为投影面,将地球旋转椭球体表面上的地物投影到椭圆柱面上,如图 2-9(a)所示;将椭圆柱面横向切开又展开,就得到投影后的图形,如图 2-9(b)所示。用这样投影方式制作的地图,除了中央子午线和赤道在地图上的呈现是直线以外,理论上其他经线或纬线都不是直线,而是十分复杂的函数曲线。但是,经线与纬线的交角仍然保持直角。在大比例尺图件中,经线与纬线看上去是直线,是由于图件只是截取了曲线一小部分的缘故。

注意在这样的设置下,地球旋转椭球体可以在椭圆柱面内以过地球南北极的地轴为旋转轴旋转,这是因为地球旋转椭球体的水平断面是一个圆。这是高斯-克吕格投影可以采用分条带投影的先决条件。

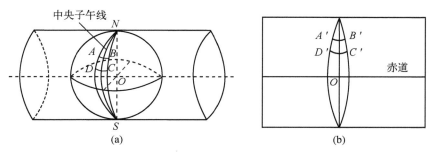

图 2-9 高斯-克吕格投影的几何概念

高斯-克吕格投影有下列规律:

(1)中央经线和赤道为垂直相交的直线,作为直角坐标系的坐标轴,也是经纬网图形的对称轴。

(2)经线为凹向对称于中央经线的曲线;对于北半球,纬线为凸向对称于赤道的曲线,且与经线曲线正交,没有角度变形。

(3)中央经线上没有长度变形,其余经线的长度略大于球面实际长度,离中央经线向东西两侧愈远,椭圆柱面与地球旋转椭球面相分离愈远,其变形愈大(纬度为 0°,经差为 3°,长度变形为 1.38%)。

为了使变形控制在一个较小的范围内,该投影采用分带投影的办法,即将中央经线东西两侧 3°作为一个投影带,投影带的边界即为中央经线东西两侧 3°的经线。两条经线在地球南北极相交,形成如同一个花瓣形状的条带。将这样的条带内的地表地物点位逐一投影到椭圆柱面上,然后将此条带展开铺平,再缩小,将其按一定要求分割形成地图。在椭圆柱面内"旋转"地球模型,旋转角度 6°,又形成另一个花瓣形状的条带,相应生成这一条带区域内的地图。总共旋转 60 次,就可以将地球每一个区域覆盖,如图 2-10 所示。这就是高斯-克吕格投影分带制作地图的原理。

用如上介绍的方法,制作 1:50 万~1:2 万地形图时采用 6°分带。为制作 1:1 万以及更大比例尺地图,则采用 3°分带,以保证必要的精度。在 6°分带或 3°分带以内,由于地图图幅的限制,按照比例尺的不同,在每一分带内还要按经线与纬线进行分幅,从而可以在地图上准

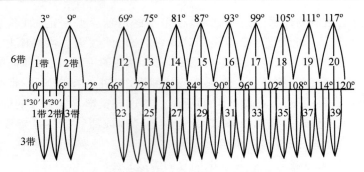

图 2-10　高斯－克吕格投影分带投影示意图

确确定目标的位置、方位、距离、面积等。

　　包括台湾在内的我国部分省份地形图都采用高斯-克吕格投影制图。在台湾,高斯－克吕格投影被称作横麦卡托投影,为制作台湾全省 1∶1 000,1∶500 地籍图以及 1∶5 000 基本地形图,1976 年测绘管理部门规定,将东经 121°作为台湾中央经线,以东西 2°为分带区域,即东经 120°～122°两度范围覆盖台湾本岛以及琉球、绿岛、兰屿、龟山等,而对于澎湖、金门、马祖则以东经 119°为中央经线。在此设置下,一维尺度最大误差约为 1/20 000 ～1/10 000。

2.5.5　大地坐标系统及其方里网

　　这里的坐标系统是指直角坐标系统,不同于地理经纬网坐标系统。直角坐标网是以每一投影带的中央经线作为纵轴(X),以北为正;赤道作为横轴(Y),向东为正。这是国际测量的统一设置,构成左手坐标系。在这样的设置下,横坐标 Y 数值有正有负,不便于使用。所以,又规定将纵坐标轴(X)向西移 500km,之所以西移 500km,是因为在赤道上经差 3°距离为333.6km(按赤道半径 6 371km 计算),西移 500km 既使一个经度 6°条带中各个点位的横坐标均为正值,也使经度 6°条带最大的横坐标数值不超过 1 000km,不增加数据存储字节,如图2-11 所示。这种坐标系统称作大地坐标系统,又称通用坐标系统。由于台湾的特定地理位置以及东西跨度,其测绘管理部门规定,纵坐标轴(X)向西移 2 500m,此坐标系统称为 TM2 度坐标系统。

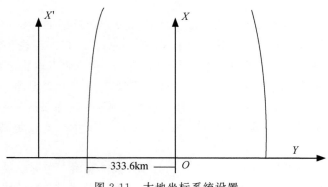

图 2-11　大地坐标系统设置

在每一个 3°带内,按 1km 等间距作平行于纵、横坐标轴的直线,便构成了图面上的平面直角坐标网,又叫方里网。方里网纵横网格线的交点坐标 x、y 值是 1km 的整数倍。设置方里网的目的是起误差控制的作用。这是因为方里网有固定的理论面积 $1km^2$,网格四角点坐标又有理论值,因而可将网格内的各图斑面积的总和控制为 $1km^2$,而将穿越网格的纵线或横线在网格内的距离控制为 1km,以避免产生传播误差。所谓传播误差是指对于一个距离分为若干段进行测量所产生的误差。比如有 10km 的距离,用 100m 的钢卷尺进行测量,需要分为 100 个区段测量,上一个 100m 区段测量的终点作为下一个区段的起点,这样将上一个区段测量的误差带到下一个区段,产生了误差累积效应。而在地图中精确划分了方里网,避免了将这一方里网中的测试误差带到下一个方里网,杜绝了误差的累积效应。

对于方里网,有两点需要注意:

(1)方里网在地图上是正方形,而它覆盖的实地却不是严格的方形,因为投影有变形。

(2)方里网格的纵线或横线在理论上一般不平行于每幅图图廓的纵线或横线,除非少部分图件图廓线是赤道或中央经线。

方里网在图件上,图廓线以内一般用"+"符号标出四角点;或者在图廓线上标出网格线与图廓的交点,以便于人们识别。

2.5.6　平差

"平差"是大地测绘经常使用的一个基本概念。这一概念是这样提出来的:分别量测一个大区域的面积及其大区域包含的各小地块的面积,比如分别量测行政乡的面积及该乡包含的各行政村的面积,理论上各村面积之和应当等于乡的面积。但是由于量测面积的误差不可避免,实际上各村面积之和并不等于乡的面积,或大于乡的面积,亦或小于乡的面积。这种面积数据产生的矛盾需要解决,就需要平差。

实际工作中,通常将大区域的面积作为控制面积,认定这一面积是"准确"的,对各小地块的面积进行数学处理,迫使处理后小地块面积之和等于大区域面积。数学处理的思想是将各小地块量测面积之和 A_{sm} 与控制面积 A_c 之差,按照各个小地块量测面积 A_i($i=1$, 2, $\cdots n$; n 为小地块的个数)占总面积 A_{sm} 的比例进行误差差额分配,地块面积大者分配的差额比例就大一些;反之,地块面积小者分配的差额比例就小。当然,这里的误差差额可能为正值,也可能为负值。这种差额分配方法就是加权平均分配,这里的权重(weight)就是小地块面积各自占总面积的比例。实施以上数学思想,用公式表达出来,如式(2-6)所示。

$$A'_i = A_i + \Delta A \cdot \frac{A_i}{\sum A_i} \tag{2-6}$$

式中,A'_i 为第 i 块地在平差后的面积;A_i 为第 i 块地原来的面积;ΔA 为控制面积 A_c 与各个小地块面积之和 $\sum A_i$ 的差,注意这个差可能为正值,也可能为负值;ΔA 后面乘的分数即为分配差额的权重。

经过式(2-6)对每块地面积数据的平差处理,迫使各块地面积的和等于控制面积,这样解决了区域面积不等于所属小地块面积之和的矛盾。

2.5.7　地图分幅

比例尺为 1：50 万～1：2 万时采用 6°投影带,而比例尺大于 1：1 万则采用 3°投影带。由高斯-克吕格投影的原理与特殊设置可以看出,6°或 3°投影带都是呈花瓣形的条带。在 6°投影带中,最宽处即截取的赤道长度应为 667.2km(按赤道半径 6 371km 计算);3°投影带最宽处应为 333.6km。显然这样大的跨度在一张较大比例尺的地形图中是容纳不下的,因为地形图纸面横向与纵向长度一般在 50cm 左右。这样就引出了地形图的分幅问题,即按照一定的经差与纬差并从中央经线、赤道分别向东西方向与南北方向"剪裁"投影带,形成一幅幅不同比例尺的地图。显然比例尺越大,经差与纬差的跨度就越小。

1991 年,国家测绘部门制定了《国家基本比例尺地形图分幅和编号》地图制图标准。这个标准对于 1991 年以前普遍执行的地形图分幅和编号的方法进行了修订,使之更适合于计算机环境下对于数字地图的管理。根据该标准,地形图的分幅与编号以 1：100 万地形图为基础,按照相应的经差与纬差划分图幅:

1：100 万比例尺地形图是经差 6°、纬差 4°(纬度在 60°～76°为经差 12°、纬差 4°;纬度 76°～88°为经差 24°、纬差 4°)。

对于 1：50 万地形图,将 1：100 万比例尺地形图分为 2 行 2 列,共 4 幅 1：50 万地形图,按经差 3°、纬差 2°进行分幅。

对于 1：25 万地形图,将 1：100 万比例尺地形图分为 4 行 4 列,共 16 幅 1：25 万地形图,按经差 1°30′、纬差 1°进行分幅。

对于 1：10 万地形图,将 1：100 万比例尺地形图分为 12 行 12 列,共 144 幅 1：10 万地形图,按经差 30′、纬差 20′进行分幅。

对于 1：5 万地形图,将 1：100 万比例尺地形图分为 24 行 24 列,共 576 幅 1：5 万地形图,按经差 15′、纬差 10′进行分幅。

对于 1：2.5 万地形图,将 1：100 万比例尺地形图分为 48 行 48 列,共 2 304 幅 1：2.5 万地形图,按经差 7′30″、纬差 10″进行分幅。

对于 1：1 万地形图,将 1：100 万比例尺地形图分为 96 行 96 列,共 9 216 幅 1：1 万地形图,按经差 3′45″、纬差 2′30″进行分幅。

对于 1：5 000 地形图,将 1：100 万比例尺地形图分为 192 行 192 列,共 36 864 幅 1：5 000地形图,按经差 1′52.5″、纬差 1′15″进行分幅。

如此延续下去,还有 1：2 000、1：1 000、1：500 地形图的分幅。

从以上地形图的这种分幅方法可以看出:

(1)标准分幅地形图的比例尺不是任意设置的,在 1：100 万以下只能有 1：50 万、1：25 万、1：10 万、直到 1：500 比例尺的图件,类似于 1：20 万这样的比例尺不是标准分幅比例尺。比例尺的标准化是数字图件高效有序管理的一个必要条件。

(2)对于任意一个地区,有多种比例尺的地形图表达其地理信息。就中国的版图而言,覆盖全国的标准地形图图幅数,使用 1：5 万比例尺,需要 24 091 幅;使用 1：10 万比例尺,需要 7 176 幅;使用 1：25 万比例尺,需要 819 幅;使用 1：25 万比例尺,需要 257 幅;使用 1：100

万比例尺,则仅需要 77 幅。

(3)对于一幅确定比例尺、确定地区的标准地形图,其图廓四角点的经度、纬度都是确定的,这对于图件检索十分有利。

(4)上一小比例尺级别标准图幅包含的下一大比例尺级别地形图图幅数目总是固定的,比如 1∶50 万比例尺图件总是包含 4 幅 1∶25 万比例尺图件;1∶25 万比例尺图幅包含 9 幅 1∶10 万比例尺图件。多数情况,上一小比例尺级别图幅包含 4 幅下一大比例尺级别地形图图幅,即图件比例尺放大 2 倍,而图件覆盖地区的东西或南北尺度缩小 2 倍,这种情况就图件的纸面尺度而言,大小没有变化。但也有少数情况例外,比如 1∶25 万比例尺图幅包含 9 幅 1∶10 万比例尺图件,从 1∶25 万比例尺变为 1∶10 万,比例尺放大 2.5 倍,但是图件覆盖地区的东西或南北尺度却缩小 3 倍,这样导致 1∶10 万比例尺地形图的纸面尺寸要比 1∶25 万的尺寸要小。

需要强调的是地图之所以用经差、纬差分割地图,其原因是这样可以不遗漏、又不重叠地覆盖地球表面。

在这样的分幅下,地图具有以下特点:

(1)地形图的图廓是由经线与纬线构成的,由于一幅图中仅仅截取经线与纬线很短的一段,因此图廓线可以看作是直线。

(2)地形图的图廓构成的形状接近矩形,但并不是严格的矩形,事实上更接近于梯形。这是因为随着纬度的增高,纬线圈周长要减小,对于同样经差跨度,一幅图截取的纬线在纬度高的地点要短于纬度低的地点。位于靠近中央经线并靠近赤道的图件,图廓接近于矩形。反之,位于靠近投影带边沿并远离赤道的图件,图廓更接近于梯形,处于这种部位的图件,方里网格线与图廓线呈现较大的角度;左上角与左下角的横坐标(y)值有明显的差值,同样左上角与右上角的纵坐标(x)值也有明显的差值。

(3)在同一投影带、同一个纬圈带上的各幅图件的上图廓线或下图廓线彼此互不平行,靠近投影带边沿的图件其上图廓线或下图廓线与赤道的夹角变大,如图 2-12 所示。这是由于纬圈投影在椭圆柱面上,椭圆柱面又展平,因而除赤道这样的纬圈在展平的投影面上是直线外,其余纬圈由于投影以及投影带展平的原因,全都在中央经线东西两边向上翘起(北半球)或向下下垂(南半球),地形图件上图廓线或下图廓线作为纬圈的一部分,自然会出现与赤道不平行的情况。图件位置越向南北极圈发展或越远离中央经线,上下图廓线与赤道不平行的情况就越明显。同一个纬圈带上各幅图件的左右图廓线严格说来也是不平行的,这是因为所有不同经度的经线都要在南北极极点相交。

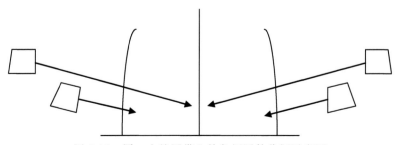

图 2-12　同一个纬圈带上的各幅图件分幅示意图

　　由于分幅图件图廓的以上特点,图廓线构成的四边形近似于梯形,并不是严格意义上的梯形,上下两条边线也不严格平行。因此,分幅图件的左上角与右上角以及左下角与右下角两对顶点的 x 坐标并不相等;同理,左上角与左下角以及右上角与右下角两对顶点的 y 坐标也不相等。这个坐标数据的特点在数字化图件时需要加以注意。

　　(4)由于如上所述,标准分幅地形图是用经、纬线切割分幅的,地形图一幅地形图的图件面积以及对应的实地面积与所在的纬度位置有关。在同一经线上的图件纬度越高,面积越小。接近南北极,一般不使用高斯-克吕格投影,而改用方位投影。

　　(5)在同一投影带内,地形图相互拼接在一起,不会出现断裂;而不在同一投影带内,地形图相互拼接却要出现断裂,如果一个地区跨接在两个投影带就会出现这种情况。此时需要做图幅换带处理,即将本不属于本投影带的邻近图幅坐标转换到本投影带坐标系上,以便于在本投影带进行统一处理,如量算面积、邻近区域查询等。需要做图幅换带处理的读者,可查阅测量专业相关书籍,如果精度要求不是很高、换带地区面积又不是很大,可以考虑采用几何校正的方法进行坐标转换,具体参见本书 10.1 节。

　　深刻理解地形图的这些特点对于用计算机地理/土地信息系统正确数字化地形图有重要作用。

2.5.8　大地坐标系统与地理经纬度坐标系统的转换

　　大地坐标系统与地理经纬度坐标系统两者之间的转换方法有多种,在地理信息系统中通常是用解析法,其实质是确定地面上的地理坐标经度、纬度 (ϕ,λ) 与平面对应点的大地直角坐标 (x,y) 之间的函数关系。这种关系可用式(2-7)表达:

$$\begin{cases} x = f_1(\phi,\lambda) \\ y = f_2(\phi,\lambda) \end{cases} \tag{2-7}$$

式中,f_1、f_2 是单值、连续函数,函数表达式十分复杂,不在这里列出。这种由经度、纬度计算大地直角坐标 (x,y) 的变换称为正解变换,当然还存在由大地直角坐标 (x,y) 计算经度、纬度的反解变换。随其形式的不同,可以解决不同类型和性质的地图投影与大地直角坐标之间的双向变换问题,一般大型地理信息系统都提供这种变换的功能。

2.5.9　地形图的"三北"问题

　　标准化的地图需要画出指北针,给出准确的正北方向。由于 1:50 万以下的地图采用高斯-克吕格投影,每幅地图的指向具有不同于其他投影方式的特点,即产生"三北"问题。所谓"三北"是指图件所在投影带指向的北、每幅图件本身指向的北以及磁力线指向的北,即三个"北"。

　　(1)投影带指向的北。这个北向就是该幅地形图所在投影带的中央经线指向的北。

　　(2)本图件指向的北。这个北向就是穿过该幅地形图中心的经线指向的北。这个北又称作"真北",地形图上标出的北就是这个北。

　　(3)磁力线指向的北。这个北向就是穿过该幅地形图中心的地球磁力线指向的北。地球物理工作者发现地球磁场的南北极并不在地球自转轴的两极(经线的交汇处)。每一地点用指南针测量的北向与同一地点经过的经线存在一个偏角,称作"磁偏角"。磁偏角随地点不同而不同。

以上这三个"北"对于具体每幅地形图,随着该幅图所在投影带的位置不同以及所在地球的部位不同而不同,根据高斯-克吕格投影的原理可以发现其中相互关系变化的规律。

需要强调,"三北"问题只存在于高斯-克吕格投影方式下,在其他投影方式下是不存在的。

2.5.10　投影误差

如前所述,为制作地图采用了多种投影方式,在每种投影方式下又采用了条带分割等多种技术措施,但是无论采用何种投影方式或何种技术措施,在制作的地图上都有误差。产生误差的根本原因是:地球是一个不可展的复杂曲面,而纸质地图是一个平面,要把地球这样的曲面展开为平面,在展绘形成的地图上出现的各种地表地物必然会随之发生变形。这种变形有三种,分别形成三种误差:

(1)两点间长度(距离)的误差,即在地图上量测的距离乘以比例尺分母得到的两个地物距离并不等于实际地面距离。

(2)封闭曲线的面积误差,即在地图上量测的地物面积乘以比例尺分母平方得到的面积并不等于实际地物的面积。

(3)方位误差,即一个点相对于某一基准点的方向并不等于地面的实际方向。

地图投影变形分布的一般规律是:地图上所表示的范围愈大,即图件比例尺愈小,变形愈大;离不变形的线或点愈远,变形愈大。对于使用任何一种投影方式以及特殊技术处理制作的地图,有可能避免上述三种误差其中的一种,但是三种误差都没有的地图是没有的。比如,使用正轴切圆柱投影制作的地图,可以做到没有方位误差,但是其他两种误差却较大,这种地图一般用作航海图。又比如,等积圆锥投影制作的地图,可以做到在面积上不存在误差,但其他两种误差仍然存在,这种地图常用作幅员广阔的行政区划地图。

经研究发现,当比例尺大于1:10万,可以不考虑各种投影带来的误差。因为对于比例尺大的地图,地图幅面覆盖的地面面积较小,可以看作近似的平面,这种情况下,各种投影面也都可视为平面,投影线与投影面垂直,投影成为理想的正射投影。因此,对于比例尺大的地图,可以不考虑其投影方式。

2.6　空间数据的不确定性、元数据及数据的标准化

2.6.1　空间信息的不确定性

本书在第 1 章绪论阐述空间信息技术的学科前沿中,已经提到了空间信息的不确定性问题。这里再从空间数据不确定性成因与表现的角度,讨论应对这一问题的对策。

大量的空间信息具有明显的不确定性,典型的事例是海岛的海岸线长度。Mandelbrotz 在他的著作 *How long is the coast of Britain* 中首次提出了这一一个问题。显然,以千米作为

量测单位,可以得到某海岛海岸线长度的数据;而以米作为量测单位,又可以得到海岸线长度的另一个数据。后者数据比前者要大得多,甚至可能是前者的数倍。造成这种现象的原因是以千米为单位,忽略了在1km距离内海岸线弯曲造成的曲线延长。

　　类似的现象还有测算山体的表面积,表面积数值取决于面积元的尺寸。山体表面一块地的坡度也存在不确定性:山体表面通常是一个不规则的复杂曲面,每个点都有坡度值,因为曲面每个点的坡度有明确的定义,但是对于一块山坡地的坡度却没有明确的定义。试想如果以这块山坡地中心点的坡度作为坡度,恰好这点正好在一块大石头上,大石头是一个矩形六面体,可能这一点的坡度就是0°或90°,这一测试结果显然不合理。而如果以山坡地每个点的坡度的平均值作为该地的坡度,问题是这些点的密度多大才适当,这是又一个三维不确定问题。事实上,除空间数据以外,其他测量数据也有不确定性问题,比如汽车的速度也是一个不确定值。如果将测试的时间尺度减小到一定程度,就可以发现汽车行进实际上是变速运动;当时间尺度大到一定程度,汽车的运动状态并没有变,测量出来的数据就变为匀速运动。对此,尺度多大是一个临界值,需要研究。

　　在用遥感手段采集地面信息中,存在着大量的不确定信息,比如遥感采集的地面生物量(biomass)、地表温度、作物产量估计等,都是不确定信息。遥感技术之所以出现诸多的信息不确定性,其根本原因是遥感采集信息受到大气环境的多种干扰,而这些干扰因素,如大气的干扰、传感器的噪声、传感器载荷平台姿态等,具有很大的随机性与不可重复性,且采集的信息数据又很难在大面积范围内进行验证。这样看来,遥感数据,特别是反映地物性状的信息数据,误差是较大的,而误差的成因又是多方面的,完全排除这些干扰因素造成对误差的影响是不可能的,甚至对这些干扰因素加以定量表述都是困难的。这就是有人将遥感数据表述为"病态"数据的缘由。如何使用"病态"数据去推演出可靠、准确的信息,是遥感研究的前沿问题之一。

　　不确定性有两个类型,即固有不确定性和人为不确定性。海岸线长度、复杂物体表面积就是属于固有不确定性,而山体一个地块的坡度基本属于人为不确定性,汽车速度兼有这两种不确定性。对于空间信息的不确定性,人们有一种表述:一个尺度就有一个世界,微小尺度就有微观世界,大型尺度就有宏观世界。

　　不确定问题是由于客观世界的复杂性与认知过程的复杂性的耦合形成的。对于人的认知过程实际上就是由相对真理到绝对真理的认识问题。需要注意的是,尽管一部分空间信息存在着不确定性,但是并不意味着从这部分数据就不能获取相应信息。既然"一个尺度、一个世界",那么在这一尺度下"世界"还是存在的,"世界"的信息还是能够确定的。人们不能为了信息而信息,为了精确而精确,而应该从实用出发,即处理好需要与可能的关系,确定适当的尺度,将信息的误差与不确定性控制在一定范围内。以遥感估产为例,在一个大范围内,农作物产量是一个不确定信息,遥感估产的目的是为了宏观控制国民经济发展,争取在国际农产品市场的主动,制定相应的政策与措施。出于这样的目的,绝对数字准确估产的意义应当让位于做相对产量估计的意义,即相比去年,今年某种作物的增产或减产的百分比。由这样的相对产量估计数字,即可确定合理的经济应对措施;精确的估计绝对产量倒是意义并不很大。承认信息的不确定性,掌握不确定的范围,实事求是地排除不确定因素,采取合理的技术措施,获取带有不确定因素的信息,这就是应对空间信息不确定性的合理对策。

2.6.2　元数据

1. 元数据定义

元数据(metadata),又称为"诠释数据",它可以被定义为数据的数据,即对数据库做全面解释与说明的数据。设立元数据有以下目的:

(1)为数据的使用者提供必要的信息,以提供数据导航服务,如给出数据的使用范围、精度、有效日期、适用的数据库管理系统、质量标准、质量负责单位、购买数据的联系方式等信息数据。

(2)为数据的开发者提供必要的信息,如数据的格式、网络数据库的网址、数据通讯的协议、数据索引格式等数据。

(3)为相关的数据库管理组织提供必要的信息,如数据的生产单位、适用数据管理平台标准、数据传输方式等。

元数据是数据库数据社会化的产物。在信息化社会,数据连同数据库"爆炸"与"知识爆炸"同时发生,甚至数据与数据库"爆炸"比"知识爆炸"还要猛烈。地球外太空运转的数以千计的遥感卫星、通信卫星每天获取并传输的数据要以天文数字来统计,各行各业也在生产、传输大量信息数据,不断有新数据库出现,旧有数据库也在不断补充新数据。这样,为了提高数据的使用效率、发挥数据的应有效益、保障数据生产者的权益,数据的生产者、使用者以及管理者三方面需要沟通,而元数据就是三者沟通的桥梁。

元数据的表达方式可以有多种,内容的繁复与数据描述对象有关。

2. 地理信息元数据的基本内容

地理信息是绝大部分行业以及社会公众普遍需要的信息数据,因而设立地理信息的元数据十分必要。地理信息元数据与地理信息数据一样,也存在一个表达标准化的问题。20 世纪 90 年代初期,国际标准化组织(ISO)在建立地理信息系列标准的开始,就将地理信息元数据标准作为其中的一个重要内容。21 世纪初,海峡两岸几乎同时开始着手建立地理信息元数据标准。国家国土资源管理部门考虑到地理信息元数据的复杂性,首先研制了地理信息核心元数据标准,将常用的元数据内容加以核准规范,形成标准,供地理信息数据生产部门在建立数据库时使用。台湾地区测绘部门在原有元数据基础上,遵循 ISO19115 标准要求,研制了 TWSMP(Taiwan spatial metadata profile)。

综合多种地理信息元数据标准,地理信息元数据大致包括以下内容:

(1)识别信息(identification information),即数据库的名词术语定义解释以及基本数据内容。

(2)数据库数据质量信息(data quality information),即数据质量评估的信息。

(3)空间数据组织信息(spatial data organization information),即空间信息的参照系模式类型以及地物对象数量。

(4)空间参考组织信息(spatial reference organization information),即叙述使用的空间参考框架以及坐标系统等数据。

(5)实体与属性信息(entity attribute information),即有关数据实体的格式、属性种类、属性值域等相关数据。

（6）数据提供方式（distribution information），即有关于数据的生产者、提供方式等相关信息数据。

（7）元数据的参考信息（metadata reference information），即元数据格式名称、版本以及负责机构的相关信息。

（8）引用信息（citation information），即数据本身的名称、生产者、版本以及其他相关数据等详细参考数据资料。

（9）数据的时段信息（time period of content information），即有关数据内容发生及记录的时间信息数据。

（10）联络信息（contact information），即与数据库有关人士或单位的基本信息和联络方式。

（11）附加信息（extra information），即因对数据权责单位、国土信息系统数据分类以及图幅信息说明的需要，所特别加入的信息。

现在一般大型地理信息数据库都带有相应的格式不同的元数据。元数据以及随后出现的包括元数据在内的数据与信息技术标准化、规范化发展趋势促进了数据库与数据库、系统与系统、甚至行业与行业之间的沟通，数据库壁垒现象，即数据"孤岛"现象开始减少，从而有力地推进了社会信息化的发展进程。

2.6.3　空间数据的标准化

没有信息数据及其相关技术的标准化，就没有信息的社会化。空间信息是社会大众、社会团体、企事业单位、各级政府普遍使用的信息，空间信息数据及其相关技术的标准化是这类信息数据以及技术的生命线，对于社会信息化发展有重要影响。

空间信息数据及其相关技术标准的内容十分繁杂，就其数据而言，主要包括以下方面：

（1）数据分类标准。如上所述，空间信息数据分为空间数据与属性数据，空间数据较为单纯，都是指定位坐标数据，有直角坐标系(X,Y,Z)坐标和地理经纬度坐标等；而属性数据则种类极为繁杂，因数据表达对象与内容而各不相同，以土地资源管理为例，其属性数据主要包括：行政区划数据、地籍（cadastral）数据、土地规划数据、农田保护数据、矿产数据、水利生态数据等，每一类别下又分为一层或多层子类别。

数据分类标准是其他相关标准的基础，因为数据类别不同，对其的要求（如精度、有效时间、表达方式等）也各不相同。

（2）数据精度标准。数据精度取决于数据类别，比如对于地籍数据，因其表达的是不动产的产权、产籍，空间定位数据精度要求在厘米级，而土地规划、农田保护等领域的空间数据要求一般在米级。数据库中存储的坐标数据的有效位一般在精度以下一位，作为参考位。比如对于地籍空间定位坐标数据，要求(x,y)坐标取小数点后3位（以米为单位），小数点后第3位为参考位，以下则四舍五入。

（3）数据时效标准。任何信息数据都有一定的时效性，超过其时效期限，则视为无效。比如，对于地籍数据，需要将时效精确到日，即从某年某月某日开始生效，或截止到某年某月某日有效；而对于土地规划、农田保护等领域的空间数据的时效精度则确定为年，因为土地规划通常以年度为实施期限。

（4）数据生产单位的资质标准。凡是空间数据生产、向社会公布,需要对数据生产单位有相应的资质要求,比如国家级的地形图、行政区划图等,必须有国家级的地图制作资质的单位才能制作,其他专业性的地图数据,如农业区划图、土壤分类图、气象云图、地质图等,必须经一定的相关上级部门的核准,才能生产与发布。

（5）信息数据表达标准。数据表达标准包含多方面内容,其中主要有编码标准、统一单位标准、图示符号标准、数据格式标准、元数据标准、名词术语规范标准等。此外,还有审核发布以上标准的标准。

（6）相关信息技术标准。这一类标准也包含多方面内容,并与其他信息技术领域标准有衔接关系,其中主要有空间数据网络通信标准、空间数据安全标准、空间信息技术开发质量标准、空间信息管理标准、空间信息数据转换标准等。

信息数据及其相关技术标准要有权威性、科学性、实用性以及一段时期的稳定性,但是并不是一成不变的,信息技术发展很快,标准要随着社会信息化进程的推进而改进,各类标准的研究、制定及实施要贯穿于社会信息化的始终。

2.7　小　　结

在信息化社会,信息是一种维系社会正常运转直至人们生活的重要资源。信息是以数据为载体,而数据不仅仅是数字,凡是能够有效载荷信息的各种表达手段并加以记录下来的资料都称之为数据。

图像与图形是表达空间信息的一种数据,图形又是图像的抽象。在空间信息技术中,图像用栅格格式数据表达;图形用栅格格式或矢量格式数据表达。栅格与矢量两种数据格式各有优缺点,优势互补,可以相互转换。TIN 是一种介乎栅格与矢量两种格式之间的数据格式,可以表达全三维数据。数字地形模型 DTM 是空间信息数据组织的一种形式,数字高程模型 DEM 又是 DTM 的一个子集。

立体角来源于平面角,立体角以及由立体角引申出来的截面是遥感定量化表述的两个重要概念,对于地物辐射现象、传感器效能研究有重要作用。

地图是表述地理现象最为直接、最为大众接受的一种地理信息表达形式。地图制作的原理是投影,圆锥、圆柱以及平面(方位)投影是地图制作的三种基本投影方式。面积、距离以及方位误差是三种基本的投影误差。一般地图都带有这三种或其中一部分的投影误差。正割圆锥投影与横切圆(椭圆)柱投影是制作中国这样的幅员辽阔疆土地形图的两种投影,前者用于制作小比例尺地形图,后者用于制作较大比例尺地形图。分带投影、设置方里网、图件分幅、设置通用坐标系等都是地图制作的必要技术措施。

空间数据的不确定性是一种客观存在,承认与认识这种客观存在、并且从不确定性的空间数据中提取可靠的空间信息,是使用空间信息技术的一项重要研究内容。

元数据是对数据全面诠释的数据,是沟通数据生产者、数据使用者以及数据管理者三方面之间的有效渠道。

空间信息是全社会方方面面普遍应用的信息,空间信息数据及其相关技术的标准对于推进社会信息化具有非常重要的意义。标准内容很多,标准制定本身也是一门科学。了解相关标准、树立标准化观念对于学习掌握以及应用空间信息技术也有重要意义。

以上是本章阐述的遥感与地理信息系统的主要概念,这是以后各章叙述与分析空间信息技术原理及其应用的基础。

思 考 题

(1)试举例说明数据与信息的区别,请思考强调数据与信息区别的实际意义。

(2)数据与信息对于科学研究和社会生产的意义是什么?

(3)将图像抽象为图形是否是唯一的,试举例说明。

(4)如何理解将矢量格式特点形容为"只见森林、不见树木";又将栅格格式特点形容为"只见树木、不见森林"?

(5)如何理解使用栅格格式数据进行空间分析比用矢量格式来得较为简单,试举例说明。

(6)为什么目前图形数据仍以矢量格式存储为主?

(7)为什么用 TIN 数据格式可以表示全三维地物信息?

(8)数字地形模型 DTM 对于空间分析有什么重要意义?

(9)立体角对于遥感定量化研究有什么作用?

(10)试解释航空遥感影像比卫星遥感影像质量高的原因。

(11)试解释地球赤道地区比南北极地地区温暖的原因。

(12)构成中心投影需要哪些条件?

(13)为什么将投影作为地图制作的基本方式?

(14)试问在什么情况下采用正割圆锥投影,又在什么情况下采用正切圆锥投影?

(15)地图误差产生的原因是什么,为了减少地图误差,在地图制作中采取了哪些措施?

(16)为什么标准分幅的地形图,在比例尺不同情况下,地图图面面积不同,但又差异不大?

(17)空间数据的不确定性给使用者带来什么启示?

(18)元数据对于推进社会信息化有什么作用?

(19)掌握数据精度及其有效数据位对于设计数据库有什么作用?

参 考 文 献

陈述彭.1990.遥感大辞典.北京:科学出版社
承继成,郭华东,史文中,等.2004.遥感数据的不确定问题.北京:科学出版社
戴昌达,姜小光,唐伶俐.2004.遥感影像应用处理与分析.北京:清华大学出版社
邓良基.2002.遥感基础与应用.北京:中国农业出版社

李志林,朱庆.2001.数字高程模型.武汉:武汉大学出版社

彭望琭.2002.遥感概论.北京:高等教育出版社

日本遥感研究会.1987.遥感精解.刘勇卫,贺雪鸿译.北京:测绘出版社

严泰来,王鹏新.2008.遥感技术与农业应用.北京:中国农业大学出版社

严泰来,朱德海.1993.土地信息系统.北京:中国科技文献出版社

杨龙士,雷祖强,周天颖.2008.遥感探测理论与分析实力.台北:文魁电脑图书资料股份有限公司

张忠吉.2006.现阶段国土资讯系统基础环境建置之实质意义及发展趋势.国土资讯系统通讯,(57):57~67

周天颖.2008.地理资讯系统理论与实务.台北:儒林图书出版公司

朱德海,严泰来.2000.土地管理信息系统.北京:中国农业大学出版社

第3章　遥感探测技术原理

3.1　遥感探测技术工作模型

3.1.1　遥感工作模型

　　遥感的工作过程可以用图 3-1 表示,也可以用方框图表示,如图 3-2 所示。

　　对于以上遥感工作模型,需作以下解释:

　　电磁波是遥感获取影像数据的媒介,遥感系统获取的地物电磁波辐射数据,源自太阳辐射、遥感系统发射的电磁波或大地辐射。以太阳辐射或地物自身辐射作为主要电磁波波源的遥感称作被动遥感,以遥感系统发射电磁波作为主要电磁波波源的遥感称作主动遥感。

　　太阳辐射或遥感系统发射的电磁波经过大气吸收与透射两种作用,在透射中还包括折射与散射,大气散射是大气中分子对电磁波的作用,将太阳光向四面八方散开,可分为上行与下行,其中下行部分最后到达地面,同时到达地面的还有大气辐射的电磁波。地表不同地物或同一种地物处于不同的状态,如不同长势的作物、不同形状的岩石、不同含水量的土壤等,对于这些电磁波以不同的反射率向外反射(散射),地物本身也向外辐射电磁波。这些电磁波再次经过大气作用,包括散射、折射、吸收等,到达遥感平台,同时到达遥感平台的还有大气本身辐射的电磁波。这些电磁波被遥感传感器截获,按获取的能量不同,经遥感传感器转换成相应的数据并做初步处理,再转换成无线电信号传送到遥感地面站。经地面站的数据处理,形成数字图像或光学影像,提供给用户使用。

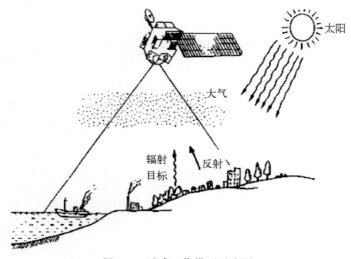

图 3-1　遥感工作模型示意图

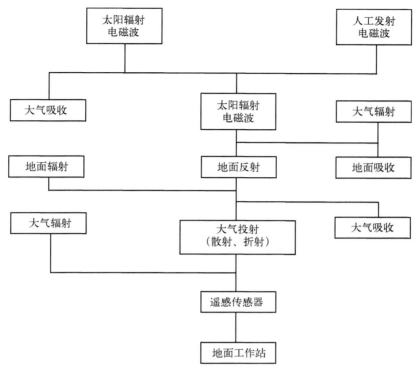

图 3-2　遥感工作模型方框图

　　介绍遥感工作模型的意义除了解释遥感工作过程以外,还为研究遥感原理提供了线索。本章将根据这一线索,对遥感工作过程的每一环节逐一进行分析。

　　从遥感工作模型可以看到:

　　(1)遥感传感器接收到的电磁波中混杂着多种噪声信号(noise):电磁波信号从太空到地面、再由地面返回太空的双程路途中大气自身辐射的电磁波;大气散射的来自地面或太阳辐射的电磁波,这两种信号都是电磁波传输路程中出现的非目标地物信号的噪声,因而称作程辐射噪声,又称作背景噪声。另外,传感器工作还要产生热噪声,传感器温度越高,热噪声越大,为减小热噪声,卫星遥感平台上一般将传感器置于液态氮中,保持在 −80℃ 恒温环境中。当然,雷达遥感自身发射电磁波,这种发射的电磁波本身就带有噪声,这种噪声被反射回来仍然是噪声,因而雷达遥感中噪声比被动遥感还要大许多。在一些情况下,地物信号可能会被"淹没"在噪声中,这样就很难识别出地物的信息,遥感的工作就要归结于失败。排除遥感噪声(主要是排除程辐射噪声影响)的工作叫做辐射校正。

　　(2)电磁波要经过大气,大气常常有扰动,表现为风,致使大气对电磁波的折射率不稳定、各地点折射率不一致;再加上地球曲率、遥感平台的姿态等因素的影响,造成遥感影像产生几何畸变,不能完全准确反映地物真实的几何形状以及空间位置。排除遥感几何畸变影响的工作叫做几何校正。

　　(3)遥感影像的反差通常比一般摄影影像要小,如果遥感平台飞行越高,其影像反差就越小。这是因为地面上对电磁波吸收作用强、反射率小而呈现暗色调的地物,在遥感影像中对应像元本应呈暗色,但由于程辐射的作用,对应像元并不十分暗;反之,地面上对电磁波吸收作用弱、反射率大而呈现亮色的地物,在遥感影像中对应像元本应呈亮色,但是由于大气对电磁波吸收衰减的作用,对应像元并不十分亮。综合以上这两种情况,遥感原始影像的反差并不理想,特别是卫星遥感更是如此。因为卫星遥感中,电磁波穿越大气的光程长,大气效应明显。遥感影像反差的降低,不利于人们使用图像对地物进行识别,因而使用一些图像处理的方法来加大目标地物与背景的反差,这是遥感影像处理的一个任务。

(4)地物表面单元在与遥感传感器构成的立体角范围内,对外来电磁波的反射率和自身辐射量的大小是决定对应遥感影像像元灰度的主要因素,在这个意义上,遥感影像是地面各种地物反射率及辐射量大小的记录。当然,除主要因素以外,还应包括程辐射对产生遥感影像像元灰度的少量贡献。由 2.3 节介绍的立体角概念得知,遥感光源及传感器与目标地物的距离及方位对影像像元灰度以及影像质量影响很大。

(5)人类眼睛的视觉过程与遥感(特别是被动遥感)的工作模式,原则上十分相像。事实上,眼睛就是一个功能十分精良的遥感传感器,而大脑则是接收来自眼睛的图像信号处理器,从而产生视觉。只是眼睛使用的电磁波工作波段限于可见光波长范围,相比遥感,波段范围要狭窄很多。遥感影像获取以及图像处理中遇到的种种问题在眼睛视觉中都不同程度地存在,因此用眼睛视觉感受去发现或研究遥感技术中的各种问题,是遥感研究的一种方法。

3.1.2　与遥感工作模型相关的几个概念

1. 反演

从遥感工作模型可以看到,遥感使用其媒介——电磁波的工作历程是:电磁波波源→大气→地面→大气→传感器。这一演进过程可称之为“正演”,而解译识别遥感影像的过程却是反过来,即由遥感传感器获取的图像逆向去探测、识别某些地学、生物学及大气等观测目标参数,包括地物的形状、分布、性状等。这一逆向过程称作“反演”,即反向推演。反演需要排除大气的干扰、传感器自身的噪声,根据地物在不同性状下的反射(散射)特性,采用相应的技术,去做这种反演测算工作。

反演测算工作可分为目视解译和计算机解译,两者都是依据遥感影像,根据一定的模型与模式,对地物的形状、分布、性状等做出识别与判断。目视解译可以融入更多的专家经验与地面调查结果,但是工作效率较低,解译员劳动强度大,主观成分较高;计算机解译工作效率较高,客观性较强,但是人们的经验与地面调查结果融入有限,因为计算机模型只是人们知识与经验的简化。实际工作常常是将两者结合起来进行。

2. 反射及其相关的概念

反射是物体表面对于外来电磁波产生的一种物理效应。当物体受到辐射源的辐射后,表现为对电磁波的反射、吸收、透射三种特性行为,分别用反射率(ρ)、吸收率(α)和透射率(τ)来表征这三个特性行为的强弱。遥感成像主要利用了物体反射电磁波的特性。

反射率(rflectivity)定义为物体表面的反射电磁波能量与入射波电磁波能量强度之比,它是波长(λ)的函数,反映物体的质地与性状,如含水量、表面粗糙度等。对于给定的物体,实际工作中常需要给出一个波长区段中物体对于各个波长对应的反射率,这一反射率称作"光谱反射率"。遥感影像解译的根据之一就是不同地物在不同谱段(即波段)具有不同的反射率。

反照度(albedo)定义为在单位立体角内遥感传感器接收到的地面反射电磁波能量与入射电磁波能量强度之比。显然,这里将地面地物的反射与大气的程辐射都涵盖其中,因此更准确地说,遥感影像应是地面各种地物反照度的记录。

3. 大气效应概念

大气效应包括大气辐射、大气对阳光以及人工发射电磁波的透射与吸收,透射中又包含散射与折射,等等。大气效应对于遥感成像有重大影响,它除了与大气自身的物质组成有关以外,还与大气包含的各种悬浮颗粒大小以及物质组成有关。对于大气效应在本章的后面将专门阐述。

3.2　物体的辐射特性

3.2.1　普朗克黑体辐射定律

1. 波长与波段

电磁波与光是物质运动的同一种形式。电磁波是周期变化的波,以波长 λ 或频率 f 加以分类,不同波长的电磁波具有不同的物理性质。电磁波波长(λ)与频率(f)的关系为

$$\lambda \cdot f = c \tag{3-1}$$

式中,λ 为波长,单位取 μm 或 cm,视波长范围而定;f 为频率,单位为 Hz(赫兹);c 为光速,数值为 $3 \times 10^8 \, m/s$。

电磁波以波长划分,从遥感应用角度,可大致分为以下几个工作区段:①当 $\lambda < 0.36 \mu m$,这一区段称为紫外波段;②当 $0.36 \mu m < \lambda < 0.76 \mu m$,这一区段为可见光波段;③当 $0.76 \mu m < \lambda < 14.0 \mu m$,这一区段称为红外波段;④当 $0.3cm < \lambda < 100cm$,这一区段为微波波段。

在可见光、红外与微波波段中,又有更细小的划分,如可见光又分为红、橙、黄、绿、蓝、紫等色光波段;又如红外波段可分为近红外、中红外、远红外;在微波中分为 8 个波段。所谓波段,是根据电磁波的物理性质以及应用的需要,将电磁波人为地分出的类别。可见光分出的色光波段是根据大量人眼睛对光线颜色的感觉统计,划分的 6 种波长范围;红外与微波则主要是根据应用需要划分,并没有严格的理论根据。

在遥感影像中,波段是指遥感传感器采集地面信息数据而划分的工作波长范围,每一个波段对应着一幅黑白影像。同一时间,在同一传感器上对同一地区摄制多波段影像的集合称为一景影像。一景影像有多幅影像,至于多少幅,由传感器性能与设置而定。

遥感影像信息数据是指在这一波长范围内地面单元的反射、自身辐射以及程辐射电磁波总功率对影像每一像元逐一转换的灰度值(digital number,DN),这一数值决定着像元的灰度,即亮度。由于该亮度反映着地面单元的反射、自身辐射以及程辐射电磁波功率,而这些功率主要由温度决定,因而灰度值称为这一波长范围的亮温,又称"辐射亮度"。亮温在遥感中是一个重要概念,对应着传感器接收到的电磁波功率大小。

2. 黑体辐射定律

所谓"黑体"是一种理想化的物体,即对于任何波长的电磁波辐射都全部吸收的物体。现实生活中不存在黑体,黑色的烟煤,因其吸收系数接近 99%,被认为是最接近黑体的自然物质,太阳也被看作是接近黑体辐射的辐射源。因为黑体可以达到最大的吸收,也可以达到最大的发射,黑体辐射的规律可以推广到普通物体。这里将物体或物质理想化,进而进行分析研究,而后将研究结果推广到一般,这是物理学研究普遍采用的方法。

运用量子力学的理论,普朗克(Planck)推导出黑体辐射通量密度的表达式为

$$M_\lambda = \frac{2\pi hc^2}{\lambda^5} \cdot \frac{1}{e^{ch/\lambda kT}-1} \tag{3-2}$$

式中,M_λ 为光谱辐射通量密度,单位是 $W/(cm^2 \cdot \mu m)$;λ 为波长,单位是 μm;h 为普朗克常量,数值为 $6.625\,6\times10^{-34}\,W \cdot s^2$;$c$ 为光速,数值为 $3\times10^8\,m/s$;T 为绝对温度,单位为 K;k 为波尔兹曼常量,数值为 $1.380\,54\times10^{-23}\,(W \cdot s)/K$。

普朗克公式给出了黑体辐射通量密度同温度和波长的关系以及按波长分布的情况,这里的通量是指辐射能(量)流通量,通量密度是指单位波长的辐射能流通量。图 3-3 是根据式(3-2)得到的不同温度条件下黑体辐射的波长分布特性曲线图,其中的虚线与实线相交的点代表黑体在各个温度下辐射最大值所在的位置。从图 3-3 中可以看出:

(1)黑体辐射的能量只与波长、温度有关,与物质组成无关,发射能量是一个连续的波长谱。

(2)温度越高,辐射通量密度也越大,构成了一个以绝对温度为参数的曲线族(curve family),每条曲线只有一个峰值,不同温度的曲线是不相交的,这就是说,温度高的黑体在任意波长段,其辐射的能量都要比温度低的黑体辐射能量要大。

(3)随着温度的升高,辐射最大值所对应的波长移向短波方向。

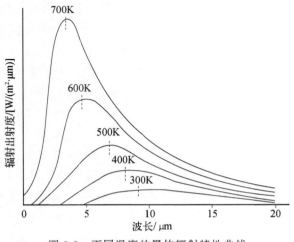

图 3-3　不同温度的黑体辐射特性曲线

普朗克黑体辐射定律适用于黑体表面温度高于 0K(绝对零度)以上的任何物体。这就是说,任何黑体,也可以推广到任何物体,只要表面温度高于 0K,都要自发辐射电磁波。现实中

不存在黑体,为了对实际物体辐射特性进行定量的研究,就需要引入比辐射率的概念。比辐射率也可以称为发射率,记作 ε,用来表示实际物体辐射出电磁波能量 M_e 与同温度下的黑体辐射出能量 M_b 之比,即

$$M_e = \varepsilon M_b \tag{3-3}$$

物质不同,比辐射率也不同。水体、太阳等物体的比辐射率近似为"1",即可以将水体、太阳近似看作为黑体。灌木、麦地、光滑的冰、柏油马路、砂土、混凝土等物体的比辐射率在 0.9 以上,稻田、草地、黄土等物体比辐射率在 0.8 以上。

3. 辐射定律的意义

1)物体表面辐射电磁波的规律

辐射定律揭示了物体表面辐射电磁波的规律,这一规律可以用下式表达:

$$M_\lambda = f(\lambda, T) \tag{3-4}$$

即任何表面温度高于 0K(绝对零度)以上的物体都要向外辐射电磁波能量(功率),这一功率值是电磁波波长 λ 与表面温度 T 的函数。这是式(3-3)的简化表达。遥感正是基于物体(包括太阳以及地表所有物体)向外辐射电磁波能量工作的。

2)斯忒藩-波尔兹曼定律

对式(3-4)的右边从"0"到"∞"积分,则有

$$M = \int_0^\infty f(\lambda, T) d\lambda = \sigma T^4 \tag{3-5}$$

式中,M 为黑体辐射通量密度,单位是 W/cm^2,实际意义是单位面积黑体辐射的功率;σ 为斯忒藩-波尔兹曼常数,其值为 $5.669\,7 \times 10^{-12}\,W/(cm^2 \cdot K^4)$。

这就是斯忒藩-波尔兹曼(Stefan-Boltzmann)定律。这一定律指出,物体向外辐射电磁波在整个波长范围内的总功率与物体表面绝对温度的 4 次方成正比。如果对式(3-5)两边差分,则有

$$\Delta M = 4\sigma T^3 \Delta T \tag{3-6}$$

这就是说,物体向外辐射电磁波功率的增量与其表面温度的 3 次方成正比,即在升温同等幅度情况下,温度越高,辐射能量的增量就越大。应用这一结果,进一步得出温度越高,对于测量物体温度的传感器敏感度要求就越低,温度测试的精度就可以越高。

此外,式(3-5)积分的数学意义是计算图 3-1 中某一温度 T 的函数曲线向 x 坐标轴的投影面积。如果将式(3-5)的积分区间由"0"到"∞"改成"λ_1"到"λ_2",则有:

$$M = \int_{\lambda_1}^{\lambda_2} f(\lambda, T) d\lambda \tag{3-7}$$

显然,积分区间由"λ_1"到"λ_2"的间距越小,该区间的面积就越小,即物体向外辐射电磁波在这一波长范围内的功率就越小,如果小到一定程度,超越了遥感传感器对电磁波能量的敏感范围,或者这一微小的能量"淹没"在噪声信号之中,传感器"感受"不到信息信号,也就无法成像了。"λ_1"到"λ_2"的间距即为通常所说的遥感波段,从这里可以看出遥感波段不能设置过窄。再有,对于某一个地表温度,在同等积分跨度情况下,积分区间在不同的位置,即具体的 λ_1 或 λ_2 数值不同,区间的面积也有显著的不同。比如,积分区间处于曲线的峰值部位,面积显然较大;离曲线峰值部位越远,面积越小。这就是说,在传感器同等敏感度情况下,如果波

段处于曲线峰值部位,传感器可以工作;而波段处于远离曲线峰值的部位,传感器就可能因得到的电磁波功率过小而无法工作。黑体辐射特性曲线为波段设置提供了理论根据。

3)维恩定理

对于式(3-2)求解函数极值,则可得到:

$$\lambda_{max} \cdot T = 2\,897.8(\mu m \cdot K) \tag{3-8}$$

式中,λ_{max} 为黑体辐射特性曲线达到峰值时的波长值;T 为当前辐射特性曲线的温度数值。式(3-8)就是维恩定理的数学表达式。

维恩定理指出,物体表面温度 T 与该物体电磁波辐射功率密度达到峰值时的波长 λ_{max} 的乘积是一个常数。维恩定理有重要的应用价值。当物体表面温度 T 为某一已知值时,使用式(3-8)就可以计算出 λ_{max},也就可以确定遥感探测该物体目标应当选取的波段。因为物体在该波段范围内,电磁波辐射功率密度达到峰值,传感器获取的信号中信噪比就越高,对物体目标的测试就越准确。

比如,地球表面在温暖季节的白天常温约为 300K(即 27℃),将该数值代入式(3-8),得到 λ_{max} 约为 $9.66\mu m$,而 $9.66\mu m$ 是在红外波段,所以地球表面主要辐射是不可见的红外电磁波,这一波长区域部分的光人眼看不见。由图 3-3 可以看出,温度越低,曲线的峰值区域越趋于平缓。实验表明,在常温条件下,波长 λ 为 $8 \sim 12\mu m$,辐射功率都处于较高状态,占据了这一温度下辐射功率的大部分,因而称 $8 \sim 12\mu m$ 波长范围的红外区域为热红外。又如,森林火灾的火焰温度可估计为大约 800K,将该值代入式(3-8),得到 λ_{max} 约为 $3.62\mu m$,即应选用 $3.62\mu m$ 附近的波长区段为检测森林火灾的波段。再有,人的正常体温是 310K(即 37℃),相应的辐射功率密度的峰值波长 λ_{max} 为 $9.35\mu m$,使用这一波长左右的区域作为红外体温测试仪的工作波段最为合理。

反过来,如果得知某物体辐射特性曲线峰值波长 λ_{max},也可以估计该物体的表面温度。比如,由计量光谱学测试得到太阳光线的 λ_{max} 是 $0.47\mu m$(绿光),用公式(3-8)可估算出太阳表面的有效温度是 6 150K 。一些宇宙星体表面的温度就是这样测得的。

3.2.2　太阳辐射

太阳与我们生活息息相关,几乎地球上所有能源都直接或间接来源于太阳。在被动遥感中,白天遥感成像都是利用太阳作为辐射源,从探测物体对太阳辐射的反射能量来获取物体的信息。

地球绕太阳公转的轨道是个椭圆,太阳位于地球椭圆轨道的一个焦点,一般取太阳和地球的平均距离为 $1.496 \times 10^{11}m$,太阳发射到地球上的光线可以认为是平行光线。太阳中心温度 $15 \times 10^6 K$,表面温度约 6 000K,太阳辐射的总功率为 $3.826 \times 10^{26}W$,该电磁波到达地面需要 499s 。当地球和太阳的距离处于日地平均距离时,在地球大气顶端,垂直于太阳辐射方向上的单位面积接受到的太阳辐射通量密度是 $1\,360W/m^2$,这个数值称为太阳常数。太阳常数是遥感探测中经常用到的一个物理量,由于它是在大气顶端接受的太阳能量,所以没有大气的影响,其数值基本稳定,在计算中常常把太阳常数作为一个常量。

太阳的辐射光谱为连续光谱,它与温度为 6 000K 的绝对黑体的辐射光谱曲线很相似,

图 3-4 对比了 6 000K 温度下的黑体和大气上界及地表两种情况下测得的太阳辐射光谱曲线。从图 3-4 中可以看出,太阳在可见光波段(0.38 ～0.76μm)集中了几乎太阳辐射能量的46%,其次在近红外和中红外(0.76 ～5.6μm)波段也集中了大约 37% 的太阳辐射能,这也是我们感觉到阳光很温暖的原因。而在 X 射线、γ 射线、远紫外及微波波段的太阳辐射总能量小于 1%。太阳对于生物,特别是对于植物,有着极其重要的作用。植物光合作用的能源完全取自于太阳,因此植物的生理活动基本上活动在可见光、近红外、中红外波段区域,以获取太阳能量。在遥感技术中,主要是利用太阳辐射能量比较大的可见光、近红外、中红外波段,这些波段的能量较大,而且相对其他波段来说很稳定,受大气影响相对较小,太阳光强度的变化也较小,具有直接反映植物生理活动的优势。

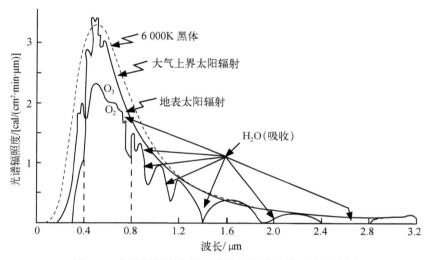

图 3-4　太阳辐照度曲线和黑体辐照度曲线对比示意图

3.2.3　大地辐射

大地辐射可以分为短波(0.3～2.5μm)和长波(6μm 以上)两个部分,因为大地辐射可以当作黑体辐射处理,其最大辐射的对应波长为 9.66μm,所以大地的短波辐射可以忽略不计;而在长波部分,太阳辐射的影响微小,这时主要是大地自身的热辐射。需要指出,这里提到的在长波部分太阳辐射影响微小并非因为太阳辐射比大地自身热辐射能量小,从普朗克黑体辐射通量密度曲线簇(图 3-3)可以看出,不管任何波长,温度高的曲线总是在温度低的曲线的上面。据此,长波部分,太阳辐射仍然比大地辐射大,但是太阳长波辐射能量大部分被大气吸收,部分到达地面的辐射能量又主要被地表吸收;在 2.5～6μm 这一中红外波段,白天大地对太阳辐射的反射和大地自身的辐射对遥感探测都有影响,所以在应用时都必须要考虑在内。

表 3-1 列出了大地在常温下辐射各波段能量的比例。从表中可以看出,大地在 8～14μm 波段范围,辐射能量占全部辐射能量的 50%,在 14～30μm 波段范围,辐射能量占 30%。这两个波长范围的辐射能量占到 80%,说明大地辐射能量主要集中在这一长波区域。

表 3-1　大地辐射各波段能量比例

波长/μm	比例/%	波长/μm	比例/%
0～3	0.2	14～30	30
3～5	0.6	30～100	9.0
5～8	10	>100	0.2
8～14	50		

　　对于大地的短波辐射,影响辐射亮度的因素主要有太阳辐照度 E 和地物的反射率 ρ。太阳辐照度 E 又由两部分组成:一为太阳的直射光,与直射光的强度、光线的入射角度、光谱分布有关;另一部分为天空的漫入射光,它是天空对太阳光均匀散射所致,且从空中各点向着各个方向射向地球。不同地物的反射率 ρ 有很大的差别,遥感或人们眼睛就是根据这些差别来判断各种物体的。物体的反射率 ρ 是波长的函数,同一物体对不同波长的反射率是不同的。对于表面较为光滑的物体,其反射率同入射方向和观测方向也有相当大的关系。

　　从对于地物辐射的研究可知,该种辐射是由比辐射率、温度、波长三个因素决定的。这里所指的温度是大地的表面温度,而不是地面上的气温,更不是地表以下的温度,图 3-5 表示了一天中不同时间内大地表面、大气和地下温度分布的情况,纵坐标表示高度,横坐标表示温度。从图中可见地表的温度与大气的温度是有差别的:中午的时候,受到太阳辐射的能量大于地表自身发射的能量,所以地表温度一直在上升,并大于大气的温度;而在夜间,太阳的辐射能量为零,地表自身又在不断地辐射能量,温度逐渐下降,午夜时分,地表的温度又比气温低了。地表温度变化的幅度比气温变化的幅度要大,并且地表温度的变化有周期性的变化规律,这个周期有日变化周期,也有年变化周期。在遥感探测时,要了解这些地表温度的相应变化,选择合适的时间(遥感中称作"时相")、合理的分辨率以及相应的波段,来获取地物的信息数据,避免获取一些质量不高的数据。

　　遥感探测就是利用物体对太阳辐射的反射和自身辐射的特性,获取物体比辐射率随波长变化的特征,经过一系列的处理和纠正,来反映地面物体本身的特性,包括物体本身的组成成分、温度和表面粗糙度等理化特性。这一过程反映在以后章节的遥感影像数据辐射校正之中。

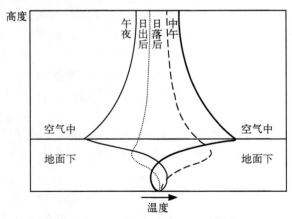

图 3-5　一天内地表附近的温度分布

3.3　大　气　效　应

3.3.1　综述

由遥感工作模型可以看出,大气是遥感探测的必经之路,遥感探测不可避免地要受到大气的影响,这种影响称之为大气效应,大气效应主要表现在大气的吸收、透射,透射中还包括散射与折射的作用。

大气是由许多种气体、水蒸气和悬浮的微粒混合组成的。悬浮在大气中的微粒有尘埃、冰晶、盐晶、水滴等,这些弥散在大气中的悬浮物呈胶体状态,称为气溶胶,它们形成霾、雾和云。气溶胶对于大气的能见度有重要影响,当然对遥感影像,特别是可见光-多光谱遥感影像有重要影响。

遥感卫星一般飞行在 600～900km 的太空,遥感使用的电磁波几乎穿越整个大气层。大气层可分为对流层、平流层、中气层和热层四部分,它没有一个确切的界限,其总体厚度约为 1 000km,并且离地面越高,大气越稀薄。

对流层是最底层的大气,空气在对流层作垂直方向的运动,它向上伸展的高度与纬度有关,高度在 7～19km,主要的大气现象几乎都集中在这一层,并且在此层内,高度每增加 1km,温度下降 6.5K。在对流层内,由于大气气体及气溶胶的吸收作用,使电磁波传播衰减,而该层又是航空遥感主要活动的区域,因此在遥感中,研究电磁波在大气中的传播特性,主要是研究电磁波在该层内的传播情况。

平流层与对流层不同,它没有明显的大气垂直运动的现象。平流层顶部平均距地面 50km,层内几乎没有天气现象,但在该层下部有一个明显的等温层,从等温层向上温度缓慢增加,这是因为有臭氧吸收紫外光的缘故。电磁波在该层内的传播特性与对流层的特性是一样的,只不过在平流层中电磁波的传播表现较为微弱。

中气层的温度随高度的增加而激降,大约在 80km 处气温降到最低点,约为 −95℃,这也是大气温度的最低点。中气层以上就是热层,热层的顶部位于距地面 800km 的高度,是大气的外层,层内的温度随高度迅速地增高。热层对遥感使用的可见光、红外和微波的影响都很小,基本上是透明的,该层大气十分稀薄,处于电离状态,故又可称为电离层。热层受太阳活动影响较大,它是卫星绕地球运转的主要空间层。

大气中的各种成分对太阳辐射的不同波段电磁波有一定的选择性吸收作用,使有些电磁波不能够到达地面或者到达地面的能量很少。不同的气体和固体颗粒对太阳辐射的电磁波的吸收作用是不相同的,图 3-6 表示了大气中几种主要成分对紫外、可见光和红外波段的吸收导致透过率变化的情况。

从图 3-6 中可以看出,臭氧虽然在大气中含量很少(只占 0.01%～0.1%),但对太阳辐射能量的吸收很强,臭氧有两个主要吸收带:一个在波长 0.2～0.36μm(紫外)处;另一个是在波长 0.6μm(可见光部分)附近,另外在 9.6μm 处也有很强的吸收作用。臭氧在大气的存在,对人类避免过强的阳光紫外线照射有保护作用。

水在大气中以气态和液态形式存在,主要的吸收带是处于红外线和可见光中的红波段,

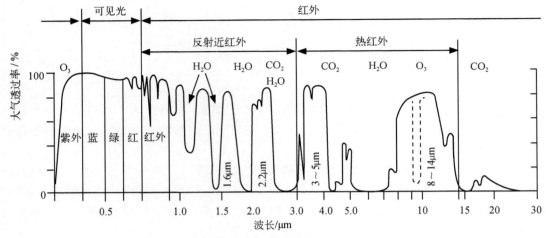

图 3-6　大气对太阳辐射的吸收谱

其中红外部分吸收最强,在 $0.5\sim0.9\mu m$ 有四个窄吸收带,在 $0.95\sim2.85\mu m$ 有五个宽吸收带。此外在 $6.25\mu m$ 附近也有一个强吸收带,因此水汽在从可见光、红外直至微波波段,到处都有吸收带,它是吸收太阳辐射能量最强的介质。

二氧化碳的吸收主要集中在红外区内,在 $1.35\sim2.85\mu m$ 有三个宽吸收带,另外在 $2.7\mu m$、$4.3\mu m$ 和 $14.5\mu m$ 处为强吸收带。由于太阳辐射在中红外区能量较小,因此对遥感而言,这一吸收带的影响可忽略不计。

氧气的主要吸收带集中在波长 $0.2\mu m$ 以下的波段,在 $0.155\mu m$ 处吸收最强,由于氧的吸收,在低层大气内几乎观测不到小于 $0.2\mu m$ 的太阳辐射,在 $0.69\mu m$ 和 $9.6\mu m$ 附近氧也各有一个窄的吸收带。

大气中的其他气体和微粒虽然也有一定的吸收作用,但吸收量较少,不起主导作用,当有沙尘暴、烟雾和火山爆发等现象发生时,大气中的尘埃急剧增加,这时它的吸收作用显著增加。

对于大气吸收作用的研究是遥感选择工作波段的主要根据。大气对于电磁波功率吸收小于15%或透射率大于85%的波长区段被称为大气窗口。由图3-6可以看出,可见光的绝大部分、近红外断续的大部分、热红外断续的少部分,此外图中未画出的微波($3\sim100cm$)部分都可被视为遥感的大气窗口。

大气由于各层次的空气密度有差别,造成对电磁波的折射作用。折射作用本身并不产生遥感影像的几何畸变,但是当大气有风,即存在大气扰动时,大气折射率不稳定,不同地点的折射率不一致,这样就致使遥感影像产生几何畸变,这是卫星遥感影像几何畸变的主要原因之一,几何畸变的图像需要几何校正。但是根据几何畸变的严重程度,又可以获取地面有风的信息,用来调查地面风能的分布。这是事物优劣转化的一个例证。

3.3.2　大气三种散射

大气散射是指太阳辐射的电磁波在大气中传播时,受到大气中气体、水蒸气和悬浮微粒的影响,改变原来直线传播的方向,向四周各个方向传播的现象。正是由于大气对于太阳光的散射,才使天空看上去有光亮。如果没有大气,就没有大气散射,人们只有在太阳的方向能看到光亮,而在天空其他部位,看上去则是一片漆黑,宇航员在太空观看的景象正是这样。根据入射波的波长与散射微粒的大小之间的关系,大气散射作用在理论上可分为三种:瑞利散射、米氏散射、非选择性散射。应当指出,三种散射并没有严格的界限,实际情况常常是以某种为主而已。

1. 瑞利散射

大气粒子尺度(直径)远小于入射电磁波波长引起散射的现象称作瑞利散射。它是由大气中的原子和分子,如氮、二氧化氮、臭氧和氧分子对可见光的散射引起的,这些物质,其颗粒直径远小于可见光波长,其特点是散射强度与波长的 4 次方成反比,即波长越短,散射越强。当波长大于 1μm 时,瑞利散射可以忽略。如式(3-9)所示。

$$I \propto \lambda^{-4} \tag{3-9}$$

式中,I 为散射电磁波强度。

在天空无云、能见度极好的情况下,天空的光亮几乎全是由瑞利散射引起的,所以对于可见光中波长较短的蓝光波段,瑞利散射的强度也较大,这也是晴朗而又无污染的天空呈现蔚蓝色的原因。大气的瑞利散射对紫光也有强烈的散射作用,但是由于大气中的臭氧成分对紫光、紫外有强烈的吸收,因而天空并不呈现紫色。

瑞利散射是造成遥感影像图像模糊的一个原因,它加大了背景噪声干扰,降低了图像的清晰度或对比度。对于彩色合成图像则夸大了蓝色成分,特别是对高空摄影图像影响更为明显。因此,全色摄影机等遥感仪器多利用特制的滤光片,阻止蓝紫光透过以减少蓝光成分,以提高影像的灵敏度和清晰度。在卫星遥感全色波段摄像时,通常不用蓝色波段,而采用从绿色波长开始直至一部分近红外的大段波长区域作为工作波段,其原因也正在这里。

2. 米氏散射

如果大气中的颗粒物直径与入射电磁波的波长相近,则发生另一种散射,这种散射称为米氏散射,它是由大气中的微粒如云、雾、烟、尘埃及气溶胶等悬浮粒子所引起的,主要特点是米氏散射的散射强度与波长的 2 次方成反比,如式(3-10)所示。

$$I \propto \lambda^{-2} \tag{3-10}$$

米氏散射方向性比较明显,将太阳光射向地面,它主要是对红外波段(0.76～15μm),即波长较长的电磁波进行散射。

3. 非选择性散射

如果引起散射的粒子直径远大于入射波长,则是非选择性散射,其散射强度是各向同性的,强度与波长无关。因为散射粒子直径和波长的大小比较是相对的,所以对于大气中的一些微粒,对不同波长的散射类型是不同的,我们所看到的云和雾都是由微小的水滴组成的,它们的直径虽然和红外线波长很接近,但是和可见光比起来,就大很多,所以它们对可见光的散射属于非选择性散射,与波长无关,因此云和雾看起来都是白色的。

　　需要强调的是,瑞利散射、米氏散射以及非选择性散射,这三种散射效应之间并非以电磁波波长严格界定,随电磁波波长的加长,有一个渐变的过程。

　　在大气窗口内,太阳辐射的衰减主要是由散射造成的,如在可见光波段,大气吸收的能量只占衰减能量的 3%。需要注意,大气散射是向各个方向散射,包括向上方向,而这一方向的散射将太阳辐射的能量散射至地球以外的太空,致使太阳辐射到达地面的能量进一步减少。大气散射的类型及强度和波长密切相关,在近红外和可见光波段,瑞利散射是主要的,当波长超过 $1\mu m$ 时,瑞利散射的影响就大大减弱了。米氏散射对近紫外直到红外波段的影响都存在,因此在短波中瑞利散射与米氏散射基本相当,但当波长大于 $0.5\mu m$ 时,米氏散射就超过了瑞利散射的影响。在微波波段,由于波长比云中的小雨滴的直径还要大,所以小雨滴对微波的散射属于瑞利散射,根据瑞利散射的规律,散射强度与波长的 4 次方成反比,而微波波长比可见光波长长 1 000 倍以上,散射强度要弱 10~12 倍以下,因此微波有极强的穿透云层的能力。红外辐射穿透云层的能力虽然不如微波,但比可见光的穿透能力还是要大 10 倍以上。

　　大气的散射对遥感影像的生成影响较大。由于大气散射的存在,传感器接收到的辐射能量不仅仅有地物直接反射的太阳辐射能,还有一部分是受大气的散射影响而导致的漫入射成分,这一部分能量对遥感影像来说,属于背景噪声,是一种干扰信号,造成遥感影像模糊不清。所以在选择遥感的工作波段时,必须考虑到大气层的散射影响。当然,事物总是有它的两面性,如果遥感测试目标集中于大气,如研究大气污染、沙尘暴,这种“背景噪声”又成为信号,从中可以“挖掘”出相应信息来。

3.3.3　太阳、大气相互关系

　　太阳是影响地球最重要的天体,地球大部分的自然现象都与太阳有关。图 3-7 示意性地给出了太阳与大气相互关系。图 3-7 分为三部分:上部分显示太阳辐射光谱曲线;中间部分显示大气透射光谱曲线;下部分显示地面植被反射光谱曲线。三部分坐标系的横坐标都表示波长,单位对应,以便对比分析,贯穿三部分的两道纵线表示可见光波长区域。图 3-7 揭示了以下现象:

　　(1)太阳实际辐射光谱与黑体辐射十分接近,用黑体表面 6 000K 的辐射光谱曲线模拟,基本上符合太阳辐射的实际情况。太阳光在绿光附近辐射功率达到峰值,然后比较缓慢地下降,直到波长 $6\mu m$ 处逐渐接近表面 600K 的辐射光谱曲线,但辐射功率始终大于温度低于太阳表面的物体辐射功率。

　　(2)可见光是一个相对十分狭窄的波长区段,太阳辐射功率在这一区段表现最强,在这一区域集中了较高比例的辐射功率;大气的透射率很高,基本上都在 90% 以上;植被总体上反射率较低,吸收大量光能。这些条件的组合,是植被能够吸收较大太阳光光能以进行光合作用的基本条件。

　　(3)在近红外、中红外区域,太阳辐射功率仍然较强,但是大气透射率降低。这个区域里有几个大气窗口相对都较窄,透射率都不高。在这一区域中,植物的反射率陡然增高,基本上将太阳在这一区段辐射过来的能量全部反射出去;此外在这一区段有两个辐射吸收谷,主要是植物中的水在起吸收辐射能量的作用。

（4）微波区域，即波长在 0.3～100cm 区域，太阳辐射功率已经微乎其微，而这一区域的大气透射率却很高，在波长大于 1cm 以后几乎达到 100％透射，是主动遥感理想的工作区域。

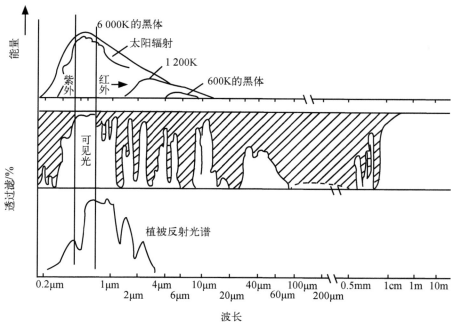

图 3-7　太阳辐射、大气透射植被反射关系示意图

3.4　地物反射及其反射光谱特性

3.4.1　反射与散射

前面已经多次提到了反射与散射，这两个概念在遥感技术中是非常重要的概念。

1. 反射与散射的定义

所谓反射是指电磁波照射到物体表面产生的一种将电磁波再次发射的物理现象，其特点是入射线与反射线在同一平面，入射角等于反射角。散射与反射不同，它也是对照射到物体表面电磁波的再发射，但是方向并不集中于反射角方向上，而是向其他方向做发散性的发射，因而称作"散射"（图 3-8）。

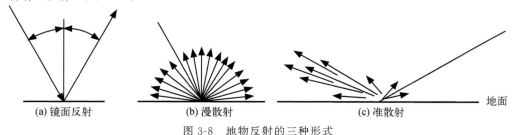

图 3-8　地物反射的三种形式

反射与散射的一个重要区别在于前者将再发射的电磁波能量集中在一个方向上,而后者将电磁波能量发散。从微观角度观察,物体表面只有反射,没有散射。只是由于物体表面粗糙,各个反射微小平面的法线方向不一,光线对于微小平面仍然是反射,但从宏观看来,反射方向指向各个方向,形成了散射。

物体产生散射的原因是表面不光滑,但是不光滑仍有程度的差别:有些表面基本光滑,反射方向基本一致,电磁波能量仍然主要集中在以反射线为轴的一个立体角以内,这种散射称为准散射;有些表面很不光滑,反射没有一个基本方向,电磁波能量完全发散,在各个方向上分布均匀,这种散射称为漫散射,又称朗伯散射。对于产生朗伯散射的表面称作朗伯面。

2. 瑞利判据

如前所述,物体产生散射的原因是表面不光滑,那么如何认定物体表面不光滑,瑞利判据解决了这一问题。瑞利判据如式(3-11)所示。

$$\Delta h < \frac{\lambda}{8\cos\alpha} \tag{3-11}$$

式中,Δh 为物体表面以波长为单位测试高低起伏的均方差;λ 为入射电磁波波长;α 为电磁波入射角。

瑞利判据给出了一个判断物体表面产生反射的准则,即只有符合式(3-11)条件的地物表面,才存在反射现象,这种反射又称作镜面反射;凡不符合式(3-11)的地物表面,产生散射现象。20 世纪 80 年代有人对式(3-11)作了修正,将不等式右面分母的系数由"8"改为"25",使产生镜面反射的条件变得更为苛刻了。

由瑞利判据可以看出,当入射波波长 λ 逐渐增加时,一些表面本来"粗糙"的地物也会变得"光滑"起来。对于可见光,波长在微米范围内,所有地物表面都可以看作粗糙面,不存在反射现象;而对于微波,波长在厘米到米之间,地物表面则呈介于粗糙与光滑的临界状态,即有些地物(如裸地、水面、公路、建筑物表面)可以看作光滑表面,呈现反射现象,也有些地物(如森林、草场、耕过的农田等)可以看作粗糙面,呈现散射现象,具体可由瑞利准则判别。

电磁波入射角也影响地物表面是否存在反射:当入射角 α 很小时,$\cos\alpha$ 趋近于 1,瑞利判据趋近于苛刻,即本来可以产生反射的表面也不能反射了;当入射角 α 逐渐增大时,$\cos\alpha$ 减小,瑞利判据条件逐渐放宽,即反射表面增多起来,有更多的地物呈现反射现象。

3. 地物表面的吸收与透射

前面已叙述,电磁波射向地物表面,还有吸收与透射的现象。任何地物的反射率不可能达到 100%,照射到地物表面的电磁波能量除去反射部分,剩下部分即是被地物吸收与透射。这些地物吸收照射到它们表面的电磁波,转化为自身热量,然后再以电磁波形式辐射出去。

多数地物对电磁波具有一定的透射能力,地物的透射率随着电磁波波长和地物的性质而不同。总体而言,对于同种物体,电磁波波长越长,其透射率就越高。例如水体对 $0.45\sim0.56\mu m$ 的蓝绿光波段具有一定的透射能力,较浑浊水体的透射深度为 $1\sim2m$,一般水体的透射深度可达 $10\sim20m$。在一些情况下,地物的透射能力增加了这类地物的反射能力,比如植物叶片对于可见光有反射、吸收与透射,因为有透射光自上而下到了叶片的下层又被反射,再次向上透射通过上层叶片,实际有效反射总能量因此增加了。透射过程中在物体内部的物质会对入射的电磁波不断产生反射,因而这种反射已不是面反射或面散射,而是体反射或体散射。体散射的存在增加了遥感影像信息数据的复杂性,使从影像中提取信息变得更为困难。

3.4.2　地物的反射光谱特性

1. 反射光谱

地物的反射现象对于遥感技术有特殊的意义。眼睛之所以能够看清物体、遥感之所以能够获取地表影像,除了依靠少量的地表辐射以外,大部分依赖于地物的反射特征。

地物的反射率是入射电磁波波长的函数。这就是说,地物对不同波长的电磁波,反射率是不一样的。将对于不同波长电磁波的反射率按照波长大小排放在一起,就构成了反射光谱。这里所谓的"光谱",是由多个波长对应的现象组成,"谱"是"系列"的意思。某种地物对不同波长电磁波的反射率排放在一起,构成了反射光谱;对某地区多年摄影的遥感影像排放在一起,构成了遥感图谱;同样,音阶符号高低按照时间先后顺序排放在一起,构成了乐谱。地物反射光谱是遥感研究的基础数据之一。

2. 四种典型地物的反射光谱

地物反射光谱特征曲线是指地物反射率随着波长连续变化的曲线。同一物体的反射光谱曲线反映出不同波段的不同反射率,将此与遥感传感器的对应波段接收的辐射数据相对照,可以得到遥感数据与对应地物的识别规律。不同地物的光谱曲线是不相同的,而且同种地物在不同的状态或外部条件下,比如植物干旱与正常状态,裸地在干燥与潮湿季节,所展现的光谱曲线也是不尽相同的,有时甚至相差很大。地物光谱特征曲线可以通过各种光谱测量仪器,如光谱仪、摄谱仪、光谱辐射计等,经实验室或野外测得,这一曲线是研究地物反射现象、选择遥感工作波段、解译遥感影像的重要工具。

图 3-9 是四种典型地物的反射光谱曲线。

雪:雪对可见光波段的电磁波反射很高,并且和太阳的能量光谱基本同步,因而基本和太阳光一样,表现为白色,在紫光和蓝光波段反射率较大,几乎接近 100%,所以雪呈现蓝白色。随着波长的增加,反射率逐渐降低,在近红外波段吸收较强,变成了选择性吸收体,雪的这种反射特征在所有地物中是独特的。

沙漠:沙漠和雪有基本相同的性质,反射率都很高。但沙漠在橙光波段 $0.6\mu m$ 附近有一个强反射峰,因此沙漠呈现淡橙黄色。而在波长大于 $0.8\mu m$ 的区域,沙漠的反射率比雪要强。因而夏日行走在沙漠,感受到强烈的热辐射,但光线并不如雪看上去刺眼。

湿地:湿地因为有较多的水分,所以它受水的影响较大,在水的各个吸收带处,反射率下降较为明显。它在可见光到远红外的整个波长范围内,反射率都较低,绝大部分能量都被吸收,因此湿地在遥感影像上呈现黑色或暗灰色。

植被:植被在可见光的蓝光($0.45\mu m$)和红光波段($0.67\mu m$),由于植物叶绿素强烈吸收辐射能(大于 90%),形成两个吸收谷,在两个吸收谷之间,也就是绿光波段($0.54\mu m$),吸收较少，有一个反射峰，所以植物呈现绿色。当植物衰老时，由于叶绿素逐渐消失，叶黄素、叶红素在叶子的光谱响应中起主导作用，因而秋天树叶变黄或变红，此时植物的光合作用实际已经停止了。在近红外波段，由于植被叶子的叶内细胞壁和胞间层的多次反射形成高反射率，在波长 $0.7\mu m$ 附近，反射率迅速增大，至 $1.1\mu m$ 附近达到峰值。这种在红光波段的强烈吸收、而在近红外波段的强烈反射的特性是植被的独有特征，这也是遥感识别植被并判断植被生长状态的主要依据。在波长 $1.5\mu m$ 和 $1.9\mu m$ 处，可以看出，反射率有两个明显的下降波谷，其下降程度受叶子内水分含量的影响。当植物叶片重叠时，反射光能量在可见光部分几乎不变，而在红外波段却可增加 $20\%\sim40\%$，这是因为红外光可透过叶片，又经下层叶片多次反射。需要注意的是，图 3-9 所示的是植物正常、处于生长旺季时叶片的反射光谱曲线，植物的果实则完全不同，要看果实种类以及成熟程度而定。

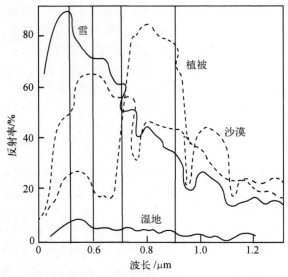

图 3-9　不同地物的反射光谱曲线示意图（雪、植被、沙漠、湿地）

3. 特征波段与特征光谱

遥感利用不同地物在不同波段反射率的不同，来识别不同的地物。在图 3-9 中可以利用 $0.4\sim0.5\mu m$ 波段的影像把雪与其他地物区分开来，雪在该波段的影像上呈现亮色，因为它在可见光波段比其他地物有较强的反射率。类似情况，利用 $0.5\sim0.6\mu m$ 波段影像可以把沙漠和植被、湿地区分开，利用 $0.7\sim0.9\mu m$ 波段影像可以把植被和湿地区分开。遥感技术实际应用时选择不同的波段或波段组合，根据遥感影像上对应像元或图斑的亮度特征，来区分这些不同特性的地物。这种识别某种地物的波段称作该地物的特征波段，波段组合称作特征光谱。根据特征波段或特征光谱，可以确定遥感影像的种类以及一景影像中需要的一幅或几幅影像。同类地物的反射光谱特征曲线是大同小异的，但也会随着地物内在与外表的种种差异有所不同，例如物质成分、内部结构、表面粗糙度、颗粒大小、几何方位、风化程度、表面含水量等差别使其反射光谱特征曲线有所不同。对于植被来说，同类植被由于生长状况、营养程度等因素的不同，其反射率会有较大的变化，会根据这些变化来监测植物的长势及营养的匮缺。同种地物因其所处状态及山体阴阳坡位置的不同,会有不同的光谱曲线,这种现象称作同物异谱。但在有些时候,不同地物却会形成较相近的光谱特征曲线,称为同谱异物。当然这里的"同谱"只是相对的,并不是绝对相同,总会在波长的某些区段有所差异,这就为识别、区分这些"异物"带来了可能。

3.5　遥感影像的四种分辨率及其相互关系

3.5.1　概述

遥感影像记录着目标地物反射、发射的电磁波经过与大气相互作用后到达遥感传感器的强度,这一强度是遥感探测目标的信息载体。通过遥感影像可以获得目标地物的大小、形状及空间分布等信息和属性信息以及变化动态信息。遥感数据的多源性(即多平台、多波段、多视场、多时相、多角度、多极化等)使我们可以认为遥感影像是一种"多维的"数据。因此一幅遥感影像的质量可以用影像表达地物的几何特征、物理特征和时间特征的精确程度来度量和描述,这三个特征的表现参数即为空间分辨率、光谱分辨率、辐射分辨率以及时间分辨率,其中前三个分辨率共同的作用,决定着从遥感影像上可以识别地物、提取地物信息能力的大小,而时间分辨率决定着遥感影像表达地物形态随时间变化能力的优劣。

装载在飞机、卫星等移动平台上的遥感传感器是遥感成像的最后一个环节。根据成像机制划分,遥感传感器可分为框幅式传感器和扫描式传感器两种;而根据记录影像信息数据划分,遥感传感器又可分为感光胶片模拟量(analog)传感器和数字(digital)传感器两种。

(1)框幅式传感器。它是通过遥感镜头,将取景目标聚焦在一个摄像平面上,用感光胶片或光电转换器记录下来,获取框幅内目标物影像。这种传感器的特点是一次成像,即影像上的各点或各像元都是在同一瞬间成像。它既支持感光胶片模拟量成像,也支持数字成像。日常使用的数码相机以及以前的感光胶片照相机都是采用这样的传感器成像。这种传感器成像方式属于中心投影成像。

(2)扫描式传感器。它是借用传感器内部摆镜以及遥感平台移动的相互配合,对地面逐个成像单元以及逐行扫描成像,这种传感器的特点是成像单元分别成像,即影像上的各点或各像元都不在同一瞬间成像。这种传感器一般用在卫星遥感上,具体成像过程详见第 5 章。

(3)感光胶片模拟量传感器。顾名思义,它是以感光胶片作为记录影像信息数据的载体,其特点是影像上没有像元(栅格)的划分,其空间分辨率取决于感光乳剂颗粒的大小。这种传感器采用框幅式成像方式,一般用于航空遥感。

(4)CCD(charge couple device)传感器。它是由微小的光电管排列成阵列感光成像。地面成像目标的光线经传感器镜头聚焦以后,照射到光电管阵列上,由各个光电管分别将入射光按照其强度转换成电信号,记录一个地面成像条带各个单元的信息数据。这里的一个光电管对应遥感影像的一个像元。光电管每生成一个电信号就成为一个像元的灰度值(DN)。一个成像条带摄像结束后,光电管阵列的数据全部储存到另一部件上,光电管阵列清空,再对下一个成像条带实施光电转换。这种传感器兼有框幅式传感器与扫描式传感器的特点,一般用于卫星遥感。

3.5.2　空间分辨率

空间分辨率是指遥感影像表达地面目标空间几何信息的性能,空间分辨率又称空间分辨率。需要注意的是,这里的"分辨"与人们习惯上理解的"分辨"有本质的区别。通常人们理解的"分辨"是指能够将各种地物从影像上识别出来,"分辨"与"识别"等同。但是能否真正将具体某种地物从影像上识别出来,并不完全取决于影像表示地面目标空间几何信息的性能,还要取决于其他性能,其中影像表示地面目标明暗反差、色彩信息的性能也是决定能否从影像识别出某种地物的一个重要因素。比如,如果要在田间识别禾苗与杂草,仅靠几何信息的获取是不够的,还要看其色调等其他信息。在这里,遥感的"空间分辨率"专指遥感影像表示地面目标空间几何信息的性能,要与能否进行地物的识别严格区分开来。

空间分辨率在遥感中不同的场合有不同的具体定义。遥感影像一般可分为两种:模拟影像与数字影像。前者一般是由模拟摄像机将地物影像聚焦投影在感光胶卷上获取;后者一般由阵列式传感器(CCD)或摆镜式传感器对地面扫描,将地面目标的各个微单元分别投射到阵列式传感器的一个个子单元上,并分别加以记录其瞬时光通量,从而形成影像像元,然后将阵列各单元数据集合起来最终生成影像。模拟影像与数字影像由于成像机理不同,空间分辨率的定义也不相同。

对于模拟影像,如常规航空摄影影像,其空间分辨率定义为在影像上的单位距离内能够最小表示的地物的线条数,单位为"线对/mm",通常称作"像片地面分辨率"。这里的"线对"是指地面反差足够大、相邻的两个线状地物。模拟影像的空间分辨率取决于胶卷感光物质颗粒的大小、镜头屈光线性度、光导系统特性等综合因素。在遥感实际工作中使用的单位为"线对/m",通常称作"像片综合分辨率",即地面上 1m 内遥感最多可表示的"线对"数目(图 3-10)。模拟影像中没有像元的概念,因为影像各部位都是连续的,所以空间分辨率采用如上定义。

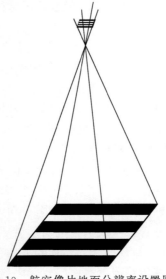

图 3-10　航空像片地面分辨率设置原理

对于卫星遥感影像,空间分辨率是指被动遥感影像卫星星下点处的一个像元对应地面单元的尺度,单位是 m 或 km。在可见光-多光谱遥感中是等立体角扫描成像(具体过程参见第 4 章),即遥感影像上的每一像元对应地面单元与传感器构成的立体角是一个固定值。由于各地面单元处在与传感器的不同方位,与传感器距离也不同,因而不同地点的地面单元的实际面积是不等的,星下点处像元对应地面单元的面积最小,空间分辨率最高,而影像横向两侧地面单元的面积最大,空间分辨率最低。以 NOAA/AVHRR 影像为例,一幅影像东西横向地面跨度近 3 000km,星下点像元对应地面单元尺度是 1.1km×1.1km,而扫描带两端像元对应地面单元尺度却是 4.2km×2.4km。

近年来,航空遥感也开始使用 CCD 数字成像设备,这种影像的分辨率定义与卫星遥感影像空间分辨率的定义相同。由于航空遥感平台的航高远低于卫星遥感,因而航空遥感影像的空间分辨率较高,可以达到 10cm 以内。

空间分辨率是影响遥感影像信息数量和质量的主要因素,它直接传递地物的空间结构信息、位置信息,不同空间分辨率的影像有着不同的用处。比如 NOAA/AVHRR 空间分辨率 1.1km 的数据可以用于分析大气环流、气候与气象、资源环境等信息类别;而 Landsat/TM 空间分辨率为 30m 的数据可以对土地覆盖、地质结构信息、作物长势等进行分析。

这里需要说明,空间分辨率并不是遥感影像上可识别地物的最小尺度。这两者完全是两个不同的概念,从遥感影像上将地物目标识别出来不仅要取决于空间分辨率,而且还要取决于下面光谱分辨率和辐射分辨率,再有,与地物目标和周边地物反射率的反差也有关。通常,遥感影像上可识别地物的尺度应当是该影像空间分辨率的 8~10 倍。

3.5.3　光谱分辨率

光谱分辨率是指传感器在接受目标地物辐射的光谱时,能分辨的最小波长间隔,或是对两个不同辐射源光线的波长分辨能力,通常它以波段宽度来表征。对于可见光-多光谱遥感,单位为 μm,而对于微波,单位为 cm。不同波长的电磁波与物体的相互作用有很大的差异,也就是物体在不同波段的光谱反射特征差异很大。为了降低同谱异物的现象,准确识别各种地物,人们致力于提高光谱分辨率,可以根据识别特定地物的需要,选择适合的波段,以便于将目标地物识别出来。

图 3-11 是两种地物的反射光谱曲线,如果波段设置从"λ_1"到"λ_2"在遥感影像上是无法将其分辨开来的。因为两者反射光谱虽然不同,但是在"λ_1"到"λ_2"波长区段里,两个曲线到横坐标的投影面积却大致相同,如果太阳光在波长"λ_1"到"λ_2"的功率密度改变不大,这反映着两种地物在"λ_1"到"λ_2"波长区段反射的外来电磁波能量基本相同,因而对应像元灰度基本相同,识别时不能将其区分。如果将"λ_1"到"λ_2"的波长区段分成两个波段,如同图 3-11 所示的那样,任取其中一个波段的影像就可以将其区分开来。

为了区分各种地物,不致在影像识别中相互混淆,人们自然希望地物的特征光谱越窄越好。但是需要看到,在实际工作中提高光谱分辨率在技术上有相当大的困难。从普朗克辐射定律可以看出,传感器从辐射源截取辐射能量的波长区间越窄,可能获取的辐射能量就越小。获取的辐射能量小到一定程度,传感器就不能获取与识别这一信息,因为这一极其微小的能

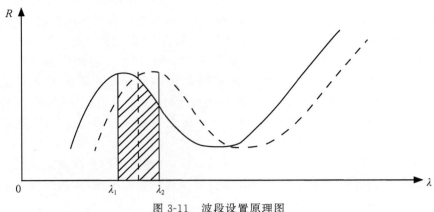

图 3-11　波段设置原理图

量会被"淹没"于多种噪声能量之中。遥感提高光谱分辨率受到传感器抑制噪声的性能、对微小辐射能量的测试敏感程度的挑战,同时无限提高光谱分辨率,在技术上也难以做到。因此,光谱分辨率并不能无限制地提高。

对于同一档次的遥感传感器,在整个工作波长区域,传感器的光谱分辨率,即波段宽度并不是一致的,以 Landsat-5/TM 遥感传感器为例,第 1 波段($0.45\sim0.52\mu m$),光谱分辨率(波段宽度)为 $0.07\mu m$;第 2 波段($0.52\sim0.60\mu m$),光谱分辨率为 $0.08\mu m$;第 4 波段($0.76\sim0.90\mu m$),光谱分辨率为 $0.14\mu m$;工作波长再长下去,光谱分辨率还要变低。这是因为太阳辐射能量在可见光光谱区域,辐射功率密度较大,而在红外光谱区域,辐射功率密度降低,对于同档次的传感器、同样辐射能的测试敏感度,在红外光谱区域,只有放宽光谱分辨率才能实现传感器的性能。

3.5.4　辐射分辨率

辐射分辨率是指遥感传感器在接受光谱辐射信号能量最大值(最亮灰度值)与最小值(最暗灰度值)之间能够划分的量化级别,单位是比特(bit)。比如 Landsat/MSS,辐射分辨率是6bits,即量化级数范围为 $0\sim63$;Landsat-4/TM、Landsat-5/TM,辐射分辨率是 8bits,即量化级数范围为 $0\sim255$。辐射分辨率越高,即量化级数越多、图像像元灰度级数越多,表明遥感传感器测试敏感程度越高,图像对地物反射光能量变化的可检测能力就越强。因此,辐射分辨率是(飞)机载和(卫)星载遥感传感器的另一项重要性能指标。目前,MODIS 传感器的辐射分辨率可达 10bits,即量化级数范围为 $0\sim1023$。

3.5.5　光谱分辨率、辐射分辨率、空间分辨率三者之间的关系

光谱分辨率、辐射分辨率、空间分辨率三者之间具有相互协同而又相互制约的关系。如前所述,三者共同作用,决定着遥感影像表达与分辨地物的能力;但是这三者又相互制约、此消彼长,其原因在于遥感传感器对于入射光能量变化的测试敏感程度是有限的。遥感遥感传

感器接收到的辐射能量变化有一个最小的限度,超过了限度,传感器就接收不到带有信息的电磁波信号了。在这一限度下,如果地面单元反射或自身辐射的能量积分起来,还达不到这一限度,只有扩大地面单元面积,在更大一点的面积上对辐射能量积分,才使接收的辐射能量达到限度。这就是说,在光谱分辨率一定的情况下,为了保证地物有足够的反射或自身辐射能量积分起来达到限度,只有放宽空间分辨率。

在 3.2 节中已经指出,遥感传感器波段越窄,即光谱分辨率越高,积分区间由 λ_1 到 λ_2 的间距越小,该区间的面积就越小,意即太阳向外辐射电磁波在这一波长范围内的功率就越小[参见式(3-7)],有限的地面单元反射太阳光或自身辐射能量的积分不足以达到传感器要求的最小能量限度,此时一个办法是加大积分区间 λ_1 到 λ_2 的间距,也可以使地面单元反射太阳光或自身辐射能量加大,以达到最小能量限度。这就是遥感全色波段空间分辨率较高的原因。

由以上分析可以看出,遥感光谱分辨率、辐射分辨率、空间分辨率三者是相互矛盾、相互制约的,在传感器对于辐射能量敏感度一定的情况下,三者不能同时达到最高分辨率。

3.5.6　时间分辨率

时间分辨率与光谱分辨率、辐射分辨率、空间分辨率这三种分辨率性质不同,制约因素也不同。所谓时间分辨率是指在同一地点重复获取同一遥感卫星影像的最小间隔时间。时间分辨率受制于卫星运行轨道参数,与遥感传感器没有关系。

时间分辨率对于遥感应用同样具有重要意义。在遥感技术的抗灾、救灾应用中,要求遥感具有较高的时间分辨率。比如对于遥感检测与监测森林火灾,在火灾发生与漫延期间,要求 1 天能够提供 2 景或 4 景影像,以便及时掌握火情的动向。对于这一类的应用领域,时间分辨率成为遥感技术应用成功与否的一个关键性指标。

遥感的时间分辨率与遥感空间分辨率相关。气象卫星遥感影像或 MODIS 遥感影像,空间分辨率为 1km,影像东西覆盖 2 500km 以上。试想地球赤道一周长度约为 38 400km,卫星围绕地球旋转地球一周,即形成 2 500km 宽的成像条带,如果不考虑成像条带的部分重叠,只需 15 圈即可将地球全部覆盖。一般遥感卫星 1 天绕地球 14 圈,从这个意义上,气象卫星遥感的时间分辨率可以在 1 天左右。事实上,目前地球外围有 4 颗气象卫星同时在工作,如果不要求两个时相的影像相互重叠,则时间分辨率还可以短许多,在同一地区 1 天可以得到 4 景影像,即时间分辨率可达 1/4 天。

对于空间分辨率较高的遥感影像,时间分辨率遇到挑战。这是因为空间分辨率高的遥感影像,其东西覆盖宽度很窄。以 IKONOS 影像为例,其空间分辨率为 1m,一景影像的东西宽度仅 11km,以这样宽度的成像条带覆盖地球,至少卫星旋转 3 000 多圈才能将地球全部覆盖到,显然以这样的估计,IKONOS 影像的时间分辨率十分漫长。对于这种情况,高空间分辨率的遥感需要采取特殊措施,以解决时间分辨率过长的问题,比如 SPOT 遥感卫星采取侧视方法、IKONOS 卫星采取前向或后向斜视方法,此问题留在第 4 章具体介绍遥感卫星时再加以分析。

3.6　定量遥感基本原理及遥感研究方法

3.6.1　定量遥感概念

所谓定量遥感是指通过数学、物理或统计模型将遥感数据与观测地表目标参数联系起来,定量或半定量地反演或推算某些地学、生物学及大气等观测目标参数的遥感技术。比如以农田干旱为观测目标的遥感作业就属于典型的定量遥感,这种作业最终的结果是测算每一块地的干旱程度,一般将干旱分为五级,即正常、微旱、中旱、重旱、严重干旱。这种干旱测试属于半定量反演。在农业遥感应用领域,属于定量遥感研究与作业的项目有多个,包括农情干旱、作物营养诊断、作物估产、农田质量评价等。

反演的第一步,也是关键的一步,是在遥感可测参数与目标状态参数间建立某种函数关系,这一过程被称为建模。比如,将遥感中红外影像像元灰度值与森林火灾的起火点建立一个函数关系,这就是一个典型而又简单的反演模型。本书下册中,遥感技术的诸多应用,如农情监测、农作物估产、国土资源调查等都需要定量遥感的知识。

定量遥感模型大体上可分为统计模型、物理模型和半经验模型。统计模型一般是描述性的,即对一系列观测数据作经验性的统计分析,建立遥感参数与地面观测数据之间的统计相关关系,而不解答为什么具有这样的相关关系。统计模型的主要优点是开发简便,一般包含的参数较少;主要缺点是模型的基础理论不完备,缺乏对物理机理的足够理解和认识,模型参数之间缺乏逻辑关系,模型的普适性差。物理模型的理论基础完善,模型参数具有明确的物理意义,并试图对作用机理进行数据描述,该模型结构复杂、输入参数多、实用性较差,并且常对非主要因素有过多的忽略或假定。半经验模型综合了统计模型和物理模型的优点,模型所用的参数往往是经验参数,但参数具有一定的物理意义。

遥感反演的最大特点是不确定性,即反演的未知数大于方程数。如何增加边界条件来约束方程,获得全局最优解,并使解比较稳定是遥感反演理论与方法必须研究的问题。从数学模型反演的一般概念来讲,反演问题研究的主要内容有以下两个方面:

(1)由于定量遥感反演问题的复杂性,许多问题都是通过反演的实践与演变,具体问题具体分析,从典型个体、个案到一般,才能建立起比较可行的反演方法和完整的理论。因此,反演问题研究中的大量工作是研究解答的求解方法。

(2)反演问题解的评价是反演问题的主要组成部分,是提取真实解信息的工具。实地抽样调查是评价反演结果的主要方法。遥感反演是对记录在影像上的地面信息进行解译,实地调查是评价解译结果正确与否的可靠方法。问题的复杂性在于遥感影像记录的信息是过去发生的现象,而实地调查有一定的时间滞后性。将时间滞后因素考虑进去,对调查结果作一定的修正,是正确评价反演结果的一个重要环节。

定量遥感是遥感技术中一个独立的技术体系,限于篇幅,这里仅对定量遥感的基本技术方法与技术理念作一简要的介绍。

3.6.2　定量遥感的基本方法

1. 遥感成像机理与遥感探测对象演化机理相结合

遥感探测对象的各种现象及其演化的机理无疑要反映到遥感成像上来。将遥感模型与探测对象各种现象及其演化机理模型进行耦合（linking/combining）、集成（integrating）和同化（assimilating）等,加以联合应用,是定量遥感的一个基本方法。

以遥感农业应用为例,这里提到的"耦合"、"集成"以及"同化"就是要将农作物的生长模型同遥感模型进行连接与联合应用。作物生长模型在大范围的应用往往受到输入数据难以获得并不能满足模型要求的限制;另一方面遥感技术可以提供大面积的作物冠层信息,而这些信息不能直接输入到作物生长模型中来,这就需要将遥感数据及其反演参数转化为作物生长模型要求的数据,这种工作称为数据"同化"。同化是连接作物生长模型与遥感模型的桥梁。

农作物估产是遥感农业应用的一个重要领域,其技术途径是将遥感机理模型与作物生长模型联系起来,在作物生长过程中应用遥感定量反演的生物量数据调整作物生长模型模拟的生物量,以提高作物产量的预测精度。目前,许多研究致力于将可见光、近红外波段的反射率及雷达数据同化于作物生长模型之中,这些遥感数据能够转化为作物冠层结构和生物量季节变化等动态信息。热红外遥感数据也可以同化于作物生长模型之中,并且可以转化为作物水分亏缺的信息。

2. 混合像元分解

遥感获得的数据是以像元为基本单位的地表面状信息,用一个像元灰度数据（DN）综合反映地表反射、辐射的光谱信息,往往是几种地物的混合光谱信号。如果遥感器探测单元的瞬时视场角（即立体角）所对应的地面范围仅包含一种类型的地物,则该像元为纯像元（pure pixel）,它记录的正是该类型地物的光谱信号。如果遥感器探测单元的瞬时视场角所对应的地面范围包含不止一种类型的地物,则该像元为混合像元（mixed pixel）,它记录的是所对应的不同类型地物光谱信号的综合。如野外观测的植物冠层光谱多为植物及其下垫面土壤的混合光谱。严格地说,几乎所有像元都是混合像元。混合像元问题不仅影响地物识别、分类和面积量算的精度,而且是定量遥感的主要障碍之一。如果通过一定方法,找出组成混合像元的各种典型地物的比例,则可解决混合像元问题,提高定性和定量遥感的精度,这一处理过程称之为混合像元分解。

混合像元分解的途径是通过建立光谱的混合模型,其关键在于确定它的覆盖类型的组分（通常称为端元组分,end-member）光谱。像元的反射率可以表示为端元组分的光谱特征和它们的面积百分比（丰度）的函数,换句话说,是各覆盖组分的反射率以各自所占面积为权重的加权平均,如下式所示。

$$\mathrm{DN} = \alpha \cdot \sum_{i=0}^{n} A_i \cdot R_i \tag{3-12}$$

式中,DN 为像元灰度值;α 是变换系数;A_i 为像元的对应地面单元内第 i 种地物所占面积;R_i

为第 i 种地物的反射率。

精度是像元分解最重要的指标。通常,在构建模型的时候,一般只考虑占主导因素的特征参数,而很难考虑个别因素。因此,模型的建立包含了多个假设、近似和概括,而这些假设、近似和概括都会不同程度地影响到模型的精度和像元分解的结果。

3. 尺度效应

地球表面空间是一个复杂的巨系统,而且与人类的生存息息相关。通常我们所需要的地表空间信息在时间和空间上的分辨率都有很大的跨度,在某一尺度上人们观察到的性质、总结出的原理或规律,在另一尺度上可能仍然有效,可能相似,也可能需要修正。在遥感领域,尺度可分为空间尺度与时间尺度。空间尺度是指在研究某一物体或现象时所采用的空间单位,或是指某一现象或过程在空间上所涉及的范围。时间尺度主要研究地表参数随时间变化的特性和地表参数在时间维的单位。由于地表参数在时、空维的异质性,因此对地表参数的描述和研究需要按不同的尺度进行。这里存在着不同尺度的对比、转换和误差分析等,也就是尺度效应和尺度转换的问题。所谓尺度转换是指当地表参数从一个尺度转换到另一个尺度时,对同一参数在不同尺度中进行描述。比如,对于山区的坡度分布,就存在着不同尺度下坡度分布的不同描述,用不同栅格尺度或不同比例尺下的地形图就会得到不同坡度分布的结果。在两种尺度下,对于同一信息如何进行转换需要研究。

对任何特定的传感器,遥感技术都是在单一空间分辨率、离散时间方式下获取数据,而地物和地理现象、过程是在不同的空间和时间尺度上发生连续变化。因此遥感数据和信息的尺度选择以及尺度转换研究是提高遥感应用效率和实用性的关键问题之一。由于遥感对地观测是以多平台、多传感器方式采集地表数据,这些数据本身是多空间分辨率的,其空间分辨率从小于 1m 到数公里。因此基于多空间分辨率遥感数据反演地表参数时,需要进行不同像元尺度参数间的尺度效应和尺度转换研究。

4. 主导因子相关分析法与相关因子综合分析法

在遥感诸多的应用领域中,地学特征是遥感影像不同应用共同的重要因素之一,因此地学分析是不可缺少的一环。首先必须对研究区域的地学背景知识等有充分了解,在此基础上,从发现的形成研究区域地学特征的诸多要素中按需要找出主导因子。确定主导因子并非忽略其他要素,而是通过各要素之间的因果关系,找出起主导作用的要素作为研究的主要依据。主导因子必须是那些对区域特征的形成、不同区域的分异有重要影响的组成要素。

在影响地表生态环境形成的各要素中,地形无疑是一个主导性因子,它决定了地表水、热、能量等的重新分配,从而影响地表结构的分异。地形因子包括高程、坡度和坡向等地形特征要素,也可表达为综合的地貌类型。因此,在很多遥感应用研究中,利用研究区域的基础地理信息(如 DEM)作为辅助数据源或先验知识。地貌是固体地壳的表面形态,是大气圈、水圈、生物圈和岩石圈相互作用的综合表现,也就是说,地貌是大气、水和生物等因素综合作用的场所,地表形态的差异必然引起各种自然地理过程和现象的变化。地形因子影响地表热量及其与水分的组合,进而造成区域土壤、植被分布的差异。在区域(尤其是山区)遥感影像分析过程中,由于地形部位的差别,往往造成同物异谱和异物同谱现象,导致解译和识别发生错误,甚至由于地物阴影的影响而无法解译。因此,地形主导因子相关分析方法的目的就是根据地形因子影响,获取某些地物类型光谱变异的先验知识,建立相关分析模型,以提高识别相关地物的能力和准确率,如进行土壤分类和土地利用分类。

在进行地学研究时,另一个基本原则是综合性原则。地表任何区域都是由各种自然要素和人为要素组成的整体,因此,进行地学研究时必须综合分析各要素相互作用的过程,认识其地域分异的具体规律。在遥感影像分析过程中,由于需要识别的目标和对象受多种因素的影响与干扰,影像特征往往不明显,难以确定相对的主导因子。为此采用多因子数据统计分析方法,通过因子分析,从多个因子中选择有明显效果的相关要素进行分析,以达到识别目标的目的。这一分析方法对于使用高空间分辨率遥感影像做相关研究更为重要。例如,在进行草地退化遥感监测中,对于放牧区域既要考虑由于地形影响造成的地表水热差异、土壤分异;又要考虑人为因素的影响,如远离居民点的区域,草地退化往往较轻,这是由于放牧过程中,游牧动物每天所能行走的距离所致。又如在进行农作物长势监测时,必须考虑区域作物管理措施的差异,如作物品种、施肥和灌溉量、耕作方法等。

多因子相关分析法与主导因子相关分析法并不矛盾,前者强调的是必须全面考虑构成区域的各组成要素和地域分异因子;后者强调的是在综合分析的基础上查明某个具体或局部区域形成和分异的主导因子。因此,在遥感影像目视解译过程以及对遥感反演地表参数的空间分布进行验证和解释时,必须将多因子相关分析法与主导因子相关分析法相结合。

5. 分层分类方法

所谓多光谱遥感影像分类是指逐个地对影像的每一像元根据应用目标分出其类别归属。这里的多光谱遥感影像是一个多幅影像的数据集,每一幅影像对应一个波段,这些影像可以是用同一传感器一次成像摄制的,也可以是用不同传感器分别摄制的,但是要求是对同一地区且像元完全匹配,即各幅影像对应像元的地面单元相同。遥感影像分类实际就是影像识别,分类结果就是各类地物分布的识别结果。因此,影像分类是遥感的终极工作目标之一。遥感影像的具体分类方法详见第 5 章遥感影像处理,这里仅就方法论作一般性的讨论。

常规的多光谱遥感影像分类方法主要有监督分类与非监督分类两种。关于监督分类与非监督分类的分类方法详见第 6 章。但是通常情况下,它们使用同一标准,对整幅影像进行一次性分割以获取多类地物的分布信息。由于对客观地物的错综复杂、同谱异物及同物异谱现象考虑较少,往往产生较多错分、漏分的现象,并且分出的图斑比较零乱,因而分类精度不足以满足应用需求。另外,常规分类方法主要依据每个像元的光谱数据进行分类,而较少注意其他重要的空间信息和地理信息及其相互关系,也没有考虑像元之间的相互关系,常常忽视除 DEM 外的区域地学知识和专家知识,使这些知识不能融入分类过程。分层分类充分考虑各类地物的特征属性,采取逐级逻辑判别方式,增强了信息的提取能力、分类精度和计算效率,且数据分析和解译方法表现出更大的灵活性。

分层分类方法主要突出了地表专题信息和地学专家知识等在分类过程中不可缺少的作用。层次的划分以及每一层次下类别的确定要取决于遥感应用的目标,不能笼统制定法则。经相关的遥感科技工作者多年的努力,已创造出多种分层分类方法,目前仍不断有新方法问世。这一方面的问题将在本书第 6 章和下册的有关应用章节中分别介绍。

3.7　小　　结

本章从物理角度阐述了遥感成像的原理,是理解遥感技术的工作过程以及实际应用的理论基础。开始部分介绍了遥感的工作模式,这是学习与研究遥感技术的基本线索。本章也是按照这一线索,对遥感成像的各个技术环节逐一阐述。

黑体辐射定律是遥感的理论基础之一。黑体是理想的物体,黑体并不存在,但是实际的多数物体接近于灰体,黑体辐射的规律经略加修正后可以用于一般物体。黑体辐射定律指出,辐射功率密度是波长和黑体表面温度的函数。固定一个温度值,有一个辐射功率密度随波长变化的曲线,每一个曲线都有一个峰值,峰值波长,即 λ_{max} 与对应的温度 $T(\mathrm{K})$ 的乘积是一个常数。这一规律可用于根据应用目标选择遥感的工作波段。

太阳辐射近似于表面温度为 6 000K 的黑体辐射,其辐射功率密度峰值在可见光绿光附近,辐射功率较大地集中在可见光到近红外波长区域。大地辐射辐射功率的大部分集中在中红外到远红外,热红外($8\sim12\mu\mathrm{m}$)就在这个区域。

大气效应对于遥感成像有重大影响。大气效应包括对电磁波的散射、吸收以及透射,这些效应都与电磁波的波长有关。散射分为瑞利散射、米氏散射和非选择性散射,产生三种散射中哪一种取决于大气中悬浮颗粒大小以及电磁波波长,三种散射各产生不同的大气现象。透射率大于 85% 的波长区段称为大气窗口。遥感工作波长区域设在大气窗口以内。大气透射中有折射,由于大气不稳定,大气折射率各点不一致,致使遥感影像发生几何畸变。

遥感影像有光谱分辨率、辐射分辨率、空间分辨率,这三种分辨率既相互配合又相互制约,对于影像的地物识别效果都有重要影响。时间分辨率是另一类型的分辨率,对于地面变化迅速的信息,如火灾、水灾等,要求遥感的时间分辨率较高,时间分辨率主要取决于卫星轨道参数,高空间分辨率遥感为提高时间分辨率通常采取斜视成像的特殊措施,将时间分辨率提高至 2~3 天,但是影像质量因此而降低。

定量遥感是指通过数学、物理或统计模型将遥感数据与观测地表目标参数联系起来,定量地反演或推算某些地学、生物学及大气等观测目标参数的遥感技术。定量遥感的关键技术是在遥感可测参数与目标状态参数间建立某种函数关系,即遥感建模。

思　考　题

(1)掌握遥感工作模型对于学习遥感工作原理以及应用遥感技术有什么指导意义?

(2)遥感为什么以黑体辐射作为其技术的理论基础?

(3)黑体辐射的电磁波功率密度在波长分布上有什么特点,黑体自身的温度对辐射有什么影响?

(4)黑体辐射研究在物理科学方法论上有什么典型意义?

(5)维恩定理在遥感应用上有什么实际价值?

（6）为什么说眼睛也可以认为是一种遥感传感器，它与通常意义上的遥感传感器有什么相同点与不同点？

（7）大气三种散射对于遥感成像有什么实际影响？

（8）太阳辐射的光谱特性曲线与植被的生理活动有什么关系，如何利用这种关系设置遥感监测植被生长状态的工作波段？

（9）什么是遥感影像的亮温，它对于遥感影像识别有什么意义？

（10）地面一天中的地温变化规律是什么，这种规律对于遥感应用有什么影响？

（11）遥感的四种分辨率对于遥感的实际应用有什么影响？

（12）遥感影像的光谱分辨率、辐射分辨率、空间分辨率相互制约的根本原因是什么，这种制约对影像的技术参数设置有什么影响？

（13）请用遥感实际应用的事例叙述如何选择遥感影像的光谱分辨率、辐射分辨率、空间分辨率。

（14）遥感在什么领域的应用，时间分辨率有其决定性作用？

（15）为什么要建立可测参数与目标状态参数间的函数关系，建立这种关系有什么具体困难？

（16）遥感探测对象的研究对遥感数据反演有什么作用？

（17）就个人理解，遥感技术应用研究的方法论是什么？

参 考 文 献

陈述彭，赵英时 . 1992. 遥感地学分析 . 北京：科学出版社

戴昌达，姜小光，唐伶俐 . 2004. 遥感影像应用处理与分析 . 北京：清华大学出版社

邓良基 . 2002. 遥感基础与应用 . 北京：中国农业出版社

何维信 . 1996. 航空摄影测量学 . 台北：大中国图书公司

欧阳钟裕 . 1986. 遥感探测学 . 台北：大中国图书公司

彭望璟 . 2002. 遥感概论 . 北京：高等教育出版社

王鑫 . 1977. 遥测学 . 台北：大中国图书公司

谢仁馨 . 1992. 航照判读与遥感探测 . 台北：台湾遥感探测学会

约翰 E. 埃斯蒂斯 . 1983. 遥感手册（第六分册）. 张莉，王长耀等译 . 北京：国防工业出版社

严泰来，王鹏新 . 2008. 遥感技术与农业应用 . 北京：中国农业大学出版社

杨龙士，雷祖强，周天颖 . 2008. 遥感探测理论与分析实务 . 台北：文魁电脑图书资料股份有限公司

赵英时等 . 2004. 遥感应用分析原理与方法 . 北京：科学出版社

Lillesand T M, Kiefer R W. 2000. Remote Sensing and Image Interpretation (4th ed.). John Wiley & Sons

Verbyla D L. 1995. Satellite Remote Sensing of Natural Resources. Boca Raton: CRC Press

第4章 遥感传感器及其载荷平台

4.1 航空摄影测量

4.1.1 航空摄影像片的基本设置

1. 概述

航空摄影,这里主要是指以飞机作为传感器载体平台的可见光、近红外框幅式模拟摄影。现在无人驾驶飞机(简称无人机)在各种性能上逐渐接近于一般飞机,原来被称为"航模遥感"的无人机遥感已经逐渐向航空遥感接近,以下叙述的航空遥感原理基本适用于无人机遥感。

航空摄影技术自 20 世纪前半叶兴起以来,该项技术以及相关技术不断改进,到现在仍然是地图制作的基本技术手段。它的技术优势是:机动性强,根据需要随时可以作业;空间分辨率高,可以达到 10cm 以内;辐射分辨率也很高,图像清晰,总体质量优于卫星遥感影像。缺点是:传感器及其载荷平台受天气影响较大,姿态控制精度不够高,增大了影像投影误差;有些情况下摄影成本较高。

航空摄影有:全色片($0.4\sim0.7\mu m$)、全色红外片($0.5\sim0.8\mu m$)和红外片($0.7\sim0.9\mu m$);彩色胶片有真彩色片($0.4\sim0.7\mu m$)和假彩色红外片($0.5\sim0.8\mu m$)。这里的真彩色片、假彩色片见本书第 5 章"色度学"一节中的解释。航空摄影像片的数字影像较少,这是因为它主要用来制作地图,特别是大比例尺地图,通常不作地物性状分析,如农情监测,也不作定点连续对地观测。合成孔径雷达(SAR)技术问世以后,首先以飞机作为传感器载荷平台,即用机载侧视雷达(side-looking airborne radar,SLAR)进行制图作业,理论上应将其纳入航空摄影之内,但考虑到习惯,这里暂不将机载合成孔径雷达影像列入。

2. 航空像片基本设置

为了使读者了解航空摄影原理及应用方法,这里将实际航空像片的基本设置介绍如下(图 4-1):

(1)框标及像主点。航空像片设有外框线,在外框上、下、左、右四条框线上分别标有三角形框标,分别连接上、下两条和左、右两条框线上的框标,得到一个交点,该交点称作像主点。像主点在航空像片的坐标设置以及几何校正中有重要应用,详见后面分析。

(2)水准仪。航空像片左下方设有水准仪的摄像,该水准仪摄像是在本航空像片拍摄的同一瞬间摄制的。水准仪摄像可以见到仪器的气泡,气泡偏离中心位置的方位即航摄镜头倾斜上扬的方位。由于该气泡总是向高的方向偏移,因此如果气泡在显示窗口右上方(即位于第一象限),表明航摄镜头右上方高,向左下方倾斜。气泡显示窗口带有同心圆刻度,表明倾斜角度。航摄镜头倾斜方向的信息是航空像片几何校正的重要根据之一。

（3）压平线。航空像片的内框线即为压平线。所谓"压平线"是指在摄像胶片外的压平框板留下的线。未使用胶片在摄像机内是卷起来的，展开后需有装置将其紧紧压平，才能避免不必要的投影误差。这样，压平线成了实际上的影像图框线，此线内才是真正的影像画面。压平线反映胶片被压平的状态，该线应为直线，若为弧线，表明胶卷未压成平面，航空像片质量会有问题。

（4）时钟。航空像片右下角设有时钟的摄像。该时钟所示的时间是在本航空像片拍摄同一瞬间的时间。给出这一时间，根据专门的对照表可以得到此时太阳高度角，而影像上可以测量地物阴影长度，从而可以测算地物的高度。

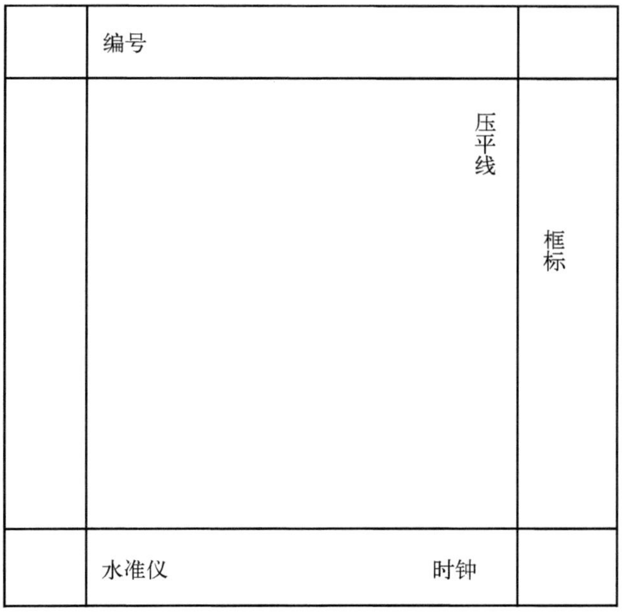

图 4-1　实际航空像片基本设置图

3. 航空重叠摄影

航空遥感一般都是对于大片区域摄影，连续进行如图 4-2 所示的飞行作业。为了能够进行立体观察和量测，要求两像片之间有一定的重叠。如图 4-2 所示，沿航线方向相邻像片的重叠称为航向重叠；相邻航线之间的重叠称为旁向重叠。航空遥感作业要求，航向（横向）重叠度要大于 53%，旁向（纵向）重叠度要不小于 15%。否则，在像片的有效面积内将不能保证连接精度和立体测图。由下面的航空摄影投影误差分析可以看到，像片中心部位的投影误差总是小于像片的四周，航空像片的有效使用区域只是影像的中心部位，四周因投影误差较大而加以剪裁废弃。航空摄影中保持一定的重叠度就可以给出像片剪裁的余量，以确保影像的几何精度。

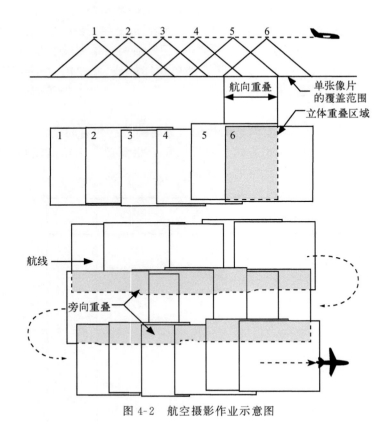

图 4-2　航空摄影作业示意图

4.1.2　航空像片投影误差

1. 地面高程起伏对于投影误差的影响

所谓地面高程起伏是指地面相对于基准面的高程起伏。基准面是人为设置的水平面,地面上的所有地物高程以此作为参照。

航空摄影是中心投影(中心投影定义参见 2.4 节相关内容),该投影出现因摄影物件高差产生的像点位移,这是中心投影与正射投影的差别,也称投影差,用 δ_h 表示,如图 4-3 所示。为方便讨论,假设像片处于水平理想位置。设投影中心为 S,相对于基准面 E 的航高为 H。地面山顶上一点 A 相对于 E 平面的高差为 h,A 点在 E 平面上的正射投影为 A_0。设 A_0 在像面 P 上的构像为 a_0。而点 A 在像面 P 上的构像点 a,线段 aa_0 是由于地面点 A 相对于基准面 E 有高差 h 所引起的像点位移,即投影差 δ_h。投影中心 S 与点 A 连线的延长线与基准面 E 交于点 A',A 点和 A' 点在像面 P 上的构像同为 a,这就是说,投影差 δ_h 等效于山顶上 A 点在基准面 E 上的投影 A_0 点位移到 A' 点形成的投影误差。

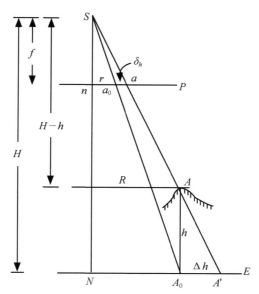

图 4-3　地面起伏形成的投影误差

根据相似三角形原理,可得

$$\frac{\Delta h}{R}=\frac{h}{H-h} \tag{4-1}$$

$$\frac{R}{H-h}=\frac{r}{f} \tag{4-2}$$

由于

$$\delta_h=\frac{\Delta h}{m}=\frac{f}{H}\Delta h \tag{4-3}$$

利用以上三式可得

$$\delta_h=\frac{rh}{H} \tag{4-4}$$

式(4-4)就是像片上因地面起伏引起的像点位移的计算公式。式中,r 为 a 点以像底点 n 为辐射中心的像距,这里所谓的像底点是指过投影中心 S 并垂直于基准面的直线与像平面的交点,在图 4-3 中就是点 n;R 为地面点 A 到垂直线 nN 的水平距离;f 为摄像镜头的焦距。对于实际航片,像底点可以认为就是像主点。

由式(4-4)可知:

(1)地形起伏引起的像点位移 δ_h 在像底点为中心的向径线(辐射线)上,当 h 为正时,向径 r(即 na)增长,δ_h 为正;h 为负时,向径 na 缩短,δ_h 为负。

(2)当 $r=0$ 时,则 $\delta_h=0$。这说明位于像底点处的地面点,不存在因高差影响所产生的像点位移。向径 r 越小,则像点位移越小。

(3)在卫星遥测成像环境下,航高 H 远远大于点 A 的高程 h,因此像点位移 δ_h 可以忽略不计。这就是说,在卫星遥测影像中,可以忽略地面起伏造成的投影误差。

此外,根据相似三角形原理,还可得到:

$$\frac{f}{H} = \frac{1}{m} , 即\ H = mf \tag{4-5}$$

式中,m 为影像比例尺分母。将式(4-5)代入式(4-4),有

$$\delta_h = \frac{r \cdot h}{m \cdot f} \tag{4-6}$$

式(4-6)的意义是:由地面起伏形成的投影误差与影像比例尺(1/m)成正比;与向径 r 成正比;与高程 h 成正比;而与摄像镜头焦距 f 成反比。在卫星遥测中,由于影像比例尺(1/m)很小,而镜头焦距 f 又较大,因而地面起伏形成的投影误差可以忽略;在航空遥测中,影像比例尺(1/m)较大,而镜头焦距 f 相对较小,地面起伏形成的投影误差不能忽略,由于误差与向径 r 成正比,因而影像边缘处误差较大,这与前面的分析结果一致。

2. 传感器平台姿态对于投影误差的影响

遥感传感器载荷平台姿态在三个方位的稳定程度对于航空像片或卫星像片的取景区域和投影误差有重要影响,这里的"三个方位"是指平台航向、仰俯、侧翻。三个方位中,航向偏移影响到影像的摄像区域与预定区域不符(图 4-2);平台的仰俯、侧翻都造成像平面与基准面不平行,形成投影误差,以下分析是指平台仰俯、侧翻造成的误差。

图 4-4 为遥测像平面与基准面不平行形成的投影误差示意图。假设同一遥测传感器拍摄两张像片,一张为倾斜像片 P,另一张为水平像片 P^0。这两个面分别代表传感器镜头倾斜时的像平面和理想情况下的像平面,两个平面相交的交线为 $h_c - h_c$,交角为 α。图 4-4 中交角 α 用两个平面各自的法线交角表示。对于倾斜平面 P 与水平平面 P^0,分别以两个平面交线 $h_c - h_c$ 为共同的极轴,分别以 φ 和 φ^0 作为倾斜平面 P 上的像点 a 和水平平面 P^0 上的像点 a^0 的极角,在两个平面上建立极坐标。

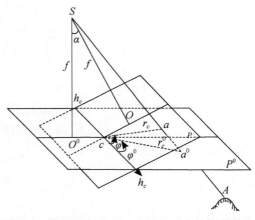

图 4-4　像平面与基准面不平行形成的投影误差

注意到当两个平面的交角 α 为零时,像点 a 和像点 a^0 实际上是同一个点,因而

$$\varphi = \varphi^0 \tag{4-7}$$

像点位移 δ_a 大小与像片倾角 α、像距 ca 方向角 φ 有关,其近似表达式为

$$\delta_a = -\frac{r_c^2}{f}\sin\varphi\sin\alpha \tag{4-8}$$

式(4-8)的证明略,从该式可知:

(1)因向径 r_c 和倾角 α 恒为正值,当 φ 角在 $0°\sim180°$ 的 Ⅰ 与 Ⅱ 象限内, $\sin\varphi$ 为正值,则 δ_a 为负值,即像点 a 朝向极坐标原点 c 位移,向径 r_c 缩小;当 φ 角在 $180°\sim360°$ 的 Ⅲ 与 Ⅳ 象限内, $\sin\varphi$ 为负值,则 δ_a 为正值,即点 a 背向极坐标原点 c 位移,向径扩大。

(2)当 φ 为 $0°$ 或 $180°$ 时, $\sin\varphi=0$,则 $\delta_a=0$,即线 h_c-h_c 上的各点没有因像片倾斜引起位移。

(3)当 φ 为 $90°$ 或 $270°$ 时, $\sin\varphi=\pm1$,则向径 r_c 相同的情况下,像点位移 $|\delta_a|$ 为最大。

以上叙述的像点位移情况可以用图 4-5 表示,设地平面上有 A、B、E、D 四点形成的一个正方形图形,则在水平像片上的像点 a^0、b^0、e^0、d^0 同样形成一个正方形,而在倾斜像片上相应的像点 a、b、e、d 形成一个梯形。将倾斜像片绕线 h_c-h_c 旋转到与水平像片重合,形成一个叠合图形,如图 4-5 所示。由于拍摄时像平面倾斜引起像点位移,从而引起了图像变形,由正方形 a^0-b^0-e^0-d^0 变形成为梯形 a-b-e-d ,点 a^0、b^0 向内收缩,而点 e^0、d^0 向外扩大。

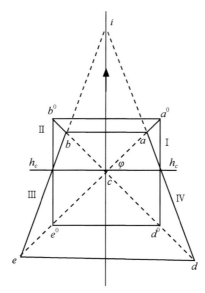

图 4-5　像平面倾斜引起的像点位移

(4)投影误差随着像片倾斜角 α 的增大而增加,因此在航空遥测制图的作业中不允许像片倾斜角,即镜头倾斜角 α 大于 $3°$,如果大于 $3°$,则影像作废。这里的倾斜角 α 也就是传感器载荷平台仰俯、侧翻或两者兼有的角度。

式(4-8)所示的规律既适用于航空遥感(包括无人机遥感),也适用于卫星遥感。

在航空像片获取后,常常要将其数字化。只要将像片倾角 α 参数输入计算机中,运用式(4-8)就可以在数字化过程中,随同数字化将像点位移逐一加以校正。另外使用特殊的光学设备用光学还原的方法也可以做像片纠正,一次全部消除各像点的倾斜位移 δ_a 。

综合分析式(4-4)与式(4-8),可以得到结论:随着像点的向径 r 增大,投影误差绝对值要增大。也就是说影像的四周投影误差总是大于影像中心。这就是上面提到的剪裁废弃航空像片四周图像数据的原因。

4.1.3　航空像片解译基本方法

1. 概述

航空遥感影像通常较多地使用目视解译方法进行解译、判读。目视解译是一种传统的解译方法。对于航空像片或卫星像片,尽管计算机解译有许多技术优势,是遥感影像应用的技术发展方向,但是还不能完全取代目视解译。目视解译可以充分发挥人的经验与知识,而这些经验与知识是计算机系统所不具备的。由于遥感摄像环境的复杂性,解译目标多变,人的经验与知识对于影像解译是完全必要的。

航空像片对于地面信息的表达具有典型性。事实上随着遥感技术的改进,航空像片与卫星像片,特别是高空间分辨率的卫星像片,两者的差别逐渐在缩小。因此,下面介绍的航空像片目视解译方法基本上适用于卫星像片,对于卫星像片的目视解译,本书不再重复叙述。

2. 航空像片预处理

对于用作目视解译的航空像片,如果不作高精度的遥感制图,只是一般应用,购置的航空像片可以直接使用。如果使用航空像片作高精度的遥感制图,需要在高精度的航空像片处理设备上进行投影校正。这种设备一般都带有翻拍功能,可将校正后的影像翻拍,制作成正射影像。具有这种功能的设备有航空像片纠正转绘仪、单臂投影仪以及变焦转绘仪等。

对于用作计算机自动解译的航空像片,则需要先将航空像片用高精度彩色扫描仪转换成数字影像,以便计算机进一步处理,包括几何校正、影像增强以及针对应用目标的影像解译。航空像片转换为数字影像以后的影像处理工作与卫星遥感数字影像处理工作没有多大的差异,这部分内容请读者参阅本书的第5章和第6章。计算机处理辅以适当的人机对话具有客观性强、解译精度高、工作效率高等优点。

3. 建立航空像片基本判读标志

航空像片是地面目标多种特征的记录,像片上的地物影像与实际地物目标的形状、大小、色调(或颜色)、阴影、纹形、布局和位置等特征有着密切的关系。人们就是根据这些特征在影像上寻找具有相同特征的地物,作出识别的,这些特征称之为"判读特征"或"判读标志"。判读特征可分为直接判读特征和间接判读特征两大类:所谓直接判读特征就是目标本身属性在像片上的直接反映,如形状、大小等;间接判读特征是根据其他目标影像推断目标属性的特征,如布局、位置等。

(1)形状特征。形状特征是指地物外部轮廓在像片上所表现出的影像形状,形状特征是识别目标的重要依据之一。

在航空像片上,像平面倾斜造成的误差对平坦地面上地物影像形状影响很小,如运动场、道路、池塘和田块等。但是,倾斜投影误差对具有一定高度的目标影像形状的影响是不能忽视的。高于地面的地物影像一般都有变形,连续摄像的相邻两幅像片上同一地物相应影像的形状也不一致。地物斜面,相当于摄像镜头倾斜,在影像上产生投影误差,使该地物影像发生变形。物体在两幅像片上与摄像镜头的方位不同,地物影像变形也不同。如图 4-6 所示,左右两幅图的中间阴影部分,就属于这种情况。对于连续摄像的相邻两幅像片上处于基本同一部位、而显示形状明显不同的地物,应当从地物高于地面且有斜面的情况加以解释。

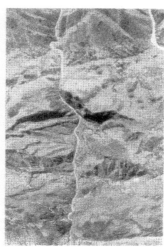

图 4-6　同一地物在连续摄像的相邻两幅像片上变形的显著差异

(2)大小特征。大小特征是指地物在像片上的影像尺寸。根据像片比例尺能明确得到地物大小的概念。在航空像片上,平坦地区各地物影像的比例尺基本一致;起伏不平的丘陵地区和山区的影像在同一张像片上比例尺处处不一致:处于高处的地物,相对航高小,影像比例尺大;处于低处的地物,相对航高大,影像比例尺小。

大小特征除主要取决于像片比例尺外,还与地物形状和地物的背景有关。例如在航空像片上,与背景亮度反差较大的小路和通信线等线状地物的影像宽度往往超过根据像片比例尺计算所应有的宽度,影像有所夸大。

(3)色调和色彩特征。色调特征是对黑白像片而言,而色彩特征是对彩色像片而言。

色调特征是指物体在黑白像片上所表现出的由黑到白的各种不同深浅灰色,也称为灰度。色调特征是最基本的判读特征。目视判读中通常把像片上的色调概略地分为亮白色、白色、浅灰色、灰色、深灰色、浅黑色和黑色 7 级,也有的分为 10 级。实际上,数字化后的摄影像片像元的灰度一般都要大于 256 级。

在全色摄影像片上的影像色调主要取决于地物表面在全色波长区段的亮度,而地物表面亮度与光源照度、地物辐射亮度系数、地物表面粗糙度有关,还受到摄影时的天气、曝光和数据处理条件等因素的影响。

色彩是人的眼睛在可见光波长范围内对光谱的感觉。人眼可以区别 $1\sim2\mu$mm 波长差异的颜色,加上各种波长的光强度分布不同,人眼可分辨出 2 000 多种颜色,比分辨黑白色调的能力高 100 倍以上。因此,利用彩色像片判读的效果要比黑白像片好。

自然彩色像片上影像的颜色与相应地物的颜色一致,判读十分方便。但是,因为地物在红外波长区域表达出较丰富的信息,实际工作中使用红外"假彩色"像片比自然彩色像片还要多一些。所谓"假彩色"像片是指将近红外波段加进来生成的彩色影像,由于植被在近红外具有很高的反射率,近红外与可见光区域反射率变化悬殊;而其他地物不存在这种现象,近红外波段加进来制作的假彩色航片上,凡是植被地区一律显示红色,而其他地物的颜色基本不变。假彩色像片在航空像片与卫星像片中都大量使用,其目的就是为了突出植被,因为植被是被人们普遍关注的地物。关于假彩色影像的原理详见第 5 章色度学部分。

(4)阴影特征。像片上凡高出地面的目标,在像片上不仅有目标本身的背光阴影,同时还有投射在地面上的阴影。阴影可分为两种:本影与投影,投影又称为落影。所谓本影是指地物的背光面生成的阴影;所谓落影是指落到地面或周边地物生成的阴影。本影与落影的存在增加了地物的立体感,有利于在影像上目视判定地物及其性质。

阴影形状、长度、方向与光源(太阳)的高度角与方位角相关,在得到摄像时光源的高度角与方位角参数后,可根据阴影判断地物的高度、形状、走向等多种信息。阴影在方位角方向上的长度(L)与地物高度(h)、太阳高度角(θ)以及地形起伏有关。当地表平坦时,地物高度、阴影长度与辐照高度角有如下关系:

$$h = L \tan\theta \tag{4-9}$$

当太阳高度角一定时,可以根据阴影的长度推算地物高度。太阳高度角随时间、地上经纬度不同而变化。已知成像的具体月、日、时间以及成像地区经纬度,地理学有专门表格数据可以查询出当时当地的太阳角。实际工作中,常常通过影像上典型地物,如高楼,实际地面调查其高度,并精细量算在影像上的长度,乘以影像比例尺的分母,这两者之比的反正切,即为太阳角,见式(4-9)。

(5)纹理特征。细小地物在像片上有规律地重复出现所组成的花纹图案的影像称为纹理特征。纹理是地物形状、大小、阴影、空间方向和分布的综合表现,反映了色调变化的频率。纹形图案的形式很多,有点、斑、纹、格、垄和栅等。有些地物,如草地与灌木依照影像的形状和色调不易区分,但草地影像呈现细致丝绒状的纹理,而灌木林为点状纹理,比草地粗糙,从而容易将两者区分开来。纹理特征在中、小比例尺像片判读中更有意义。

(6)间接判读特征。这是上述五种影像特征以外的重要特征,也是目视解译的优势。因为这种特征判读可以发挥人们的经验与知识。比如根据山区梯田、山坡田垄特征可以判别耕地,根据有一定规则几何分布的地物判断建筑物进而判断城镇布局等;又比如根据几何形状、影像中的部位区分道路与河流等,这些特征在不同场合有各种变异,有多种综合,难以数量化,很难构建数学模型,而人们的经验正可以弥补计算机的这种不足。

对于仍然无法识别的地物,必要时需要进一步地面调查。需要指出,计算机数字图像处理原则上也是从以上这些途径进行自动识别的,只是分别简单化并加以量化,构建相应模型来进行识别。

4.2　合成孔径雷达

4.2.1　雷达遥感概述

雷达遥感是以微波作为工作媒介的主动遥感。微波是介于红外和无线电波之间的电磁波,波长范围为 0.3~1m。在此范围绝大部分波长的电磁波,其传输几乎不受大气的影响,包括云层和大气尘埃,因而雷达遥感器具有特殊的技术优势。通常将微波分为 8 个频段,每个频段有各自的代号。工作在不同波段的微波成像传感器具有不同的功能与特点,可以根据不同的工作任务选择适当的微波传感器,具体见表 4-1。

表 4-1　微波遥感传感器的波段划分

波段	波长/cm	频率/MHz
Ka	0.8~1.1	40 000~26 500
K	1.1~1.7	26 500~18 000
Ku	1.7~2.4	18 000~12 500
X	2.4~3.8	12 500~8 000
C	3.8~7.5	8 000~4 000
S	7.5~15	4 000~2 000
L	15~30	2 000~1 000
P	30~100	1 000~300

微波传感器可以分为被动(无源)微波传感器和主动(有源)微波传感器。被动微波传感器较少应用,其原因是空间分辨率较低,在百米数量级,影像解译困难。主动微波传感器作为遥感传感器,称为雷达遥感传感器。单独使用雷达遥感影像也可以合成彩色影像(详见后面叙述)。

雷达遥感具有以下技术特点:

(1)雷达天线既担负发射微波的任务,同时又担负接收微波的任务,是雷达遥感传感器的重要组成部分。雷达遥感这一特点决定着雷达遥感传感器具有特殊的工作机理。

(2)雷达遥感一律采用侧视成像,侧视角度可调。侧视成像既有一定的优点,也有重要的缺点,详见后面分析。

(3)雷达遥感空间分辨率与航高无关。这是雷达遥感能够用于卫星遥感中并具有很高空间分辨率的主要原因。

(4)雷达遥感对地物物理特性,如电导率、地表粗糙度以及微几何特性十分敏感。这使雷达遥感可以提取更多的地物几何形状与物理性状信息,如金属地物及其形状、地表湿度、水面波浪等。

(5)雷达遥感可以全天时、全天候工作,对于地面土壤还有一定的穿透能力。雷达遥感对地面的穿透能力取决于土壤湿度,土壤越干燥,雷达波长越长,微波穿透能力就越强。理论上,L 波段可穿透 60m 完全干的土层。

雷达遥感以上的技术特点决定着它在军事、抗洪救灾、农业干旱、地下金属管网探测等应用领域具有不可替代的技术优势。

4.2.2　雷达遥感成像机制

1. 微波调制

雷达遥感使用经过脉冲调制的微波作为工作电磁波。所谓"脉冲调制"的微波可以简单理解为"间断"发射的微波,其波形如图 4-7 所示。坐标系横轴是时间坐标轴,纵轴为电压轴,当微波的电压为"V"时,表示此时有电磁波发射;当微波的电压为"0"时,表示此时没有电磁波发射,即发射间断。这样,发射—间断—发射—间断,循环往复,形成如同"脉动"模式的信号,这种信号称为脉冲。从发射到间断结束,这一过程称为脉冲的一个周期,其时间计为 T。"发射"这一瞬间时间间隔,计为 τ,称为脉冲宽度。

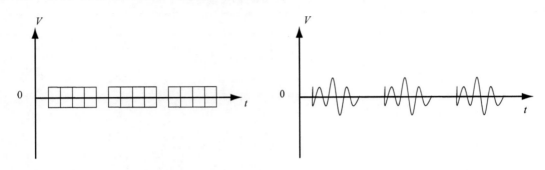

(a) 脉冲调幅波波形图 (AM)　　　　　　(b) 脉冲线性调频波波形图 (FM)

图 4-7　脉冲调制微波波形图

当脉冲调制的微波处于脉冲宽度这一瞬间时间,雷达天线处于发射电磁波状态;而当微波处于发射间断这一瞬间时间,雷达天线处于接收地面反射回来的电磁波状态。当然,这里"反射回来的电磁波"是指由雷达天线发射出去再经地面反射回来的电磁波,这种波称为回波。这样雷达遥感天线既担负发射微波的任务,同时又担负接收微波的任务,发射与接收交替进行。

2. 雷达遥感成像原理

图 4-8 为雷达遥感成像原理示意图。雷达遥感平台,即遥感飞行器由纸面外向纸面内的

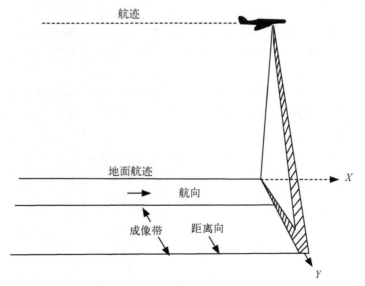

图 4-8　雷达遥感成像原理示意图

水平方向飞行,天线向平台的右侧下方一定角度以内发射一束雷达波。随着平台的飞行,雷达波束在地面留下一个个成像条带,在每一条带中的每一地面单元反射由传感器发射过来的微波产生回波,该回波经传感器接收,形成模拟影像或数字影像。三维成像空间的坐标设置也在图 4-8 中表示出来:遥感平台飞行轨迹在地面投影设为 X 坐标轴,飞行方向即为坐标轴方向,这一方向又称为航迹向;雷达波束在地面的扫描方向设为 Y 坐标轴方向,这一方向又称为距离向。

　　图 4-9(a)为三维成像空间的正视图,遥感平台由纸面内垂直飞向纸外,传感器发射的雷达波束在图中用斜线表示,图中标示的 Y 方向即是成像空间坐标设置的 Y 方向。图 4-9(b)为三维成像空间的俯视图,遥感平台由纸面下方向上方飞行,天线发射的雷达波束在图中用斜线表示,图中标示的 X 方向即是成像空间坐标设置的 X 方向。

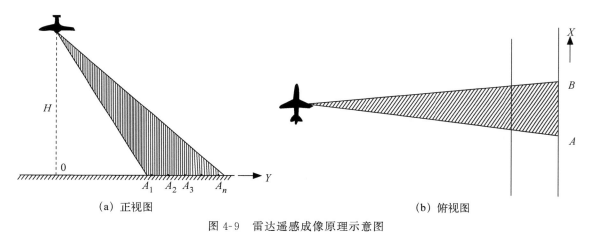

(a) 正视图　　　　　　　　　　　　　　　　　(b) 俯视图

图 4-9　雷达遥感成像原理示意图

　　将图 4-9(a)放大并图示传感器的摄像装置(图 4-10),图右上方示意性地画出了成像雷达中的阴极射线管,这一阴极射线管荧光屏上周期性生成由像元点组成的扫描线,一个像元对应着雷达波束在雷达脉冲调制波的一个脉冲宽度时间内扫过地面的一个成像单元。荧光屏

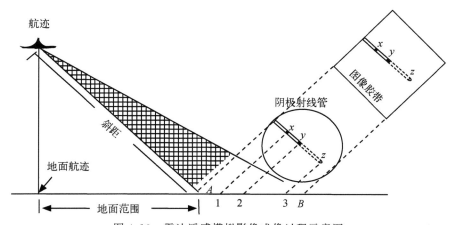

图 4-10　雷达遥感模拟影像成像过程示意图

中国航空遥感服务公司,地球资源侧视雷达图像应用资料汇编,1985

像元点由左向右排列,对应地面单元在地面由近向远排列。地面单元对雷达波总体反射或散射率越高,雷达回波越强,则在阴极射线管荧光屏上产生的像元点亮度就越高。

一开始,地面成像单元 A_1 在阴极射线管荧光屏上产生对应像元点 a_1,接着地面成像单元 A_2 产生像元点 a_2,……直到地面成像单元 A_n 产生像元点 a_n,成像雷达至此完成一个扫描周期。与此同时,与阴极射线管荧光屏相对的照相机胶卷将此扫描线记录下来。在成像雷达一个扫描周期内,雷达遥感平台可以看作是"静止"的。完成一个扫描周期后,雷达遥感平台向前飞行了一段距离,雷达波束扫描又重新如前所述开始,照相机胶卷也相应向前拉出一个像元点的距离,记录下一条扫描线。这样成像雷达一行又一行地扫描下去,照相机胶卷一行又一行地记录,最终形成了一幅雷达遥感影像。当然,现在雷达遥感传感器不必用照相机胶卷记录地物散射率的信息数据,而直接用计算机记录,雷达影像就成了数字影像。

为表述方便,我们约定:以下遥感影像上的坐标用小写 (x,y) 表示,而对应地面上的坐标用大写 (X,Y) 表示。

由以上雷达扫描成像过程可以得到以下结论:

(1)雷达遥感影像在同一 x 坐标下(即同一扫描行), y 方向上坐标增量与相应地面的两点到雷达天线斜向距离(简称斜距)的差成正比,这一结论可用式(4-10)表达。这是因为这两点到雷达天线的斜距差越大,造成雷达回波的时间差就越大,因而在阴极射线管荧光屏上两个像素点的距离就越大,造成影像在 y 方向上坐标增量越大。

$$\Delta y \backsim 2\Delta R/c \tag{4-10}$$

式中, Δy 为影像上 y 坐标增量; ΔR 为斜距差; c 为光速。

斜距差又称作光程差,即光从雷达天线到斜向两地物行进路程之差,两地物光程差决定着它们在影像上的距离。这是雷达遥感最大的特点之一,又是雷达遥感与被动遥感的显著区别之一。被动遥感是中心投影或多中心投影,而雷达遥感的投影称作斜距投影,地物在影像上的 y 坐标位置完全取决于地物的斜距。注意,斜距差 ΔR 前有一个系数"2",这是因为雷达回波的时间差应为斜距差的两倍,即光往返的距离除以光速 c 。

(2)雷达遥感在距离方向(Y 方向)上的空间分辨率取决于雷达脉冲调制波的周期。在地面上的两个点,若回波的时间差在雷达脉冲调制波的一个周期以内,雷达图像上生成为同一个像元,雷达遥感并不能将这两个点分开。由于雷达遥感影像在 y 方向上的空间分辨率就是对应地面的 Y 方向上的最小坐标增量,对照图 4-11,雷达遥感地面分辨率可写为

$$2\Delta R = 2\Delta Y \sin\phi = T \cdot c$$

$$\Delta Y = \frac{T \cdot c}{\sin\phi} \tag{4-11}$$

式中, T 为雷达脉冲调制波周期; ϕ 为雷达波束的入射角。

由式(4-11)可以看出,当入射角 ϕ 趋近于 0°,即雷达波束趋近于垂直于地面时, ΔY 趋近于"∞",这就是为什么雷达遥感必须侧视的原因。随着入射角 ϕ 增大, ΔY 减小,影像空间分辨率提高,即一个像元覆盖地面单元的尺度减小,影像分辨率增高、比例尺增大。

(3)由图 4-9 可以看出,当遥感平台在雷达波束入射方向上,即向图中左上方移动若干距离,并不影响式(4-11)的推导。由此可知,雷达遥感在 Y 方向(距离向)上的分辨率与航高无关。

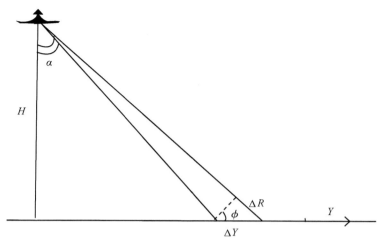

图 4-11　雷达遥感距离向分辨率原理解析图

（4）根据以上分析，参照图 4-9(b)可以看出，图中所示的地面上 A 与 B 两点之间所有的点在影像上是一个点，因为它们与雷达天线的斜距都近似相等。A、B 两点距离大小与遥感平台航高和雷达波束在水平向的张角有关：航高越高、波束张角越大，A、B 两点距离越大，即雷达遥感航迹向（x 向）的分辨率越低。又根据雷达天线理论，发射雷达波束的张角与雷达天线口径成反比，即要想得到雷达遥感航迹向较高的分辨率，必须加大雷达天线的口径。但是过大口径的雷达天线，遥感平台难以载荷，因此提高雷达遥感航迹向分辨率遇到了技术障碍。为此，科学工作者研究出了合成孔径的技术。

3. 合成孔径雷达遥感

合成孔径雷达（synthetic aperture radar，SAR）是为提高雷达遥感航迹向分辨率而发明的技术，使用了多普勒效应（Doppler effect）原理。多普勒效应是指波的观察者（即传感器）与波源之间做相对运动时所产生的特殊效应。多普勒效应指出，当波源与波传感器做相反方向运动时，波传感器测试得到波的频率有减低的趋势；而当波源与波感受器做相对方向运动时，波传感器测试得到波的频率有增高的趋势。多普勒效应被生活中发生的现象所证实，例如两列火车相对行驶，一列火车发出汽笛声，在另一列火车上的人听来音调频率增高，十分刺耳，两列火车相对运动速度越快，这种音调变异则越大；与此相反，两列火车向相反方向行驶，一列火车发出同样汽笛声，在另一列火车上的人听来音调低沉。

遥感平台发出雷达波，相对于地面目标，也存在多普勒效应。如图 4-12 所示，当遥感平台处于 X_1 位置时，雷达遥感系统天线发射的雷达波前锋面已经达到地面 A 点，当遥感平台从 X_1 到 X_0 之间飞行，遥感平台接收到的雷达波频率有增大的趋势，而遥感平台从 X_0 到 X_2 之间飞行，遥感平台接收到的雷达波频率有减小趋势。由于遥感平台飞行速度与电磁波传播速度不可比拟，多普勒效应并不影响雷达天线接收到的雷达回波频率，而影响回波相位。如果雷达天线能够将地面 X 方向上等间距每个点的这种相位变化过程（又称相位史）逐一记录下来，则雷达天线也就可能将这些点区别开来。现代电子技术具备这种高速记录相位变化的能力，使合成孔径雷达的设想变为现实。

　　对于合成孔径雷达的成像机理还可以用以下方式表述。在图 4-12 中，遥感平台从 X_1 至 X_2 这一段飞行路程内，都有雷达波束抵达地面点 A，设想雷达天线在 X_1、X_2、X_3，至 X_n 的位置都在接收雷达回波，天线内部将这些回波自动汇总，这样的设置等效于有 n 个天线同时对一个地物 A 发射雷达波并接收其回波，这样就将 n 个雷达天线"合成"在一起，形成一个直径相当于近似有 n 倍的每个雷达天线直径的大天线，从而提高了雷达在航迹方向（X 方向）上的空间分辨率。这就是"合成孔径雷达"这一术语的由来。现代电子技术与计算机技术，可以支持合成孔径雷达成像机理的实施。

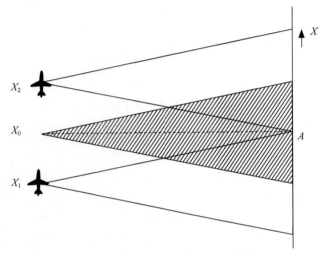

图 4-12　合成孔径雷达原理示意图

　　在采用多普勒效应以前的雷达遥感称为真实孔径雷达遥感（real aperture radar，RAR），而采用多普勒效应以后的雷达遥感称为合成孔径雷达遥感（SAR）。

4. 多极化方式雷达遥感

　　电磁波是一种横波，即在电磁波传播过程中，电场或磁场振动方向总是与传播方向垂直。当然在与传播方向相垂直的平面上有无数个方向，这些方向都与传播方向垂直。自然光辐射，如太阳光、大地辐射、电灯光等电磁波，它们的电场或磁场振动方向都是在这个平面上随机变化的，这种电磁波叫非极化波；反之，如果电场或磁场振荡在电磁波传播过程中总保持在垂直于传播方向的一个方向上，这种电磁波被称作极化波或偏振波（polarization wave）。雷达遥感天线发射出来的雷达电磁波是极化波。通常雷达遥感天线可以发射出两个方向中的一个，即一个平行于地面的方向，另一个是与此相垂直的方向，前者称作是 H（horizontal）方向，后者称作 V（vertical）方向。如图 4-13 所示，H 方向是垂直于纸面而平行于水平面的方向，即电场或磁场振动方向与雷达波束入射线（即雷达传播方向）垂直；V 方向是平行于纸面，而又垂直于雷达传播方向。

　　雷达极化电磁波到达地面后，一些物质具有这样的特性：凡经它透射或散射的电磁波，其极化方向都会发生旋转，这样入射来的电磁波经地面散射通常会改变其极化方向，而雷达遥感天线又总是对雷达回波的极化方向有选择性，即只接受 H 方向或 V 方向极化电磁波。这

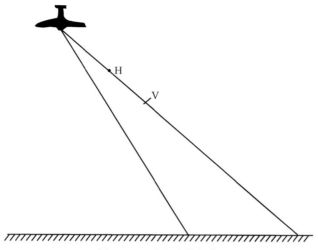

图 4-13　雷达波的极化

样,作为雷达遥感系统,就存在四种情况:天线发射 H 极化波并接收 H 极化波,此种工作方式称为 H-H 极化方式;依次定义还有 V-V 极化方式、H-V 极化方式、V-H 极化方式。H-H、V-V 极化方式又称作同向极化方式,H-V、V-H 极化方式又称作交叉极化方式。

　　由于雷达波的极化方式不同,致使同一地物对此雷达波的后向散射系数不同,雷达遥感影像对应像元灰度以及图斑纹理也不相同。这样,对于同一地区,用同一波长雷达波,可以同时得到四幅雷达影像,即四种极化方式的影像。在这四种极化方式的影像中,同一地物在影像上呈现的灰度、纹理会有所不同。对于某一类地物,可能在这种极化方式下,对应像元显示光亮;而在另一种极化方式下,该像元显示却很黯淡。雷达遥感的这种特性可以用来针对遥感监测对象与监测目标的不同,选择遥感最佳极化方式,以准确获取监测对象的信息。当代先进的雷达卫星遥感平台,可以同时获取四种极化方式的影像,这种性能为准确识别更多的地物、适应多种监测目标创造了有利条件;并且从中任意选择三幅影像可以合成彩色影像。

　　5. 微波散射与散射系数

　　雷达波到达地面,发生反射或散射。究竟反射还是散射,则取决于地物表面的粗糙度。瑞利判据[见本书第 3 章式(3-11)]用数学式表明了形成散射或反射的条件。由于雷达波是微波,波长在厘米范围,对于微波,一般地物表面临界于镜面与粗糙面之间,因此雷达波到达地面,有可能发生镜面反射。对于雷达波,特别是波长较长的波段,如 S、L、P 波段的雷达波,路面、裸地、建筑物表面都构成镜面。

　　雷达遥感能够成像的基本条件是有雷达回波到达雷达天线,这种回波有可能是地物多次反射的回波(详见下面的多面体反射分析),也可能是一次散射回波,这种由雷达天线发射微波、经地面向天线方向返回的散射称为后向散射,其后向散射功率大小取决于后向散射系数 δ^{0}。所谓"后向散射系数"是指一个地面单元射向雷达天线的散射微波功率与入射微波功率之比,是一个无单位的比率。地面单元的后向散射系数取决于该地面单元的物理性状,包括土壤含水量、物质组成、表面粗糙度等。

地物后向散射系数在雷达遥感中是一个十分重要的物理量。可以认为，雷达遥感影像是地面后向散射系数的记录；与此相对应，可见光-多光谱遥感影像是地面反射率的记录。如同可见光-多光谱遥感一样，已知各种地物及其状态的后向散射系数对于雷达遥感影像判译、识别具有重要意义。由于金属物质的微波后向散射系数很高；土壤含水量越高，后向散射系数就越高，因此雷达遥感影像可以较好地识别金属目标，如飞机、坦克等，也可以用雷达影像检测土壤湿度。平坦的、符合镜面条件的地物，其后向散射系数 δ^0 为零，相应的雷达影像像元灰度值也为零，即黑色，因为没有任何微波回波进入传感器。

6. 多面体反射

所谓多面体反射是指由若干个镜面组合而成的反射。这些表面组合使照射到这些反射面上的雷达波束经多次镜面反射，然后返回到雷达天线，形成一个很强的回波，具有这种特殊性状的物体组合称作多面体。显然，多面体对应的图像像元亮度较强。图 4-14 是几个多面体反射的实例，其中图 4-14(a)是水面与垂直墙体构成的两面体。由于墙面也构成镜面，墙面有一定垂直高度，如果墙面走向垂直于纸面，那么这种两面体反射形成的对应图像是一道有一定 y 向宽度的 x 向条带，条带长度取决于墙体在 X 方向上的长度。图 4-13(b)是光滑地面与铁轨构成的多面体，金属对雷达电磁波有很强的反射能力。若铁道是 X 走向，则在雷达图像上形成一道光亮的细线，尽管铁轨的宽度并不在雷达遥感空间分辨率的范围内。图 4-13(c)是三面体反射的情况。类似这样的三面体在建筑密集的居民区、工矿区非常多，这些区域在雷达遥感影像相应部位形成密集的光点。另外 X 方向走向的行道树的树叶与地面（路面）也能构成多面体，特别是阔叶树种的行道树在雷达遥感影像中光亮条带十分突出，其条带宽度相比实物应有的图像宽度有所夸大。

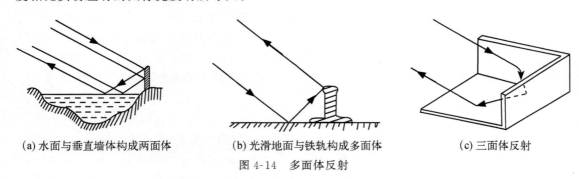

(a) 水面与垂直墙体构成两面体　　　(b) 光滑地面与铁轨构成多面体　　　(c) 三面体反射

图 4-14　多面体反射

多面体反射的存在给影像目视解译带来了便利，比如田垄、水渠、船只航行时的尾迹等，在同等空间分辨率的可见光-多光谱遥感影像中见不到的地物或地物性状在雷达遥感影像中可以见到。

7. 叠掩、顶点位移与雷达盲区

由雷达遥感成像机理可知，雷达遥感传感器向侧下方发射雷达波束，而且根据地面目标在 y 方向（距离向）上与雷达遥感天线的斜距不同，将 y 方向上的地面目标逐一分辨出来。因为侧视与斜距成像的特点，雷达遥感出现了可见光-多光谱遥感所没有的特殊现象，即叠掩、顶点位移、迎光坡面的距离压缩以及背光坡面的距离放大。

试看图 4-15，图下方 Y 轴表示基准面，该面上有两座山体，图左上角有一雷达遥感平台飞行器，图上方 y 轴表示地物各点产生的雷达波回波等斜距到达雷达天线成像的位置关系，由于雷达遥感是按等斜距的比例成像，因而图中画出的是以飞行器为圆心，各地面点斜距为半径的同心圆圆弧。观察地面各点雷达成像的情况：

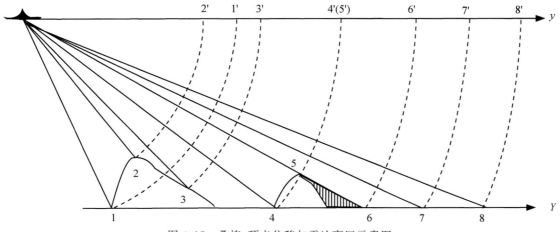

图 4-15　叠掩、顶点位移与雷达盲区示意图

（1）由于地面点"2"的斜距最短，最先成像，为像点"2′"，然后才是地面点"1"对应的像点"1′"，这就是顶点位移。

（2）接下来生成地面点"3"（背光坡上一点）对应的像点"3′"，注意地面点"2"与地面点"3"的水平距离在雷达影像上有所放大，这就是背光坡面的距离放大。

（3）山下点"4"与山顶点"5"的斜距相等，这两点对应的像点合成一个点，即像点"4′(5′)"，这就是叠掩，图中未表示迎光坡面距离压缩的情况，事实上叠掩就是距离压缩的极限。

（4）地面山顶点"5"直到点"6"，图中画出的阴影部分因山体对雷达波的遮挡，形成雷达盲区，在盲区中的地物雷达遥感不能成像。

（5）地面点"6"、"7"、"8"都处于基准面上，分别在雷达影像上生成像点"6′"、"7′"、"8′"，但是需注意在地面上点"7"在"6"与"8"之间线段的中点位置，但是在雷达影像上像点"7′"却不在之间线段"6′"与"8′"的中点位置，偏向了点"6′"。这就是说，对于在一个扫描带并在基准面上位置不同的各点，在雷达影像上的比例尺是不同的：Y 向距离小的点比例尺较小，而 Y 向距离大的点则比例尺较大。

以上这些在雷达遥感的距离向（Y 向）产生的特殊现象给雷达遥感影像判译带来了不小的困难，而且雷达遥感影像上地物图斑相对于可见光-多光谱遥感几何变形大且变形复杂。通常，山区的雷达遥感数字影像需要借助 DEM（数字高程模型）数据，在计算机相应软件的支持下进行几何校正。

8. 雷达遥感影像解译

雷达遥感的成像机理完全不同于可见光-多光谱遥感，因而解译方法也不同。在解译可见光–多光谱遥感影像中人们习惯于使用阳光阴影判别地物高程以及几何形状,但在雷达遥感中却完全不适用,因为雷达遥感是主动遥感,阳光效应在这里不存在。

图 4-16 是一幅机载侧视雷达遥感影像,影像参数有:航高 8000m;C 波段;H-H 极化方式;成像时间 1985 年 10 月 5 日;地点为北京市南郊某地;雷达波束俯角(入射角的余角)为12.5°;空间分辨率 3m×3m。

以图 4-16 为例,目视解译高空间分辨率雷达遥感影像的步骤为:

图 4-16　机载侧视雷达遥感影像(中国农业大学信息与电气工程学院提供)

(1)确定航迹方向。从地物阴影可以看出航迹方向是上下纵向,因为地物阴影向右,由此可以确定 Y 向为水平方向,右方向为正向,纵向是 X 方向(航迹方向)。但是由此不能判定遥感平台是向上还是向下飞行,因为机载侧视雷达可以向左侧视,也可向右侧视,不过这对于影像识别并不重要。

(2)识别地面行道树。根据调查,影像上有多道几乎贯穿上下的亮色条带是大叶白杨行道树,因为成像时间为 10 月初,北京此时一般树木还未落叶,大叶白杨的树叶是理想的镜面反射体,多个叶片构成雷达波的多面体反射,由于是镜面反射,回波较强,因此影像上呈现亮色条带。

(3)测算影像比例尺。根据地面调查,影像中的大叶白杨行道树,树实际高度估计 15m,影像上树阴影(雷达波束阴影)4mm,影像参数给出雷达波束俯角为 12.5°,因此根据三角函数关系,影像比例尺分母 M 应为

$$4M = 15 \times \cot(12.5°) \times 1\,000 \tag{4-12}$$

式中,等式左边为影像上雷达波束阴影的实际地面长度;等式右边为雷达波束在俯角为 12.5°造成的阴影长度;等式两边的单位都是 mm。由此计算得到:$M = 17\,625$,即该影像比例尺为1:17 625,以此比例尺可测算影像上各地物的实际大小。

(4)识别水体和裸地。由于镜面反射的原因,平静水面以及水泥或柏油路面都可视为镜面,镜面反射没有回波,因而影像上呈现全黑,依据地面调查和读图,识别出图 4-16 右下角为养鱼水塘,上边中部为机场跑道。

(5)识别建筑物。建筑物的顶面一般可形成多面体反射。此外,雷达波对水泥建筑物顶棚有穿透作用,这种建筑物钢结构骨架也会产生强烈反射回波,对应影像上会呈现鱼骨形状。

还有,一般建筑物多面体反射产生强烈反射回波,致使建筑物有较强明亮光斑,由此将影像左边中部的建筑物识别出来。

(6)识别地面微小起伏。由于多面体反射以及雷达盲区的双重作用,农田的垄沟或水渠也可识别出来。影像中部的细微纵向条纹即是农田的垄沟。

(7)判别土壤湿度。凡是农田中色调较浅的地方,表明湿度较高,因为土壤湿度越大,其后向散射系数越高,像元灰度值越大,色调较浅呈亮色;反之,色调较深的地方,表明湿度较低。

4.3　可见光-多光谱遥感与雷达遥感

4.3.1　概述

如前所述,遥感从工作原理划分,可分为以可见光-多光谱遥感为代表的被动遥感和以雷达遥感为代表的主动遥感两大类。如果从遥感平台划分,可分为车载遥感、无人机遥感、遥感飞机、遥感卫星等多种。这两者对于实际遥感工作方式来讲,是交叉的,即可见光-多光谱遥感传感器既可以搭载遥感飞机、无人机,也可以搭载遥感卫星;而雷达遥感传感器既可以搭载遥感飞机,也可以搭载遥感卫星。

1. 车载遥感平台

该平台以汽车为载具,主要载荷微波雷达成像设备,可以数字成像或模拟成像。该平台的成像方式利用微波长波段(波长大于 7cm)的地面穿透性能,探测地下管道、管线等物体,生成地下埋设物,主要是金属物体的影像,用于城市管理、城市规划等领域。这种遥感平台的特点是专业性强,目标集中于地下埋设物;灵活机动,可以工作在汽车能够到达的地区;具有一定精度,可以满足一般工程的需要。

当前,以汽车为载具,载荷激光遥感(LiDAR)以及 GPS 设备,可以获取城市街道、农村道路两旁的三维精密数据,经处理可以数字成像,生成三维场景信息。目前这项技术正在快速发展之中。

2. 无人机遥感平台

该平台以无人驾驶飞机为载具,分为直升飞机型和机翼式飞机型两种,主要载荷可见光、红外摄像以及激光雷达(LiDAR)设备,用无线电控制,完成小面积目标地区的摄像任务。这种遥感平台已经发展为多种型号的系列产品,有效载荷重量最大可达 20kg(Roto-motion,SR200),飞行高度一般在 1 000m 以下,平台自重最轻仅为 400g,较重的也仅在人可搬运的重量以内,携带方便,可以垂直起飞与降落,飞机带有较完善的自动导航设备,留空作业时间最长可达 4 小时。这种遥感平台的优点是机动性强、飞行灵活,可以随时调整飞行路线、飞行高度,甚至可以在空中停留,深入事故或事件现场上空摄像,或对小面积地区进行三维测量;缺点是平台姿态控制性能不高,摄像带有较大投影误差,需要地面有较强的几何校正功能软件进行配套图像处理。这种遥感平台的工作状况详见本章 4.4 节的叙述。

3. 遥感飞机

该平台以遥感专业化的飞机为载具,主要载荷可见光、红外以及机载侧视雷达、激光雷达等多种遥感摄像设备,完成指定较大面积地区的摄像任务。摄像以模拟影像为主,近年也可以摄制数字影像。飞行高度一般在 5 000~10 000m。这种平台的优点是技术成熟、机动性较强,可以支持主动遥感 SAR,摄像精度高,投影误差较小,影像清晰。长期以来,一直是大比例尺地图制作的主要工具。近年来与专业应用相结合,协助完成地质调查、喷洒农药、飞播造林等作业。该种平台的缺点是摄像成本较高,难以连续、大面积获取同一地区的多时相影像。

4. 遥感卫星

该平台以遥感专业化的人造卫星为载具,主要载荷可见光、红外以及成像雷达等多种遥感传感器,快速、定时地完成大面积地区的摄像任务。经过半个世纪的技术发展,以这种载具摄制的影像已经完成产品多样化、系列化的过程:全天候、全天时;定点摄制(地球静止遥感卫星)与定时周期摄制(太阳同步遥感卫星);空间分辨率从千米级、百米级、十米级、米级直到亚米级,最高空间分辨率达 30cm;波段范围覆盖可见光、近红外、中红外、远红外、微波等。遥感卫星极大地拓宽了遥感技术的应用领域,成为获取地理信息的主要工具之一。该种平台的缺点是受大气干扰较大,影像的几何误差、辐射误差较大,信息的不确定因素增多,信息的可靠性受到挑战。

4.3.2　遥感卫星的基本知识

1. 基本概念

(1)上行、下行。卫星由南向北飞行,更确切地说,由东南向西北飞行称为上行;反之,由北向南飞行,更确切地说,由东北向西南飞行称为下行。卫星上行经过的地区,正是夜晚;卫星下行经过的地区,正是白天。

(2)升、降交点。升交点是指卫星上行与地球赤道的交点。与升交点相对应,卫星下行与赤道的交点称为降交点。

(3)星下点。它是指卫星与地球球心的连线与地球表面的交点,随着卫星的飞行,地球表面的星下点形成一个轨迹,该轨迹在遥感影像上形成像元的连线,这一连线是遥感影像的左右对称轴。

(4)卫星轨道平面倾角。该倾角定义为卫星轨道平面法线与地球自转轴的交角,即卫星轨道平面与地球赤道面的交角。通常遥感卫星轨道平面倾角在 99°左右(图 4-17),该轨道使卫星星下点到达南、北极圈以内,但不经过南、北极点,该种轨道称为近极地轨道。遥感卫星轨道平面倾角在 99°左右,使卫星星下点可以覆盖地球 81°S~81°N 的广大地区。卫星在地球各地下行轨迹的地面投影如图 4-18 所示。

卫星下行轨迹投影基本上呈"S"形,这是由于卫星运动与地球自转共同作用所致。注意到卫星自东北向西南飞行,这与地球自转从西向东旋转在一定程度上是"逆行"的,这就使卫星在各地过顶时间基本上维持在 9:30 至 10:30 左右,这是因为地方时不同的缘故。比如卫星经过某地时间为 9：50,此后继续向西南飞行,飞行了 30 分钟,跨越到另一时区,此地方时却为 9：20,时间"倒"回 30 分钟。

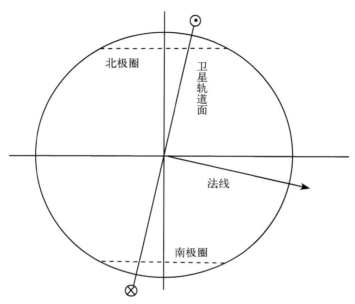

图 4-17　近极地卫星运行轨道

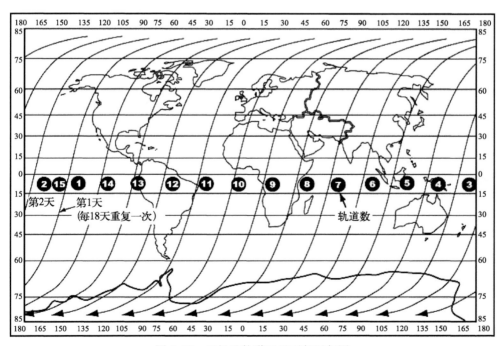

图 4-18　近极地轨道卫星下行运行图

(5)卫星飞行高度。卫星绕地球飞行轨道严格意义上不是一个圆,而是一个椭圆。这里的飞行高度是指卫星与地面的平均高度。

2. 地球静止遥感卫星

地球静止遥感卫星是指从地球上观测,"静止"不动的卫星。这种卫星的轨道平面与地球赤道平面重合,卫星围绕地球旋转的角速度与地球自转角速度相等。这样,在地球部分地区观测,卫星"静止"不动。地球静止卫星飞行高度一般在 2 万 km 以上。这种卫星一般用作通信卫星,只有个别卫星用作遥感卫星。在这种卫星上,遥感对地球的观测只能局限于地球球面朝向卫星的局部地区,观测范围取决于卫星飞行高度:飞行高度越高,观测范围就越大,极限范围接近地球表面积的三分之一。

3. 太阳同步遥感卫星

所谓太阳同步遥感卫星是指太阳光入射线与卫星运行轨道平面法线的夹角在一年中任何时间始终保持不变的卫星。图 4-19 表示了这一情况:图中大圆周为地球围绕太阳公转的轨道,该圆周上地球四个位置表示春、夏、秋、冬四季地球所在位置。地球外的圆圈表示遥感卫星的轨道,每个卫星轨道标明了法线方向,同时标明了法线与太阳光入射线的夹角。从图上可以看出,春、夏、秋、冬四季这个夹角始终是相等的。

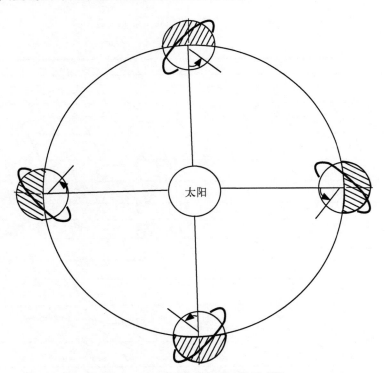

图 4-19　太阳同步卫星运行示意图

地球上任何地区都是以太阳在天空的位置计时,太阳处于正南方,太阳高度角最大,此时为中午 12 时。卫星运行与地球围绕太阳同步,这就保证了卫星降交点上卫星过顶的时间不随季节改变而变化,也保证了其他星下点的时间(地方时)基本不变,这样使同一地区不同时相的遥感影像具有可比性。因此,除地球同步遥感卫星以外的遥感卫星都采用太阳同步轨道。卫星在发射进入这一轨道以后,依靠惯性飞行,不需依靠额外动力控制。

4. 遥感卫星轨道移动计算

卫星围绕地球转动飞行,由于地球引力、卫星自身惯性的共同作用,卫星运行基本如图 4-17 所示,可看作卫星轨道"不动",始终由东北向西南飞行;而地球不断地自西向东旋转,地球"带着"卫星并与卫星始终按照这样的关系绕太阳公转。需要看到,卫星轨道在地面的投影基本上呈周期性变化,即卫星每转一圈,卫星在地球赤道上的降交点移动了数千公里,即相邻两个降交点相隔数千公里;然而在任意一个降交点处观测卫星会发现,第二天同一时间卫星轨道发生移动,或是西移,或是东移,正是这种轨道"移动",致使遥感卫星摄像能够无遗漏地覆盖地球除南北极点周围的绝大部分地区。

下面以 Landsat 1~3 为例,分析遥感卫星摄像覆盖地球的情况。分析的原则适用于其他遥感卫星。

地球自转角速度和地球自转线速度分别为

$$\theta = \frac{2\pi}{24 \times 60} = 4.363\,3 \times 10^{-3} (\text{min}^{-1})$$

$$V = R \cdot \theta = 6\,371 \times 4.363\,3 \times 10^{-3} = 27.798\,7 (\text{km/min})$$

这里,地球半径取为 6 371km。卫星 Landsat 1~3 以 103.26min 绕地球一周,则一天绕地球的圈数为

$$N = \frac{24 \times 60}{103.26} = 13.945\,4$$

距离 14 圈还有 0.054 6 圈,相当于时间为

$$0.546 \times 103.26 = 5.64 (\text{min})$$

这段时间地球在赤道西部进入视场的区域距离有

$$V \cdot T = 27.798\,7 \times 5.64 = 156.785 (\text{km})$$

即每一天,卫星轨道向西移动 156.785(km)

卫星 Landsat 1~3 每转一周地球转动在赤道的距离,即相邻两个降交点相隔为

$$V \cdot T = 27.798\,7 \times 103.26 = 2\,870.493\,8 (\text{km})$$

而每一天卫星轨道都向西移动了 156.785km,2 870.493 8km 的距离需要 156.785km 的间距填充,即

$$2\,870.493\,8 \div 156.785 = 18.32 (\text{天})$$

因而卫星轨道基本上回到初始轨道的周期为 18 天,但星下点并不是回到原处,而是东移了。事实上,从以上分析计算可以看到,卫星轨道的星下点确切位置永远不会回到原处。

卫星 Landsat 1~3 的影像 MSS 东西覆盖地面宽度为 185km,因而摄像条带在赤道就有

$$185 - 156.785 = 28.22 (\text{km})$$

的重叠。对于非赤道地区,重叠度就要更大。Landsat 1~3 卫星如此运动,遥感成像就可以覆盖地球的每一块地面。

5. 卫星遥感旋转镜扫描式成像

旋转镜扫描式成像是中、低空间分辨率遥感卫星,如 TM、NOAA、MODIS 等遥感卫星的成像方式。这里的旋转镜(或称摆镜)是指旋转的平面反射镜,将地面光束反射、改变方向进入传感器分光系统中。该种成像方式原理如图 4-20 所示。

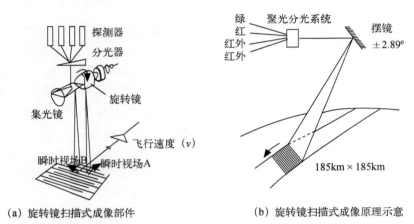

(a) 旋转镜扫描式成像部件　　　　　　　(b) 旋转镜扫描式成像原理示意

图 4-20　卫星遥感旋转镜扫描式成像示意图

由图示可以看到,在某一瞬间,地面单元 A 瞬时视场光束经过旋转镜的反射,进入分光器,将光束分解为 N 个波段子光束,每个子光束照射到一个光电转换单元上,形成电信号,这样一次生成 N 个对应于地面单元 A 的电信号,N 个电信号的强度取决于地面单元 A 的反射或辐射光谱,计算机对该 N 个电信号的强度加以存储。然后,又经一个瞬间,旋转镜旋转一个微量角度,地面单元 B 瞬时视场光束经过旋转镜的反射,进入分光器,重复以上过程,生成 N 个对应于地面单元 B 的电信号,又一次对这些信号加以存储,如此循环往复。这里地面单元 A 与 B 是基本垂直于遥感平台航迹分布的。这里之所以称之为"基本垂直于"航迹,是因为这一瞬间遥感平台还是向前移动了一段距离。

由以上介绍的旋转镜扫描式成像过程,可以得到以下结论:

(1)每一次成像,只有一个瞬时视场地面单元的光束进入传感器镜头,进入镜头的光束视场角,即地面单元与摄像镜头构成的立体角的大小都是固定的。

(2)一次成像只生成一个瞬时视场地面单元的信息数据,包括 N 个波段的光谱数据,即分别是 N 个波段影像上的一个像元灰度值(DN)。

(3)由于旋转镜往返旋转摆动,与卫星运动合成,瞬时视场地面单元呈"之"字形分布,也就是说,有一部分地面单元相重叠,又有一部分地面单元在航迹方向上相隔离。遥感影像地面单元在地面上的分布并不连续。

(4)影像上每一像元与地面单元构成的立体角都是相等的,这是因为各光束在摆镜作用下进入聚光分光系统的截面都是一样的,而各个地面单元与传感器镜头的距离不同,因而各地面单元的面积有差异。星下点像元的地面单元面积最小,而远离星下点的影像两侧地面单元面积则最大。

(5)旋转镜每旋转摆动一个单程,传感器生成一个摄影条带,在这一条带上以星下点为投影中心,生成一个中心投影的影像条带。遥感旋转镜扫描式成像的影像上有多个这样的条带,有多个投影中心,因此这种影像称为多中心投影影像。多中心投影影像东西两侧像元对应地面单元的面积大于星下点地面单元的面积,而且投影误差较大。

(6)由于每一个摄影条带成像有时间差,而在这种时间差的时间内地球在自西向东旋转,致使在下一摄影条带原本不在视场范围的西面地面单元也进入摄影视场,因而随着遥感平台的飞行,摄影条带向西有所错动。

4.3.3　雷达遥感与可见光–多光谱遥感的比较

可见光–多光谱遥感与雷达遥感是两种截然不同的遥感技术。为加深理解与正确应用这两种技术,有必要对其成像原理以及地物影像判译特征进行全面系统的比较说明。为叙述方便,以下将可见光–多光谱遥感称"前者",将雷达遥感称"后者"。

1. 工作光源

前者使用自然光源,即将太阳或地物自身辐射作为遥感光源。这种光源的特点是波长较短,基本没有噪声。波长短的直接效果是遥感目标物全部是粗糙表面,不存在镜面反射。它的优点是光源稳定,而且太阳光的能量较大。遥感使用这种光源可以直接获取植物光合作用的性状以及地物的温度信息,并且成像对遥感传感器的敏感度要求相对较低。缺点是不能全天候,可见光遥感还不能全天时,受制于自然条件,人为对于遥感成像参数的选择余地较小。

后者使用人工光源,即雷达天线发射一种设定好波长、极化方式、入射角度的微波,并且根据地物接收这种微波的回波强度与时间顺序成像。这种光源的特点是波长较长,致使遥感目标物既有粗糙表面,也有镜面,这种特点对于从几何性状上识别地物有利。它的优点是全天候、全天时,而且微波对于地面有一定的穿透能力,在一定条件下,可获取地下一定深度的信息。这种技术可以根据应用目标选择适当的遥感参数,人为可控因素余地较大。缺点是噪声较大,成像技术复杂,影像信息影响因素较多,影响有效信息提取。

2. 成像机制

两者在成像机制上的共同点是:

(1)基本上都是在垂直于航迹方向上扫描成像,可见光与红外的航空遥感除外,因为航空遥感一般采用框幅式成像,不存在扫描问题。

(2)都可以数字成像,数字成像已成为两种遥感的一种发展趋势。

(3)都是反映地物的面状信息,即两种影像的像元对应的地面单元都是一个面,而不是一个点。

但是在成像机制上,两者也存在着根本的不同:

(1)前者是以等立体角横向依次扫描成像,每扫描一次,生成多行像元影像。一般以正视成像为主,特殊情况下可以斜视成像。卫星遥感的投影是多中心投影,可见光与红外航空遥感框幅式成像也是中心投影。

(2)后者是以侧视、按地物反射或散射回波时序成像,投影种类属于斜距投影。每扫描一次,只生成一行像元影像。影像的纵向与横向空间分辨率分别取决于不同机制因素,分辨率可以相等,也可能不相等。

3. 遥感平台

两者对于遥感平台的要求的共同点是:

(1)都可以使用航空器(飞机、飞艇)、航天器(航天飞机、卫星)。

(2)对于卫星的轨道参数要求基本相同,甚至一颗卫星上同时载有两种遥感设备。

(3)对于遥感平台的姿态要求都较高,在一定程度上后者要求甚至还要高一些。

由于在成像机制上两者存在着根本的不同,对于遥感平台的要求也有不同:

(1)前者为满足影像周期性覆盖全球的需要,一般要求卫星轨道采用太阳同步、近极地轨道,对于轨道参数要求严格。

(2)后者可以不采用太阳同步、近极地轨道,因为是主动、侧视,侧视角度可控、可调,对于轨道参数要求不是很严格,不强调轨道重复周期。

4. 几何误差分析

两者共同的几何误差主要来源是:

(1)遥感平台在扫描成像过程中在垂直仰俯、水平航向偏移、侧向翻滚三个方向上偏离原有方向。

(2)大气湍流造成大气折射率不稳定。

(3)地表起伏。

两者在几何误差影响因素上的不同点为:

(1)大气影响因素是前者几何误差形成的主要因素,大气中的水蒸气含量、尘埃颗粒大小及密度都会显著影响大气的折射效应,产生影像几何误差。地表起伏以及遥感平台姿态对影像的几何误差影响相对较小,特别是对于卫星遥感,地表起伏的影响可以忽略。此外,摄像镜头屈光率的非线性也是这种遥感影像几何误差的来源之一。

(2)大气影响因素是后者几何误差形成的次要因素,因为微波有很好的穿透特性。而地表起伏以及遥感平台姿态对影像的几何误差影响相对较大,特别是地表起伏,由于这种遥感的多面体反射、叠掩、顶点位移等物理效应,对影像几何误差的影响不可忽视,有时还影响相当大。总体来说,这种遥感影像的几何误差比较复杂,校正也比较困难。

5. 噪声误差分析

两者共同的噪声误差主要来源是:

(1)大气环境背景的噪声信号,比如大气散射各波段电磁波的能量在多数情况下可看作是地物反射能量谱的误差来源。

(2)两种遥感系统在数据获取、数据处理过程中自身产生的噪声信号。

对于这两种遥感技术,辐射误差分别还有各自不同的来源及特点:

(1)对于前者,大气的背景噪声是一种主要的噪声来源,这种背景噪声包括瑞利散射、米氏散射生成的噪声,特别是米氏散射,大气中的污染烟尘、沙尘颗粒、水蒸气等都可以造成米氏散射,这种散射效应在一定情况下,比如在研究污染、沙尘暴中,又可以成为一种信息。太阳照射在地面,物体形成的阴影,包括投影与本影(见第 2 章遥感与地理信息系统的基本概念),在很多情况下是一种噪声,但也可以是一种信息,比如借此可以测量地物的高度。这种遥感传感器本身的热噪声以及因传感器老化造成的辐射测量误差也是误差的一种来源,但数值相对较小。

(2)对于后者,大气的背景噪声已不是主要的噪声来源,因为微波对大气有很好的穿透特性。辐射误差的主要来源之一是雷达天线本身的噪声,这种噪声是双程的,即发射出的微波本身就有噪声,这种噪声经地面散射回到雷达天线,天线接收到的信号中就有噪声,再加上此时天线及其电子线路再次产生噪声。辐射误差的另一个主要来源是山坡地产生的叠掩、顶点位移,这时影像像元已不是对应于地面一个面积单元,而是两个或多个,此时系统很难区分当前像元的灰度值究竟是哪一个地面单元的贡献,这种情况无论用什么方法处理都会有误差,这种误差也可归结到噪声误差这一类。总的来说,后者的噪声误差要大于前者,抑制误差较前者要困难。

6. 光谱误差

通常,两种遥感的工作参数中都要给出遥感波段,给出波段的波长标称值范围也是有误差的,比如陆地卫星 TM 影像 TM3 红波段波长标称值范围是 $0.63 \sim 0.69 \mu m$,实际的工作波段与这一范围往往存在偏差。

对于前者,这种光谱误差对于识别地物及其性状,特别是对于诊断农作物的营养匮缺影响很大,因为地物反射光谱在可见光至红外这一波长区段中,变化十分剧烈,很小的波段范围变化就会引起反射率的很大变化。这种误差的存在给前者的定量化测量带来了很大困难。

对于后者,地物微波后向散射系数在很长的微波区段中,变化十分缓慢,这就是后者不强调具体的波长标称值范围、只讲 C 波段、X 波段或其他波段的原因,事实上实际的工作波段往往并不是完全覆盖该波段的整个波长标称值范围。这种差异对雷达影像并无多大的影响。

7. 应用功能特点

两种遥感功能特点各异,优势互补:

(1)前者对植被的生长状态、土壤的化学组成比较敏感,适合于区分植物种类、探测地物化学组分特性。这种遥感影像经彩色合成后制作的自然彩色影像或假彩色影像接近人眼睛的视觉效果。这种遥感技术相对较为成熟,影像质量相对较好。缺点是受天气影响很大,我国南方很多地区一年中难得有几景理想的无云影像。

(2)后者对于地物的物理特性,诸如高程起伏、水分含量较为敏感;对金属地物十分敏感;对于特殊地物,如蝗虫、河滩地的鹅卵石等,因其谐振效应能够加以识别。全天时、全天候是这种遥感最大的优点;由于微波有穿透特性,还可以获取地下一定深度的信息。缺点是技术尚不很成熟且相对复杂、噪声较大、影像质量相对较差;对于地形复杂的山区,几何误差较大、几何校正与影像判译较为困难。

同一地区的两种遥感影像可以实现数据融合,进行真正意义上的优势互补,以获取更为准确的地物信息。

4.4　无人机遥感平台

无人驾驶飞机常称之为遥控无人机(unmanned aerial vehicle,UAV),最早出现于1917年,早期的无人机的研制和应用范围主要是在军事上,后来逐渐用于作战、侦查及民用遥测飞行平台,包含商业、工业、科学与军事等;任务型态可包括管道检查、水坝监视、摄影测量与勘测、基础设施维护、水灾地区调查、消防应用、地形监视与火山观察等(表4-2)。

表 4-2　遥控无人机应用项目

用途	功能	
军事用途	空中侦查	武器攻击
	信号传输(通信)	指挥管制
太空用途	地形探测(着陆点选择)	任务中继
民生用途	环境监控/测	气象监控
	交通监控	海岸巡防与缉私
	实时救灾(搜索救难)	渔农业畜牧管理
	国土资源规划与监测	油管与电缆监测
	空中摄影与广告	森林火灾监视
	打击犯罪、防恐保安	电信中继服务

1998年12月,由澳大利亚气象局、美国 Insitu Group、澳大利亚 Secon Environmental 所共同研制生产的 Aerosonde,起飞重量约15kg,翼展约3m,搭载全球卫星定位系统接收机、计算机、陀螺仪与大气量测传感器,成功完成由纽芬兰的贝尔岛到苏格兰海柏兹全程共3 270 km的壮举。

1998年成功大学林建坊利用装载于无人机上的电荷耦合组件(CCD)摄影机配合接收机与发射机对地面做实时影像调查,并结合 GPS,使得所得到的实时影像具有时间以及经纬度的地理位置信息,并可同时获得飞机高度及对地速度,以满足地理信息调查及防灾等任务的需求。

无人机遥感的应用特色是能执行3D任务,即获取三维信息的能力,具有机动力强、实时迅速、时效性快及经费较低等优点。其空拍影像经后处理程序后,亦可与现有地形图、航空像片及卫星影像等进行整合及套叠,不但可在短时间内了解目标区状况,更可降低目前传统调查工作所需的人力;且可以在具有危险性或人力无法到达的目标区工作。

一般来说,无人机(UAV)可分为以下几种:近距离 UAV,载荷量5kg以下,低空飞行,飞行距离5km;飞行距离20km,其他指标相同,以上两种称小型 UAV;更小的微型 UAV(micro aerial vehicle,MAV)翼展0.5m以下,如图4-21所示,飞行距离至多2km;若为战术 UAV 则至少具有20小时的飞行时间,视任务而订,升限约5 500m。

表4-3为一般民生用途中较常见的几种无人机类型,依其型态可分为固定机翼(定翼)型与旋翼型;依使用燃料类型大致可分为汽油、木精(甲醇与其他润滑剂混合)及电池。表中分别列举其基本特性、配备与规格等,供使用参考。

图 4-21　微型 UAV

表 4-3　定翼型与旋翼型无人机特性比较

载具类型		
定翼型	旋翼型	
燃料		
汽油	木精	电池
特性		
■ 定线巡航、GPS 导航 ■ 航程较长，可达数十千米 ■ 无法定点停悬拍摄 ■ 需要较长的起降跑道 ■ 可搭载数字相机（DC）与数字摄影机（DV）	■ 任意改变速度、高度与角度 ■ 航程较短，约 10～15km ■ 人工控制 ■ 可定点停悬拍摄 ■ 无需起降跑道 ■ 可搭载数字相机（DC）与数字摄影机（DV）	■ 任意改变速度、高度与角度 ■ 航程较短，约 0.5～2km ■ 自主飞行，可自动停悬 ■ 可定点停悬拍摄 ■ 无需起降跑道 ■ 搭载高解析数字相机（可拍摄照片与影片）
配备		
高分辨率取像设备	高分辨率取像设备	高分辨率取像设备
使用 1.2GHz 微波传输	使用 1.2GHz 微波传输	使用 2.4GHz 微波传输
地面站显示航高、航速、航向、返航方位距离、引擎转速、温度等信息	地面站显示航高、航速、航向、返航方位距离、引擎转速、温度等信息	地面站显示航高、航速、航向、返航方位距离、引擎转速、温度等信息
模块配备包含飞行控制系统、影像接收系统、飞航情报图台	模块配备包含飞行控制系统、影像接收系统、飞航情报图台	模块配备包含飞行控制系统、影像接收系统、飞航情报图台
无停悬功能	使用红外线感知器与三轴陀螺仪，实时解算机身姿态并辅助旋翼 UAV 停悬	GPS 与陀螺仪锁定三轴陀螺仪，实时解算机身姿态并辅助旋翼 UAV 停悬

续表

性能		
长/高/重量:2.5m/0.5m/36kg	长/高/重量:1.3m/0.4m/5.3kg	长/高/重量:0.8m/0.8m/0.6kg
载荷重量:10kg	载荷重量:6kg	载荷重量:1kg
实用升限:3 000～5 000m	实用升限:2 000～3 000m	实用升限:300～500m
滞空时间:约 3 小时	滞空时间:约 0.5 小时	滞空时间:约 0.5 小时
数据传输距离:约 30km	数据传输距离:约 10～15km	数据传输距离:约 0.5km

为有效提升后续空拍作业的精准度,在空拍作业执行前,应先行搜集空拍地点环境基本信息,以确认拍摄主体与范围。此外,在空拍任务执行前,亦需针对任务区进行天气调查、飞航管制确认、作业路径与时间规划等作业,避免天气因素干扰以及误入飞航管制区域影响飞航安全,执行程序如图 4-22 所示。

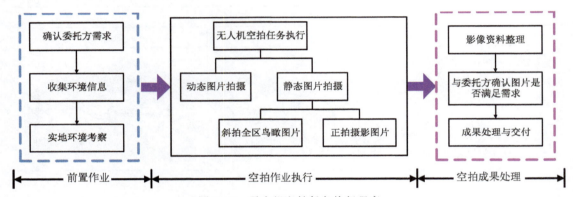

图 4-22　无人机空拍任务执行程序

无人机可进行低空高分辨率数据的获取,因此可有效应用于灾区环境信息搜集与监控以及协助实施救援行动等。无人机所提供的影像类型,包括近垂直摄影照片、斜拍摄影照片及动态摄影等。由于遥控无人机飞行高度有限,其所能拍摄范围较小,因此常常必须借由多张照片才能涵盖整个拍摄范围,故所拍摄的影像需为近垂直摄影照片且两两照片信息内容需重叠 60%～80%左右;另借助斜拍,以能有效呈现整体环境状况,作为后续分析阶段的主要参考信息。此外配合动态摄影,进行连续性带状环境信息搜集,以辅助静态照片分析工作。

2009 年 8 月的莫拉克台风,致使台湾南部山区单日降雨达到惊人雨量,造成台湾南部受灾惨重,相关管理部门紧急利用无人机进行灾情搜集(图 4-23),包括灾区及灾区上游山体崩塌情形、河道拥塞侵蚀状况以及下游堆积淹埋情形等,为救灾提供了信息支持。

无人机空拍作业执行后,需对于相关影像进行后制处理作业,包括空拍作业执行后将近垂直摄影照片的影像,进行影像后处理、色彩调校与镶嵌等程序,进而配合相关航测与空间数据进行影像信息分析,提取影像信息。其中,影像镶嵌的方式为利用经过筛选后重叠率为60%～80%以上的空拍影像,以带状镶嵌法进行影像镶嵌作业,镶嵌后成果如图 4-24 所示。

利用无人机影像数据,结合前期各类型遥感数据、数字地形(DEM)数据与现有规划成果资料(含现场调查及规划报告成果等),进行室内数据处理作业,提供环境变化标定、面积量算等信息。

(a) 高空近垂直摄影照片范例——小林村　　　　　　(b) 高空斜拍鸟瞰全区照片范例——小林村

(c) 低空斜拍成果范例——莫拉克台风后那玛夏乡

图 4-23　2009 年莫拉克台风灾区影像（逢甲大学 GIS 研究中心提供）

图 4-24　无人机空拍影像镶嵌图（逢甲大学 GIS 研究中心提供）

　　数字地形数据为空间环境分析的基础数据。传统 DEM 数据的生产方式，大多采用航测方式以传统解析立体测图仪扫描量测进行。以目前的生产技术，航空测量或 LIDAR 测量的方式，均可生产高精度的数字地形数据（5m×5m，甚至更高）；然而传统航空测量方式其时间分辨率不够,无法在短时间内取得数字地形数据;而航空 LIDAR 方式则有成本偏高的问题,无人机获取影像数据在对数据精度要求不很高的情况下是一个较好的选择。

无人机遥感是遥感的一种,多年来在环境信息的采集上,扮演着相当成功的角色,因其具有高机动能力与高再访率,可提供相当重要的分析资料。无人机在飞行稳定性上不如大型飞机,需要结合地面测量控制点与检核点,以提升数据资料的精度。

利用无人机进行数字地形数据生产需注意以下条件:

(1)良好的天气条件:天空通透度良好、无云与无霾害的晴朗天气。

(2)无风或微风的天候状况(低于 2 级风)。

(3)足够的控制点与检核点数量。

(4)严谨的任务规划。

无人机进行数字地形数据生产工作流程如图 4-25 所示。生产流程中首要做好飞行规划工作,为了让各像片能衔接成连续图幅及供立体相对观察之用,要求像片前后重叠约 60%～80%,航带的左右重叠约 15%～30%(参见图 4-2)。

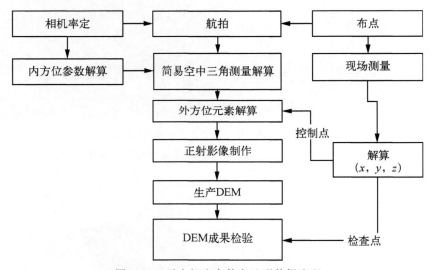

图 4-25　无人机生产数字地形数据流程

为能确认控制点在影像中的位置,测区内的控制点均需设置控制点对空标志(空标),并记录控制点名称,空标大小、形状、颜色、材料及绘制位置略图。此外,需要利用相关仪器(如GPS)进行控制点测量,取得地面控制点坐标数据,以作为后续的影像几何校正的控制点准确坐标数据。

为求取内方位参数,于空拍作业执行前,需先将相机数据进行参数确定;利用相机撷取正向、上下左右 45°角的定标资料(图 4-26),作为参数确定的依据,并将各角度定标数据输入航拍解算程序,得到内方位参数;通过相片中标记点位(图 4-27),解算获取后续分析需要的参考值,包括像主点、焦长与透镜畸变差等。

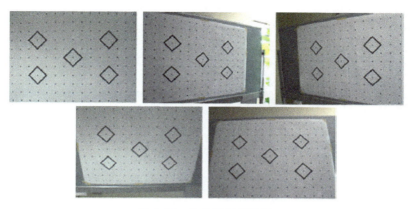

图 4-26　各角度相标数据

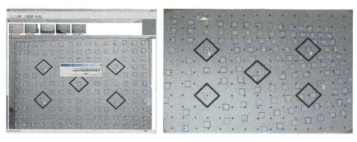

图 4-27　相片标记点定位

当内方位参数取得后,目标区域影像空拍作业即完成。根据航空摄影测制规范,摄影方式需"垂直连续摄影,摄影光轴倾斜应小于 4°,航偏角应小于 10°,各航线两端应多拍摄两个像对"。无人机所拍摄的左右像对如图 4-28 所示。

| (a) 目标区左像 | (b) 目标区右像 |

图 4-28　DEM 生产目标区空拍影像实例图(逢甲大学 GIS 研究中心提供)

当无人机空拍完成后须针对空拍影像进行正射处理作业。在影像拍摄过程中,地形起伏所造成的像点位移较大,结合前期 DEM 数据的使用,对影像中的每个像元依其相应的高程值作逐点修正,是最精确的校正方法,称之为逐点校正法(pixel by pixel rectification method),而纠正后的影像称之为正射影像。在正射校正的程序中,首先确定控制点,以自标定光束法

(bundle adjustment with self-calibration)进行外方位参数求解,并根据拟制作的正射影像范围、DEM 数据与分辨率来决定地面坐标,逐点反求其在原影像上对应的位置,再作重采样处理,完成目标区 DEM 数据生产作业,生产成果如图 4-29 所示。在目前条件下,利用无人机进行高分辨率 DEM 数据生产,其空间分辨率约可在 3m 以下,精度约可在 5m 以下。

(a) 生产完成的DEM模型   (b) DEM模型套叠正射影像

图 4-29　DEM 生产成果图

当 DEM 数据生产完成后,除参考相关检核规范进行精度检核外,亦可通过线形特征与既有 DEM 数据或检核点(现地测量取得)比对进行 DEM 数据精度检核。

摄影机有量度(测量型)性与非量度性摄影机的区别:量度性摄影机结构特殊,是专为摄影测量而设计,能精确地决定物点的空间位置,其所拍摄的像片可用以编制地图;非量度性航空摄影机,其主要功能为拍摄判读用的像片,也能作精度要求较差的量测。

4.5　三维信息获取

相比二维信息,三维信息是地物空间信息更准确的表达形式。被动遥感、主动遥感都可以获取地面三维信息数据。这里,对于被动与主动两种遥感手段获取三维信息的机理与方法作一阐述与分析。

4.5.1　航测像对三维信息获取原理

1. 原理概述

(1)眼睛具有三维视觉。三维信息获取的理念来源于对人眼睛三维视觉的分析。如图 4-30所示,双眼观察 A 点时,两眼的视轴本能地相交于该点,此时的交角为 γ,A 点在左右眼视网膜上的构像分别为 a、a';同时观察 B 时,交角为 $\gamma+d\gamma$,B 点在左右眼视网膜上的构像为 b、b'。由于交角的差异,使得两视网膜上的弧长 ab 和 $a'b'$ 不相等,其差 $\sigma=ab-a'b'$ 称为生理视差。生理视差通过视神经传到大脑,通过大脑的综合分析,作出景物远近的判断,因此生理视差是判断景物远近的关键。

图 4-30 中,可看出交会角与距离有如下关系:

$$\tan \frac{\gamma}{2} = \frac{\mathrm{br}}{2L}$$

注意,角 γ 用的是弧度制,当角 γ 为很小值时,有

$$L = \frac{\mathrm{br}}{\gamma} \tag{4-13}$$

式中,br 为人眼基线,即两眼瞳孔的距离,随人而异,其平均长度约为 65mm。

两眼最小凝视一物的交角 γ 为 30 秒,相当于弧度制的 1.454×10^{-4} rad。人眼基线 br 用 65mm,交角 γ 用 1.454×10^{-4} rad 代入式(4-12),得到 $L = 455$m,即人的眼睛最远在 455m 以内,可以有视觉远近的感觉,超出这一距离,就无法分清物体远近。

(2)人造三维视觉。将图 4-30 所示的双眼观察空间远近不同景物加以改造:在我们双眼前各放置一块感光材料玻璃片,如图 4-31 中的 P 和 P',则 A 和 B 在 P 和 P' 片上两点构像分别是 a、b 和 a'、b',并被记录下来。当移开实物 A、B 后,眼睛与玻璃片的位置保持不动,两眼观看各自玻璃上的构像,仍能看到与实物一样的空间景物 A 和 B,有三维视觉的同样效果,这就是所谓人造三维视觉。这种人造三维视觉是立体电影的原理。

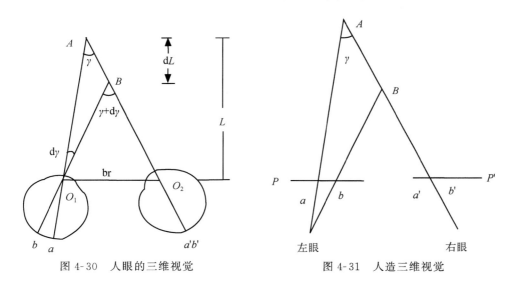

图 4-30 人眼的三维视觉　　　　　　图 4-31 人造三维视觉

(3)立体观察。根据人造三维视觉原理,在航空遥感中,规定摄影时保持像片的重叠度在 60% 以上,这是为了获得同一地面景物在相邻两张像片上都有影像,它完全类同于上述两玻璃片上记录的景物影像。利用相邻像片组成的像对,进行双眼观察(左眼看左片,右眼看右片),同样可获得所摄地面的立体模型,并进行量测,这样就奠定了三维摄影测量的基础。

如上所述,人造三维视觉必须符合自然界三维观察的四个条件:①两张像片必须是在两个不同位置对同一景物摄取的立体像对;②每只眼睛必须分别观察各自像对的一张像片;③两像片上相同景物(同名像点)的连线与眼基线应大致平行;④两像片的比例尺相近,差别要小于 15%,比例尺不相近,则需用放大(zoom)系统进行比例尺调节,否则不能产生三维观察的效果。

用上述方法观察到的立体与实物相似,称为正立体效应。如果把像对的左右像片对调,

左眼看右像片,右眼看左像片,或者把像对在原位各自旋转180°,这样产生的生理视差就改变了符号,导致观察到的立体远近正好与实际景物相反,即凸起变凹下,凹下变凸起,这一现象称为反立体效应。把正立体效应的两张像片,各依某一同名点,按同方向旋转90°,此时所观察到的立体影像变成了平的,故称为零立体效应。

2. 立体定量测量

使用满足一定成像条件的左右像对,可以进行立体量测。立体量测可按以下步骤进行:

(1)建立像点坐标。一般采用以方位线为准来建立直角坐标系统,所谓方位线是指过像主点的航行方向线,像主点与方位线在航空像片上给出,如图4-32所示。像主点为坐标系的原点,像片的方位线为 x 轴,并以右方向为正方向,y 轴是通过像主点且垂直于 x 轴的直线,以上方向为正方向,图中像点 a_1 和 a_2 的坐标分别是 (x_{a_1}, y_{a_1}) 和 (x_{a_2}, y_{a_2}),像点 c_1 和 c_2 的坐标分别是 (x_{c_1}, y_{c_1}) 和 (x_{c_2}, y_{c_2})。

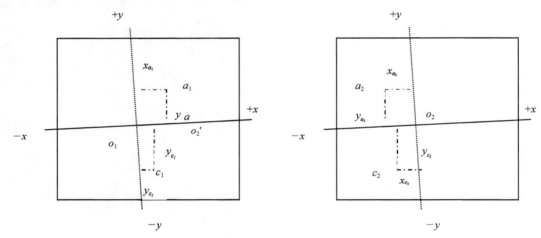

图 4-32　坐标设置示意图

(2)确定像点的视差。像点的左右视差又称横视差,是指像对上同名像点横坐标之差,亦即左像片横坐标减去右像片同名像点的横坐标,以 P 表示。根据图4-32中 a、c 两像点的坐标,可分别得到 a、c 两像点的左右视差:

$$P_a = x_{a_1} - x_{a_2} \tag{4-14}$$
$$P_c = x_{c_1} - x_{c_2} \tag{4-15}$$

式中,x_{a_2} 和 x_{c_2} 因位于横坐标原点左侧,均为负数。

在图4-33上,AE 为基准平面,P_1、P_2 均为平行于基准面的像平面,o_1、o_2 分别为两张像片上的像主点,S_1、S_2 之间连线为摄影基线,距离为 B。地面点 A、C 的航高分别是 H_a,H_c,A、C 两地面点的高差是 Δh。它们在两像片上的构像分别 a_1、a_2 和 c_1、c_2。

作 $S_1 A$ 的平行线 $S_2 A'$,与平面 P_2 相交于 a_1' 点,a_1' 点在 $a_2 o_2$ 的延长线上,且

$$o_2 a_1' = o_1 a_1 \tag{4-16}$$

由图中可得 $\triangle S_2 a_2 a_1' \backsim \triangle S_2 A A'$

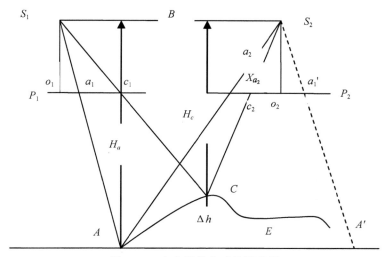

图 4-33　左右视差公式的原理图

所以

$$\frac{H_a}{f}=\frac{B}{a_2a_1} \quad H_a=\frac{B\cdot f}{a_2a_1} \tag{4-17}$$

因为 $a_2a_1{}'=o_2a_1{}'+o_2a_2=o_1a_1+o_2a_2$

$$xa_1-xa_2=P_a \tag{4-18}$$

所以

$$H_a=\frac{B\cdot f}{P_a} \quad P_a=\frac{B\cdot f}{H_a} \tag{4-19}$$

用同样的方法可以导出像点 C 的左右视差：

$$H_c=\frac{B\cdot f}{P_c} \quad P_c=\frac{B\cdot f}{H_c} \tag{4-20}$$

由式(4-19)与式(4-20)可以得到一个重要的结论：任一像点的左右视差就是该点的像片比例尺(f/H)乘以摄影基线的长度(B)。B、f 是两个确定的数值，因此直接影响左右视差大小的也只是该像点的航高值。由于地面存在起伏，不同高程的地面点对应于不同的高程。因此，它们相应像点的左右视差也不同，其间存在着一定的差值。应用航空像片量测地面高差，正是根据这个原理，通过比较左右视差的关系，可以计算出地面高差。

（3）计算地面两点的高差。为了推导出地面两点高差的计算公式，设图 4-33 中 A 点为已知的地面起始点，H_a 为 A 点航高；C 点为要计算高程的地面点。如果 C 点航高为 H_c，那么两点间的高差 $\Delta h=H_a-H_c$。因为已知

$$H_a=\frac{B\cdot f}{P_a} \quad H_c=\frac{B\cdot f}{P_c} \tag{4-21}$$

所以地面点 C 相对起始点 A 的高差

$$\Delta h_{c-a}=H_a-H_c=\frac{B\cdot f}{P_a}-\frac{B\cdot f}{P_c}=B\cdot f\left(\frac{1}{P_a}-\frac{1}{P_c}\right)$$

$$=B\cdot f\frac{P_c-P_a}{P_a\cdot P_c}=H_a\cdot\frac{P_c-P_a}{P_c} \tag{4-22}$$

将 $\Delta P_{c-a} = P_c - P_a$ 代入上式得

$$\Delta h_{c-a} = H_a \cdot \frac{\Delta P_{c-a}}{P_a + \Delta P_{c-a}} \qquad (4\text{-}23)$$

上式即为利用像片计算两像点间高差的计算公式。式中 ΔP_{c-a} 表示像点 C 对起始点 A 像点的左右视差,称作左右视差较。由该公式可知:左右视差较是由地面高差引起的,其大小与高差成正比。高差为零,ΔP 也为零。因此,如要计算两像点间的高差,只要已知某像点的航高以及两像点的左右视差,即可代入高差公式计算出它们的高程差。

(4)测量左右视差。利用普通直尺量测像点的左右视差,精度一般也能满足专业制图的要求,具体做法是:将立体像对两航空像片按方位线定向,并予以固定(两像片之间的距离是任意的);然后用直尺量取两像片像主点间的距离,相应像点之间的距离,如图 4-34 所示,$o_1 o_2 = L_o$、$a_1 a_2 = L_a$、$b_1 b_2 = L_b$,并代入下式计算像点的左右视差和左右视差较:

$$P_b = L_o - L_b \; ; \; P_a = L_o = L_a \; ;$$
$$\Delta P_{b-a} = L_a - L_b \qquad (4\text{-}24)$$

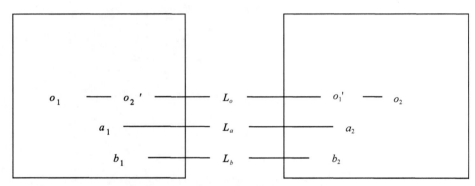

图 4-34　直尺法量测像点左右视差图

如将上两式代入高差公式,便可得到应用直尺计算高差的简单公式:

$$\Delta h_{b-a} = \frac{L_a - L_b}{L_o - L_b} \cdot H_a \qquad (4\text{-}25)$$

以上方法原则上可应用到高空间分辨率的卫星像片上,在影像数字化后也可用计算机自动计算地物点高差。随着卫星像片数据质量的改善,卫星遥感传感器镜头角度可控性的增加,使用卫星像片进行高程的测量已成为可能。当然,对于批量的、要求精度较高的地物点高程信息通常用装在飞机上的测高仪获取。

4.5.2　干涉雷达三维信息获取原理

干涉(interference)是物质波动产生的一种物理现象。光的干涉是物理光学中的一种重要现象。17 世纪物理学家托马斯·杨曾以著名的杨氏实验证明了光干涉现象的存在,由此为波动光学奠定了理论基础。此前,著名物理学家牛顿以牛顿环实验也发现了光干涉现象。所谓光干涉现象是指两束波长相同、相位相同或严格保持固定相位差的光线同时照射到一个目标上,会产生一系列亮暗相间的条纹,这种现象就被称之为光干涉现象,而这种条纹就被称之为干涉条纹。两束雷达波在严格满足一定条件下也会产生干涉现象,利用这种现象可以定量或半定量获取地物高程信息或地物其他一些信息,比如树木的胸径、海洋洋面的波浪等,进而还可以用来三维显示地面状况。利用雷达干涉现象获取信息的遥感称作干涉雷达遥感,简称为干涉雷达(interferometer radar,InSAR)。

干涉雷达原理可用图 4-35 表示。图中,A_1、A_2 两点分别有一束雷达波向地面 Z_1 点投射,Z_1 点的高程为 h,A_1 点的高度为 H,A_1 点雷达波束与地面垂线的夹角,即射向地面的入射角为 θ,直线 A_1A_2 与水平线的夹角为 α,B 为线段 A_1A_2 的长,R_1、R_2 分别为 A_1、A_2 两点的斜距。

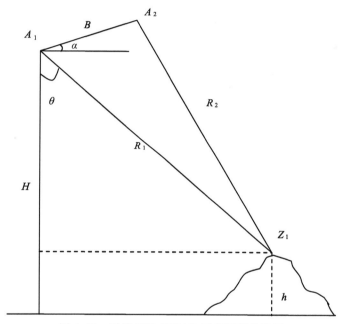

图 4-35　干涉雷达 INSAR 工作原理示意图

由图 4-35 可看到:

$$h = H - R_1 \cdot \cos\theta \tag{4-26}$$

$$\angle A_2A_1Z_1 = \alpha + (90° - \theta) \tag{4-27}$$

由余弦定理可得

$$R_2^2 = R_1^2 + B^2 - 2R_1B\cos\angle A_2A_1Z_1$$

$$= R_1^2 + B^2 - 2R_1B\sin(\theta - \alpha) \tag{4-28}$$

若令 $\Delta R = R_2 - R_1$,则有

$$\sin(\theta - \alpha) = \frac{(R_1 + \Delta R)^2 - R_1^2 - B^2}{2R_1B} \tag{4-29}$$

经整理有

$$R_1 = \frac{\Delta R^2 - B^2}{2B\sin(\theta - \alpha) - 2\Delta R} \tag{4-30}$$

另外,两雷达波束的相位差应有

$$\Delta\phi = \frac{2\pi}{\lambda}(2\Delta R) \tag{4-31}$$

由此得到

$\Delta\phi = \frac{\lambda}{4\pi}\Delta\phi$, 　$\Delta\phi = 2\pi, 4\pi, \cdots, 2m\pi$, 即 $\Delta\phi$ 为 2π 整数倍时产生干涉, 这里以 2π 代入, 有

$$\Delta R = \frac{\lambda}{2} \tag{4-32}$$

将此式代入式(4-30), 结果又代入式(4-26), 有

$$h = H - \frac{(\lambda/2)^2 - B^2}{2B \cdot \sin(\theta - \alpha) - \lambda} \cdot \cos\theta \tag{4-33}$$

由于 H、λ、B、θ、α 为固定参数, h 为可测变量, 因而用式(4-33)就可以计算出 Z_1 点的高程 h。

根据干涉原理, 从 A_1、A_2 两点分别发射的雷达波束必须严格符合以下条件:

(1)两波束的波长完全相等。

(2)两波束的相位差必须严格恒定。

(3)两波束的极化方向必须严格相同。

(4)A_1、A_2 两点的距离在雷达成像期间, 保持稳定, 并且两波束各自斜距都必须远远大于 A_1、A_2 两点的距离, 即这两条波束趋近于平行。

以上四个条件叫做两个电磁波波束的相干条件, 满足相干条件的电磁波叫做相干波。在四个相干条件中, 前三个条件在实际工作中严格满足有相当的技术难度。对于第四个条件, 实现十分简单, 只需将两个雷达天线分别安装在飞机或卫星的两翼即可。

在实际干涉雷达中, 机载干涉雷达或航天飞机载荷的干涉雷达使用两套天线, 天线分别固定在机身的不同位置, 相互有一定距离, 这个距离就是 A_1、A_2 两点的距离。而在卫星干涉雷达中, 用卫星相邻两条轨道上的两点作为 A_1、A_2 两点, 这种情况下, 要求卫星雷达天线不同时间发射的雷达波束满足相干条件在技术上就更加困难, 因为尽管是一个雷达天线, 但要使在不同时间发射的雷达波的波长、相位差、极化方向保持恒定、没有任何漂移是很困难的。因此, 干涉雷达尽管在原理上早就清楚, 但真正实现却是很晚以后的事, 直到现在这项技术还并不十分成熟。

4.5.3　激光雷达三维信息获取

激光雷达(light detection and ranging, LiDAR)是当代快速获取小范围内高精度三维空间信息的前沿遥感技术, 其三维数据测试精度可达厘米数量级。按照工作机理划分, 可将其归并为主动遥感范畴。

1. 激光雷达数据处理

1)激光雷达数据特点与格式

激光是 20 世纪最重要的发明之一, 其区别于一般光的最大特点是光束能量集中而不发散, 在数十公里内仍可保持很细的光束。激光雷达的工作方式与微波雷达十分相似, 是激光、

全球定位系统和惯性导航系统(INS)三种现代技术集成于一体的空间测量技术。

激光雷达所用的光源目前主要有可见光波段氦—氖(He-Ne)和氩(Ar)激光器、短波红外波段钕∶钇铝拓榴石(Nd∶YAG)激光器以及长波红外波段二氧化碳(CO_2)激光器三类,目前最成熟的是 Nd∶YAG 激光系统(波谱范围在 800～1600nm)和 CO_2 激光器。激光波长选择需要考虑的主要因素是探测器的灵敏度,目前灵敏度最好的探测器,其激光波长范围为 800～1000nm;目标的后向散射特性较为稳定。

激光雷达获取的是离散的、不连续的、密度不均匀的、三维点(x,y,z)海量数据,即所谓点云数据,这些点云是一次回波或多次回波生成的。激光点云拥有反映地物对激光信号响应程度的反射强度信息。这是激光雷达与一般遥感在工作原理上的根本区别,也是将激光雷达置于遥感技术外延的原因。

原始激光雷达点云数据的格式有 LAS、ASCII、文本、Point Shape 文件、NIMA Geotiff、EBN 和 NASAATM 文件格式等,这些格式中有的提供三维离散点,有的提供内插过的格网数据,有的提供多次回波信息,有的提供强度信息。为了规范数据格式,LIDAR 数据以国际标准格式(.las)存储。目前,原始 LIDAR 数据为 WGS84 坐标系统下的三维点,根据 .las 格式以每条扫描线排列方式存放,包含激光点三维坐标及反射强度值,文件中同时储存有多重回波等信息。一个符合 LAS 标准的激光雷达文件分为三个部分:公用文件块(public block)、变量长度记录(variable length records)和点数据(point data record)。

原始激光雷达点云数据需要有大量的数据后处理工作,也就是须将离散的坐标点数据根据相关的地面信息,诸如地面影像或地面调查数据,按照一定模式对各点坐标数据加以判断,去除明显的粗差数据,寻求坐标点之间的空间关系,对于点云数据进行三维重建,以再现地面的物件状况。

2)地面点三维坐标计算

机载激光扫描仪通过激光对地面的扫描得到扫描仪与地面上各点的距离,同时由 GPS 接收机得到扫描仪的位置,由高精度姿态量测装置(惯性量测装置 IMU)量测出扫描仪的姿态,即图 4-36(b)中 φ、ω、k 角度,然后由这些量测值计算地面上各点的三维坐标。对于地面点 P,若它与扫描仪距离为 S,扫描仪 O_s 的位置为(X_s,Y_s,Z_s),P 点相应于扫描中心线的角度 θ 由编码器按固定的激光脉冲间隔给出(实际计算时可以根据扫描行点数和标称扫描角度计算),这样由直线扫描方式确定的地面点 P 的坐标可由式(4-34)计算得到:

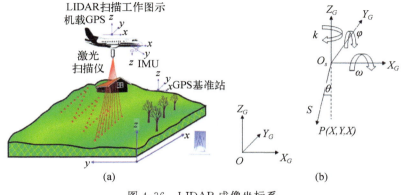

(a)　　　　　　　　　　　　　(b)

图 4-36　LIDAR 成像坐标系

$$\begin{bmatrix} X \\ Y \\ Z \end{bmatrix} = \begin{bmatrix} X_s \\ Y_s \\ Z_s \end{bmatrix} + \begin{bmatrix} a_1 & a_2 & a_3 \\ b_1 & b_2 & b_3 \\ c_1 & c_2 & c_3 \end{bmatrix} \begin{bmatrix} 0 \\ S\sin\theta \\ S\cos\theta \end{bmatrix} \tag{4-34}$$

式中，

$$a_1 = \cos\varphi\cos k - \sin\varphi\sin\omega\sin k$$
$$a_2 = -\cos\varphi\sin k - \sin\varphi\sin\omega\cos k$$
$$a_3 = -\sin\varphi\cos\omega$$
$$b_1 = \cos\omega\sin k$$
$$b_2 = \cos\omega\cos k$$
$$b_3 = -\sin\omega$$
$$c_1 = \sin\varphi\cos k + \cos\varphi\sin\omega\sin k$$
$$c_2 = -\sin\varphi\sin k + \cos\varphi\sin\omega\cos k$$
$$c_3 = \cos\varphi\cos\omega$$

以上是由直线扫描方式确定的地面点 P 的三维坐标计算方法，如果是圆锥扫描或者摆镜扫描方式则需按照另外的公式计算。需要指出的是：通过上面公式计算得到的 P 点坐标是WGS84 坐标系的坐标，在实际数据处理过程中，一般需要将各点的坐标转换为局部坐标系的坐标，如转换到高斯坐标系。一般可以选取 4 个参考点，这 4 个点分布在扫描覆盖区域的周边，其 WGS84 坐标和局部坐标系坐标都是已知的，这样各点的平面位置坐标可由拟合多项式进行转换，各点的高程则由 4 个参考点的数据进行转换。

3）激光雷达数据粗差分析

激光雷达数据经过 POS 解算和激光距离数据的归一化处理之后（一般使用硬件系统配套的相应解算工具进行解算），尚存在系统误差和数据质量问题，需要进行粗差分析。粗差（out-lies）是指由于激光测距误差、差分 GPS 定位误差、姿态测量误差、扫描角误差、时间同步误差和系统集成误差等造成的综合误差，其解算数值很低或很高、与同名地物点不能匹配。这里主要介绍两种粗差分析方法：特异点的剔除和航带拼接的粗差分析。图 4-37(a)为该逻辑判断条件示意图，图 4-37(b)为特异点剔除后的平滑结果。

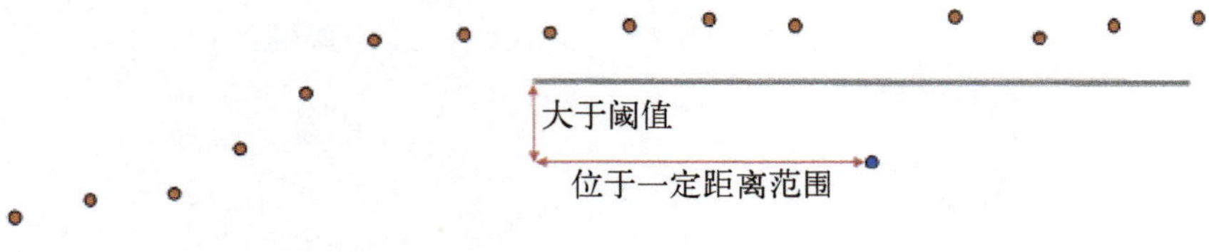

图 4-37　特异点的剔除

　　如前所述,激光雷达数据是离散的、非连续的三维点云数据,这些点不仅包括地面、建筑物、植被、汽车等各种地物,还可能包括空中的飞鸟、飞机等,应用在不同领域,需要剔除无用信息,在提取有效信息的基础上完成后续分析。特异点剔除通过三维空间内的逻辑判断来完成,即:如果高差＞阈值(事前设定一定距离范围),则该点判断为特异点。

　　航带拼接的粗差是指航线重叠部分的同一地物坐标经解算后不在同一点上,其分析方法为:查找摄区内相邻两航线重叠部分的明显地物(如笔直的公路、规则的建筑物、电视塔等),不同航线显示的应该是同一地物,如果出现航线数据交叉则为系统误差,需要重新解算。图 4-38 中绿色和蓝色的数据点为两条航线的离散 LIDAR 点云的三维显示图,两条航线包括同一房屋的回波点云,由于航带拼接粗差的存在导致两条航带的同一房屋无法重合[图 4-38(a)],此时需要重新解算,得到房屋在剖面图中是重合房屋[图 4-38(b)]的理想结果。

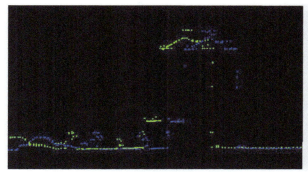

(a) 有系统差的航线数据　　　　　　　　　　(b) 正确的航线数据

图 4-38　相邻航线重叠区域对同一房屋的点云纵向剖面显示

蓝色和绿色表示两条不同的航线数据

4) 激光雷达数据滤波

　　在激光雷达数据处理中,滤波和质量控制约占了整个处理时间的 60%～80%。激光雷达数据滤波是指对点云中的高程信息数据进行处理,即利用某种自动或半自动的算法从离散激光雷达点云分离出树和房子等非地面点,提取出裸露的地表,从而得到数字高程模型 DEM 数据。激光雷达数据滤波过程中点云参与计算、判断的方式有:点—点、点—点群、点群—点群,滤波算法大体可以分为四类,见表 4-4。

表 4-4　滤波算法分类

滤波算法及简介	图示
①基于坡度的滤波(slope based) 该算法计算两点间的坡度或者高差,如果坡度大于某个阈值,则较高点将被判断为地物点	
②基于最小化区块的滤波(block-minimum) 该算法的滤波算子是一个带有相应缓冲区的水平面,此缓冲区在平面上方并且定义一个三维空间区域,该区域外的点云即为地物点	

续表

滤波算法及简介	图示
③基于曲面的滤波(surface based) 该算法的滤波算子是一个带有相应缓冲区的参数曲面,此缓冲区在曲面上方定义一个三维 空间区域,该区域外的点云即为地物点	
④基于聚类/分割的滤波(clustering/segmentation) 该算法的合理性在于:如果某个聚类的任意点云在其他邻域的聚类上,则此类点云属于地 物点。需要指出的是:这里的聚类/分割结果是勾画地物对象的外形而非刻画地物的细节	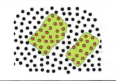

2. 基于激光雷达数据的三维信息提取

激光雷达具有很高的角分辨能力、距离分辨能力(高程相对精度可达 5cm)和抗干扰能力,能够提供高精度的地物三维信息,在农业、水利电力、公路铁路、国土资源调查、交通旅游与气象环境调查、城市规划等各领域得到了广泛应用。

1)建筑物三维信息提取

由于激光雷达的接收信号来源于目标表面的反射,因此得到的数据实际上是一种数字表面模型 DSM(digital surface model)。为了除去地形变化对地物三维结构信息提取的影响,需要对 DSM 进行归一化处理,即从原始的 DSM 中减去表达真实地形的、滤波处理得到的 DTM(digital terrain model),得到表达树木、建筑物等地物三维结构的归一化数字表面模型 nDSM(图 4-39)。

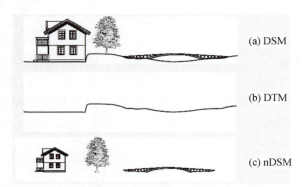

(a) DSM

(b) DTM

(c) nDSM

图 4-39　归一化数字表面模型 nDSM

以处理得到的 nDSM 数据块为基础搜索由 Hough 变换求得的直线段,根据一定算法规则(如 Alpha Shapes 模型、Delaunay 三角网等)生成房屋的轮廓,然后再用求得的轮廓点搜索激光雷达离散点云反算求出房屋轮廓三维坐标,从而完成建筑物三维信息提取及三维重建。

在建筑物轮廓已经具备的情况下,直接将激光雷达轮廓高程值赋给轮廓线即可完成基于激光雷达的建筑物三维重建。但是为了充分利用获取的离散点云数据同时得到航空像片,还需要进行进一步深入的处理:基于航空像片提取建筑物轮廓,修正先前基于离散点云数据获得的轮廓信息,根据共线方程来确定轮廓和激光雷达数据之间的关系。根据求算的像片的六个外方位元素(后交解得)和相机的内方位元素(已知),将轮廓坐标作为像点坐标,根据共线方程式,代入 Z 值,由两个方程分别计算得到 X、Y。

2)林业三维信息提取

激光雷达有多次回波,该特性有利于使用激光雷达数据进行森林地区三维信息提取,包括森林 DSM、森林结构、平均树高、单木树高、树冠三维模型建模等。激光雷达数据经特异点剔除、航带粗差分析等预处理后,采用插值方法(如最近邻法、双线性内插法、三次卷积法等,详见第 5 章)处理得到森林区 DSM。基于此数据,利用影像分割算法(如区域增长法、分水岭法等)获得树冠对象信息,树冠对象的大小用于树冠冠幅大小的度量;在树冠对象内部查找局部最高值作为树木顶点,其高程值为树高;计算区域内所有树高,即可制作树木高度图。

4.6　几种主要卫星遥感影像数据

4.6.1　低空间分辨率卫星

低空间分辨率卫星遥感一般是指空间分辨率在百米以上的卫星遥感,与其他遥感卫星系统相比较,这种遥感传感器仅仅是空间分辨率较低,在时间分辨率、光谱分辨率与辐射分辨率等方面却有较高的分辨率。该种遥感影像数据主要用于天气的预报、大气环流监测、地球物理现象、农业资源环境等领域的监测与研究,这些领域需要低空间分辨率、大尺度的遥感数据以支持大面积、宏观对地观测。

低空间分辨率遥感影像主要有美国的 NOAA、MODIS 等。MODIS 是当代这一类遥感卫星影像数据中技术水平最高的一种。这里对该卫星影像数据作一介绍。

中分辨率成像光谱仪——MODIS(moderate resolution imaging spectrometer)是 Terra 和 Aqua 卫星上都装载有的重要传感器。它具有 36 个光谱通道,分布在 $0.4\sim14\mu m$ 的电磁波谱范围内,其中 $1\sim19$ 和 26 通道为可见光和近红外通道,其余 16 个通道均为热红外通道,见表 4-5。每 $1\sim2$ 天将提供地球上每一点的白天可见光和白天/夜间红外图像。MODIS 数据具有很高的信噪比,辐射分辨率为 12 比特(bit),同时还提供辐射校正的有关参数。MODIS 仪器的地面分辨率分别为 250m、500m 和 1000m,扫描宽度为 2330km,在对地观测过程中,每秒可同时获得 6.1×10^6 比特来自大气、海洋和陆地表面的信息,每日或每两日可获取一次全球观测数据。

表 4-5　MODIS 的光谱波段特征

主要用途	波段	波段宽度/nm	空间分辨率/m	信噪比
陆地/云界限	1	620~670	250	128
	2	841~876	250	201
陆地/云特性	3	459~479	500	243
	4	545~565	500	228
	5	1 230~1 250	500	74
	6	1 628~1 652	500	275
	7	2 105~2 155	500	110

主要用途	波段	波段宽度/nm	空间分辨率/m	信噪比
海洋颜色/浮游植物/生物化学	8	405~420	1 000	880
	9	438~448	1 000	838
	10	483~493	1 000	802
	11	526~536	1 000	754
	12	546~556	1 000	750
	13	662~672	1 000	910
	14	673~683	1 000	1087
	15	743~753	1 000	586
	16	862~877	1 000	516
大气水蒸气	17	890~920	1 000	167
	18	931~941	1 000	57
	19	915~965	1 000	250
地表/云温度	20	3 660~3 840	1 000	0.05
	21	3 929~3 989	1 000	2.00
	22	3 929~3 989	1 000	0.07
	23	4 020~4 080	1 000	0.07
大气温度	24	4 433~4 498	1 000	0.25
	25	4 482~4 549	1 000	0.25
卷云	26	1 360~1 390	1 000	150
水蒸气	27	6 535~6 895	1 000	0.25
	28	7 175~7 475	1 000	0.25
	29	8 400~8 700	1 000	0.25
臭氧	30	9 580~9 880	1 000	0.25
地表/云温度	31	10 780~11 280	1 000	0.05
	32	11 770~12 270	1 000	0.05
云顶高度	33	13 185~13 485	1 000	0.25
	34	13 485~13 785	1 000	0.25
	35	13 785~14 085	1 000	0.25
	36	14 085~14 385	1 000	0.35

4.6.2　中空间分辨率卫星

中空间分辨率卫星遥感一般是指空间分辨率在 10~100m 的卫星遥感。这类遥感数据较多,社会需求量较大,主要用于土地资源调查、土地利用监测、环境污染监测、农情监测、地质普查、土壤普查、考古等领域。在诸多的这类遥感卫星中,以 Landsat 卫星系列和 SPOT 卫星为代表。

1. Landsat 卫星

Landsat 卫星是以探测地球资源为目的而设计的,采用近极地、近圆形的太阳同步轨道。从 1972 年至今美国共发射了 7 颗 Landsat 系列卫星,已连续观测地球长达 32 年。最后一颗卫星 Landsat-7 于 1999 年 4 月 15 日发射,寿命为 5 年,后续遥感探测器 ETM＋装载在 EOSAMZ 上发射。其主要的数据归档属于美国地质局的地球资源观测系统(EROS)数据中心。

表 4-6 和表 4-7 分别展示了 Landsat1～7 的系统数据所采用的传感器。值得注意在这些卫星中包含了五种类型的传感器:反束光摄像机(RBV)、多光谱扫描仪(MSS)、专题成像仪(TM)以及增强专题成像仪(ETM 和 ETM＋)。

表 4-6　Landsat 1～7 的系统数据

卫星	发射时间	退役时间	RBV 波段	MSS 波段	TM 波段	轨道
Landsat-1	1972/07/23	1978/01/06	1～3(同步摄像)	4～7	无	18 天/915km
Landsat-2	1975/01/22	1982/02/25	1～3(同步摄像)	4～7	无	18 天/915km
Landsat-3	1978/03/05	1983/03/31	A～D (单波段并行摄像)	4～8[a]	无	18 天/915km
Landsat-4	1982/07/16[b]	运行	无	1～4	1—7	16 天/705km
Landsat-5	1984/03/01	运行	无	1～4	1—7	16 天/705km
Landsat-6	1993/10/05	发射失败	无	无	1～7,全色波段(ETM)	16 天/705km
Landsat-7	1999/04/15	运行	无	无	1～7,全色波段(ETM ＋)	16 天/705km

a. 8 波段(10.4～12.6μm)发射后不久就失败了。

b. TM 数据在 1993 年 8 月传送失败。

表 4-7　Landsat 1～7 所采用的传感器

传感器	波段/μm	空间分辨率/m
RBV	0.475～0.55	80
	0.580～0.680	80
	0.690～0.830	80
	0.505～0.750	30
MSS	0.5～0.6	80
	0.6～0.7	80
	0.7～0.8	80
	0.8～1.1	80
TM	0.45～0.52	30
	0.52～0.60	30
	0.63～0.69	30
	0.76～0.90	30
	1.55～1.75	30
	10.4～12.5	120
	2.08～2.35	30
ETM	同上述 TM 波段 0.5～0.9	30(热波段为 120m)15
ETM＋	上述 TM 波段 0.5～0.9	30(热波段为 60m)15

EROS 中心产生的图像分为 3 个等级：最基本的是 OR 级；对 OR 级图像进行了辐射校正，但未经系统级几何校正的称为 1R 级；经过了辐射校正和系统级几何校正的称为 1G 级。

在卫星姿态控制上采取了三轴姿态控制，定点精度高于 0.01°(Landsat 1～3 为 0.7°)，稳定性为 10^{-6} 度/秒(Landsat 1～3 为 0.01°)。因此，成像姿态稳定且容易实现多时相的影像配准。

TM 影像的光谱特性如下：

TM1：这个波段的短波段端对应于清洁水的反射光谱特征曲线的峰值，长波段端在叶绿素吸收区，这个蓝波段可以用来参与对针叶林的识别。

TM2：这个波段在两个叶绿素吸收带之间，因此相应于健康植物的绿色。波段 1 和波段 2 合成，相似于水溶性航空彩色胶片 SO-224，它显示水体的蓝绿比值，能估测可溶性有机物和浮游生物。

TM3：这个波段为红色区，在叶绿素太阳光能吸收区内。在可见光中这个波段是识别土壤边界和地质界线的最有利的光谱区，在这个区段，表面特征经常展现出高的反差，大气雾霾的影响比其他可见光谱相对较低，使影像较为清晰。

TM4：这个波段对应于植物的反射光谱特征曲线的峰值，它对于植物的鉴别和评价十分有用。TM2 与 TM4 的比值对绿色生物量和植物含水量敏感。

TM5：在这个波段中叶面反射强烈依赖于叶片湿度。一般地说，这个波段在对干旱监测和植物生物量的确定是有用的，另外，1.55～1.75μm 区段水的吸收率很高，所以对区分不同类型的岩石，区分云、地面冰和雪十分有利。土壤的湿度从这个波段上也容易看出。

TM6：这个波段属于热红外区段，空间分辨率低于其他波段，但是对于植物分类和估产很有利用价值。在这个波段对来自地物表面自身辐射的辐射量敏感，按照辐射功率和表面温度来测定，这个波段可用于制作地表温度分布图。

TM7：这个波段主要用于地质制图，它同样可以用于识别植物的长势。

2. SPOT 卫星

SPOT 对地观测卫星系统是由法国空间研究中心发射的，参与的国家还有比利时和瑞典。SPOT-1 是世界上第一颗线性阵列传感器的地球资源卫星。SPOT 系统自 1986 年 2 月发射 SPOT-1 以来已发射了 5 颗卫星。

SPOT 卫星飞行高度 822km、轨道倾角 98.7°，太阳同步准回归轨道，SPOT 卫星降交点时刻为地方时上午 10：30，它们穿越北纬某一纬度地区的时间略迟于这个时间，而在南纬略早于这个时间，例如，SPOT 在上午 11：00 左右穿越北纬 40°区域，而在上午 10：00 穿过南纬 40°区域。

目前正在工作的 SPOT-5 上用两台高分辨率几何仪器 HRG(high resolution geometry) 取代了 SPOT-4 上的 HRVIR 系统，HRG 以全色模式下的 5m 分辨率取代了以前 HRVIR 全色模式的 10m 分辨率，在绿、红、近红外用 10m 分辨率取代了 HRVIR 的 20m 分辨率，同时 SPOT-5 还加入了一个高分辨率测高仪 HRS，用于制作全球 10m 分辨率的 DEM 数据，以及用于植被监测的仪器 Vegetation-2。

SPOT 卫星上安置的两套 HRV 遥感器是一种阵列式扫描器，即由 $N \times M$ 个光电探测器元件组成的 CCD(couple charge device)阵列组件，每个探测器元件对应地面上一个成像单元，在影像上形成一个像元。$N \times M$ 个探测器的元件组合就可以在同一瞬间摄取地面一个条带。这样成像系统取代旋转反射镜,实现扫描带内的各像元同时成像。这种成像方式给影像处理带来了方便,随着遥感平台的前进,一个条带、一个条带地向前推进获取地物目标信号。当地面物体反射电磁波经过复杂光路到达光电探测器组件后,分别、同时成像于绿黄、红、近红外、全色四个CCD 成像器件,扫描宽度为 60km,两台 HRV 同时扫描地面,实际宽度为 117km,彼此重叠 3km。

　　HRV 上的瞄准镜可以侧向倾斜 ±27°,以 0.6°间隔分档,即该反光镜可在左右共 91 个位置对地面扫描,当相邻轨道对同一地面倾斜扫描时,可以获得立体像对。同时由于瞄准镜可以旋转,大幅度提高了影像时间分辨率,在赤道地区平均 3.7 天,在纬度 45°地区平均 2.4 天就可以扫描一次。

　　HRV 上的瞄准镜侧向倾斜,增加了在同一时间扫描仪地面可获取地面信息的视场范围,这一技术措施对于改善遥感影像时间分辨率具有普遍的意义。包括 SPOT 卫星在内的高空间分辨率的卫星遥感影像为了提高时间分辨率,一般都采取这种措施。当然,斜视可以是左或右的侧向斜视,也可以是向前或向后的前后斜视。斜向摄影改变直视地面为斜视地面,将以星下点为影像中心改变为以瞄准镜主光轴与地面的交点为影像中心,这样可以对同一时间星下点以外的地区摄像,这是时间分辨率得以提高的原因。

　　图 4-40 示意性地画出了前方斜视[图 4-40(a)与(b)]与右方斜视成像[图 4-40(c)与(d)]

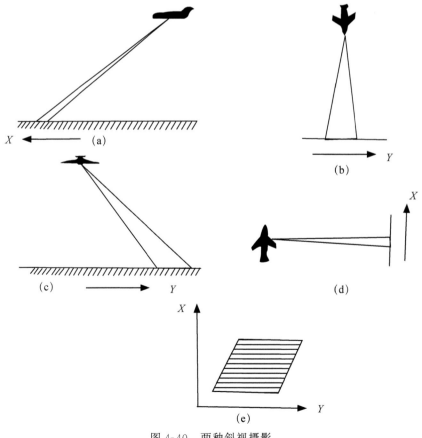

图 4-40　两种斜视摄影

的情况。目前的高空间分辨率的卫星遥感一般采用前(后)方斜视,就提高时间分辨率效果来看,两者没有什么区别;但是就影像各像元的几何误差来看,前(后)方斜视略好于右(左)方斜视,因为在同一扫描带,前(后)方斜视影像最左与最右两个像元的投影误差要小于右(左)方斜视同部位像元的投影误差。

图 4-40(e)显示了影像覆盖地面的情况,从图中可以看出,影像下方的一个扫描带与上一个扫描带有东西(左右)"错位"的现象,遥感平台自上而下飞行,对于影像自上而下各个扫描带依次完成成像,扫描带成像时间是有先后次序,在更换扫描带的时间间隙,地球自西向东移动(旋转),地面扫描视场则反向移动,因而实际地面影像各扫描带的位置发生如图所示的错动。这种错动现象对于低空间分辨率的卫星遥感影像尤为显著。在遥感原始影像中并不能反映这种错动,通过影像的几何校正,可以将这种现象得到正确的反映。

斜视增加了地面单元与传感器的距离,在同样立体角情况下,影像空间分辨率降低,地面单元增大;如果保持空间分辨率不降低,则地面单元的反射截面减小,影像信噪比降低,影像质量下降。这是一般大多数订购的高空间分辨率遥感影像(斜视影像)质量低于样片影像(直视影像)的根本原因。

4.6.3　高空间分辨率卫星遥感

高空间分辨率卫星遥感一般是指空间分辨率在 10m 以下的卫星遥感。这类遥感数据也比较多,社会需求量大,主要用于土地资源调查、土地利用规划、城市规划与管理、农情监测等领域。

1."北京一号"

"北京一号"是中国大陆第一颗高分辨率遥感小卫星,2005 年 10 月 27 日升空,全色波段空间分辨率 4m,4 个多光谱波段,32m 分辨率,成像幅宽覆盖地面 60km,3～5 天对同一地区可重复摄像,有效工作期限 5 年,可获取土地利用、城市布局、农作物长势、植被分布等多种地面信息。

2."福卫二号"遥感卫星

"福卫二号"是由台湾于 2004 年 5 月发射的遥感卫星。卫星飞行高度 891km,太阳同步轨道,设有 5 个波段,1 个全色波段,2m 分辨率;4 个多光谱波段,8m 分辨率,见表 4-8。

表 4-8　"福卫二号"遥感卫星波段设置

传感器	波段/μm	空间分辨率/m
全色	0.52～0.82	2
多光谱	0.45～0.52	8
	0.52～0.60	8
	0.63～0.69	8
	0.76～0.90	8

"福卫二号"遥感卫星正视影像覆盖地面宽度 24km,可控左右侧视 ±45°、前后斜视 ±45°。经几何校正后,平面精度达 3m,高程精度达 2.5m。

4.7　小　　结

本章从遥感成像过程,包括传感器、传感器平台以及遥感数据资料等方面阐述遥感原理,这些原理是解译遥感影像的基础。

航空遥感是以飞机作为传感器载荷平台的较低空中成像的技术,包括普通航空遥感和机载侧视雷达。普通航空遥感使用的是中心投影,框幅式成像,投影误差来源有:地面高低起伏以及投影面(摄像镜头与地面不平行)不水平两个原因。两个原因致使航空像片的四周部分误差增大,不适宜精确制图,用作制图的部分只是航空像片的中心部位。

无人机遥感是新近发展较快的遥感技术门类,其机动灵活性是其他遥感技术所不可取代的,这一技术在各种突发性的灾害救灾中有重要的应用价值。无人机由于机身体积小、重量轻、飞行姿态稳定性低影响了影像的几何精确性,需要结合地面控制点数据,在计算机相关软件的支持下进行几何校正,可以生产有一定精度的三维数据产品。

雷达遥感是主动遥感,机理完全不同于被动遥感。雷达遥感使用斜距投影,这种特殊的投影方式决定着雷达影像的距离向(Y 向)分辨率主要取决于雷达的调制脉冲波周期(T),方位向(X 向)分辨率取决于雷达波束的张角 β。为了改善雷达影像的方位向分辨率,采用了合成孔径雷达技术(INSAR),这一技术的核心是利用多普勒效应,对于一个地面点在方位向多次采样,利用计算机合成,以提高方位向分辨率。

雷达遥感影像是地面后向散射系数的记录。地物后向散射系数由多种因素决定,主要因素有湿度、粗糙度、电导率等,金属、增高水分含量都使后向散射系数增大、对应像元亮度增强。由于雷达波是波长较长的电磁波,很多地物表面属于镜面,两个以上的镜面符合一定几何关系,能够产生雷达回波,即组合成多面体。带有多面体效应的地物在雷达遥感影像上像元灰度值(亮度)增大。雷达波是极化电磁波,雷达遥感可以有 H-H、H-V、V-H、V-V 四种极化方式,极化方式不同,地物后向散射系数就不同,用三种极化方式生成的影像即可生成彩色合成影像。

遥感卫星多采用太阳同步、近极地、99°倾角左右的运行轨道,其目的就是使卫星过顶时间在全球大部分地区保持在地方时 9：30 至 10：30。卫星围绕地球飞行一天后,轨道有一定的东移或西移,这种轨道相对地面的移动使卫星影像能够覆盖地球除南北极以外的地区。高空间分辨率的遥感卫星正视影像的时间分辨率很低,为解决这一问题,高空间分辨率遥感卫星采取前后方向斜视或左右方向侧视的成像手段。这种斜视影像时间分辨率得到大幅度提高,但是影像质量减低。

遥感可以获取三维空间信息:对于被动遥感,采用航空像片或卫星像片的像对分析技术;对于主动遥感,采用干涉雷达(InSAR)遥感分析技术;对于激光遥感(LiDAR),采用点云数据结合 GPS 数据以及其他地面信息数据,经相关计算机软件的支持,都可以获取地物三维信息。

本章对于低、中、高三种空间分辨率遥感卫星的技术参数及其成像技术进行了介绍,以便于读者根据应用需要选择适当的影像数据。

思 考 题

(1)对于航空像片,为什么只使用中间部位,不使用四周部位的影像?

(2)提高航片摄制的比例尺有什么技术途径?

(3)为什么航空遥感摄像镜头的倾斜度不能超过 3°?

(4)由于地面起伏以及摄像平面与基准面不平行形成的投影误差,航片还能保持各个部位比例尺相等吗? 试具体分析。

(5)建立航片判读标志对于目视解译有什么意义,可以对哪些地物建立判读标志?

(6)航片的目视解译与卫片的目视解译有什么相同点和不同点,为什么?

(7)从获取地物几何信息角度分析雷达遥感侧视成像有什么优点和缺点?

(8)在雷达遥感影像上像元距离向的 y 坐标不同,其比例尺一样吗,为什么?请具体分析。

(9)相比机载侧视雷达影像,卫星雷达遥感影像的叠掩、顶点位移以及视野盲区现象加重还是减轻,为什么?

(10)多面体反射在可见光-多光谱遥感中是否存在,为什么? 这种现象对于影像识别有什么益处?

(11)四种极化方式给雷达遥感识别地物带来什么益处?

(12)为什么在机载雷达遥感影像上不能判断雷达飞机的航向?

(13)请用遥感实际应用事例叙述如何选择遥感影像的光谱分辨率、辐射分辨率、空间分辨率。

(14)遥感在什么领域的应用,时间分辨率有其决定性作用?

(15)三维信息获取有哪些手段,各有什么优缺点?

(16)为什么要建立可测参数与目标状态参数间的函数关系,建立这种关系有什么具体困难?

(17)遥感探测对象的研究对遥感数据反演有什么作用?

(18)就个人理解,遥感技术应用研究的方法论是什么?

参 考 文 献

陈述彭,赵英时.1992.遥感地学分析.北京:科学出版社

戴昌达,姜小光,唐伶俐.2004.遥感影像应用处理与分析.北京:清华大学出版社

郭华东,徐冠华.1996.星载雷达应用研究.北京:中国科学技术出版社

何维信.1996.航空摄影测量学.台北:大中国图书公司

李德仁,郑肇葆.1992.解析摄影测量学.北京:测绘出版社

林培.1990.农业遥感.北京:中国农业大学出版社

刘沛.2008.多源数据辅助机载 LIDAR 数据处理的关键技术研究.中国测绘科学研究院博士学位论文

苏伟.2007.基于 QuickBird 影像和激光雷达数据的城市地表信息提取:地形、地物与林冠.北京师范大学博士学位论文

孙家抦.2003.遥感原理与应用.武汉:武汉大学出版社

严泰来,王鹏新.2008.遥感技术与农业应用.北京:中国农业大学出版社

杨龙士,雷祖强,周天颖.2008.遥感探测理论与分析实务.台北:文魁电脑图书资料股份有限公司

张剑清,潘励,王树根.2003.摄影测量学.武汉:武汉大学出版社

赵冬玲.1998.航空摄影测量.北京:地质出版社

赵英时.2003.遥感应用分析原理与方法.北京:科学出版社

赵中华.1994.航空摄影测量外业.北京:测绘出版社

Lillesand T M,Kiefer R W. 2000. Remote Sensing and Image Interpretation(4th ed.). John Wiley & Sons

Thomas M,Ralph W. 2003. 遥感与图像解译(第四版).彭望琭等译.北京:电子工业出版社

Wehr A,Lohr U. 1999. Airborne laser scanning—an introduction and overview. Journal of Photo-grammetry and Remote
Sensing,54(2—3):68~82

第 5 章　遥感数字影像处理基础

5.1　色度学与影像彩色合成概述

5.1.1　色度学概述

色度学(chromatics)是研究正常人眼睛彩色视觉的定性、定量规律及其应用的科学领域。色度学是遥感数字影像处理的一个重要的基础,源于以下两个方面的原因:其一,颜色是一个非常重要的信息载体,它常常可以使目标的区分得以简化,方便从图像中抽取目标;其二,人眼可以辨别 2 000 多种颜色,而对黑白灰度级的识别仅达 20～30 级。因此,准确生成彩色图像成为了遥感数字影像处理的主要工作目标之一。

色度学要解决颜色的度量问题,首先必须找到外界光刺激与色知觉量之间的对应关系,以便通过对光物理量的测量间接地测得色知觉量,因此应用心理物理学的方法,通过大量科学实验,建立了现代色度学。

彩色是人眼的一种感觉程度,为了衡量它,我们引入了彩色光的基本参数:亮度、色调和饱和度。

亮度(intensity)是光作用于人眼时引起的明亮程度的感觉。一般来说,彩色光能量大则显得亮,反之则暗。

色调(hue)反映颜色的类别,如红色、绿色、蓝色等。彩色物体的色调决定于在光照下所反射光的光谱成分。例如,某物体在日光下呈现绿色是因为它反射的光中绿色成分占有优势,而其他成分被吸收掉了。对于透射光,其色调则由透射光的波长分布或光谱所决定。

饱和度(saturation)是指彩色光所呈现颜色的深浅或纯粹程度。对于同一色调的彩色光,其饱和度越高,颜色就越深,或纯度越高;而饱和度越低,颜色就越淡,或纯度越低。高饱和度的彩色光可因掺入白光而降低纯度或变淡,变成低饱和度的色光,因而饱和度是色光纯度的反映,100％饱和度的色光就代表完全没有混入白光的纯色光。

5.1.2　三原色和三补色

从人眼的感光特性发现,人眼感受到的各种颜色其实是原色(又称基色)的各种组合。为了实现标准化,早在 1931 年国际照明委员会(CIE)对于三种主原色就设定了波长值:红(R)＝700nm;绿(G)＝546nm;蓝(B)＝435nm。

这里的三种主原色简称"三原色"。R、G、B 三种颜色按不同比例混合,可得到大自然中人的视觉所能感受的任何一种颜色,但 R、G、B 三种颜色本身却不能由任何其他颜色混合产生。所以 R、G、B 三种颜色是组成各种颜色的基本成分,称为"三原色"。凡按适当比例相叠加而能产生白色的两种颜色互为补色。与 R、G、B 三原色互为补色的 C(青色)、M(紫或品红)、Y(黄色)三色通常称为"三补色"。图 5-1 表示了颜色的三原色与三补色的关系,三个原色光或其中两个原色光以一定比例叠加,就可得到其他任何一种颜色,其规律如(5-1)所示。

$$R+G=Y$$
$$R+B=M \quad B+Y=W$$
$$G+B=C \quad G+M=W$$
$$R+G+B=W \quad R+C=W \quad (5-1)$$

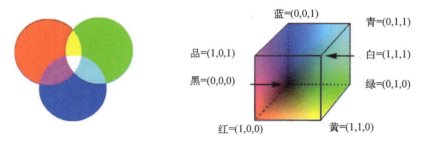

图 5-1　"三原色"与"三补色"的关系

5.1.3　格拉斯曼定律

实验发现,人眼的视觉响应取决于红、绿、蓝三分量的代数和,即它们的比例决定了彩色视觉,而其亮度在数量上等于三原色的总和,这个规律称为格拉斯曼(Glassman)定律。由于人眼的这一特性,就有可能在色度学中应用代数法则。

格拉斯曼定律还指出,红、绿、蓝三种原色光按照以下光强比例可以合成白光:
$$1lm(W)=0.3lm(R)+0.59lm(G)+0.11lm(B) \quad (5-2)$$
式中,lm(流明)为光强。

由式(5-2)可以看出,三种原色光合成白光,红、绿、蓝的比例并不是均衡的,其中红、绿、蓝分别占有的比例依次为 30%、59%、11%,这种比例组合与阳光中红、绿、蓝的比例大致相当。人类认同的"白光"与长期进化接触阳光有关。当然,对于任意一束由红、绿、蓝合成的光,只要其中三原色光强比例符合 30∶59∶11,都是白光,只是总光强不同而已。

5.1.4　彩色空间的两种表达

彩色空间的用途是在某些标准下用通常可接受的方式简化彩色规范。现在所用的大多数彩色模型都是面向硬件的。如在数字图像处理中,最通用的面向硬件的模型是 RGB(红、绿、蓝)模型,该模型用于彩色监视器以及彩色视频摄像机,如数码相机等。遥感影像多用这种模型表达影像像元点颜色,但在视觉上定性地描述图像色彩时,采用 HIS(亮度、色度、饱和度)显色系统更直观些。遥感影像所记录的数据一般都是在 RGB 色彩坐标系内的,在描述用于可视分析的遥感数据时,则使用 IHS 色彩坐标系。

IHS 色彩坐标系是基于一个假定的彩色球体(图 5-2)。垂直坐标代表的是亮度(I),亮度在黑色(0)与白色(255)之间变化,而且与色彩无关;球体的圆周代表色度(H),它是颜色的主波长,色度值从红色中点处的"0"开始,沿球体圆周的逆时针方向增加,最后到与"0"相邻处为"255";饱和度(S)描述了色彩的纯度,它的值域是变化在色球中心的"0"到圆周处的"255"之间,饱和度"0"代表完全饱和(不纯)的颜色。

　　任何包含 3 个波段的 RGB 多光谱数据集均可利用 IHS 变换转换到 IHS 色彩坐标系。图 5-3 显示了 RGB 系统与 IHS 系统之间的关系。圆代表 IHS 球体(图 5-2)的赤道平面,亮度坐标垂直于该图所在的平面。等边三角形的顶点处是红、绿、蓝三个色度。色度以逆时针方向围绕三角形发生变化,从红色($H=0$)到绿色($H=1$)再到蓝色($H=2$),最后到红色($H=3$)。饱和值从三角形中心处的"0"增加到顶点处的最大值"1"。任何一种颜色都可以用一组 IHS 值来描述。RGB 值可通过式(5-3)转换成 IHS 的值。RGB 与 IHS 的相互转换有多种转换模型,转换数值也不尽一致。

$$\begin{cases} I = \dfrac{1}{3}(R+G+B) \\[2mm] H = \dfrac{G-B}{3(I-B)}, S = 1-\dfrac{B}{I}, \text{当 } B = \min\{R,G,B\} \\[2mm] H = \dfrac{B-R}{3(I-R)}, S = 1-\dfrac{R}{I}, \text{当 } R = \min\{R,G,B\} \\[2mm] H = \dfrac{R-G}{3(I-G)}, S = 1-\dfrac{G}{I}, \text{当 } G = \min\{R,G,B\} \end{cases} \tag{5-3}$$

　　需要指出,RGB 系统中的 R、G、B 三个变量是归一化后的无量纲数值。上节在分析式(5-2)时已经指出,对于生成白光,R、G、B 三个变量的光强比例是不均衡的,如果 R、G、B 三个光强变量任意组合,判断其合成光是否为白光或是哪种色调,就十分不方便,将 R、G、B 三个变量归一化就可以解决这一问题。所谓归一化,就是将 R、G、B 三个变量分别除以 30、59、11,这是白光中 R、G、B 分别所占总光强的比例。这样只要实际光线的 R、G、B 三个变量归一化后的数值相等,就一定是白光;若互不相等,哪一个数值大,合成光就倾向于哪种色光。由归一化后的 R、G、B 三个变量,也很容易判断合成光的饱和度,若 R、G、B 三个变量相互差值越小,则合成光饱和度就越低,颜色就越淡。

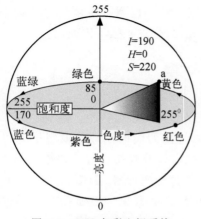

图 5-2　IHS 色彩坐标系统

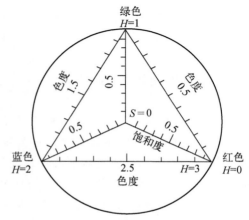

图 5-3　IHS 色彩坐标系统和 RGB 坐标系统的关系

色光有两种表达方法:RGB 方法和 IHS 方法。换句话说,有两种色度空间表达色光,即 RGB 空间与 IHS 空间。两个空间可以通过相应模型,实现变量的相互转换。

5.1.5 影像的三种彩色合成

遥感技术提供的产品有一种是彩色影像。计算机系统生成彩色影像基本原理是将同一景不同波段的三幅黑白影像分别赋予红、绿、蓝三种颜色,由于同一像元三幅影像的灰度各不相同,因而叠加在一起就形成了一种彩色色调,像元与像元之间红、绿、蓝的光强组分不同,致使像元与像元的色调互不相同,呈现彩色场景。遥感影像彩色合成有三种类型:真彩色合成(true color composite)、假彩色合成(false color composite)以及伪彩色合成(pseudo color composite)。

1. 真彩色合成

根据彩色合成原理,可选择同一目标的单个多光谱数据合成一幅彩色图像,当合成图像的红、绿、蓝三色与三个多光谱段相吻合,以 TM 影像为例,将其第一波段($0.45\sim0.52\mu m$)赋予蓝色,第二波段($0.52\sim0.60\mu m$)赋予绿色,第三波段($0.63\sim0.69\mu m$)赋予红色。这幅图像就基本复原了人眼看到的真实自然场景颜色,因此称为真彩色合成,又称为自然彩色合成。

2. 假彩色合成

假彩色合成是将三幅遥感影像分别赋予红、绿、蓝三种颜色,生成彩色影像。合成彩色影像常与天然色彩不同,且可任意变换,故称假彩色影像。

遥感影像中最常用的假彩色合成是将遥感影像对应的绿、红和近红外波段分别赋予蓝、绿、红三种颜色,则显示出假彩色影像。这种假彩色合成影像中植被显示为红色,植被越茂盛,生物量越大,显示的红色越浓。这是因为从地物光谱反射特性曲线可以看到,植被在红内到近红外这一狭小的波长范围内,反射率陡然上升,而其他地物的反射率并没有太大的改变,因而致使在这种假彩色合成方案下,其他地物影像颜色没有多大改变,唯一改变较大的是植被,显示为蓝色,以突出显示植被以及植被生物量的分布(图 5-4)。这种假彩色合成称为标准假彩色合成,其合成效果色彩鲜艳、层次分明、轮廓突出,适于综合性目视判读分析。

图 5-4 假彩色与自然彩色遥感影像对比图
台中市"福卫二号"遥感影像,分辨率 2m,2006 年 10 月成像,逢甲大学提供

由于绝大多数的生态环境现象都与植被分布状况有关。在真彩色合成影像中,植被呈暗绿色,与其他地物相比并不十分突出,植被在近红外高反射率的特性并没有得到利用,因而植被生物量信息反映不出来。而标准假彩色合成克服了真彩色合成的缺点,大幅度地突出了植被信息,对其他地物信息表现影响又很小,因此得到广泛应用。图 5-4 是假彩色与自然彩色遥感影像对比图,假彩色将地面植被部分显示为红色;影像左上部显示为暗红色,是因为对应地物为稻田,田中有水,灰度值较低,故显示为暗色。

3. 伪彩色合成

伪彩色合成是指将一幅遥感影像通过图像处理的方法转化为彩色图像的合成技术,即人为地将一幅遥感影像分为三类图斑,例如将农用土地(包括耕地、园地、森林、草场等)、城镇工矿建设用地以及未利用土地三类土地利用类型,分别赋予 R、G、B 三种颜色,形成彩色图像,这种合成带有更大的人为成分,完全是为了区分图斑性质的需要,与真实场景有更大的差别,甚至可以没有关系。

5.2　辐　射　校　正

遥感影像上各像元的亮度值记录了对应地面目标反射或者辐射电磁波能量的大小。在遥感成像实际过程中,传感器得到的测量值与目标的光谱反射率或光谱辐射亮度等物理量是不一致的,这是因为测量值中包含了诸多因素引起的失真,如传感器器件物理特性、太阳方位和角度条件、薄雾等大气条件等。为了让遥感影像正确反映目标的反射或辐射特性,必须尽量清除这些失真。抑制图像数据中附着在像元辐射亮度中的各种失真的过程称为辐射量校正(radiometric correction)。

通过对遥感传感过程分析可以获知,遥感输出 E_λ 除了与地物本身的反射和发射波谱特性有关外,还与大气条件、太阳辐射情况、传感器的光谱响应特性等因素有关。因此遥感影像辐射误差的校正主要包括三个方面:

(1)大气及其包含的细小颗粒散射和吸收引起的辐射误差的校正。

(2)太阳辐射条件的差异引起的辐射误差校正,如太阳高度角的不同引起的辐射畸变校正、地面的倾斜引起的辐射畸变校正等。

(3)传感器的光谱响应特性引起的辐射误差校正,如光学镜头的非均匀性引起的边缘减光现象的校正、光电变换系统的灵敏度特性引起的辐射畸变校正等。

5.2.1　大气校正

大气对太阳辐射会产生反射、折射、吸收、散射和透射,对传感器成像影响较大的是吸收和散射。太阳光在到达地面目标之前以及来自目标物的反射光、散射光和辐射能量在到达传感器之前都会受到大气的作用,如图 5-5 所示。入射到传感器的电磁波能量除了地物本身的辐射以外还有大气本身产生的散射光。消除大气对进入传感器的电磁波反射或辐射能量的影响的处理过程称为大气校正。

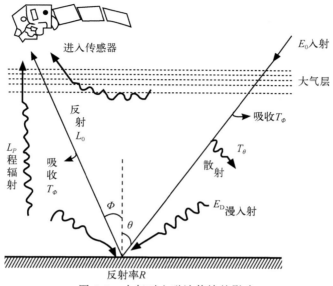

图 5-5　大气对电磁波传输的影响

大气校正分为绝对大气校正和相对大气校正。绝对大气校正是指基于一系列参数构建的物理模型进行校正的方法,由于有不同的假设条件和适用的范围,因此产生了很多可选择的大气校正模型,例如 6S 模型、LOWTRAN 模型、MODTRAN 模型、ATCOR 模型等。相对大气校正是指基于统计方法的校正,主要包括最小值去除法、回归分析法与直方图匹配法等。下面较为详细地介绍两种常用的大气校正方法。

(1)利用辐射传递方程进行大气校正。若地面目标的辐射能量为 E_0,它通过高度为 H 的大气层后,传感器接收系统所能收集到的电磁波能量为 E,则由辐射传递方程可得

$$E = E_0 \cdot e^{-T(0, H)} \tag{5-4}$$

式中,$T(0, H)$ 为高度从 0 到 H 整个大气层的光学厚度;$e^{-T(0, H)}$ 称为大气的衰减系数。如果对式(5-4)能够给出适当的近似解,则可以求出地面目标的真实辐射能量 E_0。在可见光和近红外区,大气影响主要是由大气中的尘埃生成的气溶胶引起散射造成的。在热红外区,大气影响主要是由水蒸气的吸收造成的。为了消除大气的影响,需要测定可见光和近红外区气溶胶的密度以及热红外区的水蒸气浓度。但是仅从图像数据中很难准确测定这些数据,因此在利用辐射传递方程时,通常只能得到近似解。

(2)回归分析法。回归分析法可以用在同一地区多时相图像之间,也可以用在多光谱图像不同波段的图像之间。在不同波段图像之间,设定某红外波段,其像元灰度因程辐射(即光在遥感目标物与传感器之间大气的辐射)增值最小,接近于零,设为波段 a。现需要找到其他波段相应的最小值,这个值一定比 a 波段的最小值大一些,设为波段 b,分别以 a、b 波段的像元亮度值为坐标,作二维光谱空间,两个波段中对应像元在坐标系内用一个点表示。由于波段之间的相关性,通过回归分析在众多点中一定能找到一条直线与波段 b 的亮度 L_b 轴相交(见图 5-6),且

$$L_b = \beta L_a + \alpha \tag{5-5}$$

式中,α 是直线在 L_a 轴上的截距,β 是斜率,它们的计算公式为

$$\beta = \frac{\sum (L_a - \bar{L}_a)(L_b - \bar{L}_b)}{\sum (L_a - \bar{L}_a)^2} \qquad (5\text{-}6)$$

$$\alpha = \bar{L}_b - \beta \bar{L}_a \qquad (5\text{-}7)$$

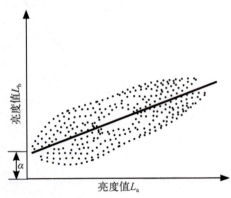

图 5-6　回归分析法多光谱图像大气校正的回归函数获取

式中，$\bar{L}_a$、$\bar{L}_b$ 分别为 a、b 波段亮度的平均值。α 是波段 a 中的亮度为"0"处波段 b 中所具有的亮度，可以认为 α 就是波段 b 的程辐射度。校正的方法是将波段 b 中每个像元的亮度值减去 α，来改善图像。图 5-7(a)、(b)显示了消除程辐射前与后的结果。显然由于有效地削弱了大气程辐射带来的背景噪声，图像反差得到了增强。

回归分析法设定某红外波段，其像元灰度因程辐射影响增值最小、接近于零的物理根据是红外光的波长较长，穿透大气的性能较强，因而程辐射效应相对较弱。

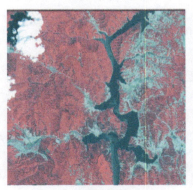
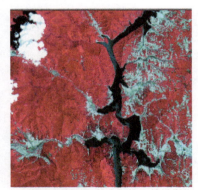

(a) 原始影像　　　　　　　(b) 基于参考波段的大气校正结果影像

图 5-7　回归分析法多光谱图像大气校正示例

5.2.2　光学镜头的非均匀性引起的边缘减光现象的校正

在使用透镜的传感器光学系统中，由于镜头光学特性的非均匀性，在其成像平面上存在着边缘部分比中间部分暗的现象，称为边缘减光。如图 5-8 所示，如果光线以平行于主光轴的方向通过镜头到达像平面 O 点的光强度为 E_O，以与主光轴成 θ 角度的方向通过镜头到达

像平面 P 点的光强度为 E_P,则有

$$E_P = E_O \cos^4\theta \tag{5-8}$$

按照这一性质可以校正边缘减光现象造成的辐射畸变。

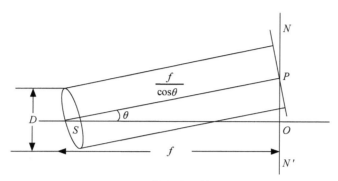

图 5-8　镜头的辐射畸变

另外,视场较大的成像光谱仪获取的图像在扫描方向上也存在明显的辐射亮度不均匀的现象。这种辐射误差主要是光程长短不同造成的,扫描斜视角较大时,光程长,大气衰减严重;星(机)下点位置的地物辐射信息的光程最短,大气衰减的影响也最小。

5.2.3　光电变换系统的特性引起的辐射误差校正

遥感传感器在将电磁波信号转换成电信号记录下来的过程中会引起辐射量误差,如电子组件发热引起随机噪声、电源波动等引起辐射量误差;此外遥感传感器长期使用的"老化",也会引起辐射量测试误差。

传感器的光谱响应特性和传感器的输出有直接的关系。由于这种光电变换系统的灵敏度特性通常有很高的重复性,所以可以定期地在地面测量其特性,根据测量值可以对其进行辐射畸变校正。例如对于 Landsat 卫星的 MSS 图像和 TM 图像可以按式(5-9)对传感器的输出进行校正。

$$V = \frac{D_{\max}}{R_{\max} - R_{\min}} \cdot (R - R_{\min}) \tag{5-9}$$

式中,R 是传感器输出的辐射亮度;$D_{\max}$ 是 $R_{\max}$ 对应的灰度标称值;V 是已校正过的数据;$R_{\max}$ 和 $R_{\min}$ 分别为探测器能够输出的最大和最小辐射亮度。

5.2.4　太阳高度引起的辐射误差校正

太阳高度角引起的畸变校正是将太阳光线倾斜照射时获取的图像校正为太阳光线垂直照射时获取的图像。太阳的高度角 θ 可根据成像时刻的时间、季节和地理位置来确定:

$$\sin\theta = \sin\varphi \cdot \sin\delta \pm \cos\varphi \cdot \cos\delta \cdot \cos t \tag{5-10}$$

式中,φ 是图像对应地区的地理纬度;δ 是太阳赤纬(成像时太阳直射点的地理纬度);t 为时角(地区经度与成像时太阳直射点地区经度的经差)。

　　太阳高度角的校正是通过调整一幅图像内的平均灰度来实现的,在太阳高度角求出后,太阳以高度角 θ 斜射时得到的图像 $g(x,y)$ 与直射时得到的图像 $f(x,y)$ 有如下关系:

$$f(x,y)=\frac{g(x,y)}{\sin\theta} \tag{5-11}$$

　　如果不考虑天空光的影响,各波段图像可采用相同的 θ 角进行校正,事实上,式(5-11)是将地物受光面折算到最大受光截面上。

　　太阳方位角的变化也会改变光照条件,它也随成像季节、地理纬度的变化而变化。太阳方位角引起的图像辐射值误差通常只对图像细部特征产生影响,这种影响一般情况下常常忽略不计。

　　由于太阳高度角的影响,在图像上会产生阴影而压盖地物。一般情况下,图像上地形和地物的阴影是难以消除的,但是多光谱图像上的阴影可以通过图像之间的比值予以较大地消除。比值图像是用一景影像中的任意两个波段图像相除而得到的新图像。在多光谱图像上,地物阴影区的灰度值可以认为是无阴影时的影像灰度值再乘上对各波段影响基本相同的阴影亮度系数。所以当两个波段相除时,阴影的影响在比值图像上基本被消除。阴影的消除对图像的定量分析和自动识别是非常重要的,因为它消除了非地物辐射而引起的图像灰度值的误差,有利于提高定量分析和自动识别的精度。

5.2.5　地形坡度引起的辐射误差校正

　　地形中的坡度、坡向会引入辐射误差,在某些地方,感兴趣区域可能完全处于阴影中,极大地影响了其像元亮度值。坡度、坡向校正的目的是去除由地形引起的光照度变化,使两个反射特性相同的地物,虽然坡向不同,经校正后在影像中具有相同的亮度值。如果光线垂直入射时水平地表受到的光照强度为 I_0,则光线垂直入射时倾斜角为 α 的坡面上入射点处的光强度 I 为

$$I=I_0 \cdot \cos\alpha \tag{5-12}$$

　　因此若处在坡度为 α 的倾斜面上的地物影像为 $g(x,y)$,则校正后的图像 $f(x,y)$ 为

$$f(x,y)=\frac{g(x,y)}{\cos\alpha} \tag{5-13}$$

　　由式(5-13)可以看出,地形坡度引起的辐射校正方法需要有图像对应地区的 DEM 数据,校正较为麻烦,一般情况下对地形坡度引起的误差不做校正。另外,此项校正也可采用比值图像来消除地形坡度所产生的辐射量误差。

5.3　影像几何校正

5.3.1　遥感影像的几何误差来源

　　遥感影像的几何误差可分为内部误差和外部误差两类:内部误差主要是由于传感器自身的性能技术指标偏移标称数值所造成的。内部误差随传感器的结构不同而异,其数据和规律

可以在地面通过检校的方式测定,并在传感器设计与制作中已经作了调整,因此其误差不大,本书不予讨论;外部变形误差是在传感器本身处在正常工作的条件下,由传感器以外的各种因素所造成的误差,如传感器外方位元素变化、传播介质不均匀、地球曲率、地形起伏以及地球旋转等因素引起的变形误差。需要指出,因传感器成像机制与原理不同,传感器以外各种因素造成的误差也不同。本节主要讨论外部误差对图像变形的影响。此外对某些传感器特殊的成像方式所引起的图像变形,如全景变形、斜距变形等也加以讨论。

1. 传感器外方位元素变化引起的图像变形

传感器的外方位元素指的是传感器成像时的位置(X_s, Y_s, Z_s)和姿态角(α, ω, κ),对于侧视雷达而言,还包括其运行速度(V_x, V_y, V_z)。当传感器的外方位元素偏离标准值而成像时,将导致图像上的像点移位,进而产生图像变形。理论上,由外方位元素变化引起的图像变形规律可由图像的构像方程确定。

遥感成像机制可分为框幅式成像和扫描式成像。所谓框幅式成像是指在遥感摄像镜头的取景框内,所有地面景物同一时间成像,航空遥感、少数卫星遥感以及个人相机都是使用这种成像方式。所谓扫描式成像是指使用摆镜对地面成像单元逐个在遥感摄像镜头内成像。

对于框幅式成像,根据各个外方位元素变化量与像点坐标变化量之间的一次项关系式,可以看出各单个外方位元素引起的图像变形情况,如图 5-9 所示,虚线图形表示框幅式相机处于标准状态(空中垂直摄影状态)时获取的图像;实线图形表示框幅式相机外方位发生微小变化后获取的图像。注意,图 5-9 中所示的各种变形未考虑地球球面的影响。

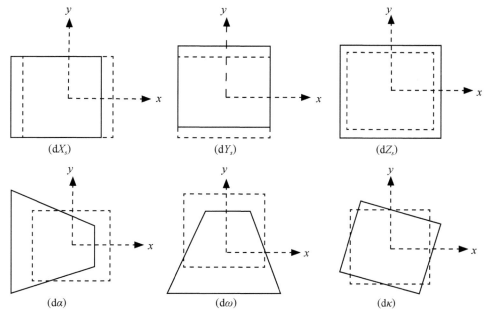

图 5-9   框幅式相机外方位元素变化引起的图像变形规律

对于动态扫描式成像,其构像方程是对于一个扫描瞬间(相当于某一像素或某一条扫描线)而建立的,同一幅图像上不同位置的外方位元素是不同的,因此,由构像推导出的几何变形规律只表达扫描瞬间图像上的相应点、线位置的局部变形,整个图像的变形是各瞬间图像局部变形的综合结果。在线阵列推帚式图像上,假设各扫描行所对应的各外方位元素变化时,会造成如图 5-10 所示的综合变形。在遥感成像的实际场景中,所谓的动态还不仅是传感器的运动,还包括地球的自转运动,两种运动合成运动的结果,因而运动方向还要更复杂一些。

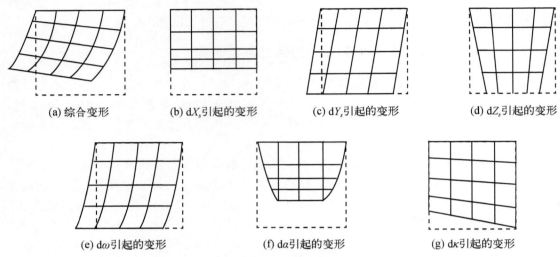

(a) 综合变形　　　　(b) dX_s引起的变形　　　　(c) dY_s引起的变形　　　　(d) dZ_s引起的变形

(e) dω引起的变形　　　　(f) dα引起的变形　　　　(g) dκ引起的变形

图 5-10　外方位元素引起的动态扫描图像的变形

2. 地球曲率引起的像点误差

地球曲率引起的像点位移类似于地形起伏引起的像点位移,可以利用像点位移公式来估计地球曲率所引起的像点位移。设地球半径为 R_0,N 为地面星下点,以点 N 为切点、与地球球面相切的假想水平面为水平坐标面,地球球面点 P 到传感器铅垂线 SN 的距离为 D,球面点 P 到水平坐标面的投影为 P_0,如图 5-11 所示。

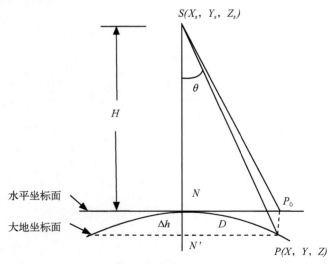

图 5-11　地球曲率引起的像点位移

若令 Δh 为一种系统的"地形起伏",根据圆直径与弦线交割线段间的几何定律可得

$$D^2 = (2R_0 - \Delta h)\Delta h \tag{5-14}$$

考虑到 Δh 相对于 $2R_0$ 是个很小的数值,因此简化得

$$\Delta h \approx D^2 / 2R_0 \tag{5-15}$$

事实上,点 P 向点 N 以及过 N 的地球直径的另一端 N_0(图 5-11 中未画出)连线引垂线,形成直角三角形 NPN_0,根据直角三角形性质,斜边上的高 D 的平方等于 $\Delta h \times N'N_0$,因而有

$$D^2 = \Delta h \cdot N'N_0 = \Delta h(2R_0 - \Delta h) \approx 2R_0 \Delta h \tag{5-16}$$

这样,就可认为地球球面点 P 的投影误差是由于点 P_0 地形"下陷"Δh(负值)所造成的,而地形起伏所造成的投影误差分析参见 4.1 节的分析。

还需指出,D 值可以用式(5-16)表达:

$$D = (H + \Delta h) \cdot \tan\theta \tag{5-17}$$

式中,θ 为遥感传感器视场角。大尺度、低空间分辨率的遥感传感器,如 NOAA、MODIS 等,θ 角可以达到 40°,此时地球曲率引起的像点位移不能不加以考虑。一般来讲,根据测量学研究结果,当遥感视场宽度小于 10km,地球曲率的影响可以不用考虑。

将式(5-17)代入式(5-16),得到关于以 Δh 为未知数的一元二次方程,这样可以对 Δh 求解,限于本书篇幅,这里不继续向下推导。

5.3.2　遥感影像几何校正模型

遥感影像几何校正模型的实质是通过一组数学模型来描述像点和地面点之间的几何关系。几何校正模型一般是用与具体传感器无关、没有成像物理意义的数学函数将像点和其对应的地面点关联起来,建立地面点到像点的映射。几何校正模型无需知道影像的成像特点,无需获取传感器参数。常用的近似几何校正模型有一般多项式模型、改进多项式模型、直接线性变换模型、有理函数模型等,其中一般多项式模型较为常用。

一般多项式模型将校正前后影像相应点之间的坐标关系用多项式表达。它将遥感影像所有的几何误差来源及变形总体看作平移、缩放、旋转、偏扭、弯曲以及更高次的基本变形的综合作用结果。多项式模型,见式(5-18),在遥感影像校正中较为常用,它原理直观、计算简单,特别是对地面相对平坦的情况,精度通常能满足实际要求。

$$\begin{cases} x = a_0 + (a_1 X + a_2 Y) + (a_3 X^2 + a_4 XY + a_5 Y^2) + \cdots \\ y = b_0 + (b_1 X + b_2 Y) + (b_3 X^2 + b_4 XY + b_5 Y^2) + \cdots \end{cases} \tag{5-18}$$

式中,(x,y) 为像点的像平面坐标;(X,Y) 为其对应地面点的大地坐标;a_i、b_i 为多项式的系数,又是待定系数。通常待定系数下标"i"选为 5,甚至还常常不用 a_4、a_5、b_4、b_5,即仅设 8 个待定系数。

待定系数,由图像控制点坐标确定。所谓控制点又称作同名点,即既在图像中具有像平面坐标,又具有对应地面点的大地坐标的点。解算待定系数过程中控制点的个数至少应等于式(5-18)所示的联立方程所采用的多项式待定系数个数的一半。如联立方程的待定系数有 8个,则控制点个数应为 4 个以上。

在遥感影像中合理选取控制点十分重要。如果在影像中随意确定控制点,往往在地面上难以确定对应点,因此需要选取具有明显特征的点,如田块的拐角点、河流与桥梁相交的交点、

道路交叉路口等。对于这些点使用全球定位系统获取准确坐标，将这些坐标数据代入式(5-18)，当这些坐标达到要求个数，即可解出待定系数，这样几何校正模型就完全建立起来，将原始图像逐一像点（像元中心点或任意一个四角点）坐标代入模型就可以得到校正后的坐标。

5.3.3 影像重采样方法

在遥感影像几何校正中，需要按照成像模型或假定数学模型对原始输入图像进行重采样（re-sampling），才能得到校正图像。这是因为遥感影像的几何校正，通常使用非线性模型[见式(5-18)]，校正前后的两幅图像失去了一一对应的关系，校正后图像的每个像元灰度并不能简单取自原图像（校正前图像）某个像元的灰度，而是需要经一定计算，取自某个或某几个像元灰度的某种组合。也就是说，要从原图像相关像元灰度中进行采样，这就是"重采样"。

1. 最近邻内插法

该方法是取内差点 P 最近的像素 n 的灰度值 D_n 作为 P 点的灰度值 D_P，即

$$D_P = D_n \tag{5-19}$$

最近邻内插法的优点是运算量最小，不产生新的灰度值，原来灰度值为整数，内插后仍然还是整数；缺点是内插精度较低。最近邻内插法的实质就是系统将距离校正后图像当前像元从最近的原图像像元灰度值"移植"过来，需要注意的是有可能有两个校正后图像的像元从一个原图像像元进行"移植"。

2. 双线性内插法

该方法是用一个分段线性函数来近似表示灰度内插周围像点的灰度值对内插点灰度值的贡献大小，该分段函数为

$$W(t) = \begin{cases} 1 - |t|, & 0 < |t| \leqslant 1 \\ 0, & \text{其他} \end{cases} \tag{5-20}$$

图 5-12 中实线为原图像像元边界；虚线为校正后图像像元边界。

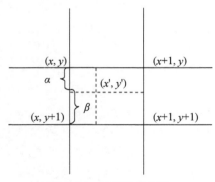

图 5-12　双线性内插法

设内插点与周围 4 个最近像素点的关系如图 5-12 所示，设所求点为 P 点，P 点到像素点

(x,y)间的距离在 x 和 y 方向的投影分别为 x' 和 y',则内插点 P 的灰度值 D_P 为

$$\boldsymbol{D}_p = \begin{bmatrix} w(\Delta x) & w(1-\Delta x) \end{bmatrix} \begin{bmatrix} D_{(x,y)} & D_{(x+1,y)} \\ D_{(x,y+1)} & D_{(x,y+1)} \end{bmatrix} \begin{bmatrix} w(\Delta y) \\ w(1-\Delta y) \end{bmatrix} \tag{5-21}$$

式中,$D_{(x,y)}$ 为像素点 (x,y) 灰度值。

　　双线性内插法的内插精度和运算量都比较适中,适用于原图像变形不大的几何校正。双线性内插法的实质就是系统将与校正后图像当前像元位置相关的原图像 4 个像元灰度值按其占据当前像元的面积进行加权平均,将加权平均值作为当前像元灰度值。

3. 三次卷积法

　　该方法是用一个三次重采样函数 $S(x)$,见式(5-22),近似表示灰度内插时周围像点的灰度值对内插灰度值的贡献大小,如图 5-13 所示。

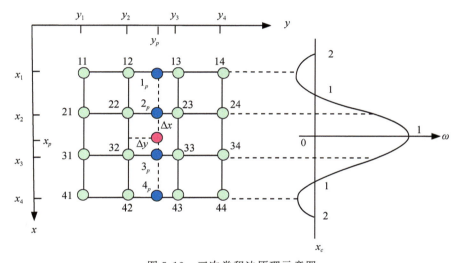

图 5-13　三次卷积法原理示意图

$$S(x) = \begin{cases} 1 - 2|x|^2 + |x|^3, & |x| < 1 \\ 4 - 8|x| + 5|x|^2 - |x|^3, & 1 \leqslant |x| < 2 \\ 0, & |x| \geqslant 2 \end{cases} \tag{5-22}$$

　　首先确定辅助点位 1_p、2_p、3_p、4_p 各点的亮度值,再由已知确定 p 点亮度值,则三次卷积插值算法如下:

$$\boldsymbol{I}_p = \boldsymbol{S}_x \boldsymbol{I} \boldsymbol{S}_y \tag{5-23}$$

式中,

$$\begin{cases} \boldsymbol{S}_x = \begin{bmatrix} S(x_c(1_p)) & S(x_c(2_p)) & S(x_c(3_p)) & S(x_c(4_p)) \end{bmatrix} \\ \boldsymbol{S}_y = \begin{bmatrix} S(y_c(i1)) & S(y_c(i2)) & S(y_c(i3)) & S(y_c(i4)) \end{bmatrix}^{\mathrm{T}} \\ \boldsymbol{I} = \begin{bmatrix} I_{11} & I_{12} & I_{13} & I_{14} \\ I_{21} & I_{22} & I_{23} & I_{24} \\ I_{31} & I_{32} & I_{33} & I_{34} \\ I_{41} & I_{42} & I_{43} & I_{44} \end{bmatrix} \end{cases} \tag{5-24}$$

式中,I_{ij}为像素点(i,j)的灰度值。三次卷积法的优点是精度较高,校正后图像的色调变化平缓,缺点是运算量较大。三次卷积法的实质就是系统将与校正后图像当前像元位置相关的原图像 16 个像元灰度值进行加权平均,其权重分别为原图像 16 个像元与校正后图像当前像元的纵横距离的倒数,当距离为"0"时权重为"1"。

图 5-13 右边给出的是权重函数(sinc 函数)曲线图,x为校正后图像当前像元与原图像像元的距离,以像元尺寸为单位,式(5-22)是用三次多项式模拟 sinc 函数的表达式。而原 sinc 函数的表达式由下式给出:

$$\text{sinc}(x) = \frac{\sin(x)}{x} \tag{5-25}$$

采用 sinc 函数作为权重函数的原因是:当 $x=0$ 时,函数 $Y=1$,避免了当距离为"0"时,其倒数为无穷大的问题;此外,随着 x 的绝对值的增大,Y 值迅速减少,符合对权重设置的要求。

5.4　影像增强

影像增强是影像处理中的一项重要工作,其主要目的是突出影像中的有用信息,抑制噪声等干扰信息,改善图像质量,以便提高对图像的解译、分类、识别、分析等应用能力。影像增强的实质是以牺牲影像部分信息为代价,换取突出某些信息的效果。影像增强并不改变图像各图斑的几何形状,各个像元的几何位置并不变动,只是对其灰度作某些调整。

这里的影像增强是直接处理图像的像元集合,其处理方法可分为两类:一类是处理单个像元,即对图像作逐点运算,称为点运算,点运算中对图像中的某一点的增强只与该点的灰度值有关,如图像的对比度增强、图像对比度拉伸等;另一类处理多个像元组成的像元集合,这个像元集合是与处理像点相邻的若干像元,称之为邻域,邻域滤波正是在邻域空间上进行运算,其中最主要的方法是建立在使用模板的基础之上的。从本质上说,模板就是一个二维的矩阵(如 3×3、5×5 等大小不等、数值不同的矩阵),在这个矩阵中,矩阵元素的值决定了模板的特性,也决定了处理的效果。

5.4.1　灰度拉伸增强

灰度拉伸增强原则上是对一幅黑白图像进行处理,如果是彩色图像,可以对其 R、G、B 三幅图像分别处理后再合成。灰度拉伸增强属于点运算增强,即把图像中的每一像元灰度值,按照特定的数学变换模式转换成输出图像的一个新灰度值,其目的是改善图像的亮度或对比度。这里的数学变换模式有很多种,常用的有线性变换、对数变换、指数变换以及直方图修改法等。

1. 线性灰度变换(线性灰度拉伸)

设原图像 $f(x,y)$ 灰度范围为 $[a,b]$,处理后图像 $g(x,y)$ 的灰度范围为 $[c,d]$,用式(5-26)所示的变换模型对 $f(x,y)$ 进行处理即可得结果图像:

$$g(x,y) = \begin{cases} d, & f(x,y) > b \\ \dfrac{d-c}{b-a}[f(x,y)-a]+c, & a \leqslant f(x,y) \leqslant b \\ c, & f(x,y) < a \end{cases} \tag{5-26}$$

该变换模型可以用图 5-14 表示,为一线性函数。图 5-15 为示例图像在线性变换前后的对比图。

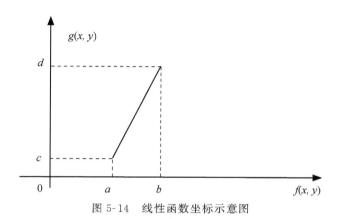

图 5-14　线性函数坐标示意图

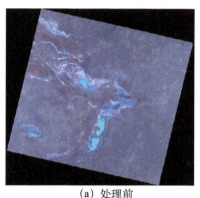

（a）处理前

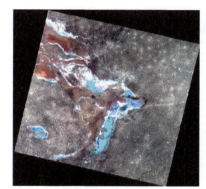

（b）处理后

图 5-15　线性变换处理前后图像的对比

从图 5-14 可以看到,原图像的灰度级别范围 $[a,b]$ 经处理后在图像 $g(x,y)$ 上的灰度级别范围被扩大拉伸为 $[c,d]$,当然图像总灰度级别范围是不变的,既然有灰度范围被扩大,就一定在另一区域要被缩小,缩小的部分就是信息牺牲的部分,往往是噪声信息部分。因此,这里灰度的线性变换处理又称作图像灰度拉伸。灰度拉伸的效果是在被扩大拉伸的灰度范围,之前眼睛不曾发觉的图像层次经拉伸后,层次可以看出来了,将图像中灰度细节变化的部分突出出来。至于灰度拉伸与缩小的级别范围都是由使用者根据图像具体情况加以确定的。

2. 分段线性灰度变换（分段线性灰度拉伸）

为了将感兴趣的灰度范围线性扩展,相对抑制不感兴趣的灰度区域,可以采用分段的线性变换模型对原图像进行处理。原图像的灰度函数 $f(x,y)$,其灰度范围为$[0,M_f]$,$g(x,y)$为处理后图像的灰度函数,其灰度范围为$[0,M_g]$,变换模型如式(5-27)所示。该变换模型的坐标示意图如图 5-16 所示,为分段线性函数。

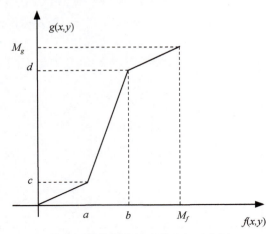

图 5-16　分段线性函数坐标示意图

从图 5-16 可以看出,凡分段线性函数曲线中,斜率大于"1"的部分都是灰度拉伸的部分;斜率小于"1"的部分都是灰度压缩的部分。对于图像灰度哪一段需要压缩,哪一段需要拉伸以及拉伸的比例,一般图像处理软件采取人机对话的形式,由用户选择、决定。

$$g(x,y) = \begin{cases} \dfrac{M_g-d}{M_f-b}[f(x,y)-b]+d, & b \leqslant f(x,y) \leqslant M_f \\[2mm] \dfrac{d-c}{b-a}[f(x,y)-a]+c, & a \leqslant f(x,y) < b \\[2mm] \dfrac{c}{a}f(x,y), & 0 \leqslant f(x,y) < a \end{cases} \tag{5-27}$$

图 5-17 显示了分段线性变换处理前后图像的对比,显然由于图像反差得到增强,图像的清晰程度得到很大的改善。

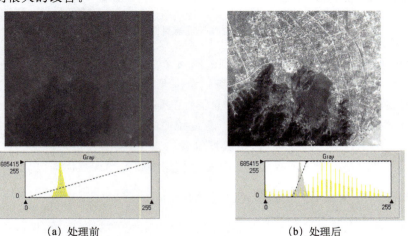

(a) 处理前　　　　　　　　　　　　　(b) 处理后

图 5-17　分段线性变换处理前后图像的灰度直方图对比

图 5-17 下方显示的图像的灰度直方图是一个重要概念,图中的横坐标是灰度的等级;纵坐标是图像中某一灰度的像元数目或该种灰度的像元数目占图像总像元数目的百分比,又称频数。图像灰度直方图显示出一幅黑白图像各像元灰度分布的总体情况,反映出图像的不少信息,其中包括:

(1)图像明暗程度。如果大部分像元都集中在灰度值较低的区段,则说明图像偏暗;反之,大部分像元都集中在灰度值较高的区段,则说明图像偏亮。

(2)图像的明晰程度。如果某一灰度区段的像元分布过于集中,则图像难以辨识,因为眼睛对黑白灰度区分能力不强,影像灰度拉伸的目的就是要使灰度不同的地物拉开档次,以便区分。

(3)地物的特征。事实上不同地物之间灰度分布有明显区别,比如生长中后期的玉米地黑白分明,像元灰度在直方图上呈极端化分布,灰度小的区段有较多像元;灰度大的区段也有较多像元;而灰度居中的像元数目较少。

利用灰度直方图反映出的信息可以直接影像判释,中国科学院遥感应用研究所 2009 年使用分析超声波探测(B 超)人体腹部图像的灰度直方图辅助诊断胃、胆、肝以及肾等内脏的疾病,获得了成功。

3. 对数变换(对数拉伸)

变换模型如下:

$$g(x,y)=a+\frac{\ln[f(x,y)+1]}{b\ln c} \tag{5-28}$$

式中,a、b、c 是按需要可以调整的参数。

由对数函数的性质可以知道,对数拉伸的效果是低灰度区扩展,高灰度区压缩。

4. 指数变换(指数拉伸)

变换模型如下:

$$g(x,y)=b^{c[f(x,y)-a]}-1 \tag{5-29}$$

式中,a、b、c 是按需要可以调整的参数。

图 5-18 是图像灰度指数拉伸和对数拉伸处理效果对比图,由图可以看出,指数拉伸的效果是低灰度区压缩,高灰度区扩展,整体效果较好;对数拉伸的效果恰好相反,是低灰度区扩展,高灰度区压缩,整体效果较差。

(a) 原图像　　　　　　　(b) 指数拉伸　　　　　　　(c) 对数拉伸

图 5-18　图像灰度指数拉伸和对数拉伸处理效果

5. 灰度直方图修改法

如前所述,图像灰度直方图指的是图像灰度级的概率分布图,可以利用修改直方图的方法对图像逐点运算,改善图像质量。修改直方图的常用方法有直方图均衡化和直方图规定化等,下面对直方图均衡化加以介绍。

直方图均衡化是将原图像的直方图通过一定的变换函数修正为均匀分布的直方图,然后按均衡直方图对原图像进行运算处理。图像均衡化处理后图像的直方图是均匀平直的,即各灰度级频次相同,那么由于灰度级不再压缩在某些区域,各灰度级具有均匀的概率分布,图像看起来就层次细腻、更显清晰了。这里的核心问题就变为如何找到一种变换函数使直方图变得平直。我们首先假定 r 代表图像中像元的灰度级,s 代表变换后的值,变换函数为 $T(r)$,由于各灰度级均匀概率分布,$p(s)=1$,可以得到如下等式:

$$\int_0^r p(r)\mathrm{d}r = \int_0^s p(s)\mathrm{d}s = \int_0^s 1 \cdot \mathrm{d}s = s = T(r) \tag{5-30}$$

即

$$T(r) = \int_0^r p(r)\mathrm{d}r \tag{5-31}$$

因此,用 r 的累积分布函数作为变换函数,即可产生一幅灰度级分布具有均匀概率密度的图像。为了对离散形式存储的图像进行处理,必须引入离散形式的公式。当灰度级是离散值的时候,可用频率数近似代替概率值,变换函数的离散形式可表示为

$$s_k = T(r_k) = \sum_{j=0}^k \frac{n_j}{n} = \sum_{j=0}^k p_r(r_j) \tag{5-32}$$

式中,n 为图像总像元个数,n_j 为图像在灰阶为 j 的像元个数。

$$0 \leqslant r_k \leqslant 1, k=0,1,\cdots,l-1 \tag{5-33}$$

式中,l 为最高灰阶的阶数,一般图像为 256。其反变换式为

$$r_k = T^{-1}(s_k) \tag{5-34}$$

利用离散形式对图像进行变换的公式如下:

$$r_k' = (r_{\max} - r_{\min})s_k + r_{\min} \tag{5-35}$$

式中,r_k' 代表变换后图像像素的灰度级,$r_{\max}$、$r_{\min}$ 分别代表原始图像灰度级的最大值与最小值。

当 k 为某一值时,由式(5-32)可计算 s_k,再由式(5-35)可计算 r_k'。将 k 从"0"一直取到($l-1$),对于一般图像,k 取到"255",则完成全部变换。

5.4.2　邻域增强

邻域增强一般是通过卷积来实现的。"卷积"是数学中的一个概念,所谓卷积是指拥有同一自变量的两个函数中一个函数对另一个函数在某一个区间的累积(积分)作用。对连续变量函数,卷积就是在某一区段两个函数的积分;而对于离散变量函数,两个函数通过相应变量相乘然后将乘积累加起来实现。在遥感影像这种场合,图像是各个像元位置上灰度集合的离散函数,当作被作用函数,而卷积作用函数就是卷积模板,将卷积模板"贴附"在图像上通过相

应变量(像元)相乘然后将乘积累加起来实现卷积,然后移动模板,实现对全图像的卷积滤波处理。

以 3×3 滤波器进行数字滤波为例,具体滤波过程如图 5-19 所示。

$$
\begin{pmatrix} 1/9 & 1/9 & 1/9 \\ 1/9 & 1/9 & 1/9 \\ 1/9 & 1/9 & 1/9 \end{pmatrix} \qquad \begin{pmatrix} 11 & 17 & 11 \\ 18 & 65 & 11 \\ 11 & 15 & 12 \end{pmatrix} \qquad \begin{pmatrix} xx & xx & xx \\ xx & 19 & xx \\ xx & xx & xx \end{pmatrix}
$$

(a) 3×3 滤波器   (b) 原图像灰度值   (c) 滤波后的灰度值

图 5-19 卷积概念图

空间卷积:11/9+17/9+11/9+18/9+65/9+11/9+11/9+15/9+12/9=19

图 5-19 中,(a)是一个均值滤波器,其矩阵所有元素的值均为 1/9;(b)是一个 3×3 窗口内图像的灰度值阵列,(a)对(b)进行空间卷积,得到一个卷积后图像的像元值,如图(c),图中第 2 行、第 2 列元素值"19"就是按照图中注释的算式计算得到的。以上计算如下式所示。

$$
g(x,y) = \sum_{m=0}^{L} \sum_{n=0}^{L} f\left(x+m-\frac{L}{2}, y+n-\frac{L}{2}\right) h(m,n) \tag{5-36}
$$

式中,g 为 $N\times N$ 滤波结果图像阵列;f 为 $N\times N$ 的图像阵列;h 为 $L\times L$ 积模板。

设置不同的卷积模板,可以达到不同的卷积效果,以完成特定的图像处理目标。例如,低通滤波可以用来滤除抑制噪声,而高通滤波可以用来提取图斑边界数据。下面介绍几种常用的空间域低通滤波卷积模板和高通滤波卷积模板。

1. 低通滤波卷积模板

下面是常用的几种低通滤波卷积模板:

$$
\boldsymbol{h}_1 = \frac{1}{9}\begin{bmatrix} 1 & 1 & 1 \\ 1 & 1 & 1 \\ 1 & 1 & 1 \end{bmatrix}, \quad \boldsymbol{h}_2 = \frac{1}{10}\begin{bmatrix} 1 & 1 & 1 \\ 1 & 2 & 1 \\ 1 & 1 & 1 \end{bmatrix}, \quad \boldsymbol{h}_3 = \frac{1}{16}\begin{bmatrix} 1 & 2 & 1 \\ 2 & 4 & 2 \\ 1 & 2 & 1 \end{bmatrix} \tag{5-37}
$$

滤波器模板不同,其中心点及其邻域对于滤波后像元灰度的影响程度(即权重)不同。因此,应根据实际问题需要选取合适的模板。但不管采用什么模板,必须保证平滑滤波器模板全部权系数之和为单位值,即为矩阵外系数的分母值。当所用的平滑模板尺寸增大时,对噪声的消除作用有所增强;不过同时所得到的图像越模糊,细节的锐化程度逐步减弱。

需要指出,这里的"低通滤波卷积模板"或下面的"高通滤波卷积模板",所谓"通"是指只允许图像函数中被卷积区域中低频或高频分量通过,而滤除高频或低频分量。数学与物理学(傅里叶分析)理论与实际证明,图像中相邻像元之间灰度变化剧烈的部位,高频分量含有较多;而相邻像元之间灰度变化平缓的部位,低频分量含有较多。因此,经低通滤波卷积,则使图像中低频分量得到保留,而高频分量被滤除,这样图像整体上相邻像元之间灰度变化平缓,使图像色调变化柔和。

2. 高通滤波卷积模板

下面是常用的几种高通滤波卷积模板：

$$\boldsymbol{h}_1 = \begin{bmatrix} 0 & 1 & 0 \\ 1 & -4 & 1 \\ 0 & 1 & 0 \end{bmatrix}, \quad \boldsymbol{h}_2 = \begin{bmatrix} 1 & 0 \\ -1 & 0 \end{bmatrix}, \quad \boldsymbol{h}_3 = \begin{bmatrix} 1 & -1 \\ 0 & 0 \end{bmatrix}, \quad \boldsymbol{h}_4 = \begin{bmatrix} 1 & 0 \\ 0 & -1 \end{bmatrix}, \quad \boldsymbol{h}_5 = \begin{bmatrix} 0 & 1 \\ -1 & 0 \end{bmatrix}$$

$$\boldsymbol{h}_6 = \begin{bmatrix} 1 & 1 & 1 \\ 0 & 0 & 0 \\ -1 & -1 & -1 \end{bmatrix}, \quad \boldsymbol{h}_7 = \begin{bmatrix} -1 & 0 & 1 \\ -1 & 0 & 1 \\ -1 & 0 & 1 \end{bmatrix}, \quad \boldsymbol{h}_8 = \begin{bmatrix} 1 & 2 & 1 \\ 0 & 0 & 0 \\ -1 & -2 & -1 \end{bmatrix}, \quad \boldsymbol{h}_9 = \begin{bmatrix} -1 & 0 & 1 \\ -2 & 0 & 1 \\ -1 & 0 & 1 \end{bmatrix}$$

$$(5\text{-}38)$$

$\boldsymbol{h}_1$ 为拉普拉斯算子,用以检测图像的边缘,能突出强调图像中灰度的突变;$\boldsymbol{h}_2$、$\boldsymbol{h}_3$ 分别为水平、垂直梯度算子,用以检测图像中的水平方向和垂直方向的梯度变化;$\boldsymbol{h}_4$ 和 $\boldsymbol{h}_5$ 都为 Roberts 交叉梯度算子,用于检测斜线方向的梯度变化;$\boldsymbol{h}_6$ 和 $\boldsymbol{h}_7$ 为 Prewitt 算子,它能够利用像素点上下、左右邻点灰度差,探测图像边缘处的极值变化;$\boldsymbol{h}_8$ 和 $\boldsymbol{h}_9$ 为 Sobel 算子,它使用了矩阵元素设置的权重"2"与"-2",突出了中心点的作用,对噪声具有一定的平滑作用,而且提供了较为精确的边缘方向信息,但对边缘的定位精度不够高,当对精度要求不是很高时,是一种较为常用的边缘检测方法,用于提取图像中各图斑的边界信息。

5.5 像元级图像数据融合

所谓图像数据融合是指对同一地区的一组多幅图像数据集合(可以包括不同遥感源的图像数据)进行处理,生成一组新的数据集合,而新数据集合发挥原数据集合中各幅图像的技术优势,集中原数据集合各自的分散信息,以便于进行解译和识别。图像数据融合有多种类型,所谓像元级图像数据融合是指逐个像元对参与融合的图像数据进行合成加工处理的方法。这一类型的融合也有多种方法,各有优缺点,这里介绍其中常用的几种。

5.5.1 基于主成分分析的图像融合

主成分分析又称为 PCA 变换或 K-L 变换,是统计特征基础上的多维正交线性变换。通过 PCA 变换,使得多光谱图像在各个"波段"(分量)上是统计独立的,然后对每个"波段"分别处理,以实现像元级图像融合,有利于进行多于 3 个波段的数据融合。PCA 变换融合将高分辨率图像与多光谱图像的 PCA 变换后的第一分量进行替换,再经过 PCA 反变换,获得融合后的图像。这种融合模式多用于不同类型传感器数据融合或同一传感器多时相数据的动态分析。此变换可抑制噪声,融入高分辨率图像的一些空间信息,但不能很好地保持原来的光谱成分,彩色信息会有失真。

1. PCA 变换

PCA 变换是统计特征基础上的多维正交线性变换,其基本定义为：

设有向量集

$$X = \{X_i, i = 1, 2, \cdots, N\} \in R^n \tag{5-39}$$

这里每一向量即为一个波段的影像，N 为波段数目。

U 是 X 协方差矩阵的特征向量按特征根由大到小的顺序排列而构成的变换矩阵，则称

$$Y_i = UX_i \tag{5-40}$$

为主成分分析算法，其中 $Y = \{Y_i, i = 1, 2, \cdots, N\} \in R^n$。

主成分分析算法的性质如下：

(1)主成分分析算法是一种正交变换。

(2)N 个向量的 Y_i，其像元灰度均方差按很大的落差降序排列，即第一主分量像元灰度均方差最大，第二主分量次之，依次下降，而且下降的速率很大。以用 6 幅 TM 影像融合为例，经 PCA 变换后，第一分量包含的灰度均方差占 6 幅影像均方差总和的 72.6%；第二分量灰度均方差占总和的 21.1%；而第三分量仅占 2.7%。影像的像元灰度均方差实际代表影像的信息量。对于影像，如果影像像元灰度值的均方差很小，这就意味着所有像元的灰度都是在一个很小的数值范围内变化，不能表现复杂的信息；极端地看，像元灰度值的均方差为"0"，影像呈现一个色调，完全没有信息。因此，这里第三主分量以后的各分量内涵信息量太少，通常删弃不用。因此，主成分分析在遥感影像处理中起到了集中信息的作用。

2. PCA 图像融合处理

PCA 图像融合处理流程如图 5-20 所示。

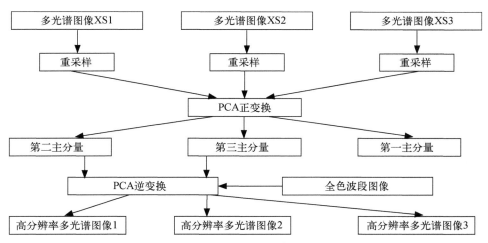

图 5-20　基于 PCA 变换的遥感信息融合处理流程

图 5-20 中，第一行三个方框表示一景遥感影像中提取至少三幅或者更多幅多光谱影像数据，甚至可以是其他景同一地区的影像数据，将其进行像元分割，使多光谱影像的像元与全色影像的像元严格配准。为此常常用高一级精度的影像数据或地形图数据对分割后的多光谱数据进行几何校正，后面处理流程第五行右面的方框给出的"全色波段图像"在加进融合数

据之前也要与同一高精度数据进行几何校正,以求高精度像元配准。第二行三个方框表示灰度重采样,通常使用双线性内插法即可。全色波段图像几何校正后也要采取同样方法进行灰度重采样。如前所述,用此全色波段数据与多光谱数据的 PCA 变换后的第一分量进行替换,加进影像融合序列,进行 PCA 逆变换,取前三个分量数据,以求得数据融合并实现数据压缩的效果。

以上提到的对于低空间分辨率影像数据进行像元分割的方法同样适用于其他数据融合的方法中,是图像像元及数据融合的必经、共同的步骤。

图 5-21 所示是基于 PCA 变换的遥感信息融合处理例子。

(a) 多光谱彩色合成图像　　　　　　(b) 全色图像

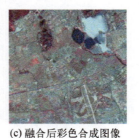

(c) 融合后彩色合成图像

图 5-21　基于 PCA 变换的遥感信息融合

5.5.2　基于 IHS 变换的图像融合算法

本书在色度学中已经介绍,颜色可以用红(R)、绿(G)、蓝(B)三种基本色表示,也可用亮度(I)、色调(H)、饱和度(S)三个变量表示。IHS 变换融合是将高分辨率图像与多光谱图像(像元分割后的图像数据)的 IHS 变换后的 I 分量进行替换,而后经过 IHS 反变换,获得融合后的图像。融合影像与原始影像相比,其影像包含的空间信息与光谱信息都有不同程度的提高。这种融合模式多用于特征增强和特征差异大的数据间融合,以提高多光谱图像的空间分辨率,适合于彩色图像处理,但可能融合结果的光谱特征会有所扭曲,即融合后的图像颜色色调会有一定的变化,其处理流程如图 5-22 所示(朱述龙等,2006)。

图 5-23 所示是基于 IHS 变换的遥感信息融合处理例子。

IHS 变换方法可以实现不同空间分辨率遥感影像之间的几何信息的叠加,该方法的最大特点是保留了图像的高频信息,但同时会出现不同程度的色调和饱和度的失真。

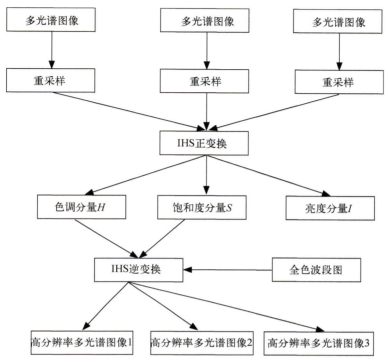

图 5-22　基于 IHS 变换的数据融合处理流程

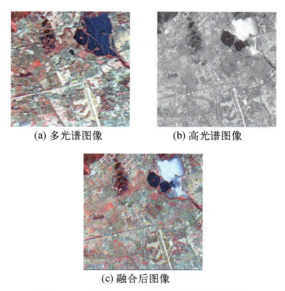

(a) 多光谱图像　　　(b) 高光谱图像

(c) 融合后图像

图 5-23　基于 IHS 变换的遥感信息融合

5.5.3　基于算术方法的图像融合算法——SFIM融合

SFIM融合算法是一种在保持影像光谱特性的同时又能提高融合影像空间分辨率的融合方法。此方法中SFIM算法公式定义为

$$Image_{SFIM} = \frac{Image_{low} \cdot Image_{high}}{Image_{mean}} \tag{5-41}$$

式中,$Image_{low}$和$Image_{high}$分别为配准后的多光谱影像和全色影像相应像素的亮度值;$Image_{mean}$为全色影像通过均值滤波去掉其原全色影像的光谱和空间信息后得到的低频纹理信息影像。

这种方法可有SFIM融合后影像某一像素的亮度值组成来证明。$Image_{low}$与$Image_{high}$的熵包含了去除全色影像中低频信息后剩余的高频信息。因此,SFIM算法可理解为:首先去掉高分辨率影像的光谱和地表信息,然后将剩余的纹理信息直接添加到多光谱影像中。由于在整个影像融合过程中,多光谱影像的光谱信息没有改变,所以SFIM算法能很好地保持原多光谱影像的光谱信息(李存军,2004)。另外,SFIM算法的滤波窗口大小会对影像的融合效果产生一定程度的影响,不同尺寸的融合窗口,产生的影像光谱保真度、高频信息融入度、影像清晰度都不相同。这样可以根据所需要的融合影像的不同精度选择不同的滤波器窗口,有效地控制运算量和运算时间,减少不必要的操作(李艳雯,2007)。

5.5.4　基于小波变换的图像融合算法

小波变换作为新兴的数学分析方法日益受到广泛重视,被认为是时空领域数值计算工具和方法上的重大突破。小波变换是一种全局变换,由于它在时域和频域同时具有良好的定位能力和局部化性质,对图像能够进行任意尺度的分解,所以很快在图像处理领域得到了广泛的应用。此外小波变换的变焦性、信息保持性和小波基选择灵活性等优点,使得小波分析非常适合引入遥感数据融合,学者已对此进行了大量的研究并取得了丰硕的成果。

从空间分布的角度看,遥感影像灰度值所表达的空间变换表面具有随机变化特征,但从空间频谱的角度看,它们都可以分解为具有不同空间频率的波所组成的谱。对同一地区不同传感器影像或同一传感器不同波段影像来说,由于成像系统调制传递函数的差异、分辨率的不同,使影像之间的差异不在低频部分,而在高频部分。换言之,其空间频谱的低频部分是相同或相近的,而有显著差别的只是在高频部分,即在小波变换的每一子带部分的差别较大。小波变换在变换域内所具有的分频特性,为多传感器影像增强特征提供了理论依据。

小波融合是对经过严格几何配准后的影像分别进行小波变换,得到一系列子带数据。除了基带数据为正值外,其他子带数据均在零值左右摆动,其中幅度值较大的位置对应于那些边缘、线和区域边界等显著特征。我们依据一定的融合准则,确定每一位置融合后的小波系数,再经过小波变换逆变换重建融合影像。融合的图像必然强化了地物的边缘特征。

二进制小波融合的具体实现过程与算法分为以下主要步骤:

(1)将待融合源图像I_1、I_2进行配准,重采样为像元大小一致的图像。

（2）设计小波变换的滤波器系数数列。

（3）根据二进制小波分解公式使用设计的分解滤波器逐层抽样分解图像 I_1、I_2。

（4）对各个分解层次的低频和高频部分按照各自的融合策略进行融合处理,融合策略根据影像细节表征方法的不同有区域方差法、平均梯度法。

（5）以高频融合子图像作为小波分解后的高频信息,使用重构滤波器逆向逐层二插值重构图像,最终获取融合图像。

5.5.5　传统融合方法在高分辨率影像处理中存在的问题

上述融合方法用来进行高分辨率卫星数据融合时,存在的问题和局限性比较大,最大的问题是颜色失真(又称光谱扭曲);其次是对经验知识和数据本身质量的依赖性较强。

IHS 变换颜色失真严重,常见的处理措施是:在用全色波段替代亮度以前,先进行直方图匹配;在实施反变换以前对色度和饱和度进行拉伸。

主成分变换方法,空间纹理信息保持较好,但色彩信息弱是最大的问题。原因是被替换掉的第一主成分包含最大的信息,这样替代后将全色影像的效果最大化了。可以采取适当抑制主成分的措施,减弱主成分的作用。

小波变换融合方法从高分辨率影像提取空间细节信息,并将其加给多光谱影像。颜色失真可以降低到最小程度,但融合影像色彩效果不够平滑。

5.6　去云及去阴影技术

5.6.1　遥感影像薄云去除

一年之中天空有云和雾霭极为常见,尤其是中国南方地区,包括台湾,无云天气很是少见,云层对于可见光-多光谱遥感成像影响很大。云和雾霭的形成主要是由大气中的气溶胶散射作用所引起的。它在图像中的一个直观表现就是降低了图像的清晰度,甚至使图像完全不能使用。如果能够通过数字图像处理的方法将局部区域云和雾的影响去除或者削弱,对许多遥感应用,如地物分类、变化监测、作物估产、环境检测等,都具有十分重要的意义。

1. 薄云成像模型

Mitchell 在 1977 年就提出了遥感影像中的云层成像模型,如图 5-24 所示。

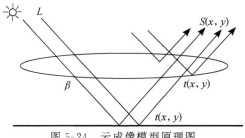

图 5-24　云成像模型原理图

传感器接收到的图像可以看成是由两个因素所决定的:一个是由于诸如云、大气等的影响;另一个是由于地面反射特性的不同引起的。若忽略其他因素则前者主要是由云、大气引起的,又假设地面反射无其他干扰的情况,则传感器上得到的图像就完全反映了云的分布,若 $f(x,y)$ 表示这一图像,则有

$$f(x,y) = f_i(x,y) \cdot f_r(x,y) \tag{5-42}$$

式中, $f_i(x,y)$ 为照射分量; $f_r(x,y)$ 为反射分量。这个公式表明遥感卫星传感器所接收到的有云影像可以表示为照射量函数 $f_i(x,y)$ 与地面反射率函数 $f_r(x,y)$ 的乘积。根据云和景物的分布特点,一般而言,云主要分布在低频,而景物相对主要占据高频,反映图像的细节内容;照射分量在整幅遥感影像上除个别阴影区域外一般差异很小,表现出缓慢变化的特征,因为薄云影像在空域中具有缓慢变化的特征,与频率域中的低频相联系,去薄云就是要适当降低光源照射量函数 $f_i(x,y)$ 的影响,同时增强地面反射率函数 $f_r(x,y)$ 的成分,这样就可以起到减弱薄云影响的作用。

根据薄云的成像机理,云信息主要处于影像的低频中。目前去云的基本原理主要是将影像转到频域空间,分离高低频,然后处理影像的低频达到去云的目的。

2. 遥感影像薄云处理常用方法

1)同态滤波法

根据去除薄云的思路,不少研究者已经提出了许多有效的去薄云方法,如基于多光谱影像的去云方法、多幅影像的去云方法、数据融合的去云方法、多源遥感影像的去云方法等。但是,这些方法都需要有同区域来源的无云影像作为参考。在实际中,取得同区域、同来源的无云参考影像并不容易,有时必须对单幅影像进行处理。同态滤波正是一种针对无参考的遥感影像进行去云处理的一种方法。这里称之为"同态",是因为整个滤波去云的过程无需同区域的无云影像,而同区域无云影像与有云影像地面状态是不同的。

同态滤波是一种在频域中同时将图像亮度范围进行压缩和将图像对比度进行增强的方法。当一幅图像的灰度动态范围很大、而感兴趣部分灰度又很暗、图像细节无法辨认时,采用一般的灰度级线性变换法不能够取得理想的处理效果。利用同态滤波进行处理,其作用是对图像灰度范围进行调整,通过消除图像上照明不均的问题,增强暗的图像细节,同时又不损失亮区的图像细节。

同态滤波中用到的频率滤波是在频率域空间对图像进行滤波,因此处理时需要将图像从空间域转变到频率域,这可以通过傅里叶变换实现。由(5-42)式可知,影像 $f(x,y)$ 是由它的照射分量 $f_i(x,y)$ 和地物反射分量 $f_r(x,y)$ 来表示的。但傅里叶变换是线性变换,对式(5-41)不能直接进行傅里叶变换,要先对影像 $f(x,y)$ 取对数,把式中的乘性分量变成加性分量,再进行傅里叶变换。对式(5-42)两边取对数,则有

$$z(x,y) = \ln f(x,y) = \ln f_i(x,y) + \ln f_r(x,y) \tag{5-43}$$

该过程是一个线性变换,是一个反射分量与照射分量的叠加。在频率域中照射分量通常与低频成分相联系,反射分量与高频成分相联系,因此,我们可以通过傅里叶变换将它们转换到频率域,即

$$F[z(x,y)] = F[\ln f(x,y)] = F[\ln f_i(x,y)] + F[\ln f_r(x,y)] \tag{5-44}$$

令　$Z(u,v)=F[z(x,y)]$，$I(u,v)=F[\ln f_i(x,y)]$，$R(u,v)=F[\ln f_r(x,y)]$，则有

$$Z(u,v)=I(u,v)+R(u,v) \tag{5-45}$$

因为云和景物取对数后在频域中占据不同的频带，所以对薄云覆盖的去除主要是设计一个高通滤波器，以去除低频分量（云）的影响。用传递函数为 $H(u,v)$ 的高通滤波器来处理 $Z(u,v)$，提取高频成分，抑制低频成分，从而使占据低频成分的云的信息从图像信息中剔除出去：

$$H(u,v) \cdot Z(u,v)=H(u,v) \cdot I(u,v)+H(u,v) \cdot R(u,v) \tag{5-46}$$

再进行傅里叶变换从频率域回到空域：

$$F^{-1}[H(u,v) \cdot Z(u,v)]=F^{-1}[H(u,v) \cdot I(u,v)]+F^{-1}[H(u,v) \cdot R(u,v)] \tag{5-47}$$

令　$P(x,y)=F^{-1}[H(u,v) \cdot Z(u,v)]$，$I'(x,y)=F^{-1}[H(u,v) \cdot I(u,v)]$，

$$R'(x,y)=F^{-1}[H(u,v) \cdot R(u,v)]$$

则式(5-47)可表示为

$$P(x,y)=I'(x,y)+R'(x,y) \tag{5-48}$$

因为 $z(x,y)$ 是 $f(x,y)$ 的对数，为了得到所要求的滤波图像 $g(x,y)$，还要进行一次相反的运算，即

$$g(x,y)=\exp[P(x,y)]=\exp[I'(x,y)] \cdot \exp[R'(x,y)] \tag{5-49}$$

令 $I_0(x,y)=\exp[I'(x,y)]$，$R_0(x,y)=\exp[R'(x,y)]$，则有

$$g(x,y)=I_0(x,y)+R_0(x,y) \tag{5-50}$$

式中，$I_0(x,y)$ 为处理后的照射分量；$R_0(x,y)$ 为处理后的反射分量。

同态滤波去云流程如图 5-25 所示。

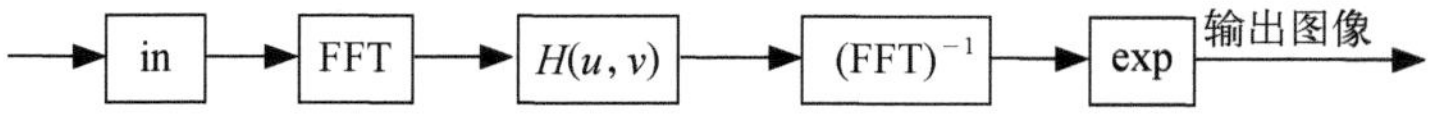

图 5-25　同态滤波去云流程图

由于影像中的低频信息不只仅有云还有地表信息，所以在处理云时不可避免地要损失一部分有用的低频信息。若直接使用高通滤波器，为保证不使有用的信息丢失过多，需要过渡条带很窄，这无疑给滤波器设计带来困难。解决的办法是先使用低通滤波器将云分量提取出来，然后从图像中去除该信息，通过选取较小的截止频率最大限度地保护图像的细节，这样对过渡带的要求可以降低。

2）小波分解的图像融合法

小波变换是在傅里叶变换基础上发展起来的一种具有多分辨率分析特点的时一频分析方法，其基本思想是将图像数据由空间域变换到频率域，在频率域通过伸缩、平移运算对信号进行多尺度细化，最终达到高频范围时间细分、低频范围频率细分的目的，能自适应地聚焦到信号的任意细节。由于小波变换在时一频域都具有表征信号局部特征的能力和多分辨率分析的特点，被誉为"数学的显微镜"。

小波变换将图像频谱按倍频步长分割，其结果是原图像在一系列倍频的频带上有多个高频带数据和一个低频带数据。高频带子图像上大部分点的数值接近于零，越是高频，这种现象越明显。如果这里将分辨率定义为单位长度内小波基函数的个数，那么可以将信号的小波

描述看作多分辨率描述,将信号在多个分辨率上进行描述和处理的方法即被称为信号的多分辨率分析(multi-resolution analysis)。

从滤波器实现的角度,图像小波分解是一个双向滤波和间隔采样的过程。分解过程先沿行方向作低通和高通滤波,将图像分解成低半带和高半带间隔采样信号;而后再对行分解结果进行列方向的小波和间隔采样。多分辨率小波分解的图像融合法是将图像分解成几个更低分辨率水平的子图像,分解后的子图像由低频的轮廓信息和原信号在水平、垂直和对角线方向高频部分的细节信息组成,每次分解均使得图像的分辨率变为原信号的 1/2。一维小波变换可以通过张量积推广到二维图像情况,即分别对图像的水平和垂直方向进行小波变换,从正交小波分解与重构的滤波器理论可以看出:每一层的小波分解过程,低频近似影像被分解为 1/4 的模糊低频影像、1/4 的垂直方向高频影像、1/4 的水平方向高频影像和 1/4 的斜方向高频影像。对影像进行 N 级滤波分解,得到分解序列 LH_i、HL_i、HH_i 和 LL_i。

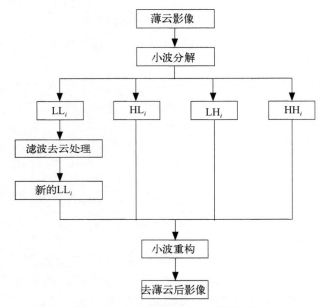

图 5-26　小波变换融合去云流程图

依此原理,基于小波变换的遥感影像去云处理,就是首先对影像进行小波分解,将影像分解到不同分辨率的子影像上,将云信息和无云信息分离出来,然后只针对低频带 LL 进行去云处理,去除有云信息的子影像,再把高频成分直接带入,将处理的结果再和高频带重新构建,进行图像融合形成新的影像,以达到去云的目的。分解的层数根据影像而定,一般取两层已经能够获得明显的效果,但是针对不同实际情况,也可采用更高的分解层数。

小波变换融合去云流程如图 5-26 所示。

3)基于小波的同态滤波法

傅里叶变换具有较高的频域分辨率和较低的空间分辨率。这一特点表明,传统同态滤波是从图像的整体角度对光照不均匀进行修正,可以很好地保持图像的原始面貌。但它没有充分考虑图像的空域局部特性,在局部对比度增强效果上不能令人满意。另外还有一些空域方法,如局部对比度修正、局部直方图均衡和统计局部增强等,但这一类方法没有考虑图像信息的频率特征,因而不能达到突出高频信息、衰减由光照不均引起的低频信息过强的目的。

如果兼顾影像的空域和频域特点,就能够综合考虑局部对比增强性能和频域信息的高通处理。如果把基于小波的空频分析方法应用到影像的同态滤波中,即用一种基于小波的同态滤波进行去云处理,这样处理后的影像不仅具有明显的局部对比度增强效果,而且可以较好地保持图像的原始面貌。基于小波的同态滤波去云原理如图 5-27 所示。其中 $H(u,v)$ 代表高通滤波器,WT 代表 n 级小波变换,$(WT)^{-1}$ 代表对应的小波重构。

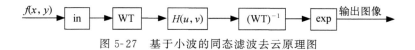

图 5-27　基于小波的同态滤波去云原理图

这种基于小波的同态滤波相比于传统的同态滤波,在其他参数不改变的情况下,能够保留更丰富的影像细节信息,去云的效果又得到了进一步提高,说明小波变换的多分辨率分析在去云处理中可以应用,并能得到较理想的去云效果。

3. 全色波段遥感影像薄云去除方法

全色波段遥感影像由于其相对于多光谱数据具有更高的地表分辨率,因此在影像判读和解译上具有重要的应用。这里,针对高空间分辨率全色波段遥感影像介绍一种新的基于非抽样小波变换的薄云自动检测及去除方法。该方法首先利用非抽样小波变换对图像进行多层分解,然后在分解的低频图像上对图像中的薄云区域进行自动提取和厚度估计,根据不同的云区厚度在低频图像和高频图像上进行不同强度的处理,最后通过反变换得到一幅去除了薄云的清晰影像。整个图像去云算法流程如图 5-28 所示。

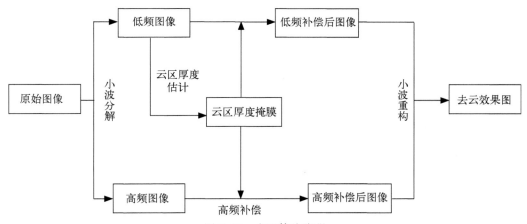

图 5-28　去云算法流程

需要在此说明的是,由于本算法的工作对象仅是全色波段影像,因此在检测云覆盖区域时无法采用多光谱检测手段,而只能利用全色图像本身的信息。

本算法基于以下三个假设条件:

(1)图像中的有云覆盖区域的亮度值要比图像清晰区域的亮度值大,而且图像中云覆盖区域的清晰度比无云区域差,显然这一假设与图 5-25 所示的云成像模型是一致的。

(2)云与地表地物的信息数据相比,主要集中在图像的低频区域,而地物主要集中在图像高频区域。

(3)图像中薄云分布是有一定厚度变化的,从最厚处到清晰区域逐渐减小。

从实际的全色波段遥感影像来看,绝大部分有云影像都是满足以上假设的。

(1)图像小波分解。二维离散小波变换可以在一维小波变换的基础上直接扩展得到。它首先对图像进行横向(行)方向的小波变换,然后再进行纵向(列)方向的小波变换,这样每层分解后就可以得到四个分解结果:一个在更粗尺度上的低频图像和三个分别代表图像在横向、纵向及对角线方向上的高频图像。

本方法采用非抽样小波变换(UDWT)方法进行小波分解。非抽样小波变换将离散小波变换中下抽样这个环节去掉了,而改为对滤波器进行上采样处理;这样经过分解后,信号大小与原始信号大小是一致的;其缺点是此时分解后数据有冗余,但是它具有一个非常重要的特性,就是具有时不变性。

图像经过非抽样小波变换后,各个分解图像的大小是与原始图像大小相同的,这样就可以通过在分解的低频图像上识别出薄云区域,形成一个与原始图像大小相同的云区掩模。

(2)云区的检测。通过前面的假设和对图像的分析,我们可以看出,薄云对图像的影响特点是:由于云层对太阳光的反射作用,因此图像上云区的灰度值(DN)会升高,并且降低了云区图像的清晰度。从信号处理角度来看,薄云对图像的影响就相当于是一个移变系统的能量不守恒低通滤波器的作用,它增加了图像低频部分能量,并同时削减了图像高频信息。因此,对薄云区处理就可以通过抑制云区图像低频信息、提升高频信息来进行补偿。

另外,由于图像中云的厚度不是固定的,它从云的最厚处到图像最清晰区域逐渐减小。很显然,对于不同厚度的云区,对其处理强度应该不同:云区厚度越大,处理强度应该越大。同时考虑云区的高亮度和低清晰度特征,本节所指的云区自动检测和去除算法包括构建云区厚度掩膜、低频处理和高频处理三个步骤。由图 5-28 所示的流程得到的去云结果如图 5-29 所示。

(a) 原始影像   (b) 本节算法结果

图 5-29 去云实验结果图(中国科学院遥感应用研究所提供)

5.6.2　遥感影像阴影去除

1. 概述

任何一幅高空间分辨率的遥感影像中总含有地物的阴影,阴影比云还要常见。事实上,如果不是大面积云层覆盖的情况,较厚的云朵下方在地面也有阴影。去除阴影的研究对于高空间分辨率影像非常有意义,因为低空间分辨率影像中,一个像元往往将地物的阴影包含在内,形成混合像元。阴影包含有用的信息,用阴影可以估测相应地物的高程;但是阴影遮挡住一部分地物,妨碍了人们一致性地观察影像。在许多应用场合,需要使用技术手段去除影像中的阴影。

根据物理光学的研究,对于可见光 R、G、B 三个频道,阴影区域中,R 频道亮度下降得最多,G 频道次之,B 频道下降得最少,这相当于增加了阴影区域的蓝光分量。

高分辨率遥感影像上的阴影区域除蓝色分量偏高外,还具有如下一些特有的属性:

(1)由于光线被遮挡,阴影区域具有更低的灰度值。

(2)由于大气瑞利散射的影响,阴影区域具有更高的饱和度。

(3)阴影不改变原有地表的纹理特征。

(4)阴影与产生阴影的目标具有相似的轮廓。

(5)阴影区域之内一般不会存在空洞。

利用阴影区域以上特性,分别在归一化 RGB 色彩空间和 IHS 色彩空间进行阴影检测,并结合小区域去除和数学形态学处理,可以获得精确的阴影区域。此外,还有其他一些方法,限于篇幅,不能一一介绍。

2. 遥感影像阴影检测的原理与方法

1)基于归一化 RGB 色彩模型的阴影检测方法

这里充分利用了阴影区域蓝色分量偏高这一属性,对彩色 RGB 影像进行如下的归一化处理:

$$R' = \frac{R}{R+G+B}, \quad G' = \frac{G}{R+G+B}, \quad B' = \frac{B}{R+G+B} \tag{5-51}$$

式中,R、G、B 分别为三基色原始分量;R'、G'、B' 分别为归一化后的 R、G、B 分量。

如前所述,阴影区域 B 频道灰度下降最少,所以阴影区域 B' 分量占据高数值,通过对 B' 分量图采用阈值分割的方法,设置一个较高的阈值就可以得到大致的阴影区域。但原始影像中的偏蓝色地物在 B' 分量中也具有很高的像素值,需要将这些区域从阴影区域中去除。基于此,这里在原始 B 分量图中引入一个阈值来保证阴影检测的精度。只有在 B' 分量中高于某个阈值,并在 B 分量中低于某个阈值的区域,才被检测成为阴影区域。归一化 RGB 阴影检测流程如图 5-30 所示。

在得到初步的阴影分割结果后,进一步统计各个独立阴影区域的面积大小,如果小于一个给定的阈值的话,就认为其属于非阴影区域内部的具有较低亮度的地物。这样处理以后,还可能会由于阴影区域内部存在较大面积的高亮度地物而留有空洞,因此还需要对分割出的

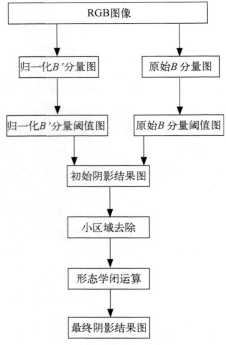

图 5-30   归一化 RGB 阴影检测流程图

阴影区域进行一个数学形态学的闭运算处理,这样就可以得到较精确的阴影区域。整个阴影检测过程可以用图 5-31 表示。

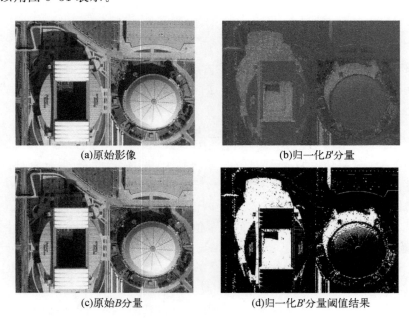

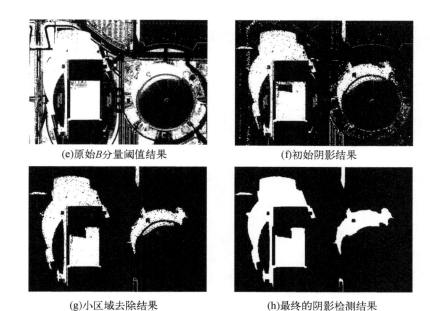

(e)原始*B*分量阈值结果　　　　　　　　　　(f)初始阴影结果

(g)小区域去除结果　　　　　　　　　　(h)最终的阴影检测结果

图 5-31　归一化 RGB 阴影检测过程

2）基于 IHS 色彩空间的阴影检测方法

　　依据阴影区域灰度值低和饱和度高这两个特性，还可以采用基于 IHS 色彩空间的阴影检测方法。该方法首先对彩色影像进行 RGB 到 HIS 的色彩空间变换，对 S 分量和 I 分量采用差值 $S-I$、比值 S/I 或归一化差值 $(S-I)/(S+I)$ 等多种方法处理，再通过阈值来进行阴影区域检测。检测结果通常是阴影区域比非阴影区域具有更大的像元值，在此基础上采用阈值分割的方法可得到大致的阴影区域，但影像上某些亮度值较高的地物，如建筑物，可能也有很高的饱和度，这样对归一化差值进行阈值分割的结果并不能将这类地物与阴影区别开来。因此，可以用 I 分量图和归一化差值图结合，采用双阈值进行阴影检测，只有在归一化差值图上高于某一阈值，并在 I 分量图上低于某一阈值的区域才被检测为阴影区域。

　　在得到初步的阴影分割结果后，与上面方法一样，进一步统计各个独立阴影区域的面积大小，如果小于一个给定阈值，就认为其属于非阴影区域内部的具有较低亮度的地物；此外还要进行数学形态学的闭运算处理，这样就可以得到较精确的阴影区域。

3. 图像中的阴影去除方法

　　假定图像是局部平稳的，可以认为阴影区域与其周围一定范围内的非阴影区域的统计信息是相似的。其中，邻近的非阴影区域是结合阴影区域和阴影投射方向得出的，如图 5-32 所示。

　　其采用的计算公式如下：

$$\Omega_{\text{noshadow}} = \{p \mid 0 < d(p, \Omega_{\text{shadow}}) < \text{dist}\} \tag{5-52}$$

式中，Ω_{noshadow} 表示邻近某个距离阈值 dist 的非阴影区域集合；$d(p, \Omega_{\text{noshadow}})$ 表示阴影投射方向某个点到阴影区域的距离。

确定阴影区域以后,需要将阴影区域"正常化",即恢复没有阴影覆盖以前的状态,这就需要对影像区域进行亮度补偿,补偿因阴影遮盖而损失的亮度。

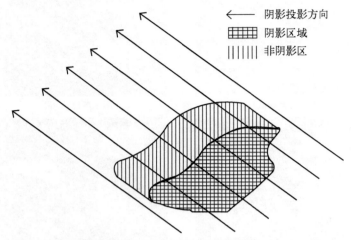

　　　　　　　　　　　　　　←——　阴影投影方向
　　　　　　　　　　　　　　　　　阴影区域
　　　　　　　　　　　　　　｜｜｜｜｜｜　非阴影区

图 5-32　阴影区域和邻近的非阴影区域(Li,2004)

1)基于 RGB 空间的阴影去除方法

在得出每个独立的阴影区域和其邻近的非阴影区域之后,在 RGB 空间,可以采用如下映射策略对阴影区域各个波段的灰度值(DN)分别进行补偿:

$$\text{Deshadow}(i,j)=A \cdot \left[m_{\text{noshadow}}+\frac{\text{DN}_{\text{shadow}}(i,j)-m_{\text{shadow}}}{\sigma_{\text{shadow}}} \cdot \sigma_{\text{noshadow}} \right] \tag{5-53}$$

式中,$\text{DN}_{\text{shadow}}$ 是补偿之前的阴影区域灰度值;Deshadow 是补偿之后的阴影区域灰度值;m_{shadow} 和 σ_{shadow} 是阴影区域的均值和方差;m_{noshadow} 和 σ_{noshadow} 为邻近的非阴影区域的均值和方差;A 为补偿强度系数。式(5-53)右面的各参数可由影像中取出几个典型阴影区域经计算统计后得到。

2)基于 IHS 空间的阴影去除方法

在得出每个独立的阴影区域及其邻近的非阴影区域之后,采用如下映射策略对阴影区域的灰度值进行补偿:

$$I'(i,j)=A \cdot \left[m_{\text{noshadow}}+\frac{I(i,j)-m_{\text{shadow}}}{\sigma_{\text{shadow}}} \cdot \sigma_{\text{noshadow}} \right] \tag{5-54}$$

式中,I 是补偿之前的阴影区域灰度值;I' 是补偿之后的阴影区域灰度值;m_{shadow} 和 σ_{shadow} 是阴影区域的均值和方差,m_{noshadow} 和 σ_{noshadow} 为邻近的非阴影区域的均值和方差;A 为亮度补偿强度系数。

我们知道,阴影对图像的影响不仅是降低了图像的亮度,它同时也改变了该区域的色调和饱和度,所以单纯对亮度进行补偿并不能恢复阴影区域的真实色彩。本节参照亮度补偿的方式,对 S 和 H 分量图上各个独立阴影区分别与邻近的非阴影区域进行匹配,补偿策略如式(5-55)和式(5-56)所示。

$$S'(i,j)=B \cdot \left[m_{\text{noshadow}}+\frac{S(i,j)-m_{\text{shadow}}}{\sigma_{\text{shadow}}} \cdot \sigma_{\text{noshadow}} \right] \tag{5-55}$$

$$H'(i,j) = C \cdot \left[m_{\text{noshadow}} + \frac{H(i,j) - m_{\text{shadow}}}{\sigma_{\text{shadow}}} \cdot \sigma_{\text{noshadow}} \right] \tag{5-56}$$

式中，S 和 H 分别为补偿之前的阴影区域饱和度值和色调值；S' 和 H' 分别为补偿之后的阴影区域饱和度值和色调值；B 为饱和度补偿强度系数；C 为色调补偿强度系数。

由于阴影区域和非阴影区域之间存在一个灰度突变，经过灰度补偿和清晰度增强之后，阴影区域和非阴影区域之间仍然可以看到一条较为明显的边界线。为了减弱这种边缘效应，在进行阴影区域补偿之后，可以沿着阴影边界进行一次中值（低通）滤波处理，从而使补偿后的阴影区域能较为平滑地向非阴影区域过渡。

5.7　统程化处理

根据一般遥感卫星数据产品的处理流程，产品分级如下。

（1）原始数据产品（零级）：遥感卫星影像数据未经任何辐射校正和几何校正处理的原始图像数据产品，为刈幅分景后遥感卫星下传的数据。

（2）辐射校正产品（一级）：经辐射校正、没有经过几何校正的产品数据。

（3）几何粗校正产品（二级）：经辐射校正和系统几何校正，并将校正后的图像映像到指定的地图投影坐标下的产品数据。

（4）几何精校正产品（三级）：几何精校正产品是用地面控制点修正遥感传感器轨道与姿态数据，对图像进行几何精校正处理所得到的产品，如正射影像；其中为满足三级产品的快速生成，需要建立全国两级影像控制点数据库。

（5）地理重编码产品（四级）：标准地理信息的图像产品，即对图像进行标记，找到主要地物与实际地物的对应关系。

（6）三维产品（五级）：包括纹理图像和 DEM 高程数据，用于叠加构建三维虚拟场景，例如 GOOGLE EARTH 所利用的基础数据；

（7）专题产品（六级）：提供图像中的专题信息，如城市道路网络图，城市绿化图等。根据不同卫星的产品需求，各种卫星有自己的产品处理级别。

5.8　小　　结

本章系统地阐述了遥感影像预处理的相关理论与技术。

色度学是遥感影像处理的基础知识之一，凡是涉及彩色图像，包括遥感彩色图像的生成与解译，都要运用色度学的理论与技术。色度学是研究人眼睛对于彩色视觉的知识。彩色视觉是红、绿、蓝（RGB）三种基本色光综合感觉的结果，又可将彩色视觉分解为亮度、色调、饱和度（IHS）三个变量。这样，一种色光就可以用两种模型体系或两个色度空间表示，即 RGB 模型与 IHS 模型。数据在两种模型体系之间可以相互转换。在这一理论基础上，使用三幅不同波长的遥感影像就可以生成一幅彩色图像，按照彩色配赋方案不同，可分为自然彩色、假彩色以及伪彩色三种彩色合成，其中标准假彩色合成对于突出地面植被信息、研究地面生态环境有重要意义。

原始遥感影像数据因其包含较多的噪声以及有较大的变形需要进行两种校正:辐射校正与几何校正。一般遥感地面工作站在影像数据向外提供前都进行过粗校正。辐射校正主要是以排除大气干扰的噪声为主,辐射校正模型种类很多,实际工作多选用需要参数较少、相对简单的模型。遥感影像的几何校正一般采用多项式几何校正模型,几何校正以后,要进行像元灰度重采样,其原因是这种几何校正是非线性的校正,校正前后的像元失去一对一的关系,校正方法主要有:最近邻域法、双线内插法以及三次卷积法。三种方法各有优缺点,在影像几何变形不大情况下双线内插法较常使用。

影像增强是影像处理中的一项重要工作,是以牺牲某一类型的信息数据为代价,使另一类型信息数据得到增强。影像增强的工作对象是单幅黑白影像,其方法分为两类:空间域增强和频率域增强。频率域增强以信号傅里叶分析为基础,设计多种工作目标的数字滤波器,实现不同频率域的信号增强。影像中图斑边界信息数据提取经常使用频率域增强的技术。空间域增强主要是指影像像元灰度拉伸技术,以适应眼睛灰度分辨率不高、增加影像层次感为主要目的。

在影像像元级别上实施遥感数据融合也是经常进行的工作之一,其目的是将多光谱影像中反映地面的光谱信息与全色影像反映地面的空间信息汇集在一起,供人们进一步处理。实施数据融合以前,需要将低空间分辨率影像数据实施像元分割,分割后对像元需要灰度重采样赋值,并与高分辨率影像数据实行精确配准。数据融合有多种方法,各有优缺点,其中色彩失真,即所谓光谱扭曲,是数据融合需要关注并需着力解决的问题。

云和雾霭对遥感成像有重要的干扰,多种遥感应用领域需要在影像中排除这种干扰。薄云和雾霭在影像数据中排除的基本依据是,云主要分布在低频数据,而景物相对主要占据高频数据。准确划定低频与高频的分界,是识别云和雾霭的关键。在云和雾霭的频谱特征基础上划定其区域,并使用多种方法,可以将云和雾霭的干扰信息数据剔除掉。

高空间分辨率遥感影像总含有地物的阴影,阴影包含有用的信息,用阴影可以估测相应地物的高程;但是阴影遮挡住一部分地物,妨碍了人们一致性地观察影像。去除影像的阴影是遥感影像处理经常需要做的工作。阴影区域的数据特征是:具有更低的灰度值;有更高的饱和度;阴影与产生阴影的目标具有相似的轮廓;阴影区域之内一般不会存在空洞。根据这些特征,在 IHS 色度空间中可以将阴影区域划分出来,使用数学形态学可以将阴影区域中的空洞剔除。

思　考　题

(1)格拉斯曼三基色定理对于遥感彩色合成有什么意义?

(2)为什么说标准假彩色合成对于突出地面植被信息、研究地面生态环境有重要意义?

(3)在遥感影像辐射校正中有哪些需要校正的因素,其中又有哪些是主要的?

(4)使用多项式几何校正模型进行影像几何校正的根据是什么?

(5)遥感影像经几何校正以后为什么需要像元灰度重采样,实施像元重采样的根据是什么?

（6）影像像元灰度拉伸的工作目的是什么，能否增加影像的信息量？

（7）试以低通滤波为例，说明信号傅里叶分析在实施这种滤波的基础作用。

（8）数据融合能否增加遥感影像数据总信息量，为什么？

（9）在用高空间分辨率影像数据替代某种变换以后的多光谱影像数据某一分量数据时，实施这种替代的原则是什么？

（10）为什么说阴影的识别在高空间分辨率的遥感影像中才有意义？

（11）阴影区域数据有哪些特征，如何利用这些特征去识别阴影区域？

（12）了解遥感卫星数据产品的统程化处理级别对于数据使用有什么意义？

参 考 文 献

曹爽. 2006. 高分辨率遥感影像去云方法研究. 河海大学硕士学位论文

陈奋. 2006. 高分辨率全色波段遥感影像处理中的图像复原问题研究. 中国科学院遥感应用研究所博士学位论文

党安荣. 2003. 遥感影像处理方法. 北京:清华大学出版社

杜学飞. 2008. 模型机航空近景摄影测量系统的开发. 中国科学院武汉岩土力学研究所硕士学位论文

李德仁,周月琴,金为铣. 2001. 摄影测量与遥感概论. 北京:测绘出版社

李艳雯,杨英宝,程三胜. 2007. 基于亮度平滑滤波调节(SFIM)的 SPOT5 影像融合. 遥感信息,(01):63~67

梅安新,彭望琭,秦其明,等. 2001. 遥感导论. 北京:高等教育出版社

乔瑞亭,孙和利,李欣. 2008. 摄影与空中摄影学. 武汉:武汉大学出版社

孙家抦. 2003. 遥感原理与应用. 武汉:武汉大学出版社

王佩军,徐亚明. 2005. 摄影测量学. 武汉:武汉大学出版社

严泰来,王鹏新. 2007. 遥感技术与农业应用. 北京:中国农业大学出版社

杨龙士,雷祖强,周天颖. 2000. 遥感探测理论与分析实务. 台北:文魁电脑图书资料股份有限公司

张过. 2005. 缺少控制点的高分辨率卫星遥感影像几何纠正. 武汉大学博士学位论文

张维胜. 2007. 星载 SAR 图像摄影测量方法研究. 中国科学院遥感应用研究所博士学位论文

朱述龙,史文中,张艳,等. 2004. 线阵推扫式影像近似几何校正算法的精度比较. 遥感学报,3(8):220~226

朱述龙,朱宝山,王红卫. 2006. 遥感影像处理与应用. 北京:科学出版社

邹晓军. 2008. 摄影测量基础. 郑州:黄河水利出版社

EI_ Manadili Y, Novak K . 1996. Precision rectification of spot imagery using the direct linear transformation model. Photogrammetric Engineering and Remote Sensing,62(1):67~72

Jensen J R. 2007. 遥感数字影像处理导论(原书第三版). 陈晓玲等译. 北京:机械工业出版社

Li Y, Sasagawn T, Gong P. A system of the shadow detection and shadow removal for high resolution city aerial photo. ISRS,Commission Ⅲ,Istanbul,2004

Lilleanel M,Kiefer R W. 1979. Remote Sensing and Image Interpretation. New York:Wiley

NIMA. The compendium of controlled extensions (CE) for the national imagery transmission format (NITF) version 2. 1. http://164. 214. 2. 51/ntb/superceded/STDI-0002_v2. 1. PDF[2000-11-16]

Richards J A, Jia X P. 1999. Remote Sensing Digital Image Analysis:An Introduction. New York:Springer-Verlag Berlin Heidelbeg

Savopol F,Armenakis C. 1998. Modeling of the IRS-1C satellite pan stereo-imagery using the DLT model. In:Fritsch D, Englich M,Sester M(eds). IAPRS. ISPRS Commission Ⅳ Symposium on GIS-Between Visions and Applications, Stuttgart,Germany

Sun J B, Gan X Z. 1994. The digital mapping produced with satellite image of the Zhongshan station area in

Antarctica. Antarctic Research, 5(1):34～43

Tao C V, Hu Y. 2001. 3D reconstruction algorithms with the rational function model and their applications for IKONOS stereo imagery. *In*: Proceedings of ISPRS Working Groups I/2, I/5 and I/7 on "High Resolution Mapping from Space 2001", Hanover

Toutin T. 2004. Geometric processing of remote sensing images: models, algorithms and methods. http://www. ccrs. nrcan. gc. ca/ ccrs/rd/sci_pub/bibpdf/13288. pdf [2005-07-28]

Wang Y N. 1999. Automated triangulation of linear scanner imagery. In: Proceedings of ISPRS Work Groups I/1, I/3, IV/4 on "Sensors and Mapping from Space 1999", Hanover

第6章 遥感数字影像识别与判译

6.1 遥感地物影像特征及其特征空间

遥感影像识别与判译的依据是地物的反射光谱。地表上的地物种类繁多,每种地物,甚至地物的各种状态,如土壤含水量的不同、植物的不同生长期以及营养的状态等,都有不同的反射光谱。原则上,根据反射光谱的不同,就可以将对应的地物识别出来。在种类繁多的地物中,植被与水处于十分特殊重要的地位。这是因为这两种地物广泛存在,识别出这两种地物,不仅可以得到相应的信息,而且通过它们,还可以分析更多的信息,例如生态环境的信息,农业、林业、渔业及水产养殖等领域的生产信息,等等。本书第3章中介绍了四种典型地物(湿地、雪、沙漠以及植被)的反射光谱,这里从影像识别与判译的角度,对植被与水的反射光谱特征作进一步分析。

6.1.1 植被的反射光谱特征与植被指数

1. 植被反射光谱曲线

植物的反射光谱特征可使其在遥感影像上与其他地物相区别。同时,不同的植物及其状态各有其自身的波谱特征,从而成为区分植被类型、长势及估算生物量的依据。图 6-1 给出了一般植被的反射光谱曲线。

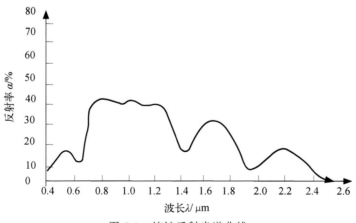

图 6-1 植被反射光谱曲线

本书第3章已经指出,植被在红光($0.65\mu m$)附近和近红外($0.8\mu m$)附近有一个显著的特点,即对红光反射率很低、而近红外却很高,反射光谱曲线从红光到近红外有一个很陡峭的上升沿,这是植被与非植被显著的区别,这一特点在图 6-1 中得到反映。此外,在近红外到中红外,植被反射光谱曲线有三个低谷,这三个低谷反映植被的水分含量:低谷反射率越低,说明植被的水分含量越高。

2. 植被指数

遥感影像上,不同波长通道所获得的植被信息与植被的不同要素或某种特征状态有各种不同的相关性,如叶子光谱特性中,可见光谱段受叶子叶绿素含量的控制、近红外谱段受叶内细胞结构的控制、短波红外谱段叶细胞内水分含量的控制。再如,可见光中绿光波段 $0.52\sim$ $0.59\mu m$ 对区分植被类别敏感;红光波段 $0.63\sim0.69\mu m$ 对植被覆盖度、植物生长状况敏感等。但是,对于复杂植被进行遥感观测,仅用个别波段分析提取植被信息是相当局限的,因而往往选用多波段遥感数据进行分析运算(加、减、乘、除等线性或非线性组合方式),产生某些对植被长势、生物量等有一定指示意义的数值,这就是所谓的"植被指数"(vegetation index, VI)。它用一种简单而有效的形式,定性和定量地评价植被覆盖、长势及生物量(biomass)等。植被指数的设立本着以下原则:

(1)对植被某种生物物理参数尽可能敏感,最好呈线性响应,使其可以在大范围的植被条件下使用,并且可以方便地对指数进行验证和定标。

(2)归一化或模拟外部效应,如太阳角、观测角和大气,以便能够进行空间和时间上的比较。

(3)发挥归一化的内部效应,最大限度抵消环境以及识别对象的变化,如冠层背景变化,包括地形(坡度和坡向)、土壤的差别以及衰老或木质化(不进行光合作用的冠层组分)植被的差异。

(4)能和一些特定的可测度的生物物理参数,例如生物量、叶面积指数(LAI)进行耦合,作为验证和质量控制部分。

由于植被反射光谱受到多种因素的影响,因此植被指数往往具有明显的地域性和时效性。20多年来,国内外学者已研发了几十种不同的植被指数模型,表6-1列出了主要的一些植被指数。由该表可以看出,各种植被指数都用到绿色植被的红光($0.75\sim0.76\mu m$)和近红外($0.78\sim0.81\mu m$)波长范围附近两个波段遥感影像的数据。因为这两个波长区段,植被由大比率吸收光能到大比率反射光能,对应的影像像元灰度发生急剧变化,这种变化正是植被区别于其他地物的显著特征。植被在光谱上有多个特征,包括在绿光波长区段有相对较高的反射率、中红外有两个吸收带等,但是以红光到近红外反射率急剧变化这一特征最为显著。在诸多的植被指数中,以归一化植被指数(NDVI)最为常用,不但用于区分植被与非植被,而且常用于判别植物的性状,如长势、旱情、生物量等。

表 6-1　部分遥感植被指数

植被指数	方　程	说　明
简单比值指数 (RVI)	$RVI = \dfrac{\rho_{red}}{\rho_{nir}}$	ρ_{red}:红光反射辐射通量 ρ_{nir}:近红外反射辐射通量
归一化植被指数 (NDVI)	$NDVI = \dfrac{\rho_{nir} - \rho_{red}}{\rho_{nir} + \rho_{red}}$	

续表

植被指数	方　　程	说　　明
差值植被指数 (DVI)	$DVI = \rho_{nir} - \rho_{red}$	差值植被指数的应用远不如 RVI、NDVI，它对土壤背景的变化极为敏感，有利于对植被生态环境的监测，因此又称环境植被指数（EVI）
土壤调整植被指数（SAVI）	$SAVI = \dfrac{(1+L)(\rho_{nir} - \rho_{red})}{\rho_{nir} + \rho_{red} + L}$	L：冠层背景调整因子，考虑的是通过冠层时的红光和近红外消光差异
大气阻抗植被指数（ARVI）	$ARVI = \dfrac{\rho_{nir}^* - \rho_{rb}^*}{\rho_{nir}^* + \rho_{rb}^*}$	通过归一化蓝光、红光和近红外波段的辐射来减少对大气效应的敏感程度。其中：$$\rho_{rb}^* = \rho_{red}^* - \gamma(\rho_{blue}^* - \rho_{red}^*)$$该方法需要事先对蓝光、红光和近红外遥感数据进行分子散射和臭氧吸收校正，得到 $\rho *$ 项
垂直植被指数 (PVI)	$PVI = \sqrt{(S_{red} - V_{red})^2 + (S_{nir} - V_{nir})^2}$	S：土壤反射率；V：植被反射率；red：红波段；nir：近红外波段；PVI 表征着土壤背景上存在的植被的生物量，距离越大，生物量越大

3. 特征空间

特征空间在遥感影像自动识别中是一个十分重要的概念。所谓特征空间是指使用表征遥感探测目标的多个特征指数变量构建的多维空间坐标系统。比如，表征植被特征的归一化植被指数 NDVI 就是一个典型的在植被性状判别探测中经常使用的特征指数；除了表征植被特征以外，还有表征地表温度的 LST（land surface temperature）特征指数；表征土壤湿度的特征指数等。特征指数可以由多个波段的遥感影像像元灰度值组合运算得到，也可以由一个波段的遥感影像像元灰度值经适当处理得到。根据遥感影像识别目标，选择多个特征指数分别作为一维特征空间，以此构建多维特征空间，是取得较好图像识别效果的关键技术之一。

建立针对某种特定遥感探测目标的特征空间以后，在该特征空间中的一个“点”对应的并不一定是地面某一个点，而是具有相同特征指数组合的一类点。特征空间中的“点”称之为特征点，以区别于一般实体空间中的点。由于遥感成像条件的复杂性、成像过程中的各种噪声干扰，“同物异谱”、“同谱异物”的现象普遍存在，致使在特征空间中，并不是同处一个特征点，所对应的地面点都是一种地物；也可能处于不同的特征点，所对应的地面点却属于同种类的地物。当然，在特征空间中，相距很远的两个特征点所对应的地面点一般不可能是同一种地物，即使是一种地物，也不是处于同一种状态。因此，在特征空间中，如何将彼此距离较近的特征点，按照某种数学方法聚集在一起，判定为某种地物或地物某种状态，这就成为遥感地物或地物状态目标判别的一种技术手段。遥感复杂目标的判别，如地面农情监测、旱情监测、地质勘察等，常常使用建立遥感影像数据特征空间这种技术手段进行影像处理与目标识别。为某种特定遥感目标构建合理的特征空间以及设计合理的特征点聚类方法是遥感影像处理应用的主要研究课题之一。

6.1.2　水体的反射光谱特征

水的光谱特征主要由水本身的物质组成决定,同时又受到各种水状态的影响。地表较纯洁的自然水体对 $0.4\sim2.5\mu m$ 波段的电磁波吸收明显高于绝大多数其他地物。在光谱的可见光波段内,水体中的能量-物质相互作用比较复杂,光谱反射特性概括起来有以下特点(图6-2):

(1)光谱反射特性可能包括来自三方面的贡献:水的表面反射、水体底部物质的反射和水中悬浮物质的反射。

(2)光谱吸收和透射特性不仅与水体本身性质有关,而且还受到水中各种类型和大小的物质——有机物和无机物的影响,而有机物和无机物以悬浮和溶解两种方式存在。

(3)在近红外和中红外波段,水几乎吸收了外来全部光辐射的能量,即纯净的自然水体在近红外波段更近似于一个"黑体",因此,在 $1.1\sim2.5\mu m$ 波段,较纯净的自然水体的反射率很低,清澈水体比混浊水体的反射率还要低,这一特点对于区分清澈水体与混浊水体十分重要。

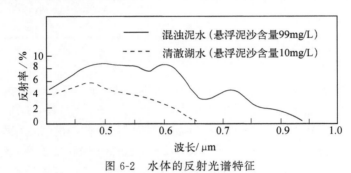

图 6-2　水体的反射光谱特征

6.1.3　遥感地物影像纹理特征分析

1. 地物影像纹理概述

地物表象有两种信息表现形式:一种是空间信息,另一种是光谱(波谱)信息。纹理是地物空间信息表现的一种重要形式。在我们人眼感知世界时,不能仅凭一个点去判断物体的种类,而是分析一个"面",即多个像元,从这个面的总体颜色、光泽、光洁度、纹理等质感特征作出判断。这里,光泽、光洁度也可归纳到纹理中,由此可见纹理分析对于图像识别的重要性。

遥感影像纹理,没有一个统一的定义和解释,一般来说可以从两种计算方法来理解纹理:随机性方法和结构化方法。随机的方法认为纹理是由一个二维的随机场生成的,纹理是二维随机场的一次实现,纹理中的每个像素点都依赖于周围的像素点来表达,因此纹理的特征可以采用统计的方法来定量描述;结构的方法认为纹理是由两部分组成的——纹理基元和纹理基元的排列方式,纹理的形成依赖于纹理基元及其排列方式,相同的纹理基元而不同的排列方式会产生新的纹理。

纹理具有以下两个方面的特点：

（1）纹理是图像的一个区域特性，而不是一个点特性，因此纹理特征的提取总与窗口大小（区域的大小）密切相关；

（2）纹理特征是随着尺度变化的。

纹理分析方法较多，由于本书篇幅的限制，这里仅介绍最常用的纹理统计方法。

2. 灰度共生矩阵

基于灰度共生矩阵的纹理分析方法是 Haralick 等于 1973 年提出的一种算法。共生矩阵是用两个位置像元的联合概率密度来定义的。它不仅反映灰度的分布特性，也反映具有同样灰度或接近灰度的像元之间位置分布特性，是有关图像亮度变化的二阶统计特征，属于采用随机性方法对图像纹理进行分析，是定义一组纹理特征的基础。

一幅图像的灰度共生矩阵能反映出图像灰度关于方向（如纵向、横向、45°斜向等）、相邻间隔、变化幅度的综合信息，是分析图像的局部模式和像元灰度排列规则的基础。

设 $f(x,y)$ 为一幅二维数字图像，其大小为 $M \times N$，灰度级别为 N，则满足一定空间关系的灰度共生矩阵为

$$\boldsymbol{P}(i,j) = \# \{(x_1,y_1),(x_2,y_2) \in M \times N \mid f(x_1,y_1)=i, f(x_2,y_2)=j\} \qquad (6\text{-}1)$$

式中，$\#(X)$ 表示集合 X 中的元素个数，$\boldsymbol{P}$ 为 $N \times N$ 的矩阵，若 (x_1,y_1) 与 (x_2,y_2) 间距离为 d，两者与坐标横轴的夹角为 θ，则可以得到各种间距及角度的灰度共生矩阵 $\boldsymbol{P}(i,j \mid d,\theta)$。

假设坐标轴 X 是水平向右，Y 轴为垂直向下。图像中像元相距位置为 $(\Delta x, \Delta y)$ 的两个像元（又称"像元对"）按灰度关系要求同时出现的次数可用一个灰度共生矩阵来表示，记为 $\boldsymbol{M} = \{m_{KL}\}$，其中 m_{KL} 表示图像中这样的"像元对"出现的次数，要求这样的像元对：一个灰度值为 K，另一个为 L。如果图像有 n 个灰度级，则共生矩阵的大小为 $n \times n$。设定 $\Delta x = 1, \Delta y = 0$，假设原图像矩阵 $\boldsymbol{P}$ 为

$$\boldsymbol{P} = \begin{pmatrix} 1 & 1 & 2 \\ 3 & 4 & 4 \\ 4 & 1 & 1 \end{pmatrix} \qquad (6\text{-}2)$$

式（6-2）所示的示意性图像灰度共有 4 级，因而这一图像的共生矩阵应为 4×4。这个图像按照自左向右的水平方向检索，当前像元灰度为"1"，向右移动一个像元，其灰度仍然还是"1"，这样的"像元对"在该图像中出现 2 次，因而在图 6-3 中，该图像共生矩阵的左上角应写为"2"。同样，当前像元灰度为"1"，向右移动一个像元，其灰度是"2"，这样的"像元对"出现 1 次，因而共生矩阵的第 1 行第 2 列应写为"1"。如此检索下去，就生成了如图 6-3(a)所示的图像 P 的共生矩阵 $\boldsymbol{M}(1,0)$。图 6-3(b)所示的矩阵即为共生矩阵 $\boldsymbol{M}(1,0)$ 表达式。

由此可见，共生矩阵 $\boldsymbol{M}$ 是一个统计图像中一个局部或整幅图像的相邻或具有一定间距的两像元灰度呈现某种关系的矩阵。该矩阵有以下特点：

（1）矩阵为方阵，其尺寸与图像灰度的级数相等，与图像尺度大小无关。

（2）矩阵 $\boldsymbol{M}$ 元素行列编号 KL 表示像元灰度值由 K 变化到 L，如"11"表示灰度值由"1"变到"1"；而该元素的数值表示符合此变化的像元对数。

（3）当像元对位置关系是 $\Delta x = 1$ 且 $\Delta y = 0$ 时，$\boldsymbol{M}$ 可记为 $\boldsymbol{M}(1,0)$，表示在横向上间距为

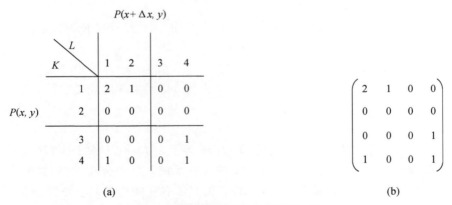

图 6-3　图像 P 的共生矩阵 $\boldsymbol{M}(1,0)$

"1"符合 KL 灰度变化的 $\boldsymbol{M}$ 矩阵;当 $\Delta x=1$ 且 $\Delta y=1$ 时,为 $\boldsymbol{M}(1,1)$ 或 $\boldsymbol{M}(1,45°)$,表示在 $45°$ 角方向上间距为"1"符合 KL 灰度变化的 $\boldsymbol{M}$ 矩阵。不同的 Δx 和 Δy 有其对应的 $\boldsymbol{M}$,Δx 和 Δy 的取值决定纹路判断的方向,Δx 和 Δy 设置为整数,分别可正、可负。

　　共生矩阵的设计思想是利用矩阵的行号、列号表示图像像元灰度值,利用共生矩阵中的每一元素的位置标号 KL 反映像元灰度值由 K 变化到 L,使用共生矩阵每一元素值表达符合灰度值由 K 变化到 L 的像元对数目,这样定量地反映图像纹理的特征,为进一步分析图像的纹理创造条件。需要指出,对于一幅像元行列数目(即长宽)确定的图像,并且图像的灰阶也已固定,当共生矩阵的 Δx 和 Δy 为一定时,则共生矩阵内各元素的数值总和是一定的,只是随着图像像元灰度分布不同,共生矩阵内各元素的数值分布也随之变化,而其总和是不变的。这一规律对于检验生成图像的共生矩阵正确与否有用处。

$$\boldsymbol{N}=\begin{pmatrix} 0 & 1 & 2 & 3 & 0 & 1 \\ 1 & 2 & 3 & 0 & 1 & 2 \\ 2 & 3 & 0 & 1 & 2 & 3 \\ 3 & 0 & 1 & 2 & 3 & 0 \\ 0 & 1 & 2 & 3 & 0 & 1 \\ 1 & 2 & 3 & 0 & 1 & 2 \end{pmatrix} \tag{6-3}$$

　　为进一步理解共生矩阵反映纹路的情况,观察式(6-3)所示的图像 $\boldsymbol{N}$ 灰度矩阵。由于像元灰度只有 0、1、2、3 四级,所以 $\boldsymbol{M}$ 为 4×4 矩阵,且 $\boldsymbol{M}$ 为

$$\boldsymbol{M}(\pm 1,0)=\begin{pmatrix} 0 & 8 & 0 & 7 \\ 8 & 0 & 8 & 0 \\ 0 & 8 & 0 & 7 \\ 7 & 0 & 7 & 0 \end{pmatrix} \tag{6-4}$$

$$\boldsymbol{M}(\pm 1,\pm 1)=\begin{pmatrix} 12 & 0 & 13 & 0 \\ 0 & 14 & 0 & 12 \\ 13 & 0 & 12 & 0 \\ 0 & 12 & 0 & 12 \end{pmatrix} \tag{6-5}$$

由此可看到,$M(\pm1,0)$ 矩阵自左上向右下的主对角线元素皆为"0",说明在水平方向没有相邻两两灰度相同的像元对,或者说,水平方向像元灰度变化频繁。$M(\pm1,\pm1)$ 主对角线检测的是倾斜 45°角或 135°角的纹理情况,在此情况中,说明在这两个方向存在较多的相邻两两灰度相同的像元对,像元灰度阵列有明显的 45°角或 135°角纹理特征。当然有如此典型的纹理在实际遥感影像中并不多见,但大体上有一定纹理结构的遥感影像还是很多的,比如居民小区的房屋、大田的垄沟、城市的街道等。在 M 矩阵上,表现为主对角线上数值越集中,就说明该方向上纹理特性就越显著。需要说明,共生矩阵分析图像纹理特征的方法,并不局限于遥感影像,其他图像,如医学图像、指纹图像等,也都适用。

灰度共生矩阵在遥感影像处理中不能直接应用,而是在它的基础上计算各种纹理表达测度的统计量,以定量表征纹理的状况,Haralick 和 Shanmugam(1973)定义了 32 个 GLCM 纹理统计量,这些量大多数都不是独立的,具有一定的相关性。常用的统计量有以下 7 个:

(1)同质性(homogeneity)

$$\text{HOM} = \sum_{i,j} \frac{P(i,j \mid d,\theta)}{1+(i-j)^2} \qquad (6\text{-}6)$$

该参数反映图像纹理的同质性,度量图像纹理局部变化的多少。其值大则说明图像纹理的不同区域间缺少变化,局部非常均匀。

(2)对比度(contrast)

$$\text{CON} = \sum_{i,j} (i-j)^2 P(i,j \mid d,\theta) \qquad (6\text{-}7)$$

该参数反映了图像的清晰度和纹理沟纹深浅的程度。纹理沟纹越深,其对比度越大、视觉效果越清晰;反之,对比度小,则沟纹浅、效果模糊。

(3)差异性(dissimilarity)

$$\text{DIS} = \sum_{i,j} |i-j| P(i,j \mid d,\theta) \qquad (6\text{-}8)$$

该参数和 contrast 所代表的含义类似。

(4)均值(mean)

$$\text{MEA} = \sum_{i,j} i \times P(i,j \mid d,\theta) \qquad (6\text{-}9)$$

该参数主要以平均值描述影像中纹理的特性。

(5)变化量(variance)

$$\text{VAR} = \sum_{i,j} P(i,j \mid d,\theta) \times (i-\text{MEA})^2 \qquad (6\text{-}10)$$

这个测度描述的是图像的异质性,Peng Gong 等(1992)发现此参数与图像像素灰度值的标准差具有较高的相关性。当各像素的灰度值与均值相差较大时,图像的方差就相应地增大。与 contrast 相比,variance 的计算时间较长。

(6)熵(entropy)

$$\text{ENT} = -\sum_{i,j} \{P(i,j \mid d,\theta) \times \log_2 P(i,j \mid d,\theta)\} \qquad (6\text{-}11)$$

该参数是对图像所具有信息量的度量,纹理信息是图像的一种信息,是一个随机性的度量,当共生矩阵中所有元素有最大的随机性、灰度共生矩阵中所有值几乎相等、共生矩阵中元素呈分散分布时,熵值较大。它表示了图像中纹理的非均匀程度或复杂程度。

(7)能量(energy)(又称二阶矩)

$$ANG = \sum_{i,j} P(i,j \mid d,\theta)^2 \qquad (6\text{-}12)$$

该参数反映了图像灰度分布均匀程度和纹理粗细度。如果共生矩阵的所有值均相等,则 ANG 值小;相反,如果其中一些值大而其他值小,则 ANG 值大。当共生矩阵中元素集中分布时,此时 ANG 值大。ANG 值大表明一种较均一和规则变化的纹理模式。

对于图像或图像局部的纹理测试通常可按以下步骤进行:

(1)将灰度级别进行压缩,如原图像灰阶为 256,可以压缩至 6 或 7,甚至更小一点,压缩方法也有多种,最简单的方法是均匀设定阈值,如灰阶压缩至 6:灰度"0"至"42"压缩为"0",灰度"43"至"85"压缩为"1",直到灰度"214"至"255"压缩为"6"。灰阶设置过多,图像的纹理现象反而不显著。

(2)设置纹理判别方向以及像元对的检测间距,即设置 Δx 和 Δy 的大小。一般设置为"1"较常见,方向为横向、纵向或 45°斜向较常使用。

(3)在计算机软件支持下,生成共生矩阵。

(4)选择纹理特征统计量,由于统计量之间有相关性,每个统计量并不完全独立,使用中一般选 3 个以内就可以。以某种纹理判别条件下的特征统计量作为当前图像或图像局部纹理判别的依据。

6.1.4　地物影像几何分析

1. 地物影像边界提取方法

在图像信息中地物边界(缘)信息居于重要地位。它能够传递和表达物体的空间信息,从中可判定出物件的大小、形状、类型以及空间位置。边界信息在图像中表现为灰度的突变。把边界提取出来之后,目标物体就能够直观地被人们了解和利用。

一条边界线是一组相连像元的集合。这些像元位于两个物件的边界上。目前,常用的边界检测方法有梯度算子、拉普拉斯算子、Canny 算子等。这些算子,在上一章曾经提到过,这里从另一角度加以阐述。

1)梯度算子

一幅数字图像的一阶导数是基于各种二维梯度的近似值。图像 $f(x,y)$ 在位置 (x,y) 的梯度定义为下式所示的列向量:

$$\nabla f = \begin{bmatrix} G_x \\ G_y \end{bmatrix} = \begin{bmatrix} \dfrac{\partial f}{\partial x} \\ \dfrac{\partial f}{\partial y} \end{bmatrix} \qquad (6\text{-}13)$$

从向量分析中我们知道,梯度向量指向在坐标 (x,y) 的 f 最大变化率方向。

在边界检测中,一个重要的量是这个向量的大小,用 ∇f 表示,这里:

$$\nabla f = \text{mag}(\nabla f) = [G_x^2 + G_y^2]^{\frac{1}{2}} \qquad (6\text{-}14)$$

这个量给出了在 ∇f 方向上每增加单位距离后值的增量,即梯度 $f(x,y)$。梯度向量的方向也是一个重要的量。令 $\alpha(x,y)$ 表示向量 ∇f 在 (x,y) 处的方向角。然后,由向量分析得到:

$$\alpha(x,y) = \arctan\left(\frac{G_y}{G_x}\right) \tag{6-15}$$

这里,角度是以 x 轴为基准度量的。边界在 (x,y) 处的方向与此点的梯度向量方向垂直。

计算图像的梯度要基于在每个像元位置都得到了偏导数 $\partial f/\partial x$ 和 $\partial f/\partial y$。用图 6-4(a) 中显示的 3×3 大小的区域表示图像像元中的灰度级。得到 z 处的一阶偏导数的最简单方法之一是使用下列 Roberts 交叉梯度算子:

$$\begin{cases} G_x = Z_9 - Z_5 \\ G_y = Z_8 - Z_6 \end{cases} \tag{6-16}$$

通过用图 6-4(b)(c)、中所示的模板可以得到整幅图像的导数。

2×2 大小的模板由于没有清楚的中心点所以很难使用。使用 3×3 大小的模板的方法由下式给出:

$$G_x = (Z_7 + Z_8 + Z_9) - (Z_1 + Z_2 + Z_3), G_y = (Z_3 + Z_6 + Z_9) - (Z_1 + Z_4 + Z_7) \tag{6-17}$$

在这组公式中,3×3 大小的图像区域的第 1 行和第 3 行间的差近似于 x 方向的导数,第 3 列和第 1 列之差近似于 y 方向上的导数。图 6-4(d) 和 (e) 中显示的模板称为 Prewitt 算子,可以用于计算这两个公式。对这两个公式的一个小小的变化是在中心系数上使用一个权重值"2":

$$G_x = (Z_7 + 2Z_8 + Z_9) - (Z_1 + 2Z_2 + Z_3), G_y = (Z_3 + 2Z_6 + Z_9) - (Z_1 + 2Z_4 + Z_7) \tag{6-18}$$

权重值"2"用于通过增加中心点的重要性而实现某种程度的平滑效果。图 6-4(f) 和 (g) 称为 Sobel 算子,用以实现这两个公式。Prewitt 算子和 Sobel 算子是在实践中计算数字梯度时最常用的。Prewitt 模板实现起来比 Sobel 模板更为简单,但后者在噪声抑制特性方面略胜一筹,这在处理导数时是个重要的问题。注意,在图 6-4 中所有的模板中的系数总和为"0",表示正如导数算子所预示,此时在灰度级不变的区域,模板响应为"0"。

Z_1	Z_2	Z_3
Z_4	Z_5	Z_6
Z_7	Z_8	Z_9

(a)

-1	0
0	1

(b)

0	-1
1	0

(c)

-1	-1	-1
0	0	0
1	1	1

(d)

-1	0	1
-1	0	1
-1	0	1

(e)

-1	-2	-1
0	0	0
1	2	1

(f)

-1	0	1
-2	0	2
-1	0	1

(g)

图 6-4　一幅图像的 3×3 大小的区域和用于计算标记为 Z_5 点梯度的不同模板

2)拉普拉斯算子

二维函数 $f(x,y)$ 拉普拉斯算子是如下定义的二阶导数:

$$\nabla^2 f = \frac{\partial^2 f}{\partial x^2} + \frac{\partial^2 f}{\partial y^2} \tag{6-19}$$

对于一个 3×3 大小的区域,在实践中经常遇到的两种形式之一是:
$$\nabla^2 f = 4Z_5 - (Z_2 + Z_4 + Z_6 + Z_8) \tag{6-20}$$
这里 Z 值在图 6-5(a)中定义。包括对角领域的数字近似方法由下式给出:
$$\nabla^2 f = 8Z_5 - (Z_1 + Z_2 + Z_3 + Z_4 + Z_6 + Z_7 + Z_8 + Z_9) \tag{6-21}$$
计算这两个公式的模板示于图 6-5。

$$
\begin{array}{ccc}
0 & -1 & 0 \\
-1 & 4 & -1 \\
0 & -1 & 0
\end{array}
\qquad
\begin{array}{ccc}
-1 & -1 & -1 \\
-1 & 8 & -1 \\
-1 & -1 & -1
\end{array}
$$

(a)　　　　　　　　　(b)

图 6-5　用于分别实现式(6-20)和式(6-21)的拉普拉斯算子模板

拉普拉斯算子一般不以其原始形式用于边界检测是由于存在下列原因:作为一个二阶导数,拉普拉斯算子对噪声具有无法接受的敏感性;拉普拉斯算子的幅值产生双边缘;最后,拉普拉斯算子不能检测边缘的方向。由于以上原因,拉普拉斯算子常起的作用包括:

(1)利用它的零交叉性质进行边缘定位。

(2)确定一个像元是在一条边界暗的一边还是亮的一边。

2. 地物影像的几何特征分析

在遥感影像边界追踪完成后,将数据组成两种形式:标号图像对象和矢量图斑对象。所谓标号图像对象就是遥感影像分割过程中所获得的具有相似性质像元集合的有序表示;所谓矢量图斑对象则是相应符号图像对象在图斑边界追踪结果中的矢量化表示,形成矢量化的图斑可以直接与地理信息系统矢量数据库衔接。这里的遥感影像分割是指按照像元的某种相似性将遥感影像自动划分为若干个图斑的一种技术。

建立遥感影像的标号图像对象和矢量图斑对象后,即可提取地物的几何特征。地物具有一定的空间几何特征,在高分辨率遥感影像上表现为灰度值相似、具有一定的大小和平面形状。空间几何特征可以从大小(面积、周长)、坐落位置(质心、外接矩形)和几何形状(欧拉数、偏心度、延伸方向、形态指数)等方面来描述。一般最常用的几何特征如下:

(1)面积
$$S = n \cdot s \tag{6-22}$$
式中,n 为标号图像对象中的像元个数;s 为单个像元所表示的地面实际面积。

(2)周长
$$L = \sum_{i=2}^{member} \sqrt{(x_i - x_{i-1})^2 + (y_i - y_{i-1})^2} \tag{6-23}$$
式中,x_i,y_i 为组成矢量图斑对象的边界连接点,周长则定位为矢量图斑对象的边界链接像元中心坐标邻近连接的长度。

(3)质心

通过图像形态分析中的"矩描述法"可以与 GIS 相结合来描述空间几何特征中的质心、偏心度、延伸方向等特征。首先计算标号图像对像的 pq 矩(这里的 p、q 分别表示 i 和 j 的方次,见下式):

$$m_{pq} = \sum_{i=1}^{m} \sum_{j=1}^{n} i^p j^q f(i,j) \tag{6-24}$$

式中，$f(i,j)$ 为标号图像对象中的像元值。标号图像对象的质心坐标可以用一阶矩来表示：

$$x_c = \frac{m_{10}}{m_{00}} \tag{6-25}$$

$$y_c = \frac{m_{01}}{m_{00}} \tag{6-26}$$

（4）形态指数

$$I = \frac{\sqrt{S}}{L} \tag{6-27}$$

式中，S 为图像对象的面积；L 为对象的周长。

形态指数用来判别对象的形态，对于圆形，$I = \frac{1}{2\sqrt{\pi}} > 0.25$；对于正方形，$I = 0.25$；对于长方形，$I < 0.25$；对于线性地物来说，$I$ 很小，对于非规则地物而言，形状越复杂，I 越小。

地物的几何特征还有一些，如地物边界的凹凸比，参见第 9 章。随着基于遥感影像对复杂地物判断的要求，人们还不断发现地物更多的几何特征。依据各种几何特征定义，系统即可提取地物的这一特征，从而加以判断。

6.2　影像分类原理与过程

计算机影像分类的工作对象一般是同一地区、同一时相的多光谱数据，个别情况多时相数据也可进行分类，分类目的是将影像中每个像元根据其在不同波段的灰度、空间结构特征或者其他信息，按照某种规则或算法划分为不同的类别，这是利用遥感技术识别地物、从影像提取信息的基础。最简单的分类是只利用不同波段的灰度值进行单像元自动分类；另一种则考虑像元的光谱亮度值，还利用像元和其周围像元之间的空间关系，如图像纹理、特征大小、形状、方向性、复杂性和结构等空间特征，对像元进行分类，因此它比单纯的单像元光谱分类复杂，且计算量也大，当然可识别信息也多。对于多时段的图像，时间变化而引起的光谱及空间特征的变化也是非常有用的信息。如对农作物或树种的有些分类中，单时段的图像无论其多少波段，都较难区分不同作物或树种，但是利用多时段信息，由于不同作物或树种生长季节的差别，则比较容易区分。另外，在分类中，也经常利用一些来自地理信息系统或其他来源的数据辅助判别，比如在对城市土地利用分类中，往往会参考城市规划图、城市人口密度图等，以便于更精确地区分居住区和商业区。

根据计算机系统分类过程中人工参与程度通常分为监督分类和非监督分类。随着遥感传感器技术的发展，IKONOS 和 QuickBird 等空间分辨率小于 1m 的遥感影像分类识别系统也发展起来，面向对象的分类算法应运而生。对此，我们将分别予以讨论。

6.2.1　非监督分类

非监督分类（unsupervised classifi cation）是指人们事先对分类过程不施加任何先验知

识,而仅凭数据(遥感影像地物光谱特征的分布规律),即自然特性,进行"盲目"的分类;其分类结果只是对不同类别达到了区分,但并不能确定类别的属性,亦即非监督分类只能把影像分为若干类别,而不能给出类别的属性描述;其类别的属性则通过分类结束后目视判读或实地调查确定。目前遥感非监督分类多采用聚类算法。聚类(clustering)是指根据"物以类聚"的原理,将本身没有类别的像元聚集成不同的组,并且对每一个这样的组进行描述的过程。它的目的是使同属于一个组的像元之间彼此相似,而不同组的像元尽量不相似。需要注意的是,这里分类的对象是多波段的一组影像,此时一个像元的灰度不是单一的数值,而成为一个 n 维向量,n 即波段数目。聚类是对这些像元灰度向量进行聚类。

　　下面以图 6-6 为例,说明非监督式分类原理。图 6-6(a)所示为一景森林地区的遥感影像,首先由用户设定待分类别数为 3 类,计算机再任意安置该数目的集群中心于量测的影像空间数据中,集群中心又称为聚类中心,反复更换聚类中心的位置以达最理想位置,而最理想位置即为那些具有较高光谱分隔的集群,以区分出该影像在光谱空间上的三个主要集群(因为待分类别数为 3 类),如图 6-6(b)所示,这里将光谱空间示意性地设为 2 维空间,因为仅使用 2 个波段影像。显然,聚类中心位置的选择对于聚类结果有重要影响。随后我们将此森林地区的像元值绘成分布图,有三个集群出现于分布图中。在已成类属的影像数据与地面参考数据比较后,发现其中一个集群属于阔叶林,一个属于竹林,另一个属于裸露地,如图 6-6(c)所示 p、s 和 c。

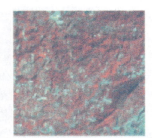

(a) 台湾阿公店集水区卫星影像

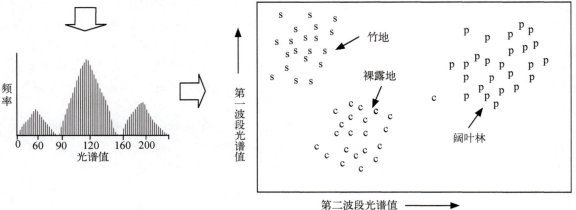

(b) 光谱空间集群分布　　　　　　　　　　　　　　(c) 光谱空间分布图

图 6-6　非监督光谱分类示意图

1. 聚类中的相似性度量

在聚类的过程中,通常是按照某种相似性准则对样本进行合并或分离的。在统计模式识别中常用的相似性度量有:

(1)欧氏距离

$$D = \| \boldsymbol{X} - \boldsymbol{Z} \| = [(\boldsymbol{X} - \boldsymbol{Z})^T (\boldsymbol{X} - \boldsymbol{Z})]^{\frac{1}{2}} \tag{6-28}$$

式中,$\boldsymbol{X}$、$\boldsymbol{Z}$ 为待比较的两个样本的特征矢量。

(2)马氏距离

$$D = (\boldsymbol{X} - \boldsymbol{Z})^T \sum{}^{-1} (\boldsymbol{X} - \boldsymbol{Z}) \tag{6-29}$$

式中,$\sum{}^{-1}$ 为 $\boldsymbol{X}$、$\boldsymbol{Z}$ 的互相关矩阵。

(3)特征矢量 $\boldsymbol{X}$、$\boldsymbol{Z}$ 的角度定义为

$$S(\boldsymbol{X}, \boldsymbol{Z}) = \frac{\boldsymbol{X}^T \boldsymbol{Z}}{\| \boldsymbol{X} \| \cdot \| \boldsymbol{Z} \|} \tag{6-30}$$

在相似性度量选定以后,需设定一个评价聚类结果质量的准则函数。按照定义的准则函数进行样本的聚类分析,必须保证在分类结果中类内距离最小,而类间距离最大。也就是说,在分类结果中同一类中的点在特征空间中聚集得比较紧密,而不同类别中的点在特征空间中相距较远。

2. K-均值算法

K-均值算法也称 C-均值算法,其基本思想是:通过迭代,逐次移动各类的中心,直至得到最好的聚类结果为止。假设图像上的目标要分为 C 类别,C 为已知数,则 K-均值算法步骤如下:

(1)适当地选取 C 个类别的初始聚类中心 $Z_1^{(1)}$、$Z_2^{(1)}$、$\cdots$、$Z_C^{(1)}$,初始聚类中心的选择对聚类结果有一定的影响,初始聚类中心的选择一般有以下步骤:

①任选 C 个类别的初始聚类中心;

②将全部数据随机地分为 C 个类别,计算每类的重心,将这些重心作为 C 个类的初始聚类中心;

③在 k 次迭代中,对任一样本 X 按如下的方法把它调整到 C 个类别中的某一类中去。

对于所有的 $i \neq j, i = 1, 2, \cdots, C$,如果 $\| X - Z_j^{(k)} \| < \| X - Z_i^{(k)} \|$,则 $X \in S_j^{(k)}$,其中 $S_j^{(k)}$ 是以 $Z_j^{(k)}$ 为聚类中心的类。

(2)由这一步得到 $S_j^{(k)}$ 类新的聚类中心:

$$Z_j^{(k+1)} = \frac{1}{N_j} \sum_{X \in S_j^{(k)}} X \tag{6-31}$$

式中,N_j 为 $S_j^{(k)}$ 类中的样本数。$Z_j^{(k+1)}$ 是按照使 J 最小的原则确定的,J 的表达式为

$$J = \sum_{j=1}^{C} \sum_{X \in S_j^{(k)}} \| X - Z_j^{(k+1)} \|^2 \tag{6-32}$$

(3)对于所有的 $j = 1, 2, \cdots, C$,如果 $Z_j^{(k+1)} = Z_j^{(k)}$,则迭代结束,否则转到第二步继续进行迭代。

K-均值算法是一个迭代算法，迭代过程中类别中心按最小二乘误差的原则进行移动，因此聚类中心的移动是合理的，其缺点是事先确定类别数 C，而 C 通常是在实际中根据实验确定的。

3. ISODATA 算法

ISODATA(iterative self-organizing data analysis techniques algorithm)算法亦称迭代自组数据分析算法，它与 K-均值算法有两点不同：第一，它不是每调整一个样本的类别就重新计算一次各类样本的均值，而是在每次把所有样本都调整完毕之后才重新计算一次各类样本的均值，前者称为逐个样本修正法，后者称为成批样本修正法；第二，ISODATA 算法不仅可以通过调整样本所属类别完成样本聚类分析，而且可以自动进行类别的"合并"和"分裂"，从而得到类数比较合理的聚类结果。ISODATA 算法描述如下。

（1）给出下列控制参数：

K：希望得到的类别数（近似值）；

θ_N：所希望的一个类中样本的最小数目；

θ_S：关于类的分散程度的参数（如标准差）；

θ_C：关于类间距的参数（如最小距离）；

L：每次允许合并的类的对数；

I：允许迭代的次数。

（2）适当地选取 N_c 个类的初始中心 $\{Z_i, i=1,2,\cdots,N_c\}$。

（3）把所有样本 X 按如下的方法分到 N_c 个类别中的某一类中去：对于所有的 $i \neq j, i=1, 2,\cdots,N_c$，如果 $\parallel X-Z_j \parallel < \parallel X-Z_i \parallel$，则 $X \in S_j$，其中 S_j 是以 Z_j 为聚类中心的类。

（4）如果 S_j 类中的样本数 $N_j < \theta_N$，则去掉 S_j 类，$N_c = N_c - 1$，返回（3）。

（5）按下式重新计算各类的聚类中心：

$$Z_j = \frac{1}{N_j} \sum_{x \in S_j} X, j=1,2,\cdots,N_c \tag{6-33}$$

（6）计算 S_j 类内的平均距离：

$$\overline{D_j} = \frac{1}{N_j} \sum_{x \in S_j} \parallel X - Z_j \parallel, j=1,2,\cdots,N_c \tag{6-34}$$

（7）计算所有样本离开其相应的聚类中心的平均距离：

$$\overline{D} = \frac{1}{N} \sum_{j=1}^{N_c} N_j \cdot \overline{D_j} \tag{6-35}$$

式中，N 为样本总数。

（8）如果迭代次数大于 I，则转向（12），检查类间最小距离，判断是否进行合并。如果 $N_c \leqslant K/2$，则转向（9），检查每类中各分量的标准差（分裂）；如果迭代次数为偶数或 $N_c \geqslant 2K$ 则转向（12），检查类间最小距离，判断是否进行合并；否则转向（9）。

（9）计算每类中各分量的标准差：

$$\delta_{ij} = \sqrt{\frac{1}{N_j} \sum_{x \in S_j} (x_{ik} - z_{ij})^2} \tag{6-36}$$

式中，$i=1,2,\cdots,n,n$ 为样本 X 的维数；$j=1,2,\cdots,N_c,N_c$ 为类别数；$k=1,2,\cdots,N_j,N_j$ 为

S_j 类中的样本数；x_{ik} 为第 k 个样本的第 i 个分量；z_{ij} 为第 j 个聚类中心 Z_j 的第 i 个分量。

（10）对每一个聚类 S_j，找出标准差最大的分量：

$$\delta_{j\max} = \max(\delta_{1j}, \delta_{2j}, \cdots, \delta_{nj}), j = 1, 2, \cdots, N_c \tag{6-37}$$

（11）如果以下条件 1 和条件 2 有一个成立，则把 S_j 分裂成为两个聚类，两个新类的中心分别为 z_j^+ 和 z^-，原来的 Z_j 取消，使 $N_c = N_c + 1$，最后转向（3）重新分配样本。其中，

条件 1：$\delta_{j\max} > \theta_S$，且

$$\overline{D_j} > \overline{D} \text{ 且 } N_j > 2 \cdot (\theta_N + 1) \tag{6-38}$$

条件 2：$\delta_{j\max} > \theta_S$，且 $N_c \leqslant K/2$；$Z_j^+ = Z_j + \gamma_j$；$Z_j^- = Z_j - \gamma_j$

式中，$\gamma_j = k \cdot \delta_{j\max}$，$k$ 是人为给定的常数，且 $0 < k \leqslant 1$。

（12）计算所有聚类中心之间的两两距离：

$$D_{ij} = \| z_i - z_j \|, i = 1, 2, \cdots, N_c - 1, j = i + 1, \cdots, N_c \tag{6-39}$$

（13）比较 D_{ij} 和 θ_C，把小于 θ_C 的 D_{ij} 按由小到大的顺序排列：

$$D_{i_1 j_1} < D_{i_2 j_2} < \cdots < D_{i_L j_L} \tag{6-40}$$

式中，L 为每次允许合并的类的对数。

（14）按照 $l = 1, 2, \cdots, L$ 的顺序，把 $D_{i_l j_l}$ 所对应的两个聚类中心 Z_{i_1} 和 Z_{i_2} 合并成一个新的聚类中心 Z_l^*，并使 $N_c = N_c - 1$：

$$Z_l^* = \frac{1}{N_{i_l} \cdot N_{j_l}} (N_{i_l} Z_{i_l} + N_{j_l} Z_{j_l}) \tag{6-41}$$

在对 $D_{i_l j_l}$ 所对应的两个聚类中心 Z_{i_1} 和 Z_{i_2} 进行合并时，如果其中至少有一个聚类中心已经被合并过，则越过该项，继续进行后面的合并处理。

（15）若迭代次数大于 I 或者迭代中参数变化在限差以内，则迭代结束，否则转向步骤（3）继续进行迭代处理。

6.2.2　监督分类

监督分类（supervised classi. cation）是指人们事先对分类过程施加一定的先验知识，在影像上划定典型分类样区，计算机统计分析各分类样区的数据特点进行分类。这里以图 6-7 为例，介绍分类算法步骤：

第一步，分析人员根据研究或应用目的确定分类类别（例如阔叶林、竹林和裸露地），选定影像波段（图 6-7）；再依所定的各类别选定具代表性的训练样区，如图 6-8 所示。另一方面，图 6-9 象征着影像三个波段所选取各个分类别的训练样区光谱值分布范围（特性），以作为每一类别进行监督分类时的参考依据。需要说明的是，对于训练样区的光谱数据特征提取是研究监督分类的关键之一，也是人们仍在研究的问题之一，关系到分类结果是否理想，不同的图像处理软件可能提取不同的光谱数据特征，因此分类结果以及分类效果会有所不同。

第二步，再依据各类别训练样区的多种特征统计值，配合影像分析者选择适当的统计方法，进行影像中各像元的二维空间归类或群落分析，如图 6-10 所示，即为上述阔叶林、竹林、裸露地三种分类别分别在波段 1 和波段 2、波段 1 和波段 3、波段 2 和波段 3 三组的二维空间统计—群落分析，最后再计算每一个像元到各类别群落间的光谱最短距离，并认定每一个像

元属于与其距离最短的群落,从而得到影像分类成果。

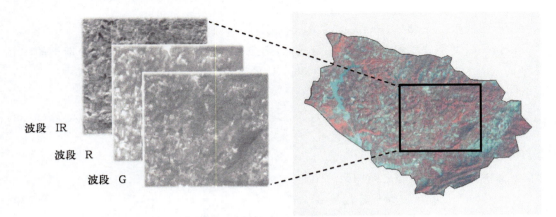

图 6-7　阿公店水库集水区原始卫星影像(SPOT-XS,1997/1/10)

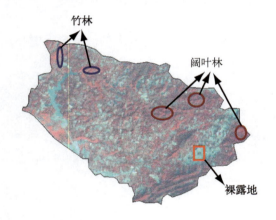

图 6-8　各类别训练样区选取示意图

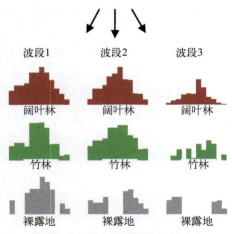

图 6-9　不同土地类别的光谱分布

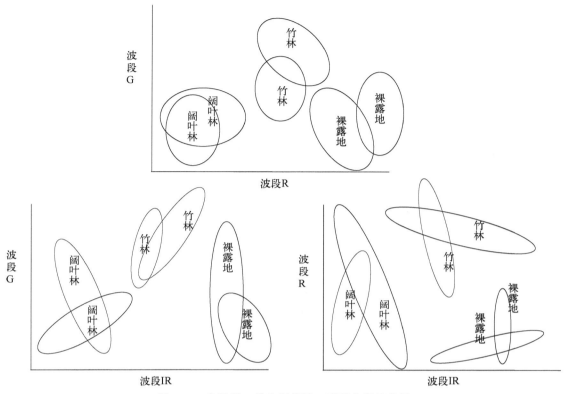

图 6-10　各波段二维空间统计－群落分析示意图

6.2.3　选择合适的分类算法

可以采用各种监督分类算法将未知像元分到 m 种可能类中的一类。选取某种特定的分类器或判别规则取决于输入数据的特点和所期望的输出结果。几种广泛常用的分类算法包括最小距离法、最大似然法、支持向量机法等。

1. 最小距离法

最小距离分类法,首先需定出每一类属训练样区的光谱平均值,即每一类训练样区中每一波段的灰度平均值组成向量,称为平均向量(mean vector),然后考虑光谱亮度值在影像各波段间的空间位置坐标,并计算每个未知类属像元与各类属训练样区光谱平均值的距离,最后将其未知类属像元归属于光谱空间距离最近的类。如图 6-11 所示,根据第一波段与第二波段光谱数据建立光谱空间,未知像元 1 将因此被自动分类为森林(F)类别。如果该像元与各分类的距离皆超过分析者所定的距离限制,则将无法进行归类,定为其他类。最小距离分类法是一种原理简单又方便利用的分类策略。

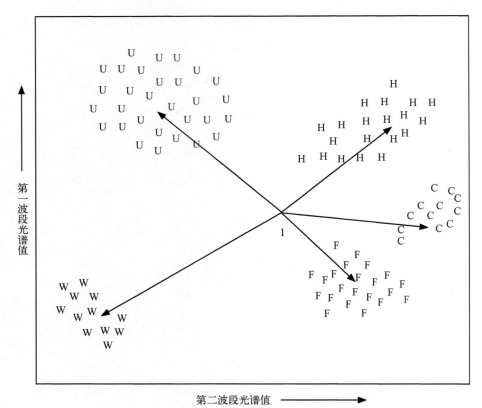

图 6-11　最小距离分类法示意图

2. 最大似然法

在多类识别时,采用统计方法建立起一个判别函数集,然后根据这个判别函数计算各待分类样品的归属概率,样品属于哪一类概率最大就判别其属于哪一类,这就是最大似然法。该方法判别函数是统计模式识别的参数方法,要用到各类先验概率 $p(X)$ 和条件概率密度函数 $p(X|\omega_i)$。所谓先验概率是指在未进行对于某个事件发生概率判断前根据经验与知识得到的各种事件类别发生的概率;而条件概率密度函数 $p(X|\omega_i)$ 是指在 ω_i 中发生 X 的概率。先验概率 $p(X)$ 通常根据各种先验知识给出或假设它们相等;而条件概率密度函数 $p(X|\omega_i)$ 则是首先根据其分布形式给出,然后利用训练样区计算相应的参数。

最大似然法分为多种形式,最常用的是基于最小错误概率的 Bayes 分类器,下面对其进行介绍。

设有 S 个类别,用 $\omega_1,\omega_2,\cdots,\omega_s$ 来表示,每个类别的先验概率分别为 $p(\omega_1),p(\omega_2),\cdots,p(\omega_s)$;设有位置类别的样本 X,其类条件概率密度分别为 $p(X|\omega_1),p(X|\omega_2),\cdots,p(X|\omega_s)$;则根据 Bayes 定理可得到样本 X 出现的后验概率为

$$p(\omega_i \mid X) = \frac{p(X \mid \omega_i) \cdot p(\omega_i)}{p(X)} = \frac{p(X \mid \omega_i) \cdot p(\omega_i)}{\sum_{i=1}^{s}(X \mid \omega_i) \cdot p(\omega_i)} \tag{6-42}$$

　　Bayes 分类器是以样本 X 出现的后验概率为判别函数来确定样本 X 的所属类别,其判别规则是:

　　如果

$$p(X \mid \omega_i)p(\omega_i) = \max_{j=1}^{s} p(X \mid \omega_j)p(\omega_j) \tag{6-43}$$

则 $X \in \omega_i$。

　　由于在式(6-42)中,分母是与类别无关的常数,因此可以不考虑分母对 $p(\omega_i \mid X)$ 的影响,所以上式得以成立。

　　Bayes 分类器是通过把观测样本 X 的先验概率 $p(\omega_i)$ 转化为后验概率 $p(\omega_i \mid X)$ 来确定样本 X 的所属类别。按照 Bayes 分类器对样本 X 进行分类,可以使错误分类的概率 $p(e)$ 最小,如图 6-12 所示。以两类别问题为例,错误分类率可以表示为

$$p(e) = \int_{r_2} p(\omega_1)p(X \mid \omega_1)\mathrm{d}X + \int_{r_2} p(\omega_2)p(X \mid \omega_2)\mathrm{d}X \tag{6-44}$$

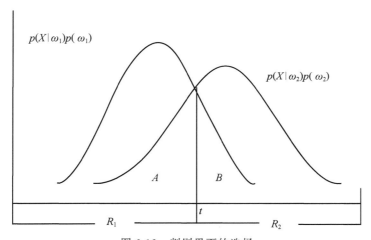

图 6-12　判别界面的选择

　　错误分类概率 $p(e)$ 为图 6-12 中 A 区部分的面积和 B 区部分的面积之和,当区间 R_1 和区间 R_2 分界线在 t 位置时错误分类概率 $p(e)$ 最小,而 t 位置正是判别界面所在位置。判别界面的方程为

$$p(\omega_1)p(X \mid \omega_1) = p(\omega_2)p(X \mid \omega_2) \tag{6-45}$$

　　在 Bayes 分类器中,先验概率 $p(\omega_i)$ 通常可以通过实际经验给出,而条件概率 $p(X \mid \omega_i)$ 则需要根据问题的实际情况作出合理的假设。从使用的角度来看,如果特征空间中某一类的特征较多地分布在这一类均值附近,远离均值的点较少,则此时假设 $p(X \mid \omega_i)$ 服从正态分布是合理的。下面研究 X 服从高维正态分布时 Bayes 分类器的表达形式。

　　设 $X = (x_1, x_2, \cdots, x_n)^{\mathrm{T}}$ 且 X 服从高维正态分布,即有

$$p(X \mid \omega_i)P(\omega_i) = \frac{1}{(2\pi)^{n/2} \mid \sum_i \mid^{1/2}} \exp\left[\left(\frac{1}{2}(X - M_i)^{\mathrm{T}} \sum_i^{-1} (X - M_i)\right)\right] \tag{6-46}$$

式中,M_i 是 ω_i 类特征向量 X 的均值;$\sum_i$ 是第 ω_i 类特征向量 X 的方差。

　　令 $d_i^*(X) = p(X \mid \omega_i)$,将上式代入 $d_i^*(X)$,两边取对数后得

$$\ln d_i^* (X) = \ln p(\omega_i) - \frac{n}{2}\ln(2\pi) - \frac{1}{2}\ln \left| \sum_i \right| - \frac{1}{2}(X - M_i)^{\mathrm{T}} \sum_i^{-1} (X - M_i) \quad (6\text{-}47)$$

去掉上式中 ω_i 和 X 的常数项,并令 $d_i(X) = \ln d_i^* (X)$,得到:

$$d_i(X) = \ln p(\omega_i) - \frac{1}{2}\ln \left| \sum_i \right| - \frac{1}{2}(X - M_i)^{\mathrm{T}} \sum_i^{-1} (X - M_i) \quad (6\text{-}48)$$

上式就是条件概率 $p(X|\omega_i)$ 服从正态分布时的判别函数,此时判别规则如下:

如果

$$d_i(X) = \max_{j=1}^{s} d_j(X) \quad (6\text{-}49)$$

则 $X \in \omega_i$。

最大似然法主要的缺点是需要大量计算以决定每一像元的分类,这种复杂性使得分类速度较慢,花费也较高,但却因此提供了较高精度的分类结果。此外,有学者指出遥感影像数据服从高维正态分布的假设是不成立的。尽管如此,最大似然法仍然被认为是分类效果最好的方法之一。因此,在一般图像处理软件中,都提供最大似然法计算的功能模块。

3. 支持向量机法(SVM)

支持向量机(support vector machine)是在 20 世纪 80 年代末由 Vapnik 与其领导的贝尔实验室研究小组一起开发出来的一种新的计算机学习技术。该方法根据结构风险最小化准则,在样本分类误差极小化的前提下,尽量提高分类器的泛化通用推广能力,具有较强的非线性和高维数据的处理能力,有效地缓解了维数灾难问题。这里所谓"维数灾难"是指同一地区包含过多幅遥感影像,包括不同时相的影像,需要统一分析而引发的问题,该技术已经成为当前国际计算机"学习"问题的研究热点。

1)基本概念

为了设计分类器,需要引出"超平面"与"内积空间"的概念,所谓超平面是一个假想的"平面",用这种平面将两类向量区分开来。超平面在一维空间里就是一个点,在二维空间里就是一条直线,三维空间里就是一个平面,这里"直线"、"平面"都是线性函数,如此想象下去,这里不关注空间的维数,给这种线性函数一个统一的名称,即"超平面";而"内积空间"是指进行内积运算的空间,它是超平面的集合。这里的内积,即矢量(向量)代数的"点乘",矢量代数定义两个矢量的点乘为一个实数,在内积空间 H 中的任何一个超平面都可以表示为

$$\{ \boldsymbol{\omega} \cdot \boldsymbol{x} + b = 0 \,|\, \boldsymbol{x} \in H, \boldsymbol{\omega} \in H, b \in \mathbf{R} \} \quad (6\text{-}50)$$

式中,$\boldsymbol{\omega}$ 是一个垂直于超平面的向量,即超平面的法向量。如果 $\boldsymbol{\omega}$ 为单位向量,则 $\boldsymbol{\omega}_i \cdot \boldsymbol{x}$ 为向量沿 $\boldsymbol{\omega}$ 方向的长度;而对于一般的 $\boldsymbol{\omega}$,其长度要乘以 $\| \boldsymbol{\omega} \|$。但不论哪种情况,超平面包含所有沿 $\boldsymbol{\omega}$ 方向长度相等的向量。式(6-50)中 b 是一个实数,$\mathbf{R}$ 是指实数空间。

一个超平面完全可以由参数 $(\boldsymbol{\omega}, b)$ 决定,所以可以简单地将超平面表示为 $(\boldsymbol{\omega}, b)$。但是,对参数 $\boldsymbol{\omega}$、b 同时乘以任意非零参数,超平面 $(\boldsymbol{\omega}, b)$ 是不变的,即同一个超平面可以用不同的参数来表示,为了避免这种情况,我们引入规范超平面。以下式表达的超平面

$$\{ \boldsymbol{\omega} \cdot \boldsymbol{x} + b = 0 \,|\, \boldsymbol{x} \in H, (\boldsymbol{\omega}, b) \in H \times \mathbf{R} \} \quad (6\text{-}51)$$

称为关于点 $x_1, x_2, \cdots, x_l \in H$ 的规范超平面,如果它满足

$$\min_{i=1,\cdots,l} | \boldsymbol{\omega} \cdot \boldsymbol{x}_i + b | = 1 \quad (6\text{-}52)$$

则这个规范超平面与它最近的点之间的距离为 $1/\parallel \omega \parallel$。超平面$(\omega,b)$、$(-\omega,-b)$均满足规范超平面的条件,而对于分类问题来说,由于它们方向不同,这两个超平面是不同的,但没有办法区别这两个超平面;而对于一个有标号的训练集,则可以区分,因为这两个超平面对应的类别正好相反。

间隔在支持向量学习算法中起着重要的作用。对于一个超平面(ω,b),称

$$\rho(w,b)(\boldsymbol{x},\boldsymbol{y}) = y(\boldsymbol{\omega} \cdot \boldsymbol{x} + b/ \mid \boldsymbol{\omega} \parallel) \qquad (6\text{-}53)$$

为点$(x,y) \in H \times \{\pm 1\}$的几何间隔;而称

$$\rho(\boldsymbol{\omega},b) = \min_{i=1,\cdots,l} \rho(w,b)(x_i,y_i) \qquad (6\text{-}54)$$

为关于训练集

$$S = \{(x_i,y_i) \mid x_i \in H, y_i \in \{\pm 1\}, i = 1,\cdots,l\} \qquad (6\text{-}55)$$

的几何间隔。如果没有特殊说明,说几何间隔就是指对训练集而言的。有时简称几何间隔为间隔。

如果一个点(x,y)被正确区分,那么该点的间隔就是模式 $\boldsymbol{x}$ 到超平面的距离。如果点在超平面上,该点的间隔就是零。当点不在超平面上时,该点的间隔可以写成

$$\boldsymbol{y}(\overline{\boldsymbol{\omega} \cdot \boldsymbol{x} + \boldsymbol{b}}) \qquad (6\text{-}56)$$

其中

$$\overline{\boldsymbol{\omega}} = \boldsymbol{\omega}/ \parallel \boldsymbol{\omega} \parallel , \overline{\boldsymbol{b}} = b/ \parallel \boldsymbol{b} \parallel \qquad (6\text{-}57)$$

权向量 $\overline{\boldsymbol{\omega}}$ 为单位向量。对于规范超平面而言,关于训练集的间隔就是 $1/ \parallel \boldsymbol{\omega} \parallel$。

2)线性支持向量机

支持向量机是从线性可分情况下的最优分类面发展而来的,基本思想可用图 6-13 的二维平面的情况说明。

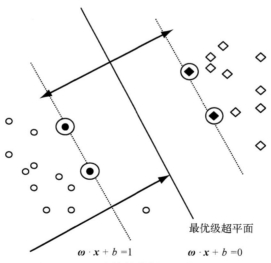

图 6-13 中,方框点和圆点代表两类样本,中间的粗实线为分类线,其两旁的两虚线分别为过各类中离分类线最近的样本且平行于分类线的直线,它们之间的距离就是分类间隔。所

谓最优分类线就是要求分类线不但能将两类正确分开,即训练错误率为零;而且使分类间隔最大。对分类线 $\boldsymbol{\omega} \cdot \boldsymbol{x}+b=0$ 进行标准化处理,使得对线性可分的样本集 S 满足下面的不等式:

$$y_i(\boldsymbol{\omega} \cdot \boldsymbol{x}_i + b) \geqslant 1, i=1,2,\cdots,l \tag{6-58}$$

此时分类间隔等于 $2/\|\boldsymbol{\omega}\|$,使间隔最大等价于使 $\|\boldsymbol{\omega}\|/2$ 最小。显然分类间隔越大,分类效果越好。训练样本正确可分,且使 $\|\boldsymbol{\omega}\|/2$ 最小的分类面就是最优分类面,位于两虚线上的训练样本点就称作支持向量。

使分类间隔最大实际上就是对推广能力的控制,这是 SVM 的核心思想之一。根据统计学理论,一个规范超平面构成的指示函数集(用于进行类别区分的一组函数)

$$h(x) = \text{sgn}[\boldsymbol{\omega} \cdot \boldsymbol{x} + b] \tag{6-59}$$

VC 维 h 需满足

$$h \leqslant \min([R^2 A^2], n) + 1 \tag{6-60}$$

式中,sgn[]为符号函数;n 为向量空间的维数;R 为覆盖样本向量的超球半径,$\|\boldsymbol{\omega}\| \leqslant A$。这里所谓"超球"是指在 n 维空间中的"球",即球面与球心有一个固定的距离,这一距离就是超球半径。

因此,可以通过最小化 $\|\boldsymbol{\omega}\|$ 减少 VC 维,从而实现 SVM 准则中的函数优性选择;固定经验风险,最小化期望风险就转化为最小化 $\|\boldsymbol{\omega}\|$,这就是 SVM 的出发点。

根据上面的分析,在线性可分条件下构建最优超平面,就转化为下面的二次规划问题:

$$\begin{cases} \min \Phi(\boldsymbol{\omega}) = \dfrac{1}{2}(\omega \cdot \omega) \\ \text{s. t. } y_i(\boldsymbol{\omega} \cdot \boldsymbol{x}_i + b) \geqslant 1, i=1,2,\cdots,l \end{cases} \tag{6-61}$$

式(6-61)的最优解为下面的 Lagrange 函数的鞍点:

$$L(\boldsymbol{\omega},b,\alpha) = \frac{1}{2}(\boldsymbol{\omega} \cdot \boldsymbol{\omega}) - \sum_{i=1}^{l} \boldsymbol{\alpha}_i [y_i(\boldsymbol{\omega} \cdot \boldsymbol{x}_i + b) - 1] \tag{6-62}$$

式中,$\alpha \geqslant 0$ 为 Lagrange 乘数。

由于在鞍点 $(\boldsymbol{\omega},b)$ 处的梯度为零,因此

$$\frac{\partial L}{\partial \boldsymbol{\omega}} = \boldsymbol{\omega} - \sum_{i=1}^{L} \boldsymbol{\alpha}_i y_i \boldsymbol{x}_i = 0 \Rightarrow \boldsymbol{\omega} = \sum_{i=1}^{l} \boldsymbol{\alpha}_i y_i \boldsymbol{x}_i \tag{6-63}$$

$$\frac{\partial L}{\partial b} = \sum_{i=1}^{L} \boldsymbol{\alpha}_i y_i = 0 \Rightarrow \sum_{i=1}^{l} \boldsymbol{\alpha}_i y_i = 0 \tag{6-64}$$

根据 KKT 定理,最优解还应满足

$$\boldsymbol{\alpha}_i [y_i(\boldsymbol{\omega} \cdot \boldsymbol{x}_i + b) - 1] = 0, \forall i \tag{6-65}$$

可以看出,只有支持向量的系数 $\boldsymbol{\alpha}_i$ 不为零,最优解才有意义,所以 $\boldsymbol{\omega}$ 可以表示成

$$\boldsymbol{\omega} = \sum_{SV} \boldsymbol{\alpha}_i y_i \boldsymbol{x}_i \tag{6-66}$$

把式(6-63)和式(6-65)代入(6-61)中,构建最优超平面的问题就转化为一个较简单的对偶二次规划问题:

$$\begin{cases} \max W(\boldsymbol{\alpha}) = \sum_{i=1}^{l} \boldsymbol{\alpha}_i - \dfrac{1}{2} \sum_{i,j} \boldsymbol{\alpha}_i \boldsymbol{\alpha}_j \, \boldsymbol{y}_i \, \boldsymbol{y}_j (x_i \cdot x_j) \\ \text{s. t.} \sum_{i=1}^{l} \boldsymbol{\alpha}_i \boldsymbol{y}_i = 0, \quad \boldsymbol{\alpha}_i \geqslant 0, \quad i = 1, 2, \cdots, l \end{cases} \tag{6-67}$$

如果 $\boldsymbol{\alpha}^*$ 为式(6-67)的一个解,则

$$\boldsymbol{\omega} \cdot \boldsymbol{\omega} = \sum_{\text{sv}} \boldsymbol{\alpha}_i^* \boldsymbol{\alpha}_j^* \, \boldsymbol{y}_i \, \boldsymbol{y}_j (\boldsymbol{x}_i \cdot \boldsymbol{x}_j) \tag{6-68}$$

通过选择不为零的 $\boldsymbol{\alpha}_i$ 代入式(6-65)中解出 $\boldsymbol{b}$。对于给定的未知样本 $\boldsymbol{x}$,只需计算

$$\text{sgn}[\boldsymbol{\omega} \cdot \boldsymbol{x} + b] \tag{6-69}$$

就可判断 $\boldsymbol{x}$ 所属的类别。

3）非线性支持向量机

上一节中讨论的为线性可分问题,倘若训练数据为线性不可分问题,如图 6-14 所示,便需要使用非线性分割的方式。

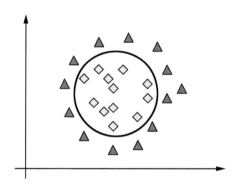

图 6-14　SVM 线性不可分割示意图

非线性 SVM 问题的基本思想是:通过非线性变换将输入向量 $\boldsymbol{x}$ 转化到某个高维空间中,然后在变换空间求解最优分类面。这种变换可能比较复杂,因此这种思路在一般情况下不易实现。但是要注意到上面的对偶问题都只是涉及训练样本之间的内积运算(即点积运算):

$$(\boldsymbol{x}_i \cdot \boldsymbol{x}_j), i, j = 1, \cdots, l \tag{6-70}$$

即在高维空间只需进行内积运算,而这种内积运算是可以用原空间中的函数实现的,我们甚至没有必要知道变换的形式。根据泛函的有关理论,只要找出一种核函数

$$k(\boldsymbol{x}_i \cdot \boldsymbol{x}_j) \quad i, j = 1, \cdots, l \tag{6-71}$$

满足 Mercer 条件,它就对应某一变换空间中的内积。

首先,通过非线性映射

$$\Phi: R^n \to H \tag{6-72}$$

将输入变量映射到高维 Hilbert 空间中。

如果定义

$$k(x, y) = \Phi(\boldsymbol{x}) \cdot \Phi(\boldsymbol{y}) \tag{6-73}$$

那么"最大间隔"非线性支持向量机的目标函数就变为

$$W(\boldsymbol{\alpha}) = \sum_{j=1}^{l} \boldsymbol{\alpha}_i - \frac{1}{2} \sum_{i=1}^{l} \sum_{j=1}^{l} \boldsymbol{y}_i \boldsymbol{y}_j \boldsymbol{\alpha}_i \boldsymbol{\alpha}_j k(\boldsymbol{x}_i \cdot \boldsymbol{x}_j) \tag{6-74}$$

相应的分类函数为

$$f(x) = \text{sgn}[\omega \cdot \Phi(x) + b] = \text{sgn}\left[\sum_{i=1}^{l} \boldsymbol{y}_i \boldsymbol{\alpha}_i k(\boldsymbol{x}_i \cdot x) + b\right] \tag{6-75}$$

选择不同的核函数就可以产生不同的支持向量机,常用的核函数有以下几种:

(1)多项式核

$$k(x,y) = [s(\boldsymbol{x} \cdot \boldsymbol{y}) + c]^d \tag{6-76}$$

(2)高斯(径向基函数或 RBF)核

$$k(x,y) = \exp\left(-\frac{\|\boldsymbol{x} - \boldsymbol{y}\|^2}{2\sigma^2}\right) \tag{6-77}$$

(3)二层神经网络核

$$k(x,y) = \tanh[s(\boldsymbol{x} \cdot \boldsymbol{y}) + c] \tag{6-78}$$

式中,tanh 为双曲正切函数。

4)支持向量机用于遥感影像分类

(1)基于 SVM 的影像分类是一种监督分类方法,首先需要利用已知影像中的典型区域作为训练样本。

(2)根据训练样本 X 所属类别 Y,可直接列出二次优化式(6-74)。

(3)SVM 训练过程是二次优化,根据二次规划问题的解法,即式(6-75),求出 $\boldsymbol{\alpha}_i^*$,所对应的样本就是支持向量。

(4)求出分类函数,即式(6-75)。

(5)在待分类影像中所取得未知子样特征向量 x 基础上,将 x 代入分类函数式 $f(x,y)$ 中,获取子样的类别。对每一个子样完成这一步骤,即完成全影像的分类。

需要着重指出,虽然支持向量机在理论上缓解了"维数灾难",但是在实际工作中并不是可以任意增多参与影像分析的影像数目,即增加向量的维数,尽管支持向量机并没有限定向量维数,但是由于噪声的干扰,特别是不在同一景的影像之间成像条件的不一致性,成像对象状态也在改变,造成数据之间的矛盾,随着向量维数的增加,影像分类的效果反而变差。恰当控制参与分析的向量维数是一个不可忽视的问题。

6.3　面向对象图像处理技术

6.3.1　面向对象图像处理方法的产生背景

随着传感器技术的发展,IKONOS 和 QuickBird 等空间分辨率小于 1m 的遥感系统投入了大量应用,传统的面向像元的图像处理方法并不适用于高分辨率遥感影像,其原因有两方面:

一方面是高分辨率影像分析的需求。与传统的中、低空间分辨率遥感影像相比,高分辨率影像空间信息更加丰富,地物目标细节信息表达更加清楚。从分类技术角度来看,由于受空间分辨率的制约,传统的遥感影像信息提取只能依靠影像的光谱信息,而且是局限在像元层次上的分类;而高分辨率影像虽然结构、纹理等信息都非常突出,但光谱信息不足。所以仅仅依靠像元的光谱信息进行分类,着眼于局部像元而忽略邻近整个图斑的纹理、结构等信息,必然会造成分类精度的降低,进而影响后续的应用研究。因此,传统的单纯依靠光谱特征的像元层次分类方法已经不再适合高分辨率影像的信息提取。

　　另一个方面是空间地理信息数据库更新的需求。新一代航空、航天遥感平台提供了大量的高分辨率数据,这些数据以解析力强、信息丰富以及精度、锐度、清晰度和整体性好为其特征,消除了将单个像元分配给最可能类的困难,但是其丰富的信息内容却又使像元分类的处理增加了新的困难。因此,面向对象的处理技术应运而生。

6.3.2　影像分割技术

　　有很多算法可以用于影像分割,生成相对同质的对象,其中大多数算法可以概括为两种:基于边界的算法和基于区域的算法。遗憾的是,大多数算法都未能将光谱信息和空间数据信息整合,且很少用于遥感数字影像分类。

　　采用单个像元及其邻近像元值的分类有两个判据:色彩判据(h_{color})和形状或空间判据(h_{shape})。根据这两个判据,并利用通用分割函数(S_f)在遥感数据集中创建相对同质像元的影像对象(图斑):

$$S_f = \omega_{color} \cdot h_{color} + (1 - \omega_{color}) \cdot h_{shape} \tag{6-79}$$

式中,光谱色彩相对于形状的用户自定义权重是 $0 \leqslant \omega_{color} \leqslant 1$。

　　式(6-79)将光谱色彩与空间特征同时考虑,因而适用于遥感影像的分割处理。在影像数据处理中,若用户生成同质对象(图斑)时想着重强调光谱(色彩)特征,可将 ω_{color} 设置更大的权重(如 $\omega_{color} = 0.8$);相反,如果认为数据集中的空间特征在生成同质对象时更为重要,那么就将形状权重设置得更大。

　　影像对象的光谱(即色彩)异质性(h)是将每层 σ_k(即波段)的光谱值标准差乘以相应的权重(ω_k)并求和得到:

$$h_{color} = \sum_{k=1}^{m} \omega_k \cdot \sigma_k \tag{6-80}$$

　　色彩判据是 m 波段遥感数据集中每个通道 k 的标准差所有变化的加权均值。标准差 σ_k 用对象尺寸 n_{ob} 来加权:

$$h_{color} = \sum_{k=1}^{m} \omega_k [n_{mg} \cdot \sigma_k^{mg} - (n_{ob1} \cdot \sigma_k^{ob1} + n_{ob2} \cdot \sigma_k^{ob2})] \tag{6-81}$$

式中,mg 表示合并;ob1 和 ob2 是指不同的两个对象。

　　形状判据是通过两种地物影像测度——紧凑度与光滑度来计算的。异质性可以通过影像对象,即图斑周长 l 与图斑的像元个数 n 的平方根的比值表示:

$$cpt = \frac{l}{\sqrt{n}} \tag{6-82}$$

　　形状的异质性也可以用光滑度来表示。光滑度定义为像元周长 l 与影像图斑边界框最短边长 b 的比值:

$$\mathrm{smooth} = \frac{l}{b} \qquad\qquad (6\text{-}83)$$

形状判据用下式整合这两种测度：

$$h_{\mathrm{shape}} = \omega_{\mathrm{cpt}} \cdot h_{\mathrm{cpt}} + (1 - \omega_{\mathrm{cpt}}) \cdot h_{\mathrm{smooth}} \qquad\qquad (6\text{-}84)$$

其中，$0 \leqslant \omega_{\mathrm{cpt}} \leqslant 1$ 是紧凑度判据的用户自定义权值。通过计算影像对象合并前后的差异，来评价由每次合并引起的形状异质性变化。下面就是计算紧凑度和光滑度的公式：

$$h_{\mathrm{cpt}} = n_{\mathrm{mg}} \cdot \frac{l_{\mathrm{mg}}}{\sqrt{n_{\mathrm{mg}}}} - \left(n_{\mathrm{ob1}} \cdot \frac{l_{\mathrm{ob1}}}{\sqrt{n_{\mathrm{ob1}}}} + n_{\mathrm{ob2}} \cdot \frac{l_{\mathrm{ob2}}}{\sqrt{n_{\mathrm{ob2}}}} \right) \qquad\qquad (6\text{-}85)$$

$$h_{\mathrm{smooth}} = n_{\mathrm{mg}} \cdot \frac{l_{\mathrm{mg}}}{b_{\mathrm{mg}}} - \left(n_{\mathrm{ob1}} \cdot \frac{l_{\mathrm{ob1}}}{b_{\mathrm{ob1}}} + n_{\mathrm{ob2}} \cdot \frac{l_{\mathrm{ob2}}}{b_{\mathrm{ob2}}} \right) \qquad\qquad (6\text{-}86)$$

式中，n 为像元表示的对象的尺寸。

6.3.3　面向对象的影像分析过程

面向对象的影像分析是模拟人类大脑的认知过程。首先，将同质像元组成有意义的影像对象，然后根据先验知识与规则，将对象加以分析与组合，形成认知类别。

面向对象的影像分析方法与基于像元的本质区别在于：面向对象分析方法是对地物影像对象而不是对像元进行分类。影像对象是计算机对影像分割产生的，可以选择不同的分割算法。分割的结果是形成影像对象原型网络，这些影像对象原型是以抽象的方式表示影像信息，起的作用如同建筑用的砖，作为信息的载体用于后续的分类。

面向对象分析方法的首要技术关键是影像分割，正确、合理的影像分割为后面影像正确分类奠定基础。影像分割的结果是将影像各个像元按照某种相似性原则组合在一个个分割单元中。影像分割既不能将影像分割过细、单元过于破碎，给后面的分类留下过大的工作量；又不能分割过粗，甚至将本应属于两个或多个类别的像元组合分在一起，造成后面分类的错误。

面向对象影像分析的分类工作流程如图 6-15 所示。

1. 创建影像对象

面向对象影像分析通常使用棋盘分割、四叉树分割、多尺度分割、分水岭分析等多种不同的分割方法。分割方法不同，对影像的分割结果会有差异。这些分析方法散见于相应的计算机图像处理软件之中，限于篇幅，这里不予具体介绍。

执行图 6-15 中的工作流程后，建立了简单的包括图像对象图层的体系。从每一个图像对象中我们可以得到大量可用于图像分类的信息。

在此，有几个重要分割参数需要说明：

(1)层权重(image layer weights)。可以根据它们对于分割结果的重要性和适合性而采取不同设置。如果分割过程中所需的某个层的信息越多，则此层的权重就越高。因此，那些不包含代表图像对象所需信息的图像层，应该给予很小权重或"0"权重。例如，当对一景 Landsat 图像进行分割时，为了避免分割结果受热层图像对象的影响，对于空间上较粗糙的热层，其分割权重应设为"0"。

导入数据创建工程		影像层
只要有地理参考信息，导入数据的数据可以由不同的分辨率，覆盖不同的区域。专题数据可以是ASCII栅格或shape文件格式		专题层

创建影像对象	标　题
根据任务不同，可以采用不同的方法来创建影像对象，多尺度分割对地物特征的采样非常贴近。缺点是耗时长，而棋盘式分割则非常快速	多尺度 四叉树 棋盘

创建影像对象层	标　题
生成的影像对象按照层次结构来组织，从而在不同的尺度同时表征影像信息。影像对象在网络中可以使用对象之间的关系	大对象 小对象

获取影像对象信息	标　题
软件提取了不同的工具来查找有用的信息，区分不同的类	特征视图　影像对象信息 样本选择　层直方图

分　类	标　题
通过迭代对影像进行分类。初始分类结果可以通过扩张类描述或基于初始分类的类层次结构重组来细化	屋顶　道路 高地　低地

验证和结果输出	标　题
查看和验证影像分析结果。影像分析结果可以输出为栅格和矢量格式的影像信息。而且可以创建统计信息	分类浏览　精度评价 手动编辑　结果导出

图 6-15　分类工作流程图（来源于 eCognition 软件说明书）

（2）比例参数（scale parameters）。比例参数是一个抽象的概念，它决定了结果对象中所能允许的最大异质性程度。对于一个给定的比例参数,在异质性数据中的结果对象要比在较均质数据中的对象小。

(3)均质性标准(homogeneity criterion)。这里使用的均质性是指最小的异质性。实际可以有两个指标:形状和颜色,两指标权重和为1。颜色指标定义了均质性由图像层的光谱值所决定的百分比。把颜色指标的权重设为1,则意味着对象全部由光谱值的均质性来决定。选择一个较低的颜色指标,则对象更多由空间均质性来决定。颜色指标的权重不能低于0.1,这是因为如果不包含图像的光谱信息,则所得出的对象就会根本不与图像信息相关。为了补充光谱信息,系统允许利用对象的形状来优化对象的均质性。

形状指标由光滑度和破碎化程度两个参数来决定,同样两参数权重和为1。其中,光滑度指标是通过光滑边界来优化图像对象的。例如,当使用异质性很强的数据(如雷达数据)时应该使用光滑度指标,在维持对象的非破碎化的同时,通过磨合边界来约束对象。破碎化程度指标通过破碎化程度来优化图像对象。当需要提取那些相当破碎的图像对象,而它们又被一些非破碎化的对象所分隔,并且区别又不十分明显,这时就应该采用破碎化程度指标。在分割城市地区时,就属于这种情况,这里屋顶(A 或 B)与相邻的道路或其他一些结构(C 或 D)具有相似的光谱信息,但形状却大不相同,如图 6-16 所示。应该注意到的是,两个形状指标并不是对立的。这就意味着一个通过破碎化程度来优化的对象也会具有非常光滑的边界。究竟采用何种指标取决于具体的任务。

图 6-16 图像对象的光滑度和破碎化程度权重处理

2. 插入分类器

分类算法用来计算影像对象属于某一类或某几类的隶属度,根据该信息来修正对象分类。分类算法评价每一个影像对象相对于类列表中选定的隶属度值。影像对象的分类结果根据类评价结果不断更新。根据评价结果选出三个最佳分类存储在影像对象分类结果中,没有类描述的类隶属度为1。

模糊分类是一种比较简单的技术,它只是把代表判定是否为某一类别的特征值从任意范围转化为 0~1 的模糊值,作为对特定类别的隶属度值。利用模糊分类来分析影像对象的原因如下：

(1)把特征值转化为模糊值,可以把特征标准化,并可组合不同范围和维数的特征。

(2)与神经网络相比,它可以提供透明的、可调整的特征描述。

(3)可以借助逻辑运算符和层次结构类描述来明确表达复杂的特征。

模糊规则可以只有一个条件或者包含几个条件的组合。因为有可能一个对象需要满足多个条件才可以赋给某一类。而条件可以通过插入到类描述中的表达式来定义。表达式可以是隶属度函数,与类相似。

要注意的是,模糊值不能超出其边界值。在每种情况下,对于所有的属性值,成员函数的左边界模糊值都一定要小于左边界值,同样,成员函数的右边界模糊值都一定要大于右边界值。

最近邻(nearest neighbor)分类器在分类应用中非常普遍。有两种最近邻,即最近邻和标准最近邻(standard NN)。两者主要区别是最近邻和它的属性域定义对于每个类型是相互独立的;而标准最近邻的属性域是应用于整个任务的,也因此应用于标准最近邻所指派给的所有类型。此外,对于一个类型描述不可能有多个标准最近邻。标准最近邻很常用,因为在大多数情况下,只有对同一个属性域进行操作时,类型间的区别才具有意义。

插入最近邻或标准最近邻是指最近邻分类器可以像插入其他表述一样被插入到类型描述中。如果选择标准最近邻,那就意味着插入预先定义的属性域。然而,类型专有的最近邻,一定要在它属于的每一个类型插入之后才能进行编辑。

通常在使用最邻近分类器时,每一类的分布不需要是连续的。

在最邻近分类方法中,训练区是由选择的样本对象决定的。到此,即可进行分类程序,得到分类结果。如对分类结果不满意,可对错分地区重新进行选择。接下来,让我们用客观的方法来检验分类结果的精度。

系统以任何尺度上产生的影像对象原型为基础,能产生不止一个对象层,并按分层方式来组织这些层。基于这种对象层次网络,每个影像对象知道其邻对象、子对象和父对象。由于对象是垂直组织起来的,因而能得到尺度和高级纹理属性,对象层次网络能同时表征不同尺度上的影像信息。

系统可以使用空间矢量化算法,将矢量信息添加到影像对象中。这样,系统能够同时以矢量和栅格形(格)式显示影像对象。多边形用于显示轮廓、计算形状特征并以矢量形式输出结果。

整个分类基于模糊逻辑,它支持对复杂规则集的直观、透明的编辑和处理。用于分类的知识库框架是类层次结构,包含分类方案中的所有类别。每个类都用模糊规则来描述,这些规则以一维隶属度函数或以能操作多维特征空间的最邻近分类器为基础,它们都是监督分类法,前者能直接被编辑,让用户定义影像内容的知识,而后者则需要合适的样本对象来描述类的属性。可以通过手工方法或训练区域掩膜来选择样本。使用模糊逻辑,可以通过诸如逻辑"与(and)"和逻辑"或(or)"的运算符将同一类描述下的不同分类器结合起来使用。

使用语义上下文信息可以使分类结果得到细化和改善。在对象按其固有和拓扑特征被分类之后,就可以使用语义特征,主要是通过相邻关系或子对象结构的成分来细化分类结果。

类层次结构支持对类进行语义分组。这样可将具有不同属性的类划分到同一语义的父类下。在这种情况下,父类不需要自己的类描述。此外,类层次结构也可以对类进行分组,可将类描述遗传给子类。

　　类层次结构由于具有以上优点,能有效地创建语义相当丰富、结构良好的知识库,它与模糊分类方法结合后,使面向对象的影像分析方法功能更强大。注意,类层次结构是与影像对象层次结构无关系的另外一种网络层次。

　　最后,通过分类和基于知识的分割,能改善对象的形状。通常这会产生具有新的属性和语义关系的影像对象,反过来也可以按新生成的特征对其分类。

　　实现面向对象的影像分割与分类,就可以对地图上所有图斑(影像对象)的特征进行评价,以满足应用的需要。分析人员在进行面向对象分类时,需要确定最优分割尺度(级别),使所得的分类专题图符合专业要求。

　　影像对象分割允许使用诸如邻域、距离和位置这样一些地理学和景观生态学概念进行遥感数据分析,这样有助于为某些特殊应用作多源数据的合并或融合(Kuehn et al.,2002)。与逐像元分类相比,面向对象的影像分割与分类是一个大的观念转变,它不仅在遥感分类中,而且在变化检测应用中变得越来越重要。

　　中国科学院遥感应用研究所已经研制出面向对象的影像分析系统软件,其功能已经接近国际上流行的易康(eCognition)影像分析软件。中国农业大学信息与电气工程学院也在国家攻关研究课题中研制出面向对象的影像分析原型系统。现今,利用计算机自动进行图像分类呈现多方法、多技术平台的局面,给用户提供了多种选择。

6.4　遥感数字影像识别与判译质量的衡量

6.4.1　误差矩阵

　　对于遥感影像判译质量需要用统计抽样的方法加以鉴别与衡量。这是因为影像判译以后划分出的地块数目很多,如果逐一对每个地块进行判译正确与否的鉴别,人力、物力以及财力所不允许,因此需要对所研究的地块群体进行随机抽样鉴别。这里的地块总体称为母体,即待研究的群体。对于母体中地块数目有时是已知的,又有时因为数据量过大而是未知的,问题是抽取多少个地块样本最为适当,即在一定概率范围(可信度)内能够代表全体地块判译质量的抽样数目,需要用统计学理论加以确定。

　　根据统计学理论,在未知母体情况下抽取样本的数量取决于以下三个因素:

　　(1)对于影像判译的先验知识,即根据以往经验对于判译准确率(P)的估计,最保守的估计为 0.5,也就是说正确(P)与不正确($1-P$)各占 50%。

　　(2)设定的相对误差范围,即判译结果距离真实值的相对误差范围 $\pm r\%$,显然这里 r 一般都小于 10,设定过大没有意义。在式(6-87)中用 E 表示,$E=r\times0.01$。

　　(3)设定的置信度,即判译结果在相对误差范围内的百分概率 $P(r)$。置信度与抽样样本数目占母体的百分率有关,在小样本(抽样百分率在 2% 以内)情况下,抽样计算公式中一般用 Z 表示,Z 与百分概率 $P(r)$ 有对应关系,统计学有专门表格表示这种关系。比如,置信度即百分概率 $P(r)$ 为 95% 时,$Z=2$。

样本数量 N 计算公式如下式所示：

$$N = \frac{Z^2\left[P(1-P)\right]}{E^2} \tag{6-87}$$

式中，P、E、Z 分别代表如上解释的三个因素数值。

需要指出，式(6-87)适用于正态分布的情况，有严格的数学证明。遥感影像判译质量不严格符合正态分布规律，这里借用正态分布下的计算公式确定样本数量。

上面所述抽取的样本数，运用在影像分类准确度评估过程时，即指所需检验的像元数目，而此像元数目则依据所分类影像的像元数多少而定，影像分类准确度的评估以一个像元的大小为基础单位。再经由随机方式抽取检验的像元(又称检验点)，辅以实地调查资料或土地覆盖等相关的图形数据，逐一校对每一个检验点后，可产生统计表，称为误差矩阵，见表 6-2。

表 6-2　误差矩阵表

分类后土地覆盖类别	参考数据(地面真实数据)					
	类别 A	类别 B	类别 C	类别 D	列总计	生产者精度
类别 A	X_{11}	X_{12}	…	X_{1n}	$\sum_{i=1}^{n} X_{1i}$	$\frac{X_{11}}{\sum X_{1i}} \times 100\%$
类别 B	X_{21}	X_{22}	…	X_{2n}	$\sum_{i=1}^{n} X_{2i}$	$\frac{X_{21}}{\sum X_{2i}} \times 100\%$
类别 C	⋮	⋮	⋱	⋮	⋮	⋮
类别 D	X_{n1}	X_{n2}	…	X_{nn}	$\sum_{i=1}^{n} X_{ni}$	$\frac{X_{n1}}{\sum X_{ni}} \times 100\%$
行总计	$\sum_{i=1}^{n} X_{i1}$	$\sum_{i=1}^{n} X_{i2}$	…	$\sum_{i=1}^{n} X_{1n}$	—	—
使用者精确度	$\frac{X_{11}}{\sum_{i=1}^{n} X_{i1}} \times 100\%$	$\frac{X_{12}}{\sum_{i=1}^{n} X_{i2}} \times 100\%$	…	$\frac{X_{1n}}{\sum_{i=1}^{n} X_{in}} \times 100\%$	—	—

误差矩阵是一个方阵，表 6-2 示意性地以影像设定分为 4 类，即类别 A、类别 B、类别 C、类别 D，说明误差的统计方法。横行表示分类结果得到的土地覆盖类别，纵列表示参考数据设定的类别；矩阵元素下标两位数码的个位表示实际地面的类别用十位表示影像分出的类别；数码"1"对应类别 A、数码"2"对应类别 B，如此等等。如果用 x_{ij} 表示实际地面为 j 类而影像图斑分类作为 i 类，显然当矩阵元素下标满足 $i=j$，表明影像地块分类作为某类而实际也为某一类，这一元素，即矩阵对角线元素的数值越大，在总数占有比例越大，表明影像对于此类地物的分类效果越好。这里有两个衡量分类精度的标准，即生产者精度与使用者精度。生产者精度定义为

$$A_i = \frac{x_{ii}}{\sum_{i=1}^{n} x_{ji}} \times 100\% \tag{6-88}$$

使用者精度定义为

$$U_i = \frac{x_{jj}}{\sum\limits_{j=1}^{n} x_{ji}} \times 100\% \tag{6-89}$$

注意生产者精度与使用者精度不同之处在于两者的分母不同,前者是对实际地面地块进行统计汇总;而后者是对影像图斑进行统计汇总。

以表 6-3 为例说明误差矩阵。设以某区域的影像为研究区域,此区域主要的土地覆盖类别为针叶树(P)、阔叶树(B)、草生地(G)、裸露地(S)和水体(W)五类。对于每一个土地覆盖类别均建立至少 30 个以上的随机检验点,再依据每一个检验点所在的坐标位置,对照真实的地面参考数据,并建立各检验点的真实土地覆盖类别。再将各检验点的影像分类后土地覆盖类别与真实土地类别相比较,可产生误差矩阵,见表 6-3。在此误差矩阵中,列(column)数据为分类后土地覆盖类别的识别点数,行(row)数据则为地面实际数据的检验点数。

表 6-3　误差矩阵实例表

影像分类覆盖类别	参考数据(地面实际数据)					行总计	生产者精度
	针叶树(P)	阔叶树(B)	草生地(G)	裸露地(S)	水体(W)		
针叶树(P)	**30**	0	0	12	1	43	70
阔叶树(B)	0	**40**	3	0	0	43	93
草生地(G)	0	0	**50**	0	2	52	96
裸露地(S)	3	2	0	**25**	0	30	83
水体(W)	0	0	0	0	**32**	32	100
列总计	33	42	53	37	35	200	
使用者精确度	91	95	94	68	91		

误差矩阵中,经由行与列的计算,能产生使用者准确度(user's accuracy)和生产者准确度(producer's accuracy)。生产者准确度表示在此次分类中,该类别的地面真实参考数据有多少被正确分类。在表 6-3 中可知道有 43 个检验点实际是针叶林,但因为分类时的误差,使得这 43 个检验点中只有 30 个在分类时被正确分成针叶林,而此情况下该类别的漏判误差(omission error)指该类别在分类时被遗漏的数量,其公式定义如下:

$$漏判误差 = 1 - 生产者准确度 \tag{6-90}$$

使用者精确度表示在该次分类中,在分类图像上,落在该类别上的检验点,被正确分类为该类别的比率。在表 6-3 中可知道有 33 个点是落在我们分出来的针叶林中,但是在对照地面真实数据,发现这 33 个检验点只有 30 个是针叶林,因此使用者精度为 30/33×100%=91%(表 6-4)。而此情况下该类别的误判误差(commission error)指该类别在分类时被错误分类的数量,其公式定义如下:

$$误判误差 = 1 - 使用者精确度 \tag{6-91}$$

表 6-4　使用者与生产者准确度评估表

土地覆盖类别	生产者准确度	使用者准确度
针叶树(P)	$30/43 \times 100\% = 70\%$	$30/33 \times 100\% = 91\%$
阔叶树(B)	$40/43 \times 100\% = 93\%$	$40/42 \times 100\% = 95\%$
草生地(G)	$50/52 \times 100\% = 96\%$	$50/53 \times 100\% = 94\%$
裸露地(S)	$25/30 \times 100\% = 83\%$	$25/37 \times 100\% = 68\%$
水体(W)	$32/32 \times 100\% = 100\%$	$32/35 \times 100\% = 91\%$

总体的准确度(overall accuracy)代表分类后正确的土地覆盖类别的检验点数除以总抽取的检核点数,所产生的百分比;即在误差矩阵中对角线的所有数值和除以全部样本的和,如下式,即总体的准确度为 88.5%。

$$(30 + 40 + 50 + 25 + 32)/200 \times 100\% = 88.5\% \tag{6-92}$$

6.4.2　Kappa 统计值

Cohen 于 1960 年提出 Kappa 指标为表示分类结果比随机分类好多少的指标。Kappa 指标考虑到两种一致性的差异:一是自动分类和参考数据间的一致性;另一种是取样和参考分类的一致性机率。一般而言,Kappa 介于 0～1,Kappa 值越大表示分类精度越高。

$$\text{Kappa} = \frac{\text{总体准确度} - \text{期望准确度}}{1 - \text{期望准确度}} = \frac{N\sum_{i=1}^{n} X_{ii} - \sum_{i=1}^{n}(X_{i+} \times X_{+i})}{N^2 - \sum_{i=1}^{n}(X_{i+} \times X_{+i})} \tag{6-93}$$

式中,n 表示类别;N 代表类别个数的总和(此指检验点数);X_{ii} 表示误差矩阵对角线元素;X_{i+} 表示类别的列总和;X_{+i} 表示类别的行总和。

以表 6-2 为例,其 Kappa 指标计算如下:

$$N = 200$$

$$\sum X_{ii} = 30 + 40 + 50 + 25 + 32 = 177$$

$$\sum(X_{i+} \times X_{+i}) = (43 \times 33) + (43 \times 42) + (52 \times 53) + (30 \times 37) + (32 \times 35) = 8\ 211$$

$$\text{Kappa} = \frac{200 \times 177 - 8211}{200^2 - 8211} = 0.855\ 3$$

综上所述,对于表 6-3 的数据,影像的分类准确度为 85.5%。

Kappa 指标是评估遥感影像分类效果经常使用的指标。实际工作中,如果在某一项的分类中,其使用者准确度和生产者准确度均较差,可以再次回到分类过程中,检查其影像分类的方法、训练样本的选取以及地面真实参考点等问题,以改善分类的准确度。但是,如果地面参考数据较少或是不完整,利用其地面参考数据所产生的误差矩阵,将会造成错误引导,有可能 Kappa 指标并不能反映真实的分类效果。

6.5 小　结

本章系统讲述了遥感数字影像识别与判译的基本原理与主要方法,包括遥感地物影像光谱、纹理以及几何特征及其特征空间、非监督分类、监督分类、面向对象的图像处理方法,最后又介绍了衡量影像识别与判译质量的方法。

遥感的地物影像光谱、纹理以及几何特征是影像识别的依据。本章以植被和水体作为地表两种主要地物,介绍了它们的光谱特征以及较经常使用的几种植被指数,为影像识别创立基础条件。构建遥感影像地物特征空间是遥感自动进行地物判别的一个主要技术手段,在特征空间中进行特征点聚类是影像识别的一个主要方法。

纹理是地物影像的一个重要空间特征,纹理分析之前要进行影像灰度归并,影像像元存在过多的灰阶不但增加纹理分析的工作量,而且减弱纹理分析的效果。设置共生矩阵是定量描述纹理特征的一个有效技术,共生矩阵的大小只取决于影像像元灰阶数目,与影像大小无关,其技术参数有像元行列号增量数值和纹理判别方向,灰度的同质性、对比度、熵等是在共生矩阵分析纹理基础上定量给出纹理特征的几个主要指标。

地物影像的几何特征是地物空间特征的另一种表现形式。地物图斑边界含有地物影像的多种几何特征,本章介绍了地物图斑边界提取以及特征分析的几种主要方法,图斑边界提取方法与上一章遥感影像预处理相关内容有一定的衔接。图斑边界从分析角度具有许多特征,文中仅介绍了有限几种,特定的应用目标具有特定的边界特征指数。图斑边界分析方法不仅可以用来识别判译遥感影像,而且也可以在第9章地理信息系统空间信息获取中得到多种应用。

图像分类是遥感影像处理的终极目标之一,是实现图像自动识别与判译的关键步骤。从用户对分类的干预程度,图像分类可分为监督分类与非监督分类。本质上,两种分类都是在地物特征空间上运用不同方法进行聚类。

对于非监督分类,是对像元或像元集合按照某种相似性的准则进行合并。比较常用的相似性测算方法是以欧氏距离或马氏距离作为相似性的测度,而聚类方法常用 K-均值算法和ISODATA 算法,这两种算法都是用计算机程序进行迭代运算,两种算法在具体数据处理上有所不同。非监督分类的优点是用户操作简单,分类客观性强;缺点是分类结果常常与分类目标有距离,分类结果需要用户进行解释、对类别给以具体地物类型。

对于监督分类,系统通过对用户划定的各类地物训练区的数据特征进行像元类别判定,数据特征的提取与像元判定方法因算法不同而不同。最大似然法分类是按照概率分析进行分类,其中 Bayes 准则是经常使用的方法,目前最大似然法被普遍认为是较好的监督分类方法。在实际工作中,非监督分类与监督分类经常结合使用,即先用非监督分类进行粗分类,在分出的类别中再用监督分类进行进一步细分类。

支持向量机是近年来用于监督分类的一种方法。它是运用泛函数学理论创建的一种计算工具,是应用在有高维特征空间分类中获取较好效果的一种监督分类方法。尽管支持向量机可以在高维特征空间中进行分类,但是特征空间维数增加不一定能够改善分类效果。

面向对象图像处理方法是遥感影像处理的新技术,是处理高空间分辨率遥感影像数据的一种较好方法,主要用于图像分类的前期数据处理。这一技术的关键是图像分割、生成对象。由于技术复杂,限于篇幅,本章没有系统介绍技术原理,只做了运行步骤简介。

　　遥感数字影像识别与判译以后,需要对其工作质量进行鉴别,使用统计学的样本抽样检验方法构建判译误差矩阵是一种较好的方法。在此基础上,测算 Kappa 指标,可以对遥感影像识别进行定量的评价。需要注意的是,选择样本全面合理与否对于测算 Kappa 指标有重要影响。

思 考 题

　　(1)地物的反射光谱特性在遥感影像中是如何体现的,请举例说明。

　　(2)到目前为止有 20 多种植被指数,为什么会有如此多的植被指数,它的意义何在?

　　(3)在诸多的植被指数中,红光波段与近红外波段都是共同使用的遥感影像数据,为什么有这种现象?

　　(4)水体的光谱反射特性曲线对于遥感技术监测水体的水质有什么实际价值?

　　(5)遥感影像处理技术中构建特征空间对于影像识别有什么意义?

　　(6)遥感影像识别的目标不同,构建的特征空间是否应当不同,为什么?

　　(7)"同物异谱"与"同谱异物"现象给构建特征空间进行影像识别带来什么困难? 可以如何克服这种困难?

　　(8)遥感的地物影像光谱、纹理以及几何特征是影像识别的依据,这与人眼睛识别地物有什么相似之处?

　　(9)为什么共生矩阵可以定量地描述影像的纹理现象? 请叙述共生矩阵的技术思想。

　　(10)本书介绍了影像边界提取的几种方法,它们是如何通过模板实现的?

　　(11)试举例说明图斑边界特征在影像识别中的应用。

　　(12)非监督分类对于计算机系统来讲在地物特征空间中做什么工作,做这种工作的原则是什么?

　　(13)为什么非监督分类以后还需要用户对分类结果进行解释?

　　(14)在非监督分类中,确立合理的聚类中心对于聚类结果有什么作用?

　　(15)监督分类是通过什么方法实现用户对系统图像分类实施干预的?

　　(16)最大似然法分类中 Bayes 分类器起什么作用? 为什么这种分类方法常常分类效果较好?

　　(17)什么是遥感影像分类的"维数灾难"问题,举例说明为什么维数增加不一定能够增加分类准确性,有时反而有负作用?

　　(18)面向对象图像处理方法与传统的图像处理方法,其技术优势是什么,为什么对于高空间分辨率的遥感影像需要使用这种方法?

　　(19)面向对象图像处理方法的技术核心是图像分割,这种方法是如何进行图像分割的?

　　(20)在检验遥感影像识别工作质量时,常用误差矩阵进行检验,为什么选择样本是否全面合理对于检验准确性有重要影响?

参 考 文 献

崔伟东,周志华,李星.2000.支持向量机研究.计算机工程与应用,(1):58~61

邓乃扬,田英杰.2004.数据挖掘中的新方法——支持向量机.北京:科学出版社

关元秀,程晓阳.2008.高分辨率卫星影像处理指南.北京:科学出版社

孙即祥.2002.现代模式识别.长沙:国防科技大学出版社

王值,贺赛先.2004.一种基于 Canny 理论的自适应边缘检测方法.中国图象图形学报,9(8),8~11

严泰来,王鹏新.2009.遥感技术与农业应用.北京:中国农业大学出版社

杨龙士,雷祖强,周天颖.2008.遥感探测理论与分析实务.台北:文魁电脑图书资料股份有限公司.

张永生,巩丹超.2004.高分辨率遥感卫星应用——成像模型、处理算法及应用技术.北京:科学出版社

赵英时.2003.遥感应用分析原理与方法.北京:科学出版社

Biging G, Congalton R. 1989. Advances in forest inventory using advanced digital imagery. In: Fondazione G C (eds). Proceedings of Global Natural Research Monitoring and Assessments: Preparing for the 21st Century (Vol. 3). Venice, Italy: Isle of San Giorgio Maggiore. 1241 ~1249

Cristianini N, Taylor J S. 2000. An Introduction to Support Vector Machines and Other kernel-based Learning Methods. Cambridge: Cambridge University Press

Gong P, Marceau D, Howarth P J. 1992. A comparison of spatial feature extraction algorithms for land-use classi. cation with SPOT HRV data. Remote Sensing of the Environment,(40): 37 ~151

Haralick R M, Shanmugam K, Dinstein I. 1973. Textural features for image classi. cation. IEEE Transactions on Systems, Man and Cy bernetics,SMC-3(6): 610 ~621

Huete A , Justice C, Leeuwen W. MODIS vegetation index (MOD 13) algorithm theoretical basis document. http: // modis. gsfc. nasa. gov/data/atbd/atbd_mod13. pdf [2013-02-26]

Jensen J R. 2007. 遥感数字影像处理导论(原书第三版). 陈晓玲等译. 北京:机械工业出版社

John J L, Ding Y, Ross S L, et al. 1998. A change detection experiment using vegetation indices. Photogrammetric Engineering & Remote Sensing,64(2): 143 ~150

Kuehn S. 2002. Efficient flood monitoring based on RADARSAT-1 images data and information fusion with object—oriented technology. IGARSS,5: 2862 ~2864

Mangasarian O L. 1999. Generalized support vector machines. In: Bartlett P J et al. (eds). Advances in Large Margin Classi. ers. Cambridge:MIT Press

Running S W, Justice C O, Salomonson V V,et al. 1994. Terrestrial remote sensing science and algorithms planned for EOS/MODIS. International Journal of Remote Sensing,15(17): 3587 ~3620

Russel G C. 1991. A review of assessing the accuracy of classifications of remotely sensed data. Remote Sensing of the Environment,37: 35 ~46

Verbyla D L. 1995. Satellite Remote Sensing of Natural Resources. Boca Raton: CRC Press

第 7 章　全球定位系统

7.1　全球定位的基本概念与原理

7.1.1　全球定位概述

全球定位,指的是在计算机技术支持下,利用人造地球卫星、无线电测距技术,于全世界各地 24 小时均能快速获取观测地点三维(3D)坐标的专业技术,也称为全球导航卫星系统(global navigation satellite system,GNSS)。全球定位技术对于大地测绘技术是一个全新的变革,不仅仪器设备轻便简单、无需大地测绘所需的通视条件,能进行连续移动的自动测试;而且可以与计算机连接,整合成一个包含信息数据采集在内的完整空间信息技术体系。这一技术在 20 世纪 80~90 年代一经出现,立即成为世界各国争相研究的热点,并在各个领域得到广泛的应用。

1. 全球定位系统组成

卫星定位技术分为全球性定位与区域性定位两种。两种定位技术大致都可分为三个组成部分,即卫星部分、地面监控部分和用户接收器,如图 7-1 所示。下面以美国的全球定位系统(GPS)为例,介绍系统的组成及其工作情况。

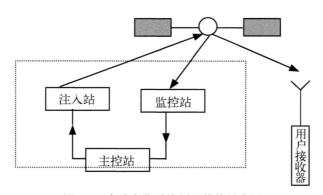

图 7-1　全球定位系统原理结构示意图

1)卫星部分

地球外空间布设 24 颗卫星,作均匀分布,组成 GPS 卫星群,其中有 6 个轨道平面。根据天体运动学原理,这 6 个轨道平面都通过地球质心。各轨道平面之间角间距为 60°。每个轨道均匀分布 4 颗卫星,相邻轨道之间的卫星还要彼此叉开 40°,以保证卫星对全球的均匀覆盖。在这样的设置下,地球上任何地点、任何时间都可以在天空看到 4 颗或更多卫星,而且每颗卫星的高度角都大于 15°,以便于用户接收器与足够多卫星联络。

GPS 卫星设计寿命为 7.5 年。卫星轨道呈近似圆周的椭圆形,离地球表面平均距离为 20 200km,每颗卫星以两个微波 L 波段波长向地球发射载波信号,其波长分别为

$$L_1 = 1\ 575.42\text{MHz}(\lambda_1 = 19\text{cm})$$
$$L_2 = 1\ 227.60\text{MHz}(\lambda_2 = 24\text{cm})$$

这两个波长的微波对大气的穿透性能良好,可以穿透云层,较少受到大气电离层的干扰。

2) 地面监控部分

地面监控系统部分由 5 个监控站、3 个注入站与 1 个主控站组成。监控站、注入站布设在相互距离十分遥远的地区,在地球表面有一定的合理分布,以便与处于不同方位并时刻变化的 GPS 卫星联络。监控站用来跟踪 24 颗卫星,收集卫星当前所在位置的信息数据,包括轨道参数、当时当地气象数据、GPS 卫星上时钟数据以及工作状态数据等。分布在各地的监控站将收集来的数据分别发送到主控站,主控站用大型计算机快速处理这些数据,经复杂的计算,编辑导航电文与星历,即该颗卫星当前所处状态的一系列数据以及指令该颗卫星修改运行轨道的数据,然后将这些数据发送至注入站,由注入站发送到相应的卫星上。星历数据由所在卫星应用户接收器请求向用户接收器发送,以使用户接收器内的计算机及电子电路测算该接收器与卫星的瞬时距离。

由地面监控系统工作过程可以看到,在全球定位系统中,地面监控系统是整个系统的核心部分,它控制着系统的运行状态,尽管用户接收器分布于世界各地,但是用户获取的数据以及数据的质量受地面监控系统的控制。

3) 用户接收器

用户接收器是用户直接测量地面上任意一点点位的仪器设备,也就是市场上向用户出售的 GPS 设备。用户接收器经过近几年的改进,已由原来背包大小 5kg 左右变为一般计算器大小,适用于野外定位测试。用户接收机大致分为以下五个部分:

(1)天线。负责向卫星发送无线电信号,并且接收来自卫星或者 DGPS 基准站(DGPS 工作原理见后面介绍)的电讯信号。

(2)信号数据处理部分。这是用户接收器的核心部件,其中包括 CPU、软件固化组件、时钟电路、解码装置等电子电路。

(3)控制显示。用液晶显示屏显示测试定位结果数据以及点位编码序号等。

(4)记录装置。备有微型磁盘,记录卫星电文数据以及测试中间结果,以及存储用户输入的点位编码序号等数据。该记录装置在野外测试归来后可直接用导线连接到计算机,向计算机传输测试中间结果数据。

(5)电源。用户接收器除了机内自备高能长效电源外,还可使用外接电源。

2. 卫星定位技术原理简述

由以上介绍的卫星定位系统基本组成可以看出,使用无线电测距技术自动准确测量用户接收器到卫星的实时距离是整个系统技术的关键。因为这里所谓定位是要获知用户接收器的 (x,y,z) 坐标,这三个坐标是未知数,由定位系统的地面监控部分可以得到卫星实时的三维坐标位置,此实时接收器与卫星的距离又从测量得到,那么就可以列出含有 x、y、z 三个未知数的距离方程,考虑到解算三个未知数需要三个方程,因此需要设置与三个卫星距离的方程,

以求得 x、y、z 三个未知数。

无线电测距的基本依据是:无线电波(即电磁波)传播速度可以认为是一个常量,为了测量卫星到接收器的距离,只需将电波从卫星到接收器的传播时间准确测试出来,距离即可计算出来。这样在卫星定位技术中将距离的测量改换为对电磁波传播时间的测量,由于卫星时钟与接收器时钟的起点有误差,如果将该误差也算作未知数,需要增设一个方程,因而实际设置与四个卫星距离的方程。

对于空间测量问题,设定准确的参考坐标系是必须要解决的问题。由于地球在太阳系中的公转与自转的不规则性,需要引出天体坐标系与地球坐标系两种坐标系,并确定两者的转换关系,以排除地球公转与自转不规则性带来的误差,从而使地面监控部分可以准确得到卫星实时的三维坐标位置。

3. 世界上定位系统发展状况

1)全球性定位系统

(1)美国全球定位系统(global positioning system,GPS)。美国政府于 20 世纪 70 年代开始研发,于 1994 年启用,其中又根据使用性质分为民用定位服务(standard positioning service,SPS)和军用的精确定位服务(pecise positioning service,PPS)两种。由于民用定位服务任何国家都可使用,为避免被敌对组织用于攻击美国,故在民用定位中加入人工干扰误差,即实施所谓选择授予使用权政策(selective availability,SA),使民用定位准确度下降至 100m 左右,与军用的 10m 准确度有明显的差异。在 2000 年以后,克林顿政府取消这一政策,目前常见的民用定位也可达到接近 10m 的准确度。

(2)俄罗斯全球轨道导航卫星系统(global orbiting navigation satellite system,GLONASS)。俄罗斯于 20 世纪 70 年代开始研发全球轨道导航卫星系统,于 1982 年发射首颗卫星进入轨道,后续由于经费不足,发展延滞,只发射了 6 颗卫星升空运行。直至 2003 年 12 月,才将系统全部实现、交付使用。印度于 2004 年和俄罗斯签署"关于和平利用俄全球导航卫星系统的长期合作协议",加入 GLONASS 的开发。2006 年 12 月 25 日,俄罗斯用质子-K 运输火箭发射了 3 颗 GLONASS-M 卫星,使得系统的卫星总数达到 17 颗。GLONASS 卫星定位系统具有比美国 GPS 更好的抗干扰能力,但单点定位精确度则比 GPS 系统差。

(3)欧洲伽利略卫星导航系统(Galileo)。伽利略卫星导航系统是由欧盟赞助开发的平行式全球卫星定位网络,也称为"欧洲版 GPS",定位为民用定位系统,于 2010 年开始运作。其开发目的不是与原有的 GPS 竞争,而是与其协同工作,在多个工作频段内,有与 GPS 相同的 L1 波段频率,可与 GPS 卫星形成互补,使得单一位置能获取到的信号量及卫星数增加。尤其在高楼大厦林立的都市地区,更加大幅提高了定位的成功率与精确度,定位的准确度可由 GPS 的 10m 提高至 4m。伽利略卫星导航系统建置完成后加强了对高纬度地区的卫星覆盖率,包括挪威、瑞典等地区;而且不受特定政府机构的控制,可提供更准确的定位以及减低对现在 GPS 系统的依赖度。

(4)中国"北斗二号"(compass navigation satellite system,CNSS)。北斗卫星导航系统分为已启用的区域性卫星导航系统"北斗一号"及目前建设中的全球卫星导航系统"北斗二号"。"北斗二号"于 2007 年发射第一颗卫星,2009 年成功发射第二颗卫星,2010 年发射第三颗卫星,至 2012 年左右,北斗卫星导航系统能提供亚太地区的导航、授时和短报文件通信服务,至 2020 年左右,建置覆盖全球的北斗卫星导航系统。定位精准度为 10m。

表 7-1 列出了目前世界各国发展中的全球卫星定位系统主要规格。

表 7-1　全球性卫星定位系统主要规格略表

	技术规格	GPS 系统	GLONASS 系统	Galileo 系统	"北斗"系统
	所属国家或地区	美国	俄罗斯	欧盟	中国
太空系统架构	卫星数	24	24	30	35
	轨道数	6	3	3	2
	轨道倾角	55°	64.8°	56°	60°
	轨道半径	26 560 km	25 510 km	30 026 km	东经 70°～140° 北纬 5°～55°
	周期	11 小时 58 分	11 小时 16 分	14 小时 4 分	12 小时 55 分
地面系统架构	系统(主)控制站	1	1	2	1
	测量站(控制站)	3	3	30	1
	追踪站	6	4	5	1
	系统同步站(任务上链站)	0	1	9	0

2)区域性定位系统

在开发全球定位技术的同时,一些国家根据需要也在研究开发区域性的定位技术,目前世界区域性定位系统有:

(1)中国"北斗一号"。北斗卫星导航系统与一般的卫星定位系统有很大的不同,由于该系统工作时,接收器端不只是单纯接收卫星信号,还必须向卫星发送回应信号,经卫星转发回控制中心解调运算后,再传回至接收端。故接收端无法保持无线电"静默",在战时容易暴露自己的行踪。接收端与卫星、控制中心之间的数据往返传送,也必须耗费一定的时间,故无法在高速移动状态使用。控制中心与卫星处理来自多个接收器信号的能力有限,所以"北斗一号"系统不是完善的卫星定位系统,实际上是"北斗二号"的实验系统。

(2)日本准天顶卫星系统(quasi-zenith satellite system,QZSS)。准天顶卫星系统由 3 颗卫星组成,由于日本都会区拥有许多高楼构成无线电信号屏蔽物,GPS 系统接收信号不良,且日本位于中纬度地区,该地区对卫星信号的接收能力较弱,因此难以提供精准的定位,QZSS 主要用于区域定时与辅助 GPS 系统,即补助 GPS 的不足,因此该系统信号与 GPS 完全兼容。

(3)印度定位系统(Indian regional navigation satellite system,IRNSS)。印度 IRNSS 系统包含 7 颗卫星,以覆盖印度大陆为计划目标,预计于 2012 年建置完成,建置目的为提供本土的测量、通信、运输、识别灾难、安全救援等信息。

7.1.2　全球定位与区域定位的两项关键技术

卫星定位包含两项关键技术:精确计时与准确测距。

1. 精确计时

在定位测量中,时间与空间是两大重要因素,而时间更是重要的量测基准。它对定位系统具有极为重要的意义。卫星定位测量原理是设定电磁波传播速度为固定值,利用接收器收到卫星信号的时间和卫星发出信号的时间差来计算接收器至卫星的距离,再以三角定位法,精密测定信号的传播时间。如果希望量测距离误差小于 1cm,则信号传播时间的测量误差应在 3×10^{-11}s 以内,这是因为电磁波传播速度为 3×10^{10}cm/s。

在定位系统中,卫星作为高空中不断移动的观测目标,其运行位置是在围绕地球轨道上不断变化的,因此在计算卫星运行位置的同时,也要定义卫星的相应瞬间时间。若希望量测距离误差小于 1cm,则相应瞬间时间误差应在 2.6×10^{-6}s 以内。

由于地球不断地自转,在天体坐标系中,地球上某一点位置是不断变化的,如果希望获取地球上某一点的位置误差不超过 1cm,则时间测量误差应在 2×10^{-5}s 以内。

时间测量可分为绝对时间与相对时间,绝对时间是指某一瞬间的正确时间,亦为基准时间。在天文学和卫星定位测量学中,称为"历元"。而相对时间是指一段时间的间隔(time interval),也是发生某一现象所经历的过程时间。例如台北 101 大楼于 2010 年 1 月 1 日 00:00 将施放 188s 的高空烟火,则开始施放时间为绝对时间,而自开始至结束经过的 188s 为相对时间。

由于地球自转是持续且大致匀速的,故人类最早选择的时间系统是以地球自转为基础的世界时间系统,依据观察地球自转的空间参考点不同,又有恒星时(sidereal time)、平太阳时(mean solar time)及世界时(universal time)等。目前最普遍的世界时间系统为世界时。世界时与平太阳时的尺度相同,而起算点是以平子夜为零时的格林威治平太阳时起算。

随着测量仪器的进步和测量技术的进展,人们发现地球的转动不是真正匀速的,这是因为极移现象造成地球自转轴在地球内的位置并不固定,使得地球自转速度不均匀,每年约慢 1s,且随着季节不同,也会有不同差异。从 20 世纪 50 年代开始,为满足空间科学技术及天文学、大地测量学等领域的发展与应用,以物质的内部原子运转特征为基础的原子时间系统应运而生。由于原子时间系统(atomic time,AT)具有极高的稳定性和重现性,故原子时间系统是目前最理想的时间系统。第 13 届(1967 年,巴黎)国际度量衡委员会定义原子时间的单位为原子时秒。铯原子在零磁场辐射振荡 9 192 631 770 周所持续的时间,恰为 1 个原子时秒,亦称为 1 星历秒。

为应对卫星定位系统的精密导航与定位需求,依据原子时间系统而标定的专用时间系统,称为 GPS 时间系统(GPS time,GPST),此时间系统由主控站的原子时钟控制,它是以 1980 年 1 月 6 日零时的世界时间 UTC 为起始点,而且不做修正,故在当时是与 UTC 一致的时间,而后随着时间的累积,GPS 时间(GPST)与世界时间(UTC)会有整数的秒差,例如在 1987 年差值为 4s,至 1993 年 12 月差值为 9s,至 1996 年则差值为 10s。

　　所有分布于地球外层空间的定位卫星及地面控制站,都必须通过原子钟准确定义自己的绝对时间,务必使所有控制站和卫星上的原子钟时间同步,只要有 1×10^{-9} s 的时间误差,就会造成 30cm 的距离误差。原子钟的精准度来自于频率的稳定性,故定位卫星必须装置高精准频率的原子钟。以美国 GPS 系统为例,每个工作卫星上装置有四台高精度原子钟,分别是两台铷钟(rubidium atomic)及两台铯钟(cesium atomic),未来将采用更精准的氢原子钟。工作卫星平时以其中一台原子钟的时间为基准时间,其他原子钟则作为备用,于主钟故障时取代其工作。

　　表 7-2 展示了各种原子钟的稳定性。

表 7-2　　各种原子钟稳定性(曾清凉、储庆美,1999)

原子钟类型	时钟频率/Hz	日稳定度($\Delta f/f$)	误差 1s 所需时间/a
石英钟	5 000 000	10^{-9}	30
铷钟	6 834 682 613	10^{-12}	30 000
铯钟	9 192 631 770	10^{-13}	300 000
氢子钟	1 420 405 751	10^{-15}	30 000 000

2. 准确测距

　　由于卫星定位系统是通过量测各卫星至接收器的距离来得到接收器的坐标,故必须进行准确测距,其中包括卫星至接收器、卫星与卫星之间及各卫星至地面控制站的距离。各卫星虽然以固定的轨道运转于地球上空,但是在经年累月的移动下,仍会造成测算位置的误差,故必须由地面控制站加以修正,以使各卫星保持在正确的位置;同时使各卫星也与地面控制站保持正确的相对位置,如此才能确保坐标的计算无误。地面控制站确认各卫星的距离并进而计算得到各卫星实时的正确位置,当发现卫星偏离正常轨道或位置时,则会发出指令,遥控卫星修正行进方向及位置,以便回到正常的轨道。定位卫星大都装置了多组可指向各种角度的小功率喷射器,用于修正行进方向和位置。

3. 全球定位的工作模式

　　全世界的导航卫星定位系统,除中国的“北斗一号”系统在卫星与接收器之间具有相互通信功能以外,其余系统都采取相同工作模式。在地球上空的定位卫星,以固定轨道围绕地球运转并与地面控制站保持联系,在必要时由地面控制站传送信号至卫星修正运转,因此在任意时间,它在地球上空的位置及后续的移动轨迹都是已知的。定位卫星内装置有非常精准的原子钟及发射信号装置,电力则来自太阳能电池。卫星随时向地球表面发送无线电波,电波中则以特殊的编码方式包含识别自己身份的识别信号及用以测距的时间信号(见后面章节)。在地球上的接收工作端(接收器)设有天线,用以接收各卫星传来的无线电波,译码器用以解调收到的无线电信号,而其中的识别信号接收器可以解算得到与各个卫星间的距离,由于各卫星任一时间的位置都是已知的,故计算出与各卫星间的距离后,即可计算出接收器自己的坐标位置,这就是三角定位法的工作模式。

　　如图 7-2 所示,卫星发射的电磁波是以卫星发射天线为球心,以光速为传播速度,以球面波的形式向外扩散的。当这个球面波触及到地球时,与地球球面(即地表面)的交线是一个圆圈。地球球面上的这个圆圈上任意一点与卫星是等距离的。第一个卫星的无线电信号可照射的地表区域为一圆形,GPS 接收器就在这一圆的圆周上。若接收器可同时收到两个卫星的信号,则代表接收端位于两条圆周线的交叉的地方,理论上只会有两个交点。当收到三个卫星的信号,则可排出一个点,从而准确地得知接收器的位置。事实上,接收器位置可设置为 x、y、z 三个未知数,加上卫星时钟与接收器时钟的起点有误差,将该误差也算作一个未知数,如前所述,总共需要设置与四个卫星距离的方程。

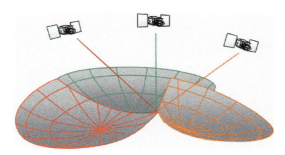

图 7-2　卫星定位工作模式示意图

7.2　测距原理

全球卫星定位系统利用定位卫星发出的无线电信号,来量测各卫星至接收器的距离,以便获得接收器的坐标,这是基于无线电测距而发展的技术。其中测量距离主要有两种技术,分别是“伪随机码测距”与“载波相位测距”。由于载波相位测距准确度远高于伪随机码测距,在定位准确度日渐重要的情况下,目前大多数卫星定位都采用载波相位测距。本节重点叙述载波相位测距的原理。

7.2.1　伪随机码测距

伪随机码(pseudo random noise code)又称“伪乱码”,是 1 023 位任意组成的乱序码,由于必须防止被过于相似的信号干扰,故设计成由随机数无规则的 0 及 1 二位数据组成。每一个定位卫星都有自己专属的乱序码,以供识别这组乱序码是属于哪一个定位卫星发出的,而且接收器也必须能产生相同的乱序码,以便和卫星发出的乱序码进行相关性比对,所以它必须是可复制的。为了使卫星定位系统能够以最经济的方式运作,故卫星定位信号不能含有过多信息,必须能快速地调制及解调,且不必使用昂贵而复杂的天线。定位卫星通常使用太阳能电池产生电力,除了供给发射机传出定位信号,还要供给卫星本身的原子钟、控制计算机、航控设备等,在有限的电力下必须持续地发出定位信号,且为延长卫星的使用寿命,只能以极低的功率发射。一般定位信号传送到地球表面时强度大约为 $-160 \sim -153 \mathrm{dbW}$,这是很微弱的无线电信号。通常接收如此微弱的信号必须使用大型集波天线,例如接收来自宇宙微弱电波的天线,直径可能达数米甚至数十米。但是全球导航定位系统的接收器为了实用性及机动性,通常直径在几十厘米,甚至几厘米之内,故伪随机码必须能在极低的功率之下,在包含有背景噪声的信号中被辨识出来。

由于需要同时具备乱序无规则、可辨识性、非复杂、可复制性等多种特性,像是随机产生的码,故称为"伪随机码"。虽然称它有非复杂的特性,事实上,要具备以上的特性,伪随机码的编码设计是很复杂的,之所以如此设计,原因如下:

(1)经编码的信号可以避免被其他通信信号非故意地干扰。

(2)多组 GPS 卫星发出的信号可以使用同一个载波频率。

(3)可以利用展频技术,提高传输效率,防止信号阻塞。

(4)可以用双频接收的方式修正电离层延迟,提高定位准确度。

(5)一个接收器可以同时接收多个 GPS 卫星的信号进行立即寻址。

每一个定位卫星都会发出属于自己的伪随机码,其产生频率为 $1.023\mathrm{MHz}$,故每一秒可产生 1.023×10^{6} 组伪随机码。无线电波的传递速度为 $3\times10^{8}\mathrm{m/s}$,故每组伪随机码的波长约为 $300\mathrm{m}$。

接收器与各卫星的时钟随时保持同步,理论上在同一时间(每一毫秒)各自产生一组相同的伪随机码。当接收器收到来自于卫星的信号时,则将自己的伪随机码与来自卫星的码进行相关性比对,当两者之间的相关性最高时,由卫星信号到达的时间差量即可测得卫星与接收器的距离。获得时间差量的方式有多种,最简单的方式为接收器端一方面不断延迟自身产生的信号,一方面与来自卫星的信号进行比对,这种"比对"是通过一种特殊的数字逻辑电路实现的。当两组信号呈现最大相关时,代表两组信号接近重叠,则由时间的延迟量(time delay)或偏移量(time shift),可得知信号由卫星至接收器的电磁波传递时间 τ,再乘以电磁波在大气中传递的速度,即可得到接收器到卫星之间的距离 ρ。因为电磁波在空间传递会受到一些误差影响,以伪随机码求得的卫星与接收器间距离与真实距离并不相同,故伪随机码测距又称为虚拟距离测距,其关系如下式所示。

$$\rho = c \cdot \tau \tag{7-1}$$

式中,ρ 为虚拟距离;c 为电磁波在大气中的传播速度;τ 为时间偏移量。

伪随机码包含有 C/A 码及 P 码,在多路径效应下,C/A 码的观测值精度约为 $\leqslant300\mathrm{m}$,在修正各种误差后,观测精度约为 $1\sim3\mathrm{m}$。P 码在多路径效应下的观测值约为 $\leqslant30\mathrm{m}$,在修正各种误差后,观测精度约为 $10\sim30\mathrm{cm}$。

7.2.2　载波相位测距

1. 载波相位测距的基本算法

定位卫星发出的无线电信号,为了能以较低的功率传递至远距离,且避免信号受到干扰,故必须将频率较低的信号附载于频率较高的电磁波上,此过程称为调制(modulation),频率较高的电磁波称为载波。一般信号,即调制波频率要高于被调制波,是信号电磁波频率十倍以上。接收端再由其中解析出高频载波与低频的信号,此过程称为解调。调制与解调是无线信号通信普遍使用的技术,这一概念在本书第 5 章雷达遥感中有较详细的介绍。以美国的GPS 系统为例,使用的载波为 L_1 及 L_2 两个频段,L_1 附载 C/A 码及 P 码,L_2 则只附载 P 码。

L_1 及 L_2 上同时还附载了导航信息及伪随机码。

导航信息(satellite message)又称为 D 码,其频率为 50bit/s,其中包含了卫星时间和同步信号、准确轨道数据(星历)、卫星时间修正信息、所有卫星的粗略轨道数据(整体星历)、计算信号传送时间的修正信号、电离层数据、卫星健康状态数据等,传递以上所有信息约需 12.5min。全球卫星定位系统使用的无线电波通常内含了载波、伪随机码、C/A 码、P 码等。

对 L_1 载波而言,其产生频率约为 1 575MHz,故每一秒产生 $1\ 575 \times 10^6$ 个相位(周期)的正弦波(图 7-3),以传播速度约为 $3 \times 10^8 \mathrm{m/s}$ 计算,则每一个周期的传播距离,即波长为 19cm。由于载波为正弦波,每一个正弦波曲线理论上由无限多个点所组成,若每三个点可组成一个曲线,每个相位理论上可以切分为无限段曲线,但对目前电子技术而言,每个相位大约可切成 10 段不同的曲线加以辨别,即最小的量测单位约为 10% 的波长,换算成可观测距离约为 1.9cm。但在加入各种误差值后,观测精准度可达几厘米内。直接使用 L_1 或 L_2 载波作为工作波段,是载波相位测距精度高于伪随机码测距的根本原因。

上述的最小量测单位约为 1/10 个相位差(图 7-4),虽然接收器可测得定位信号传递中产生的小数值相位差,但因为每一个载波的相位都是相同的正弦波,若卫星与接收器之间的信号相位差达一个整数相位以上,则无法得知此整数的数值,此未知的相位差值称为周波未定值(cycle ambiguity)或相位未定值(phase ambiguity)。在信号传递过程中若受到其他因素干扰或中断,如宇宙线和太阳风的干扰,则在恢复传送时,虽然可量测得到小数相位差值,但整数的相位差值将无法得到,如此则产生了所谓的周波脱落(cycle slips)或称之为周跳。在以相位载波进行观测时,此问题不可回避,必须设法解决。

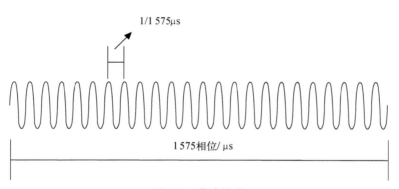

1/1 575μs

1 575相位/ μs

图 7-3　载波构造

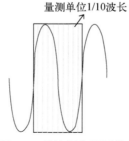

量测单位1/10波长

图 7-4　载波相位量测单位

2. 周跳检测方法

如前所述,在卫星向接收器传输电磁波时,会因种种原因,包括大气电离层干扰、卫星微波天线瞬时故障、用户接收器问题等,发生电磁波被短暂中断,这种中断是随机的,没有任何规律。接收器是以相位数测量的,因而测量的 N_k^j(N 为相位数,j 为第 j 颗卫星,k 为第 k 个接收器)要比实际传播的相位数常常要少,这就是所谓"周跳"的概念。显然,周跳问题必须加以解决,否则载波相位测距方法就要归于失败。解决周跳问题有多种方法,以下两种方法在多数的 GPS 系统中被使用。

方法一:统计插值方法。它的基本考虑是:卫星围绕地球作椭圆周运动,这就是说尽管卫星以大于第一宇宙速度(7.9km/s)运动,这一速度可分解为切向速度与径向速度,切向速度占其绝大部分,而径向速度却不高,即卫星与用户接收器的距离在短时间内改变量并不大。地球与卫星以载波方式的通信联系是在卫星运动方向的径向进行联系。在径向,既然卫星速度不高,该速度的改变量即加速度就应当更小。单位时间卫星与用户接收器距离的改变,即卫星的径向速度改变,导致用户接收器测量来自卫星的载波周期数改变,表现为相邻两个瞬时时段的载波周期数的差;单位时间这个距离改变的速度,即卫星的径向加速度,导致用户接收器测量相邻两个较长时段来自卫星的载波周期数差值的改变,表现为相邻这两个较长时段的载波周期数差值的差。显然,后面这一差值,即卫星的径向加速度更要小,几乎为零。

以间隔 $15\mu s$ 时间观测一次为例,测量载波周期数可达 1 万或几万周以上。这一时间区间内周跳几十周的现象不能发现。但正常情况,两次差即相邻两个差值的差都要小得多(一次差相当于变化速度,两次差相当于变化加速度)。三次差应更小,以此规律迅速递减,到四次差就在零的上下变动。如果不按此种规律递减,即可说明在相应时间段内有周跳,将有周跳的时间段测试相位差值剔出来,用一维插值计算方法补值。一维插值计算方法在本书第 8 章中将有介绍。

方法二:双频观测值修复。它在 GPS 系统中使用两种频率的载波(f_1、f_2)。对这两个频率的载波分别测量其相位,这样有

$$\varphi_1 = \frac{f_1}{C}\rho + f_1\delta t_a - f_1\delta t_b + \frac{f_1}{C}\delta_{p1} + \frac{f_1}{C}\delta_{p2} + N_{k1}^j \tag{7-2}$$

$$\varphi_2 = \frac{f_2}{C}\rho + f_2\delta t_a - f_2\delta t_b + \frac{f_2}{C}\delta_{p1} + \frac{f_2}{C}\delta_{p2} + N_{k2}^j \tag{7-3}$$

两式中,φ_1、φ_2 为两种载波频率 f_1、f_2 下的测量相位;c 为光速;ρ 为用户接收器至卫星的距离;δt_a 为卫星的时钟误差;δt_b 为接收器的时钟误差;δ_{p1}、δ_{p2} 分别为两种载波频率下电磁波在电离层与对流层因时间延迟而折合的测距误差;N_{k1}^j、N_{k2}^j 分别为第 1 种与第 2 种载波频率下对于第 j 颗卫星第 k 个接收器所测试的载波相位。

考虑到在没有周跳的正常情况下两种频率的载波总相位之比应当等于其频率之比,即

$$\frac{\varphi_1}{\varphi_2} = \frac{f_1}{f_2} \tag{7-4}$$

则有

$$\varphi_1 = \frac{f_1}{f_2}\varphi_2 \tag{7-5}$$

式(7-5)的意义在于将频率为 f_2 的载波总相位折算为频率为 f_1 的载波总相位。

此外,对于电离层与对流层折射距离 δ_ρ,可用下式加以变量替换:

$$\delta_\rho = \frac{A}{f^2} \tag{7-6}$$

式中,A 为替换系数。

将式(7-6)代入式(7-2)与式(7-3),并且将代换后的两式相减,则有

$$\Delta\varphi = N_1 - \frac{f_1}{f_2} N_2 - \frac{A}{x f_1} + \frac{A}{c f_2^2 / f_1} \tag{7-7}$$

这里,等式左、右共 5 项都是可测的变量,将等式右边最后两项合并为 B,则可写为

$$N_1 - \frac{f_1}{f_2} N_2 + B = \Delta\varphi \tag{7-8}$$

若此式等于 0,说明无周跳,如不等于 0,说明有周跳。若大于 0,即

$$N_1 > \frac{f_1}{f_2} N_2 \tag{7-9}$$

则说明 N_2 中有周跳;若小于 0,则说明 N_1 中有周跳。当发现两个载波中有一个有周跳,令式(7-9)变为等式,则可计算出另一个没有周跳的载波总相位,这样也可以计算卫星到用户接收器的瞬时距离。

7.3　定位坐标解算

7.3.1　定位方程式的确立

上述提及的卫星定位包含的各种误差,例如原子时钟误差、接收器时钟误差及电离层、对流层的延迟误差,所有这些误差都不能忽略,甚至卫星运动的相对论效应产生的时间测试误差都归并在接收器原子时钟误差。在考虑以上误差后,将所有误差一律换算为对距离测算的误差,虚拟距离观测值定位方程可表示为

$$R_i = R_r + c \cdot (dt - dT) + d\rho_{trop} + d\rho_{ion} + \varepsilon\rho_i \tag{7-10}$$

式中,R_i 为量测得的虚拟距离(m);i 为两种频率 1、2 中的一个;R_r 为卫星到接收器的真实距离(m);c 为大气中的光速(m/s);dt 为接收器原子时钟误差(s);dT 为卫星原子时钟误差(s);$d\rho_{trop}$ 为对流层延迟误差(m);$d\rho_{ioni}$:电离层延迟误差(m);$\varepsilon\rho_i$ 为虚拟距离观测量的噪声及多重路径效应(m)。

以 L_1 及 L_2 为载波的载波相位定位方程式可以用以下两式表示,L_1 及 L_2 是测试接收器到卫星的距离。

$$L_1 = \lambda_1 \varphi_1 = R_r + c(dt - dT) + d\rho_{trop} - d\rho_{1ion_1} + \lambda_1 N_1 + \varepsilon \tag{7-11}$$

$$L_2 = \lambda_2 \varphi_2 = R_r + c(dt - dT) + d\rho^{trop} - d\rho_{ion_2} + \lambda_2 N_2 + 1.3\varepsilon \tag{7-12}$$

两式中,λ_1、λ_2 为双频载波相位 φ_1、φ_2 的波长(m);N_1、N_2 为 φ_1、φ_2 的周波未定值(cycles);ε 为 L_1 的距离偶然观测误差,L_2 的距离偶然观测误差约为 L_1 的 1.3 倍,因为后者波长是前者波长的 1.3 倍。

此外,需要指出,由于电离层对电磁波传播造成延迟的影响,致使伪随机码或载波相位的

电离层误差与虚拟距离的电离层误差实际为等值异号;还需指出,所有这些误差在现代实验物理学中都是可测试的,因而以上两式在实际测试中是可操作的。

7.3.2 泰勒展开与定位方程近似求解

如前所述,接收器在收到三个卫星的信号时即可求得定位坐标,但由于卫星与接收器各自原子时钟误差造成的时间误差量未修正,若要计算出时间误差量,则要接收到第四个以上的卫星信号作为参考,即观测者若接收到来自 n_s 颗卫星的信号,而且 n_s 大于 4,则可推算出接收器所在的位置坐标。

令 R_p^i 为观测者所接收自第 i 颗卫星的虚拟距离,并假设 (x_i, y_i, z_i) 为该卫星的位置,若观测者位于 (x_p, y_p, z_p),则两者的距离为

$$\rho_p^i = \sqrt{(x_p - x_i)^2 + (y_p - y_i)^2 + (z_p - z_i)^2} \tag{7-13}$$

当只考虑时间延迟误差时,可得虚拟距离方程式:

$$R_p^i = \sqrt{(x_p - x_i)^2 + (y_p - y_i)^2 + (z_p - z_i)^2} + c(dT_p - dT^i) \tag{7-14}$$

由于 dT^i 一般可由导航信息中的参数推算而得,故上式虚拟距离方程式可改写为

$$R_p^i = \sqrt{(x_p - x_i)^2 + (y_p - y_i)^2 + (z_p - z_i)^2} + cdT_p \tag{7-15}$$

上式中,待求解值为观测者位置 (x_p, y_p, z_p) 及时钟误差 dT_p。由于有四个未知数,故若可累积来自四颗卫星的观测量,则可建立一组非线性联立方程式,以解算观测者位置坐标。

由于非线性方程在解算中有一定麻烦,且耗较多计算机计时,实际作法是将非线性方程式以泰勒展开式转成线性方程式,再予以求解。显然,这样做会带来误差,实际证明这种误差还在允许范围内,但是大幅度减少了计算工作量。

假设 (x_0, y_0, z_0) 为空间中的已知点,则其与第 i 颗卫星的空间距离为

$$\rho_0^i = \sqrt{(x_0 - x_i)^2 + (y_0 - y_i)^2 + (z_0 - z_i)^2} \tag{7-16}$$

若此点与观测者相对距离较近,则可由泰勒展开式,将 ρ_0^i 在 (x_0, y_0, z_0) 附近展开得下列线性近似表达式:

$$\rho_p^i \approx \rho_0^i + \frac{\partial \rho_p^i}{\partial x_p}\bigg|_{(x_0, y_0, z_0)} (x_p - x_0) + \frac{\partial \rho_p^i}{\partial y_p}\bigg|_{(x_0, y_0, z_0)} (y_p - y_0) + \frac{\partial \rho_p^i}{\partial z_p}\bigg|_{(x_0, y_0, z_0)} (z_p - z_0)$$

$$\tag{7-17}$$

令

$$\begin{cases} h_{xi} = \dfrac{\partial \rho_p^i}{\partial x_p}\bigg|_{(x_0, y_0, z_0)} = \dfrac{x_0 - x_i}{\sqrt{(x_0 - x_i)^2 + (y_0 - y_i)^2 + (z_0 - z_i)^2}} \\[3mm] h_{yi} = \dfrac{\partial \rho_p^i}{\partial y_p}\bigg|_{(x_0, y_0, z_0)} = \dfrac{y_0 - y_i}{\sqrt{(x_0 - x_i)^2 + (y_0 - y_i)^2 + (z_0 - z_i)^2}} \\[3mm] h_{zi} = \dfrac{\partial \rho_p^i}{\partial z_p}\bigg|_{(x_0, y_0, z_0)} = \dfrac{z_0 - z_i}{\sqrt{(x_0 - x_i)^2 + (y_0 - y_i)^2 + (z_0 - z_i)^2}} \end{cases} \tag{7-18}$$

由此可得虚拟距离方程式表达为

$$R_{\mathrm{p}}^{i} + c \cdot \mathrm{d}t^{i} - \rho_{0}^{i} = \begin{bmatrix} h_{xi} & h_{yi} & h_{zi} & 1 \end{bmatrix} \begin{bmatrix} x_{\mathrm{p}} - x_{0} \\ y_{\mathrm{p}} - y_{0} \\ z_{\mathrm{p}} - z_{0} \\ c\mathrm{d}T_{\mathrm{p}} \end{bmatrix} \qquad (7\text{-}19)$$

h_{xi}、h_{yi} 与 h_{zi} 所组成的向量 $\boldsymbol{h}_{i} = \begin{bmatrix} h_{xi} \\ h_{yi} \\ h_{zi} \end{bmatrix}$ 代表由已知点 (x_{0}, y_{0}, z_{0}) 至第 i 颗卫星的单位向量。假

设可观测到 n_{s} 颗卫星,则联立的线性方程式可写成

$$\boldsymbol{b} = \boldsymbol{H}\boldsymbol{p} + \boldsymbol{v} \qquad (7\text{-}20)$$

$$\boldsymbol{b} = \begin{bmatrix} R_{\mathrm{p}}^{1} + c\mathrm{d}t^{1} - \rho_{0}^{1} \\ R_{\mathrm{p}}^{2} + c\mathrm{d}t^{2} - \rho_{0}^{2} \\ \vdots \\ R_{\mathrm{p}}^{n_{\mathrm{s}}} + c\mathrm{d}t^{n_{\mathrm{s}}} - \rho_{0}^{n_{\mathrm{s}}} \end{bmatrix}, \boldsymbol{H} = \begin{bmatrix} h_{x1} & h_{y1} & h_{z1} & 1 \\ h_{x2} & h_{y2} & h_{z2} & 1 \\ \vdots & \vdots & \vdots & \vdots \\ h_{xn_{\mathrm{s}}} & h_{yn_{\mathrm{s}}} & h_{zn_{\mathrm{s}}} & 1 \end{bmatrix}, \boldsymbol{p} = \begin{bmatrix} x_{\mathrm{p}} - x_{0} \\ y_{\mathrm{p}} - y_{0} \\ z_{\mathrm{p}} - z_{0} \\ c\mathrm{d}T_{\mathrm{p}} \end{bmatrix}$$

$\boldsymbol{v}$ 代表虚拟距离的量测噪声、非线性转线性产生的误差等。若设 $\boldsymbol{v}$ 为零,则采用最小二乘法可算出最佳位置与时钟修正量为

$$\overline{\boldsymbol{p}}_{1\mathrm{s}} = (\boldsymbol{H}^{\mathrm{T}}\boldsymbol{H})^{-1}\,\boldsymbol{H}^{\mathrm{T}}\boldsymbol{b} \qquad (7\text{-}21)$$

对于采用单一时刻量测定位的观测者而言,可据上式计算出最佳的位置与时钟偏置量。如果

$$\overline{\boldsymbol{p}}_{1\mathrm{s}} = \begin{bmatrix} x_{\mathrm{a}} \\ y_{\mathrm{a}} \\ z_{\mathrm{a}} \\ c\mathrm{d}T_{\mathrm{a}} \end{bmatrix}$$

则观测者的位置可近似成 $(x_{0}+x_{\mathrm{a}}, y_{0}+y_{\mathrm{a}}, z_{0}+z_{\mathrm{a}})$,而其时钟偏置则可近似成 $\mathrm{d}T_{\mathrm{a}}$。以上多种近似步骤的最终效果是将非线性的定位计算转换为线性计算,尽管产生误差,但实际误差可控制在一定范围内。由以上推算过程可以看出,泰勒展开在将非线性复杂计算转换为线性简单计算中起到了关键作用,使计算机计算速度符合实际作业的要求。泰勒展开是计算机进行数值近似计算经常应用的方法之一。

7.4　坐标系统转换

如前所述,卫星定位测量依靠的是准确测量用户接收器与定位卫星的实时距离,需要准确测量卫星在测量瞬间在太空的位置以及运行状态,因此准确确立包括太空参考坐标系在内的坐标系统在定位技术中处于十分关键的地位。在此测量领域,主要有三种参考坐标系统:①天球坐标系;②地球坐标系;③卫星轨道坐标系。各坐标系统承担不同的作用,系统之间有固定的转换关系。之所以设置三种坐标系统是由于地球围绕太阳公转、地球自转、卫星又围绕地球旋转;而且所有这些运动都由非规律性一面的原因所致。地球的非规律性运动在天体物理学中被归纳为下面提到的所谓"章动"、"岁差"等概念之中,是指地球自转轴指向的运动。

7.4.1　天球坐标系

天球坐标系又称为恒参考坐标系统(inertial frame,I. F. 或 conventional celestial reference system,CCRS)。根据专业国际会议 IAG 及 IAU 的决议,从 1984 年 1 月 1 日起采用一个新的天文参考坐标系统,称为 FK5。它是以公元 2000 年 1 月 1 日 12 时的平(均)赤道、平(均)春分点为参考基准所定义的,简称 J2000.0。它相应的儒略日为 2 451 545.0 日。在 FK5 系统中含有新的 GMST 及新的章动、岁差模式。这里设定"平赤道、平春分点"以及"儒略日",所谓"春分点"是指在太阳系中相对位置恒定不变的点,以上概念都是根据人们长期对地球运动的精确天文观察后得出的,观测发现地球的公转与自转都存在不规律性,而且随着时间的推移,这种不规律性愈来愈加重:地球自转轴指向并不稳定,有多种形式的晃动;赤道平面也不稳定,其运动有规律性的一面,也有非规律性的一面,这些规律及非规律的运动致使天文学上对于参考坐标系采取"平均"措施,以求得最大限度地减少因坐标系不稳定而带来的测试误差。

天球坐标系 X、Y、Z 三轴与原点设定如图 7-5 所示。原点位于地心;X 轴指向平春分点方向;Y 轴指向平赤道面之北极;Z 轴与 X、Y 轴正交面构成一右旋系统。

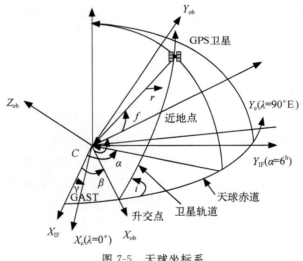

图 7-5　天球坐标系

在天球坐标系中,因为地球自转与公转的综合作用,地球上每一点以及地球卫星在每一时刻都在太阳系空间中变化,这种坐标系设置可以将地球自转与公转的规则与不规则运动对于卫星在太空的实时定位都可以表现出来。全球定位系统的监控站就是以这个坐标系作为参考系统来确定卫星每一时刻位置的。

7.4.2　地球固定坐标系

地球固定坐标系(earth-fixed coordinate system,earth-center body-fixed coordinate system）亦称为传统地面坐标系（conventional terrestrial reference system，CTRS），或称为平均地球坐标系（average terrestrial system，AT），为一全球性的地心坐标系。

地球坐标系 X、Y、Z 三轴与原点的规定如图 7-6 所示。原点位于地心（geocenter）；X 轴通过格林威治平天文子午圈；Y 轴指向 CIO（conventional international origin）平均北极；Z 轴与 X、Y 轴正交面构成一右旋系统。CIO 为公元 1900～1905 年间所测得的北极平均位置；平天文子午圈为由 BIH（bereau international del'Heure）界定的一虚拟均匀转动的零子午圈。在 1986 年前，卫星测量可采用的地面坐标系称为 WGS72 标准，自 1986 年以后则被 WGS84 所取代。

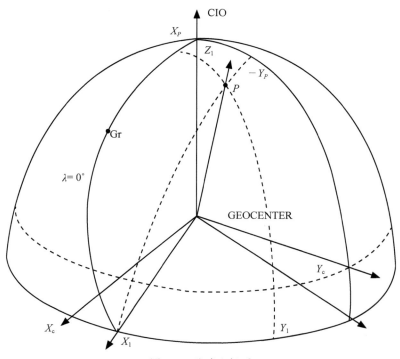

图 7-6 地球坐标系

在地球固定坐标系中，地球表面每一点的坐标不变化，地球自转与公转不规则性对于地球上每一点以及卫星实时位置的坐标没有影响；卫星在这一坐标系的位置变化相对于在天球坐标系的变化也要简单得多。这是接收器所在位置的三维坐标都是最终通过这一坐标系进行测算的原因。

7.4.3 坐标系统转换

天球坐标系（CCRS）与地球坐标系（CTRS）之间的转换是卫星定位的必要工作步骤，地面监控系统测算卫星的位置以及运行轨道各种参数是在天球坐标系进行的；而接收器所在位置的三维坐标是在地球坐标系测算的，两者之间关系的转换势在必行；此外，转换考虑了岁差（precession）（即年际的差别）、章动（nutation）、地球自转（earth rotation）及地球自转轴运动

(polar motion)等有关因素。以下介绍的转换关系是动态的,一些转换参数是在不断观测中随时加以修正得到的,CCRS 与 CTRS 转换步骤如下:

(1)CCRS 转换至 MDRS(mean-of-date reference system)。此步骤与岁差 $\textbf{\textit{P}}$ 有关,主要将坐标由现在的 CCRS 转换至欲计算的特定星历时刻(ephemeris epoch)的平赤道、平春分点系统。定义为

$$r'(t_0) = \textbf{\textit{P}}_r \textbf{\textit{r}} \tag{7-22}$$

其中

$$\textbf{\textit{P}}_r = \textbf{\textit{R}}_1(-Z_A) \, \textbf{\textit{R}}_2(\theta_A) \, \textbf{\textit{R}}_3(-\xi_A) \tag{7-23}$$

式中,r 为 CCRS 的位置矢量(x,y,z);r' 为 MDRS 的位置矢量(x',y',z')。

$\textbf{\textit{R}}_1(\varphi)$、$\textbf{\textit{R}}_2(\varphi)$、$\textbf{\textit{R}}_3(\varphi)$ 为坐标旋转矩阵,φ 为相应 x、y、z 轴的旋转角度,且 z_A、θ_A、ζ_A 为岁差角度。

$$\textbf{\textit{R}}_1(\varphi) = \begin{bmatrix} 1 & 0 & 0 \\ 0 & \cos\varphi & \sin\varphi \\ 0 & -\sin\varphi & \cos\varphi \end{bmatrix} \tag{7-24}$$

$$\textbf{\textit{R}}_2(\varphi) = \begin{bmatrix} \cos\varphi & 0 & -\sin\varphi \\ 0 & 1 & 0 \\ \sin\varphi & 0 & \cos\varphi \end{bmatrix} \tag{7-25}$$

$$\textbf{\textit{R}}_3(\varphi) = \begin{bmatrix} \cos\varphi & \sin\varphi & 0 \\ -\sin\varphi & \cos\varphi & 0 \\ 0 & 0 & 1 \end{bmatrix} \tag{7-26}$$

(2)MDRS 转换至 TDRS(true-of-date reference system)。此步骤与章动 $\textbf{\textit{N}}$ 有关,主要将坐标由特定星历时刻的平赤道、平春分点系统转换成同一时刻的真赤道、真春分点系统。定义如下:

$$r'' = \textbf{\textit{N}} r' \tag{7-27}$$

式中,$\textbf{\textit{N}} = \textbf{\textit{R}}_1(-\varepsilon - \Delta\varepsilon) \textbf{\textit{R}}_3(-\Delta\Psi) \textbf{\textit{R}}_1(\varepsilon)$;$r''$ 为 TDRS 的位置向量(X'',Y'',Z'');ε 为黄道倾角;$\Delta\varepsilon$ 为倾角上的章动分量;$\Delta\Psi$ 为经度上的章动分量。

(3)TDRS 转换至 ITRS(instantaneous terrestrial reference system)。此步骤与地球自转 $\textbf{\textit{E}}$ 有关,经上述岁差及章动旋转后,坐标系统为特定星历时刻的真赤道、真春分点系统。这里的"真"赤道、"真"春分点是指当前时刻的赤道、春分点的位置。然而 CTRS 是依格林威治子午圈为准的,所以需将坐标系统对 Z 轴旋转,此旋转角称之为格林威治视恒星时角度(GAST)。经此旋转后,坐标系统由特定星历时刻的赤道、真春分点系统转换为该同一时刻的瞬时地球参考系统(ITRS)。此转换按照下式计算:

$$r''' = \textbf{\textit{E}} r'' \tag{7-28}$$

式中,$\textbf{\textit{E}} = \textbf{\textit{R}}_3(\theta_g)$;$r'''$ 为 ITRS 的位置向量(x''',y''',z''');θ_g 为黄道倾角。

(4)ITRS 转换至 CTRS。此步骤与极运动 $\textbf{\textit{P}}_m$ 有关,由于在瞬时地球参考系统(ITRS)下瞬时极位置随时不断变动(此现象为极运动),所以不是一个真正的地球坐标系统。必须考虑到瞬时极位置与 CIO 之差异,此差异可用两个角度量 x_p、y_p 来代表。此转换按照下式计算:

$$r_e = \textbf{\textit{P}}_m r''' \tag{7-29}$$

式中，$P_m = R_2(-x_p)R_1(-y_p)$。

合并以上各式，由 CCRS 转换至 CTRS 的完整公式如下式所示。

$$r_e = P_m ENP_r r \tag{7-30}$$

相反地，由 CTRS 转换至 CCRS 之完整公式为

$$r = (P_m ENP_r)T r_e \tag{7-31}$$

上述坐标系统相互转换关系如图 7-7 所示。

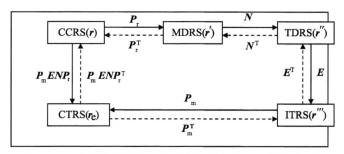

图 7-7　全球定位系统各个参考坐标系之间相互转换关系图

7.5　卫星轨道坐标系

7.5.1　开普勒三定律

开普勒（Keplor）三定律是概括行星一类天体，包括人造天体与自然天体运行普遍性法则的定律。对于人造卫星，开普勒定律可以作如下的表述：

（1）开普勒第一定律：卫星运行的轨道是一个椭圆，而该椭圆的一个焦点与地球的质心相重合。轨道椭圆一般称为 Kepler 椭圆，其形状和大小是常数。在椭圆轨道上，卫星离地球质心（简称地心）最远的一点称远地点，而离地心最近的一点称近地点。

（2）开普勒第二定律：地球质心与卫星之间的径向距离 r 在相同时间内所扫过的面积相等。

（3）开普勒第三定律：卫星运动周期的平方与轨道椭圆长半径的立方之比为一常数。

在如图 7-5 所示的天球坐标系中，卫星轨道坐标系以地心为原点，X 轴指向升交点（即卫星由南向北运行穿过赤道平面的点），Y 轴指向卫星轨道平面的法线方向，并与 X 轴、Z 轴正交构成的右手坐标系。卫星点位置先以轨道坐标来表示，再转换到天球坐标系；而地面主控站坐标系则以地球固定坐标系来表示。因此如果要用卫星坐标（天球坐标）来测定用户接收器所在位置的坐标，则需先将卫星的天球坐标转换到地球固定坐标，才能使坐标系统保持一致。

全球定位卫星的运行轨道可利用开普勒六元素来定义：

（1）轨道长半径：a。

（2）轨道离心率：e。

（3）近地点变角（argument of perigee）：ω。

(4)升交点赤径(right ascension of the ascending node):Ω。

(5)轨道面倾角(orbital inclination):i。

(6)卫星通过近地点(prigee)的时间 t 或以平近点角(mean anomaly)M 表示。

7.5.2　卫星定位误差控制

卫星定位系统产生的定位误差来自卫星本身、信息传播路径、用户接收器及其他四个方面。

1. 卫星本身

(1)卫星时钟误差。GPS 的观测量,不论是伪随机码测距还是载波相位测距,均与时间计时密切相关,若计时有误差,则直接影响测量结果。定位卫星使用高精准度的原子钟,但与整个计时系统仍有极细微差别,一般均维持在 1ms 之内。卫星时钟由系统地面监控站严密监控,故可将卫星时钟的偏移量准确测算出后传回卫星,再传给用户接收器用以校正时钟误差。经由修正后,各卫星时钟之间的同步误差可以保持在 20ns 以内,由此引起的等效距离偏差将不会超过 6cm。卫星时钟误差经修正后的残差,可以使用差分定位法加以消除(差分定位后面有专门介绍)。

(2)卫星轨道误差。卫星轨道误差较难估计与处理,因为卫星在运行中受到许多扰动因素的影响,而地面监控站又难以充分而可靠地测定这些因素的影响,经估算,使用者由监控站给出的星历所得到的卫星轨道信息,相对位置误差约为 20~50cm,利用差分定位法,可以有效地减少此项误差。

2. 信息传输路径

(1)电离层延迟误差。电磁波通过离地球表面上空约 500~1 000km 的电离层时会产生延迟现象,即在电离层的传播速度比在真空中慢,也因电磁波频率不同,产生不同的延迟量;而且电离层中电子密度白天约为晚上的 3~5 倍,夏天与冬天的密度也不同,此外卫星的空间几何角度不同时,通过电离层所造成的距离误差也不同,在与地面观测点呈水平方向时为最大,在地面观测点的垂直天顶方位时为最小。综合以上条件,总体产生的距离测量误差约为5~150m。

(2)对流层延迟误差。所谓对流层是指电离层以下、更接近地表的大气层。对流层对定位无线电信号的频率无影响,而由于大气气压和水蒸气的变化造成折射率不同,使得信号传播路径增长,产生时间延迟。延迟的影响可分为干分量与湿分量两部分,干分量主要与气压、温度有关,而湿分量主要与大气湿度及高度相关。若大气处于干燥的状态、1 个大气压环境下,在垂直天顶方向产生的误差约为 2.3m;仰角为 10°时误差约为 20m。当湿度变高时,偏差随之增加,其增加的偏差量在地球表面上的定位误差约为 10cm 左右。利用数学模式能修正对流层延迟,若在基线较短(约 10km 以内)的情况下,能够以观测量差分的方式有效减低此项误差。

(3)多路径效应误差。在某些情况下,接收器天线除了直接接收到卫星信号,还可能接收到经由其他物体所反射回来的卫星信号,两者混合引起天线相位中心的变化,此变化直接影响 GPS 的定位结果,此称为多路径效应。欲减低多路径效应可选择有金属板的天线,或避免将天线设置于易受干扰的环境。

3. 用户接收器方面

用户接收器时钟误差。用户接收器内一般有高精度石英钟,若该时钟与卫星之间的同步误差为 $1\mu s$,则产生定位误差约为 300m。时钟误差的消除方式,除了采用观测量差分方式外,通常在计算程序中将时钟误差视为未知数与定位坐标值一并求解。在卫星定位测量作业中,由于一切的数据皆与时钟计时有关,因此接收器的时钟稳定度扮演一个非常重要的角色,时钟越稳定,数据越稳定平滑,则可得到较好的结果。

4. 其他方面

(1)天线相位中心偏差。天线相位中心偏差是指天线的物理设计中心与卫星信息的实时接收中心不一致,卫星信息的实时接收中心会随着信息强度及进入的高程角与方位不同,而有所改变。此外,L_1 与 L_2 载波的相位中心都会有所不相同。天线相位中心偏差对于高程值的影响大于平面坐标,虽然天线相位中心偏差对于高程值的影响仅为数毫米至数厘米,但在工程测量及高精度测量时,此项误差不可忽略。在进行一般定位测量时,为了减少此项误差,应尽量保持同一台仪器与天线作业,且使天线装置保持同一方位。

(2)载波相位的周波脱落现象。前面已经介绍,周波脱落现象仅发生于载波相位测距时,当用户接收器搜集卫星信息时,因信号受到遮蔽物的阻隔或受到干扰时,造成信号的短暂间断,使得相位数据产生不连续或中断的现象,此时即为周波脱落。周波脱落在精密定位测量上的影响十分重要,在数据计算处理程序中,一定需先经过周波脱落现象的侦测(detection)及修正(repair),使其数据还原其特性,才能进行定位坐标计算,上述周波脱落现象的侦测及修正作业,一般作业软件皆已具备此项功能。

(3)载波相位的周波未定值。如果准确测得电磁波离开卫星至接收器天线中心接收瞬间的电磁波传播周波数(n),则此周波数与该电磁波波长(λ)的乘积,即为卫星与接收器之间的距离,即

$$D = \lambda \cdot n \tag{7-32}$$

由于载波相位测距使用的电磁波波长有 19cm(λ_1)与 24cm(λ_2)两种,因此能比伪随机码测距提供更精密的定位功能。然而,由于接收器自锁定卫星信息后,仅能测定载波相位周波数的小数值,而相位观测数据中的整数值,是由接收器内部的石英振荡器自信息锁定后,依频率自行计数记录下来的,并非信息传播至天线中心所运行的整数周波值。

(4)坐标误差。在卫星定位测量中,我们通常采用相对定位模式。相对定位模式又称为差分定位,这种定位模式采用两台以上的接收器,同时对一组相同的卫星进行观测,以确定接收器天线间的相互位置关系。依相对定位定义,一部仪器置于已知坐标点,另一部置于未知点上,进行同步观测以计算两点间的坐标差(ΔX,ΔY,ΔZ),如此间接计算未知点的坐标。因此,当已知点的坐标未能准确测得而有坐标误差时,此误差会影响两点间的坐标差值及未知点坐标的精度。依台湾学者洪本善(2008)研究分析:在计算坐标差时,以某点坐标为初始值

推算与另一点间的坐标差或边长,为维持 $1\sim3\text{ppm}$[①] 的精度,该点坐标的初始值与真值不可大于 300m。

(5)观测误差。观测误差属于偶然性的误差,与信息的频率波长相关,一般设定为波长的 1%,因此虚拟距离及载波相位的观测误差见表 7-3。

表 7-3　伪随机码测距与载波相位测距观测误差比较表

种类	波长	观测误差
民用码(C/A-code)	300m	3m
军用码(P-code)	30m	30cm
L_1 载波相位	0.19m	2mm
L_2 载波相位	0.244m	2.4mm

表 7-3 所示的"观测误差"指的是虚拟距离的误差,还不是最终定位坐标的误差。虚拟距离误差要引起实际三维定位(x,y,z)坐标的误差。单机 GPS 定位精度的水平坐标(x,y)一般可达 20m 上下,而高程坐标 z 一般在 100m 左右。这是因为虚拟距离误差基本上是定位(x,y,z)坐标误差中的径向误差(Δr)。而径向误差主要分解为高程误差 Δz,因为通常 δ 较大,$\Delta z=\Delta r\cdot\sin\delta$,因此 Δz 占据 Δr 的主要成分;而水平坐标误差 Δx、Δy 还要对 $\Delta r\cdot\cos\delta$ 作进一步分解,因而相对较小。

7.6　差分式全球定位基本原理

7.6.1　概述

由于全球卫星定位系统在某些情况下,定位精度无法满足人们定位导航的需求,差分式全球定位系统(difference global positioning system)应运而生。差分式定位是从卫星定位机理上加以改进的一种有效途径。所谓差分式定位系统是作如下设置:设置两台 GPS 用户接收器,其中一台固定位置不动,称为基准站(base station);另一台由用户手持,称为游动站(rover),又称测站。两站距离相近,并保持通信联系。通过比较与分析两台 GPS 分别得到的观测值,消减各种系统误差与偶然误差,以进一步提高测试精度。这里两站距离相近以及保持快速通信联系是两个必要的重要条件。距离相近,距离不大于 200km,即两站的测试条件,包括大气条件、地球不规则运动带来的影响等,在任何时刻都非常接近,系统误差与偶然误差都基本相同,使两者的比对处理成为可能;保持快速通信联系,使两站能够有效沟通瞬间变化的系统误差与偶然误差,从而使比较与分析两组测试数据进行处理更为准确、有效。

对于基准站,要求在差分定位作业开始以后不间断地与 GPS 卫星进行连续测量定位,不断获取定位信息数据,而且用最新的定位数据与累次测量的数据进行最小二乘法修正,以得到接近真值的最佳数据;当基准站获知游动站在即刻工作时,立即求得同一时刻的差分修正

---

①　$1\text{ppm}=10^{-12}\text{m/s}$

数(位置差分、伪距差分、相位平滑伪距差分和相位差分等修正量)。这个"差分修正数"是指基准站长时间测得的本身位置数据与即刻数据之差,所谓"即刻"是指当前此刻,这里即为游动站进行定位测试的当前时刻。基准站将坐标改正数传输到游动站,游动站获得此坐标改正数后借以改正即刻测试的定位坐标数据,使测试的坐标数据接近准确。

7.6.2　载波相位测距的差分定位

1. 载波相位测距差分定位原理

"差分"是高等数学中的一个重要概念。差分分为一次差分、二次差分和三次差分等。所谓一次差分是指在一个由自变量与因变量组成的函数中,自变量按照一定步长作变化,相应因变量发生的变化;二次差分是指因变量按照自变量一个步长发生变化的再变化;三次差分是指因变量一个步长发生再变化的更高一级变化。如果将一个物体所在位置视为时间的函数,该函数的自变量是时间、因变量是物体的位置、差分步长是单位时间,那么一次差分的结果就是速度,二次差分的结果就是加速度,三次差分的结果就是加速度的变化量。

对于载波相位测距,时间是自变量、距离是因变量,载波相位差分可分为一次差分、二次差分及三次差分,将一次差分结果、二次差分结果、三次差分结果分别乘以相应的时间步长,分别加到原始测距数据中,将这种措施作为误差修正,那么修正结果可以有效地提高距离测试的精准度。这就是载波相位差分测距的基本原理。

2. 载波相位一次差分

所谓的一次差分(single difference),是将用户接收器所接收的每颗卫星的原始观测量(虚拟距离或载波相位),依次进行不同测量站、不同卫星或不同历元(epoch)间的观测量相减。因此一次差分包括测站一次差分、卫星一次差分及历元一次差分三种。方程式分别如下所示。

测站一次差分:
$$\Delta L = \Delta \rho + \Delta (c \cdot \mathrm{d}t) + \Delta \mathrm{d} \rho_{\mathrm{trop}} - \Delta \mathrm{d} \rho_{\mathrm{ion}} + \lambda \Delta N + \Delta \varepsilon \tag{7-33}$$
卫星一次差分:
$$\Delta L = \Delta \rho + \Delta (c \cdot \mathrm{d}T) + \Delta \mathrm{d} \rho_{\mathrm{trop}} - \Delta \mathrm{d} \rho_{\mathrm{ion}} + \lambda \Delta N + \Delta \varepsilon \tag{7-34}$$
历元一次差分:
$$\delta L = \delta \rho + \delta c (\mathrm{d}t - \mathrm{d}T) + \delta \mathrm{d} \rho_{\mathrm{trop}} - \delta \mathrm{d} \rho_{\mathrm{ion}} + \lambda \delta N + \delta \varepsilon \tag{7-35}$$

由测站一次差分公式可知,同一历元且相同卫星的时钟误差完全相同,因此进行测站差分可将此种误差消去。同理,由卫星一次差分公式可知,进行卫星差分可将接收器时钟误差消去。但是因为时钟误差对于任一历元的误差值皆不同,所以从历元一次差分公式中,可知卫星及用户接收器时钟误差未能消去。

3. 载波相位二次差分

所谓二次差分(double difference),是由上述的测站一次差分、卫星一次差分或历元一次差分中,取任两项的一次差分观测值相减而得到。由以上三种一次差分,可以组合成三种二

次差分观测量,实际常用的为卫星减测站的二次差分,这种二次差分表达式为

$$\Delta^2 L = \Delta^2 \rho + \Delta^2 d\rho_{trop} - \Delta^2 d\rho_{ion} + \lambda\Delta^2 N + \Delta^2 \varepsilon \tag{7-36}$$

上式中,$\Delta^2 N = N_a^i - N_a^j - N_b^i + N_b^j$,$N_a^i$ 为测站(即测站)a 接收卫星 i 的载波相位周波测定值,余依此类推。

原始非差分观测量经二次差分后,除时钟误差消除外,剩余的对流层、电离层及卫星星历误差也消减许多。基于此,目前 GPS 计算处理软件大多采用二次差分观测量求解坐标及其他未知数。

4. 载波相位三次差分

所谓三次差分(triple difference),是指取前后相邻历元的测站减卫星二次差分观测值的差量,观测方程式为

$$\delta\Delta^2 L = \delta\Delta^2 \rho + \delta\Delta^2 d\rho_{trop} - \delta\Delta^2 d\rho_{ion} + \lambda\delta\Delta^2 N + \delta\Delta^2 \varepsilon \tag{7-37}$$

三次差分如同二次差分,除时钟误差消除外,剩余的对流层、电离层及卫星星历误差也消减许多,这些误差的变化量显得十分细微。当接收器持续不断地锁定卫星信号,则观测站对每颗卫星间的周波未定值保持常数,因此三次差分组合后,$\delta\Delta^2 N$ 之值应为零,若不为零,表示发生周跳现象。三次差分方观测方程式中,除 $\delta\Delta^2 N$ 项以外,其余各项次的值都较载波波长 19cm 或 24.4cm 微小,因此三次差分可用于自动侦测是否有周波脱落及修正。

综上所述,一次、二次及三次差分法对于消减误差的效果可归纳为表 7-4。

表 7-4　一次、二次及三次差分法消减误差效果对照表

误差类别	一次差分			二次差分	三次差分
	测站	卫星	历元		
卫星轨道误差	‰			‰	‰
卫星时钟误差	0			0	0
接收仪时钟误差		0		0	0
对流层误差	‰			‰	‰
电离层误差	‰			‰	‰
周波未定值			0		0
观测误差增倍数		1.4		2	2.8

注:0 表示误差完全消除;‰表示误差部分消减。

7.7　全球定位系统的使用方法

7.7.1　全球定位系统的实时数据处理

1. NMEA 规格

卫星定位用户接收器接收到足够的卫星信号,并经由测距计算后,可得到用户接收器所在位置的坐标数据,这些数据必须输出给计算机其他程序或设备做实际应用。在接收器与计

算机其他程序或设备之间必须对立即寻址数据设定共同的标准数据格式。

目前卫星定位接收器常用的标准数据格式为美国国家海洋电子学会（national marine electronics association，NMEA）所制定的标准规格。NMEA 规格制定了所有航海电子仪器间的通信标准，包含数据格式及传输数据的通信协议。

NMEA 规格有 0180、0182、0183 三种，NMEA-0183 是架构在 0180 及 0182 的基础上，增加了接收器输出的内容。在电子传输的实体接口上，NMEA-0183 包含了 NMEA-0180 及 NMEA-0182 所定的 RS232 接口格式及 EIA-422 的工业标准接口，在传输的数据内容方面，也比 NMEA-0180 及 NMEA-0182 要多。目前广泛应用的 NMEA-0183 协议为 2.01 版本。

NMEA 格式所传输的数据为美国国家标准信息交换码（American standard code for information interchange，ASCII）以"句子（sentence）"的方式传输的数据，每一句以"＄"为起始位置，而以 16 进制"13"、"10"标示结束位置，用 ASCII 中的 Carriage Return｛CR｝和 Line Feed｛LF｝码控制换行。

每一个句子的长度不一，最长可以达到 82 个字符（character），而句子中的字段（field）以逗号","分隔，第二、三个字符为传输设备的标识符（unit-id），如"GP"为 GPS 接收器，"LC"为 Loran-C 接收器；"OM"为 omega navigation 接收器。第四、五、六个字符为传输句子的名称，如"RMC"为 GPS 建议的最小传输数据（recommended minimum specific GPS/Transit data）；"GGA"为 GPS 固定数据（global positioning system fix data）。

当接收器定位完成，便经由输出管道开始传送有效的定位数据。这些资料包含有：经度；纬度；定位有效或无效的代码；接收有效的卫星颗数；接收有用的卫星编号、仰角、方向角、接收信号强度；卫星方位角；高度；相对位移速度；相对位移方向角度；日期；UTC 时间；DOP 误差参考值；卫星状态及接收状态等。

NMEA-0183 输出信息种类英语缩写说明见表 7-5。

表 7-5　NMEA-0183 输出信息种类表

NMEA 种类	说明
GGA	卫星定位信息
GLL	基本地理位置（经度及纬度）
GSA	GNSS DOP 误差信息
GSV	GNSS 天空范围内的卫星
RMC	基本定位信息（已达到定位目的时）
VTG	相对位移方向及相对位移速度

2. GPS 常用的 NMEA 数据信息格式

GPS 常用的 NMEA 数据信息格式有 GGA、RMC、GSA、GSV，它们的字符说明见表 7-6 至表 7-9。

1）GGA 格式

＄GPGGA，061215，2345.6789，N，12040.1234，E，1，00，1.0，250.5，M，18.8，M，1.1，1201，＊48

$ GPGGA,<1>,<2>,<3>,<4>,<5>,<6>,<7>,<8>,<9>,<10>,
<11>,<12>,<13>,<14>,<15>

0	1	2	3	4	5	6	7	8	9	10	11	12	13	14	15
$ GPGGA	061215	2345.6789	N	12040.1234	E	1	00	1.0	250.5	M	18.8	M	1.1	1201	* 48

表 7-6 GGA 格式字符说明表

编号	格式	说明
0	$ GPGGA	global positioning system fix data
1	061215	UTC of position,接收的时间(世界标准时间),格式:时分秒
2	2345.6789	latitude,纬度,格式:度 分 . 分
3	N	N or S,N 指北半球,S 指南半球
4	12040.1234	longitude,经度,格式:度 分 . 分
5	E	E or W,E 指东半球,W 指西半球
6	1	GPS quality indicator(0=invalid;1=GPS dix;2=diff. GPS fix)GPS 等级,0 表示资料可用,1 表示非 DGPS 定位资料,2 表示 DGPS 定位资料
7	00	number of satellites in use(not those in view),所使用的卫星数
8	1.0	horizontal dilution of position,平面精度指标(HDOP)
9	250.5	antenna altitude above/below mean sea level (geoid),天线高度(平均海水面)
10	M	meters (antenna height unit),单位 m
11	18.8	geoidal separation,大地起伏值 (diff. between WGS-84 earth ellipsoid and mean sea level. =geoid is below WGS-84 ellipsoid)
12	M	meters (units of geoidal separation),单位 m
13	1.1	age in seconds since last update from different reference station,差分 GPS 数据期
14	1201	diff. reference station ID#,基准站站号 0000-1023
15	* 48	checksum,检查位

2)RMC 格式

$ GPRMC,061215,A,2345.6789,N,12040.1234,E,000.0,000.0,060210,003.1,W,
* 48

$ GPRMC,<1>,<2>,<3>,<4>,<5>,<6>,<7>,<8>,<9>,<10>,
<11>,<12>

0	1	2	3	4	5	6	7	8	9	10	11	12
$ GPRMC	061215	A	2345.6789	N	12040.1234	E	000.0	000.0	060210	003.1	W	* 48

表 7-7 RMC 格式字符说明表

编号	格式	说明
0	$ GPRMC	RMC 格式起始符号
1	061215	接收定位时间(UTC time)格式:时时分分秒秒 . 秒秒秒
2	A	定位状态;A:资料可用,V:资料不可用

编号	格式	说明
3	2345.6789	纬度,格式:度度分分.分分分分
4	N	纬度区分,北半球(N)或南半球(S)
5	12040.1234	经度,格式:度度分分.分分分分
6	E	经度区分,东(E)半球或西(W)半球
7	000.0	相对航行速度,0.0～1851.8 knots(节)
8	000.0	相对航行方向,000.0°～359.9°,实际值
9	060210	日期,格式:日日月月年年
10	003.1	磁极变量,000.0°～180.0°
11	W	磁方位角(西 W 或东 E)度数°
12	*48	checksum,检查位

3)GSA 格式

GPS 几何精度因子偏差信息(GNSS DOP)及卫星状态(GSA)

$GPGSA,A,3,01,03,06,11,22,23,26,…2.8,1.9,20.5,*35

$GPGSA,<1>,<2>,<3>,<3>,<3>,<3>,<3>,<3>,…<4>,<5>,<6>,<7>

0	1	2	3	4	5	6	7
$GPGSA	A	3	01,03,06,11,22,23,26,…	2.8	1.9	20.5	*35

表 7-8 GSA 格式字符说明表

编号	格式	说明
0	$GPGSA	GSA 格式起始符号
1	A	定位模式,M:手动模式;A:自动模式
2	3	定位模式,1:位置不可用;2:二度空间定位;3:三度空间定位
3	01,03,06,11,22,23,26,…	接收卫星编号(PRN)
4	2.8	PDOP:位置精度稀释 0.5～99.9
5	1.9	HDOP:水平精度稀释 0.5～99.9
6	20.5	VDOP:垂直精度稀释 0.5～99.9
7	*35	checksum,检查位

4)GSV 格式

GPS 可视卫星状态

$GPGSV,4,2,09,01,42,250,45,03,15,149,15,*48

$GPGSV,<1>,<2>,<3>,<4>,<5>,<6>,<7>,<4>,<5>,<6>,<7>,<12>

0	1	2	3	4	5	6	7	8	9	10	11	12
GPGSV	4	2	09	01	27	250	45	03	15	149	15	* 48

表 7-9　GSV 格式字符说明表

编号	格式	说明
0	GPGSV	GSV 格式起始符号
1	4	天空中收到信息的卫星总数
2	2	定位的卫星总数
3	09	天空中的卫星总数 00 ~12
4	01	卫星编号 01 ~32
5	42	卫星仰角 00°~90°
6	250	卫星方位角 0°~359°,实际值
7	45	信号噪声比(C/No),00 ~99db,0 代表未接收到信号
8	03	卫星编号
9	15	卫星仰角
10	149	卫星方位角
11	15	信号噪声比(C/No)
12	* 48	checksum,检查位

7.7.2　全球定位系统与计算器的连接

卫星定位用户接收器在完成定位,并将定位信息转换成符合 NMEA 标准格式的信号后,必须将信号传送给应用程序或设备,即建立用户接收器与计算机之间的连接关系,以便传输 NMEA 定位信号。常见的信号传输方式有以下几种,见表 7-10。

表 7-10　常见的信号传输方式一览表

传输方式	中介	说明
RS-232	电流	接收器与计算机间以串行端口连接
USB	电流	接收器与计算机间以 USB 万用串行端口连接
Bluetooth	无线电波	接收器与计算机间以蓝牙无线传输定位数据
RF	无线电波	接收器与无线电波调变器结合,与计算机间以 RF 无线射频传输定位数据
GPRS	GSM 移动电话网络	接收器与 GPRS 通信模块结合,与计算机间以 GPRS 行动数据传输定位数据
SMS	GSM 移动电话网络	接收器与 SMS 通信模块结合,以 SMS 短信传输定位数据
TCP/IP	Internet	接收器与网络设备结合,以网络传输定位数据

上述连接方式随用户接收器所安置的位置及应用方式不同而有所不同,分别介绍如下。

1. RS-232,USB

接收器与计算机间以电缆线连接,主要以计算机串行端口传送定位信号。以电缆线传送,可防止外界的干扰,传送最稳定,但有接收器不能距离计算机过远及机动性较差的缺点,通常此连接方式用于外业调查、土地测量或定位校正、差分定位基站等作业,接收器连接笔记本电脑、工业用设备或军规笔记本电脑、平板计算机、差分式定位仪、精密测量仪、附定位的摄影器材等。串行端口卫星接收器如图 7-8 所示。

图 7-8　串行端口卫星接收器

2. Bluetooth

接收器与计算机之间以蓝牙 bluetooth)无线电通信方式传输定位信号。蓝牙是一种可应用在计算机、移动电话及其他家电用品上的无线电传输技术,使用 2.45GHz 频段,除了传送数字数据以外,也可以传送声音,最远传送距离可达 10m,最大传输速度可达 1MB/s,也可以在传送中对信号做加解密保护,并每分钟变换频率 1 600 次,因此很难截收,也不易受到干扰。用户接收器与计算机间采用蓝牙连接,通常用户接收器采用小型设计,并附有电池,计算机端则可为具有蓝牙接收功能的笔记本电脑、PDA、相机、移动电话等。蓝牙卫星定位接收器如图 7-9 所示。

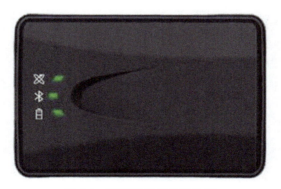

图 7-9　蓝牙卫星定位接收器

3. RF 无线电波传送

用户接收器与计算机之间以 RF 无线电波传送,定位信号经过 modem 调制为数字信号,再混合于无线射频中随电波传送,计算机端的无线电接收机在收到无线电波后,再进行解调,将定位信号分解出来,此程序与用户接收器接收来自地球外空间的各卫星信号进行测距极为相似。此类接收方式可应用于军警、消防人员或森林、河川巡防人员的无线电对讲机,在无线电对讲机内装置 GPS 接收器,将定位信号随无线电波传送,并在传送过程中加入对讲机的辨别代码,基准站在接收到来自某一无线电对讲机的电波后,解调出此对讲机的代码及定位信息,就可以知道持有此设备的人员或车辆的位置。此方式不用花费通信费用或经由因特网,但容易受无线电涵盖范围的限制。卫星定位对讲机如图 7-10 所示。

图 7-10　卫星定位对讲机

4. GPRS 和 3G

以 GPRS 或 3G 传送卫星定位信号是目前应用于全球卫星定位最为普遍的方式,优点是在移动电话网的覆盖地区都可以传送定位数据,以目前 2G GPRS 的覆盖率,几乎在车辆可到达的地区都可以顺利地传送定位信号,常见用于管理车队,装置于车辆上(见下册有关章节)。此类车机 GPS 设备使用车上电源,在车辆启动时,以固定间隔时间传送立即寻址数据给系统主机,管理人员借此获知车辆的实时位置,以便进行管理及调度车辆。此连接方式的缺点是每一部用户接收器要负担额外的通信成本,即 GPRS 移动通信费用。随着 GPS 车机的技术日渐成熟及车队管理系统软件的功能日渐强大,目前的车机除了传送定位数据,还可以作为机动车驾驶员与管理部门之间沟通的工具,进行双向通信,传送任务窗体,回报工作进度,甚至语音通话、拨打电话等,车机的功能逐渐强大,也相应增加了应用的范围及领域。车机 GPS 及触控屏幕如图7-11所示。

5. SMS 短信

定位接收器以 SMS 短信与计算机连接,通常用于人身或物品的定位追踪,例如迷你型或隐藏型的定位追踪器,由于此类型的接收器与 SMS 模块使用内建的充电池,在电力能源有限之下,通常不是固定回传定位数据,而是在必要时由手机发 SMS 寻址命令给定位接收器,接收器在收到寻址命令后,再以 SMS 短信的方式把定位数据传给手机,借此得知接收器的坐标。SMS 定位追踪器如图 7-12 所示。

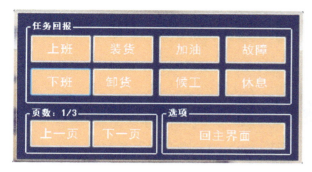

图 7-11　车机 GPS 及触控屏幕

图 7-12　SMS 定位追踪器

6. TCP/IP

使用 TCP/IP 的连接方式,定位接收器的定位数据以网络设备连上因特网,并采 TCP/IP 的通信协议,将定位数据传送给特定的 IP 地址及通信端口。优点是保密性佳,不容易被截收,也不容易被干扰,传送速度快,传送质量较佳;但缺点则是必须在因特网覆盖的区域。常用于机房或固定式设施,例如定位基准站或中继站等。

7.8　小　　结

卫星全球定位 GPS 是 20 世纪的重大发明之一,是精准获取地面三维定位信息的自动测试手段,在大地测量领域取得重大的技术突破,得到了广泛的应用。GPS 的技术定位测试精准,自动化程度高,无须通视条件,仪器轻便,使用简便。GPS 在技术原理上整合了当代多项高新技术,系统技术集成缜密、理论复杂,精准排除多种因素干扰。

GPS 依靠均衡分布在地球外部空间的 24 颗卫星,采用无线电测距技术,获取用户接收器与当地 4 颗以上卫星的瞬时距离数据以及 GPS 系统提供的星历数据,根据这些数据联立四元二次方程组,运用计算机数值计算方法,最后得到用户接收器所在位置的坐标数据。这一技术思想保证了系统可以在全球任何地点、任意时刻的精准定位。

　　空间两点距离的方程是带有开平方的复杂方程(二次方程),计算机解算该方程消耗机时较大,影响 GPS 定位工作效率。应用高等数学中的复杂函数泰勒展开做近似计算是解决这种问题通常使用的方法,其效果是将测距带有开平方的复杂方程变为一次线性方程,方程中的参数由 GPS 卫星发来的星历提供。因此,定位系统实际解算的方程组是四元一次方程组。

　　空间参考坐标系统是建立在天体物理学基础上设立的。在卫星定位系统中使用了两种坐标系统:天球坐标系和地球坐标系,两种系统可以相互转换。在天球坐标系中,将卫星随同地球围绕太阳旋转以及围绕地球旋转的实时位置及其变化准确表达出来,地球自转与公转的不规则性带来的影响都有表达;而在地球坐标系中,仅表达卫星相对于地球的位置及其变化。卫星定位系统最终得到的定位坐标需要在地球坐标系中测算。

　　GPS 采用的无线电测距技术有两种:伪随机码测距和载波相位测距。两种技术有其共同之处:都是认定电磁波传播速度是恒定的;都使用接收卫星上发来的电磁波与用户接收器自身产生的电磁波相比较,测试接收器接收到的卫星电磁波的波动滞后效应,转换成接收器与卫星的距离。两种技术所不同之处在于:伪随机码测距使用的是脉冲调制波,而载波相位测距使用的是载波(微波)本身;伪随机码测距测试的是调制脉冲数目,包括小数,而载波相位测距测试的是载波总相位数目,也包括小数。由于伪随机码测距使用的脉冲周期时间大大长于载波周期时间,因而伪随机码测距精度相比载波相位测距要逊色许多。当前载波相位测距得到普遍的应用。

　　载波相位测距需要解决的一个技术关键是克服“周跳”带来的测距误差。所谓“周跳”是指载波在穿越大气的传输过程中发生的电磁波短暂中断,周跳现象完全随机,短暂中断时间不等,检测周跳、剔出带有周跳的相位数据或补偿因周跳而减少的微波总相位有多种方法。使用两个波长有差异的 L 波段微波,进行总相位对比差分处理是目前应用较多的方法。

　　差分技术是电子技术中常用的抑制外界干扰、减少误差的一种技术方法。GPS 定位作业也使用了这种技术,其基本技术思想是:设置两套 GPS 系统,一套固定不动作为基准站,另一套由用户随身携带作为游动站。两套系统保持数据通信。差分式 GPS(DGPS)设计依据是:①基准站固定不动,不断测算定位,定位数据可以认为较精准,可以实时向游动站提供定位校正数据;②两站相距不远,所受环境干扰视为基本相同,基准站实时向游动站提供定位校正数据,对于游动站校正误差可以认为有效。实施差分思想对于伪随机码测距和载波相位测距有不同的、多种技术方法,效果有所不同。

　　为了便于读者将用户接收器输出数据准确读出,本章在最后部分给出了标准数据格式,以便将定位数据与其他系统链接。

思　考　题

　　(1)GPS 为什么要采用测量用户接收器与卫星距离作为其关键的技术环节,这对于保障 GPS 全球定位有什么必要性?

　　(2)GPS 采用测试用户接收器与卫星的距离作为中间环节,这对于定位误差有什么影响？

（3）GPS 定位与准确计时有什么关系？

（4）星历数据在全球定位中起什么作用？试具体分析。

（5）GPS 测试用户接收器与 4 颗卫星的距离并不是同时的,这对于定位误差有没有影响,为什么？

（6）伪随机码测距和载波相位测距在技术上什么相同点和不同点？请具体分析。

（7）绝对的标准时钟是没有的,GPS 中是如何解决标准时间问题的？请具体分析。

（8）为什么载波相位测距要比伪随机码测距精度高？

（9）如何理解测量用户接收器与卫星的载波总相位差来测量用户接收器与卫星的距离？

（10）在卫星定位中为什么需要同时使用天球坐标系与地球坐标系两种坐标系统,两者有什么区别？

（11）载波相位测距中的"周跳"现象是什么现象,发生周跳现象会导致什么结果？

（12）为什么说 GPS 卫星的径向速度、加速度都很小？

（13）有两种波长的微波作为 GPS 信号的载波,分别为微波 L_1 和 L_2,而 L_2 的波长值是 L_1 波长值的 1.3 倍,经测试发现用 L_2 作为载波的偶然观测误差约为 L_1 的 1.3 倍,请解释为什么会有这种现象？

（14）GPS 系统中使用两种波长的 L 波段微波作为载波,这两种波长微波在克服周跳现象中起什么作用？

（15）高等数学中的复杂函数泰勒展开方法在 GPS 定位中起什么作用？

（16）差分式 GPS 为什么用两套 GPS 系统就可以有效排除环境对测量用户接收器与卫星距离的影响？这种排除效果与两套 GPS 系统之间距离有什么关系？

参 考 文 献

陈坤煜.2009.e-GPS 卫星定位系统应用于图根点补建之研究——以名间地区为例.台湾逢甲大学环境资讯科技研究所硕士学位论文

刘大杰,施一民,过静珺.1996.全球定位系统(GPS)的原理与数据处理.上海:同济大学出版社

刘经南,葛茂荣.1998.广域差分 GPS 的数据处理方法及结果分析.测绘工程,7(1):1～5

王广运,郭秉义,李洪涛.1996.差分 GPS 定位技术与应用.北京:电子工业出版社

徐绍铨,张华海,杨志强,等.2003.GPS 测量原理及应用(修订版).武汉:武汉大学出版社

严泰来.2000.资源环境信息系统概论.北京:北京林业出版社

曾清凉,储庆美.1999.GPS 卫星测量原理与应用.成功大学卫星资讯研究中心.台南

Businger S,Chiswell R,Bevis M,et al. 1997. The promise of GPS in atmospheric monitoring. Bulletin of the American Meteorological Society,77(1):1~18

Feng D, Herman B, Exner M, et al. 1995. Preliminary results from the GPS/MET atmospheric remote sensing experiment. GPS Trends in Precise Terrestrial,Airborne and Space-borne Applications,115:139~143

Ware R,Exner M,Feng D,et al. 1997. GPS sounding of the atmosphere from low earth orbit:preliminary results. Bulletin of the American Meteorological Society,77(1):19~40

第8章　空间信息的数字化表达

8.1　空间信息表达概述

现实世界是由各种自然要素与人文要素组成的一个整体,是所有事物的集合。作为地理实体,有两个重要特征:空间特征和属性特征。空间特征表示了实体的位置及大小;而属性特征表示实体的种类以及性质,如区域名称、土壤种类等。在地理信息数字化表达中,各种空间特征数据分别存储在不同的图层。一般地说,一个空间信息系统的空间数据库就是由这些被称为"图层"的信息集合而成,每一个图层代表一个特殊类别的地理数据集。图 8-1 表示现实世界与空间信息系统中的图层结构。

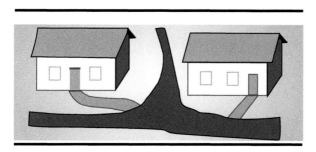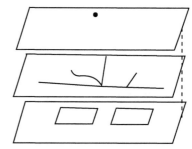

图 8-1　现实世界与空间信息的数字化表达

8.1.1　图层的概念

图层(map layer)是空间数据组织和管理的基本单位,用以区分空间实体的类别。一个图层不是空间地理实体的简单堆积,是一定空间范围内属性一致、特征相同并具有一定拓扑关系的地理实体或地理因子在空间分布上的集合,即图层是具有某些相同或相似特性的同种类型多个几何空间对象组成的集合。这里拓扑关系(topologic relationship)是指空间实体,包括点、线、面所对应的地物实体之间相互的空间关系。

每一类特征数据可以单独组成一个图层,也可以合并若干类特征数据组成一个新的图层。为满足一定应用需求,多个图层组合构成一种集合称为图层集。图层(集)一般包含有以下信息数据:组成图层集的图层引用(图层标号、图层表名)、图层空间索引(大小、标号、表名)、图层显示、图层坐标范围(坐标最大、最小值)等信息。采用图层方式来组织地理空间数据是目前 GIS 数据组织的最基本、最重要的方法之一。

图 8-2 所示的某城市地理信息系统中的四个主要图层:第一层包括土地利用信息;第二层包括街道信息;第三层包括行政区界线;第四层包括地块信息等。最多时,一个城市信息系统可以包括上百个图层。这种将地表信息数据分类分层表达和存储的方法,有助于 GIS 用户

在需要时将相应的图层叠加(overlay)分析或进行其他更复杂的空间分析;也便于人们阅览。事实上,为某一目标阅览与研究分析某一地区的地理现象时通常并不需要涉及这一地区所有的地理信息。比如将某城市 GIS 的某些图层组合成为一幅图件以显示街道、地面和地下的市政设施、地质环境条件等,有关管理部门可以使用该图件去确定在紧急事件中可能涉及的危险地点。

图 8-2　空间信息系统中的图层

8.1.2　图层的划分方法

在空间信息系统中,一般根据不同的信息类型或数据等级的差异性划分图层,尽量将不同类型、等级、性质、用途和几何特征或地理特征要素,归属到不同的图层,使每一层中的信息尽可能地单一。系统设计人员从点类、线类、面类等方面进行分类,在数据库中一般采用"图库—图幅—图层—地理实体—几何要素"这样的层次结构组织数据。采用图层的方式,一方面有利于对空间客观实体的描述;另一方面便于将结构化的属性数据和非结构化的图形数据统一存储在 GIS 系统中。

划分图层主要的依据有:①按用途划分,不同的用途决定地图表示内容的不同,图层划分的结果可能并不相同;②按内容划分,不同的内容必须用不同的图层表示;③不同类的几何符号可划归为不同的图层,符号的尺度用来反映要素的不同等级和规模顺序;④不同尺度可划归为不同的图层;⑤不同的色彩可以用来表示不同要素,色彩是划分图层的一个重要指标。

对于基于域(range)的模型和基于对象(object)的模型来说,图层的划分规则截然不同。基于域的模型,图层根据需要测量的属性划分,每个图层表示该属性的分布,比如表示高程的等高线图层、表示雨量的雨量分布图等。对于基于对象的模型来说,图层则根据事物的类型划分,比如表示交通的公路图、表示行政区划的乡镇图等。

8.1.3　空间数据格式

空间数据在系统中一般分作两种基本数据格式:矢量格式(vector)与网格(栅格)格式

（grid）。两种数据格式各有优缺点，而且优势互补。实际使用中，可以相互转换。目前，空间数据库以存储矢量格式数据为主、网格格式为辅。

所谓矢量格式是指用方向不同、首尾相接的线段连接起来的曲线，即折线，去逼近一条线的数据表达格式，如图 8-3(a)所示。由图可以看到，这里的折线顶点都在线上，或准确地说，在地图线状地物或面状地物边界的中轴线上，每一顶点都有一定的坐标；组成折线的各线段长度一般都不相等，各线段长度，即折线顶点在线上的密度取决于线曲折的"急"与"缓"：如果线曲折"急"，顶点密度就大一些；反之，线曲折"缓"，顶点密度则小一些。此外，这里的折线还有方向，方向取决于图件数字化的方向。这样，既然折线有方向，折线中每一线段就有方向，线段还有长度，因此线段就成为"矢量"，这里的折线就是若干矢量的集合，这就是矢量格式名称的由来。折线相邻顶点的直线连接，形成一条坐标的"链条"，这种链条称之为坐标链。

所谓网格格式是指用细密、均匀的方格网"覆盖"在地图上，网上的每一方格在地图上覆盖的部位具有某一属性，如用网格格式表达行政区划图，则各个网格就被赋予了对应地图部位的行政编码，如图 8-3(b)所示。当然，有一些网格可能处于两个或三个地块的交界处，此种网格的属性就以分割出最大地块的属性为准。网格大小决定地图数据的精度，每一网格都有行、列编号，这样一幅地图就成为一个巨大的网格编码数据阵列。

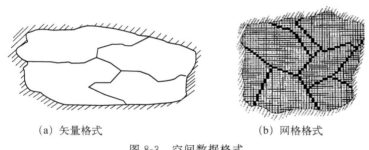

(a) 矢量格式　　　　　　　　(b) 网格格式

图 8-3　空间数据格式

显然，矢量格式数据只能表现图形信息，而网格格式数据既能表现图形信息，又能表现包括遥感影像一类的图像信息。

8.2　空间信息矢量格式表达

矢量数据模型是表达地理数据最常用的数据格式，是人们较为习惯的一种表示空间数据的方法之一，适合于表达离散的有明显边界且稳定存在的地理对象，如井、街道、河流、行政区域和地块。矢量数据结构表达地理实体（空间地物）通常包括三部分：

(1)位置、形状、大小等几何特征，即说明"在哪里"，位置通常以地理空间为参照，在一定坐标系框架下，以坐标的方式尽可能精确地表示地理实体的形状和位置。

(2)不同地理实体之间的空间关系，包括度量、方位以及拓扑关系等。度量关系表示空间对象之间的距离关系，一般用欧氏距离表示；方位关系描述了空间实体在空间上的排列次序；拓扑关系则反映了空间实体在坐标变换下保持不变的关系，如两个面的相邻、相包含、线与面相交等。空间拓扑关系是矢量数据模型中重要的内容之一，也称空间数据的拓扑特征。几何特征与拓扑特征表达的数据统称为定位数据。

(3)描述性信息,描述事物或现象的特性,即说明"是什么",如事物类别、等级、数量、名称等,也叫属性信息(非定位数据)。

而对于同一地理实体来讲,在时间尺度上定位与非定位数据都可能发生改变,到目前为止,常用的矢量数据模型还不能够很好地表达这种变化,本章专有一节对时空数据模型进行介绍与阐述。

8.2.1　矢量格式中点、线、面几何实体的数据表达

地理实体的空间特征可以抽象为点、线、面、体四种基本类型,而这些特征又可以用颜色、符号、文字注记等方式加以区分,并由图例、图符和描述性文本来解释。在二维图形中,矢量数据模型用点、线、面三种几何对象来表示简单的空间要素,三种对象的区别在于维度(dimension)与性质不同。

1. 点

点是点状物或者是可以用点坐标(x,y)定位的一切地理或制图实体,有特定的位置,无大小,无方向,维度为"0"。除点位置外,还应附带存储其他一些与点实体有关的数据来描述点实体的类型、制图符号和显示要求等。点实体是空间上不可再分的地理实体,图件的比例尺决定了能否把现实世界的地理现象表示为点特征。如在一个小比例尺地图中,城镇这一地理实体表现为点,而在大比例尺地图中,城镇表现为复杂的面状地物。

除了实体点之外,如水基准点、建筑物、井、观测点、高程点等,矢量格式中的点还可以是抽象的,如定位点(文本位置、面状地物的中心点)、地形图公里网的标示点等。

点的矢量数据结构表示见表 8-1。

表 8-1　点状地物存储表

标识码	X	Y	属性码
—	—	—	—
⋮	⋮	⋮	⋮
—	—	—	—

表 8-1 中"标识码"通常按一定的原则编码,简单情况下可为顺序编号,具有唯一性。"属性码"通常把与实体有关的基本属性(如等级、类型、大小等)用属性编码标示。"属性码"数据项可以有一个或多个。(X,Y)坐标是点实体的定位点。

点状地物不存在复杂的拓扑关联关系,因而表 8-1 简单的设置就已经将点状地物空间信息表述清楚了。为了便于检索,一些系统可以对表 8-1 进行排序,如对标识码排序,也可采取其他一些索引措施。

还需指出,线坐标数据表形式上也与表 8-1 相同,只是表示的不是点状地物,而是线上的各点坐标。此时,同属一条线的各点要按照线上的分布次序在表上自上而下顺序排放;而"属性码"数据项是指该坐标点从属的线地物编码。

2. 线

线是对线状地物或地物运动轨迹的全部或部分的描述,主要用来表示线状地物或者图上非常狭窄而不能用多边形表示的地理要素,如道路、河流、管线、地形线;也可以表达那些有长度却没有面积的要素,如轮廓线和边界,线通常也称为"弧(arc)"。线有长度、方向、弯曲度(曲率半径)等属性,在二维空间上,维度为"1"。它的矢量编码相对来说也比较简单,一条线通常由有序的两个或者多个坐标对的集合来表示,相邻两点之间用直线连接,由此可以定义为由直线元素组成的各种线性要素,线的形状可以由中间点的集合来确定。最简单的线实体只存储它的起点与终点坐标、属性、显示符等有关数据,见表 8-2 。

表 8-2　线状地物存储表

序号代码	线状地物编码	起点序号	终点序号	X_{min}	X_{max}	Y_{min}	Y_{max}
1	— —	1	—	—	—	—	—
⋮	⋮	⋮	⋮	⋮	⋮	⋮	⋮
⋮	⋮	⋮	⋮	⋮	⋮	⋮	⋮

表 8-2 中"序号代码"是该表每一横行的标示代码,在该表中具有唯一性,即每一横行仅有一个序号相对应,"线状地物编码"是指对于具体地物属性的代码,如表示线状地物的类别,即水渠、公路、铁路、管道等;"起点序号"与"终点序号"是指该线在点坐标数据表(表 8-1)的标识码号,即表示该线从这一标识号下的点坐标开始到终点标识号下的点坐标结束。"X_{min}"、"X_{max}"、"Y_{min}"、"Y_{max}"各栏表示线的包络矩形数据,关于包络矩形的定义见后面介绍。

需要指出,线在很多情况下会有分叉,如图 8-4(a)、(b)所示。线的分叉点称为结点(node)。结点是三条或三条以上的线交汇的点。这样,结点就将复杂的网状交织的曲线分割为一段一段没有分叉的线条,在矢量格式下,线就是简单的折线,这种折线称为弧段。对于面状地物边界线,弧段有特殊的意义:任何一条边界弧段总是被两个、而且仅被两个面所共有;由于这里的线是有方向的线,因此在共有这条弧段的两个面中,一个面在该弧段的左面,一个面在该弧段的右面。这里所谓的"左"或"右",是指在朝向弧段前进方向的左或右。弧段与共有这条弧段的两个面的这种空间关系称为弧段与面的拓扑关系。用数字表达的这种关系(表 8-4)是空间信息数据库中一个关键性的数据,对于空间数据的组织与空间分析都有重要作用。

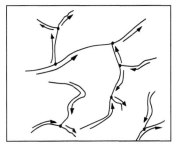
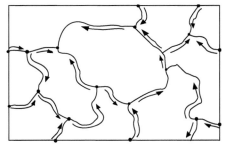

　　　　　(a) 线弧段与结点　　　　　　　　　(b) 面边界的弧段、结点及拓扑关系

图 8-4　矢量格式下结点、弧段、拓扑关系示意图

3. 面(多边形)

面,又称图斑(parcel),在矢量格式下又称为多边形(polygon)。在地理信息系统中是指一个任意形状、边界完全闭合的空间连通区域,用来表示均质要素的形状和位置,是描述地理要素最重要的一类数据。具有名称属性和分类属性的地理实体均可用多边形来表示,如行政区、湖泊、地块、房屋建筑、植被分布等。描述多边形的几何属性有面积、周长以及独立性或与其他地物是否相邻、是否重叠等。在二维空间上,维度为"2"。

在空间信息系统中,一个面通常由一个边界来定义,而边界是由形成封闭环状的一条或多条曲线所组成。如果区域有一个或多个内部区域的洞(也称"孔"或"岛")(hole)在其中,那么可以采用多个环描述,这种多边形称为复杂多边形[图 8-5(c)],又称多连通域。

(a) 内部区域　　　　　　　　　(b) 简单多边形　　　　　　　　　(c) 复杂多边形

图 8-5　简单多边形与复杂多边形

相应地,无洞的多边形称为单连通域。

多数 GIS 软件用多边形内点(label point),即在多边形内部、不在多边形边界的任意一点,对多边形及其属性进行标识。

面状地物空间数据按表 8-3、表 8-4、表 8-5、表 8-6、表 8-7 分别存储。

表 8-3　面状地物坐标链数据表

注释	序号代码	X	Y
1	1	—	—
⋮	⋮	⋮	⋮
20	—	—	—
1	—	—	—
⋮	⋮	⋮	⋮
—	—	—	—

表 8-3 中"注释"数据项 ASCII 代码"1"表示坐标链的起始点,此数据项空码表示坐标链中间点,ASCII 代码"20"表示坐标链的终点。当然,还可以用其他 ASCII 代码,如"255"表示废除,如此等等。这种表达特定意义的注释码在系统中称为内码,内码只用在一个系统的内部。包括 GIS 在内的各个系统内部都存在大量内码,用于系统数据的内部管理。

表 8-4　面状地物弧段坐标链索引表

注释	弧段序号代码	起点序号	终点序号	左图斑编码	右图斑编码	$X_{\min}$	$X_{\max}$	$Y_{\min}$	$Y_{\max}$

表 8-4 中"起点序号"、"终点序号"是指该弧段起点、终点坐标数据,分别表示在表 8-3 面状地物坐标链数据表中的记录序号或地址。

表 8-5　结点-弧段关系表

注释	序号代码	X	Y	弧段1	弧段2	弧段3	弧段4
	—	—	—	—			□
	⋮	⋮	⋮	⋮	⋮	⋮	⋮
40	—	—	—	—			
41	—	—	—	—	□	□	□
	⋮	⋮	⋮	⋮	⋮	⋮	⋮

表 8-5 中"□"表示空码。据统计,通常 1∶1 万比例尺的矢量格式数字化图件中,92% 以上的结点是 3 条弧段的交汇点,7% 的结点是 4 条弧段的交汇点,只有不足 1% 的极为特殊的结点是 4 条以上弧段的交汇点,因而数据项"弧段 1"至"弧段 4"可以满足 99% 以上结点存储其与弧段的拓扑关系的要求,但是考虑特殊情况有 4 个以上的弧段相交汇,表 8-5 设置采用连续两个记录存储结点与弧段的拓扑关系,此时注释项中 ASCII 代码"40"、"41"表示这是连续两个记录表达一个结点且这个结点是 4 个以上弧段的交汇点。这样做既照顾了有可能出现的极特殊情况,又节省了数据存储空间,将数据冗余压低到最大限度。

表 8-6　图斑弧段组成关系表

注释1	注释2	序号代码	弧段序号代码	起点序号	终点序号
1	0	1	—	—	—
⋮	⋮	⋮	⋮	⋮	⋮
20	0	—	—	—	—
1	0	—	—	—	—
⋮	⋮	⋮	⋮	⋮	⋮
20	0	—	—	—	—

表 8-6 是逐个对每一图斑将组成该图斑的弧段连续存储在上下相邻的记录中,与表 8-3 对"注释"数据项的约定一样,"注释 1"数据项中,ASCII 代码"1"表示组成当前图斑第 1 个弧段,ASCII 代码"20"表示组成当前图斑最后一个弧段,空码表示中间弧段。若当前图斑只有一个弧段组成,则用 ASCII 代码"200"表示。"注释 2"数据项表示外边界与内边界,空码表示外边界,有数字则表示内边界,数字代表封闭区域的序号。"弧段序号代码"数据项是指表 8-4 中的弧段序号代码,而"起点序号"、"终点序号"数据项分别是指面状地物坐标链数据表 8-3

中的序号代码。

表 8-7　图斑弧段组成索引表

注释	序号代码	图斑编码	内点 X	内点 Y	起点序号	终点序号	X_{min}	X_{max}	Y_{min}	Y_{max}

表 8-7 中数据项"内点 X"、"内点 Y"表示图斑内点的坐标。"起始序号"、"终止序号"分别表示组成当前图斑弧段在表 8-6 中的起始弧段与终止弧段的记录序号代码。

需要特别指出,以上表示点、线、面的各数据表只是诸多空间信息数据表示方法中的一种,并非是地理信息系统的唯一表示方式。事实上,各种系统软件都有不同的表示方式,这是系统软件相互不能兼容的根本原因。

4. 包络矩形

在表 8-2、表 8-4 以及表 8-7 中都设置有"X_{min}"、"X_{max}"、"Y_{min}"、"Y_{max}"栏目,分别表示线弧段、面边界弧段、面的包络矩形特征数据。所谓包络矩形(range),又称外接矩形,是指对于线弧段、面边界弧段以及整个一个面的大致空间范围(图 8-6),以包络矩形的四角点坐标作为包络矩形的特征数据,按下式加以计算:

$$X_{min} = \min(x_1, x_2, x_3, \cdots, x_n) \quad X_{man} = \max(x_1, x_2, x_3, \cdots, x_n)$$
$$Y_{min} = \min(y_1, y_2, y_3 \cdots\cdots y_n) \quad Y_{man} = \max(y_1, y_2, y_3, \cdots, y_n) \tag{8-1}$$

式中,$(x_1, x_2, x_3, \cdots, x_n)$、$(y_1, y_2, y_3, \cdots, y_n)$ 分别表示线弧段、面边界弧段或整个面边界各点的 x、y 坐标集合;$\min()$ 与 $\max()$ 是计算括弧内数据集合最小与最大值的算符。

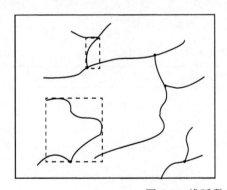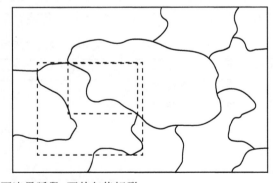

图 8-6　线弧段、面边界弧段、面的包络矩形

设置包络矩形数据的意义在于给出线或面的大致空间范围,这一信息数据给图形检索带来很大的方便。当给定某一个点的坐标,如果需要系统判别该点是否在某线附近或某面的边界以内,需要先判定该点是否在其包络矩形以内,若在,还需进一步判别距离哪一条线最近或确实在某个面以内,因为可能还会有多个线或面的包络矩形包含此点。用包络矩形数据先行进行判别,使计算机判别工作量大为减少。事实上,设置包络矩形数据是空间数据索引的一个有效措施。这是诸多 GIS 系统平台的数据结构互不相同、但都设置这一数据的原因。

8.2.2　矢量数据的属性表达

属性(attribute)是人们对空间实体自然性质与社会性质的认识、了解和解释,从而形成对空间地理实体相应的定义、描述和说明。属性特征(又称非空间特征)是与地理空间实体相联系、具有地理意义的数据,用于表达事物本质特征和对实体语义的定义,以区别于其他实体,说明“是什么”,如事物类别、名称、等级、数量等。

在空间信息系统中,属性特征常用数值或字符描述,与常规数据库系统的表达相一致。但与常规数据库系统的不同之处在于空间数据的属性始终同空间实体的图形数据紧密联系在一起。也就是说,空间数据中的属性都对应某一特定地理位置的实体。根据这种对应关系存在的差异,属性数据表达可分为两类:一类是说明空间实体(对象)本身性质的,大部分属性数据属于此类,但要保证该数据能与相应的空间对象相关联;另一类是用来说明其他的附加信息,如分析统计结果以及为输入输出服务的数据等,它们并不一定属于某一个具体的空间对象。

目前,空间信息系统用两种方法表达属性数据与空间数据的关联关系:一种是空间数据(数据文件形式)与属性数据(关系数据库)分属两个独立的系统,通过公共标示字段进行关联;另一种是空间数据与属性数据一体化存储。

8.2.3　空间拓扑关系

1. 拓扑概念

空间信息是人类对于地理空间认知结果的高度概括,是人类所形成的空间概念的基本组成部分,形成了人类进行空间描述、推理与分析的基础。地理实体不仅具有空间位置、形状、大小等空间特征,而且不同实体间还存在邻接、关联、包含等空间相互关系特征,在通常的情况下,这种特征不是以几何坐标的形式给出,而是以它与周围物体关系的形式给出。这些空间关系特征在实际使用中比几何描述甚至更基本、更重要。例如,表述一个学校在哪两条路之间,靠近哪个道路交叉口;一块农田离哪户农家或哪条路最近,相比学校或农田的精确地理坐标对于实际应用具有更为重要的意义。

拓扑(topology)一词来自于希腊文,意思是“形状的研究”,拓扑学独立于几何学,是数学的一个分支。几何学研究空间实体的面积、长度、方向,而拓扑学不考虑度量(距离)和方向的空间实体之间的关系,两个空间实体拓扑关系是在空间变换(如拉伸、旋转、弯曲等,但不能撕破或重叠)下两个以上空间实体间能够保持关系不变的空间属性,如包含、相邻、相交、相离等。从拓扑学观点出发,关心的是空间的点、线、面之间的方位关系,而不考虑实际图形的几何形状。因此,拓扑关系是实体诸多性质中的一种比较稳定的性质,不因为投影关系、比例尺而变化。空间信息系统,借助空间实体的拓扑关系,可以实现相关实体的查询以及进行各种空间分析。

如前所述,在二维空间中拓扑关系的基本元素包括结点、弧段和多边形。结点一般是指线的起点、终点、交点以及独立线段围成首尾相接的点;相邻两个结点之间的线段称为弧段,弧段有走向,一条弧段中顺次连结的各点决定了弧段的走向,弧段可以描述线状地物,如带有枝杈的沟渠可以用几条弧段组成;弧段又用来描述面状地物边界,包括单联通域和多连通域,在多连通域中,弧段可分为外边界弧段与内边界弧段。以弧段、结点、多边形的拓扑要素,定义了面状空间实体之间的邻接、关联、包含等拓扑关系。

2. 拓扑关系

空间要素之间的拓扑关系如图 8-7 所示。在空间信息系统中,这些基本拓扑元素间的拓扑关系主要表现为下列三种:

(1)拓扑邻接。拓扑邻接是表示空间图形中同类元素之间的拓扑关系,如结点与结点、弧段与弧段、多边形与多边形等。邻接关系是借助于不同类型的拓扑元素描述的,如多边形通过弧段而相邻,如图 8-8 所示。结点与结点的邻接关系有 N_1/N_2、N_3/N_4 等,多边形与多边形的邻接关系有 P_1/P_2、P_2/P_3 等。其中,多边形之间的邻接关系在空间分析中是最重要的。

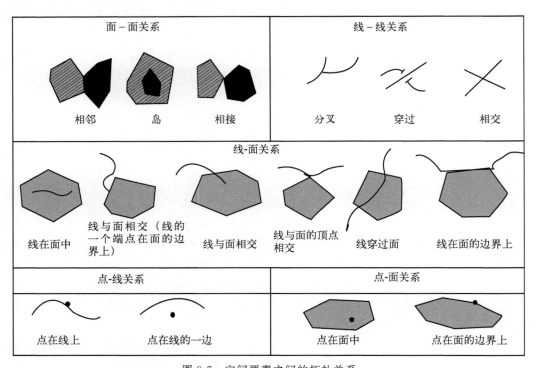

图 8-7 空间要素之间的拓扑关系

(2)拓扑关联。拓扑关联是指存在于空间图形的不同类元素之间的拓扑关系。图 8-8 中,结点与弧段的关联关系有 N_1/C_1、C_2、C_3 等,多边形与弧段的关联关系有 P_3/C_1、C_5、C_6、C_7 等,弧段与多边形的关联关系有 C_5/P_1、P_3 等。弧段与结点的关联关系构成了网络,从而产生线与线之间的连接问题,形成了拓扑关系中的连通性,空间信息系统中常见的路径分析就是基于这种关联关系。

(3)拓扑包含。拓扑包含表示空间图形的同类但不同级的元素之间的拓扑关系,如某省包含的湖泊、河流等。如图 8-8 中,多边形 P_3 包含多边形 P_4。

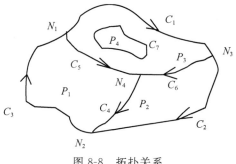

图 8-8　拓扑关系

3. 拓扑关系的表达

在目前的空间信息系统中,主要表示基本的拓扑关系,而且表示方法不尽相同。有两种代表性的方式:一种是直接建立含有拓扑关系的数据结构,空间数据的存储不只是含有坐标数据,同时也含有拓扑关系;另一种在仅有坐标数据而不含拓扑关系的数据库中,根据需要,通过拓扑判断的方法建立临时性的相应拓扑关系。

要将图 8-8 中结点、弧段和多边形之间的拓扑结构表达出来,可以形成四个关系表,见表8-8 ～表 8-11 。

表 8-8　结点与弧段的拓扑关系

结点	弧段
N_1	C_1 ,C_3 ,C_5
N_2	C_2 ,C_3 ,C_4
N_3	C_1 ,C_2 ,C_6
⋮	⋮

表 8-9　弧段与结点的拓扑关系

弧段	结点	
	from	to
C_1	N_1	N_3
C_2	N_3	N_2
C_3	N_2	N_1
⋮	⋮	⋮

表 8-10　弧段与多边形的拓扑关系

弧段	多边形	
	left	right
C_1	Φ	P_3
C_2	Φ	P_2
C_3	Φ	P_1
⋮	⋮	⋮

表 8-11　多边形与弧段的拓扑关系

多边形	弧段
P_1	C_3, C_4, C_5
P_2	$C_2, -C_4, -C_6,$
P_3	$C_1, -C_5, C_6, C_7$
⋮	⋮

表 8-11 中,弧段标号前的负号表明该弧段在组成对应多边形中是逆时针走向的。表 8-10 中,符号"Φ"表示研究区域以外的地域。

以上四张表中,表 8-9 与表 8-10 是关系型的表格,因为每一记录字节数目都是等长的。表 8-8 与表 8-11 是非关系型的表格,因为一个结点可能有大于 3 个弧段在此交汇,表 8-11 中多边形边界所包含的弧段数目可以不只 3 条,比如多边形 P_3 边界就有 4 条,实际上可能还有更多。

4. 拓扑关系的意义

在完备拓扑关系框架的支持下,由弧段组织面边界,构成面边界的所有弧段只需存储一次,尽管一条弧段总是被两个面所共有。相比其他数据存储方法,这种方法可以节约大量的空间数据存储量,无需相同面边界坐标数据重复存储两次。这种数据存储方式要求在数据库中必须建立面边界与弧段的拓扑关系,即两者的所属关系。

根据拓扑关系,不需要利用坐标或距离进行分析就可以确定空间实体之间的位置关系以及逻辑关系。根据拓扑关系,还可以辅助空间要素的查询,例如检索与某县接壤的邻接县,只需查询该县边界各个弧段左右两边的面状地物编码即可。又如供水管网系统中某段水管破裂,查找关闭它的阀门,就可以查询该线(管道)与哪些结点(阀门)关联即可。

根据拓扑关系可重建地理实体。例如根据弧段构建多边形,实现面域的选取;根据弧段与结点的关联关系重建道路网络,进行最短路径选择等。

现有的 GIS 软件中,大多数软件存储拓扑关系,也有不存储拓扑关系的系统。对无拓扑关系的系统,应用时通过建立拓扑规则或者实施操作运算,求解某些拓扑关系。但由于求解拓扑关系的操作运算复杂、计算工作量较大、花费时间长。因此,通常具有拓扑关系的 GIS 软件,其空间分析功能较强。对于无拓扑关系的 GIS,拓扑分析功能往往偏弱。此外,无拓扑关系的 GIS,数据冗余量较大,由此又带来维持数据一致性的麻烦。

8.2.4　矢量数据索引

空间信息系统通常拥有巨额数量的空间数据,数据的快速检索是一个必须解决的问题。数据快速检索的途径是建立有效的索引机制。空间索引是一种用来搜索数据的特定数据结构,并在这种结构下存储特殊的数据,根据特定的空间检索准则把搜索限制在一定范围内的一种机制。索引提供了一种快速访问数据的路径,空间索引的目的,在于方便空间选择,即在响应一条查询指令时,系统将只在嵌入到空间对象中的一个子集中寻找,大量与特定空间操作无关的空间对象被排除,从而提高空间操作的速度和效率。常见的大型空间索引一般是自顶向下、逐级划分空间的数据结构,比较有代表性的包括 BSP 树、R 树、R＋树和 CELL 树等。此外,结构较为简单的格网型空间索引也有广泛的应用。

1. 格网型空间索引

格网型空间索引思路比较简单,容易理解和实现。其基本思想是将研究区域用横竖线条划分为大小相等或不等的格网,记录每一个格网所包含的空间实体。当用户进行空间查询时,首先计算、检索出用户查询对象所在格网,然后再在该格网中快速查询所选的空间实体,从而大幅度加速对象的查询速度。格网可以多层次,即在大格网下再细划小格网,支持多层次检索,以提高检索效率。前面提到的包络矩形也应归属到大小不等、最下层的格网一类。不过,不同地物多边形的包络矩形常常发生重叠;这里横竖线条划分的格网不存在重叠现象。表 8-7 中提到的内点坐标可以用到格网型空间索引中来,即将每一格网包含的内点一一统计归纳进来,系统由格网检索到内点也就检索到面状空间实体。

2. BSP 树空间索引

BSP(binary space partitioning)树是一种二叉树,它通过某种原则将一空间细分为两个区域。树的叶节点表示空间体元,分枝节点表示细分空间的分割平面(图 8-9)。根节点 H_1 有两个分枝节点(child-pointer)H_2、H_3,而 H_2 关联着 A、B 两个多边形,则 A、B 为叶节点(object-pointer);H_3 关联着 C 且有一分枝节点 H_4,H_4 关联着多边形 D、E,所以 C、D、E 为叶节点。BSP 树能很好地与空间数据库中空间对象的分布情况相适应,但对一般情况而言,BSP 树深度较大,分枝节点层次较多,对各种操作均有不利影响。

建立 BSP 树空间索引机制可以先按纵向将图件分为左右两部分,以图斑或线弧段的包络矩形作为判别标准,即当

$$(X_{i\max} + X_{i\min})/2 < X_m/2 \qquad (8-2)$$

则该包络矩形所属的图斑或线弧段划入左半部;反之当

$$(X_{i\max} + X_{i\min})/2 > X_m/2 \qquad (8-3)$$

则该包络矩形所属的图斑或线弧段划入右半部。

式中,$X_{i\max}$、$X_{i\min}$ 分别为第 i 个图斑或线弧段的包络矩形 X 向最大与最小坐标值;X_m 为图件 X 向的长度。以图 8-9 为例,得到 H_2、H_3 两结点分属的图斑。

然后,在图件的左半部中,按横向将该子图件分为上、下两部分,对于这半部的图斑或线弧段,作以下判断:当

$$(Y_{i\max} + Y_{i\min})/2 < Y_m/2 \qquad (8-4)$$

则该包络矩形所属的图斑或线弧段划入左上半部;反之当

$$(Y_{i\max} + Y_{i\min})/2 > Y_m/2 \qquad (8-5)$$

则该包络矩形所属的图斑或线弧段划入下半部。

式(8-4)和式(8-5)中,$Y_{i\max}$、$Y_{i\min}$ 分别是第 i 个图斑或线弧段的包络矩形 Y 向最大与最小坐标值;Y_m 为图件 Y 向的长度。以图 8-9 为例,得到 $H2$ 结点下的 A、B 两图斑。系统通过不等式计算又可以发现,图件左半部仅有 A、B 两图斑,因此,A、B 两图斑是叶节点,对于叶节

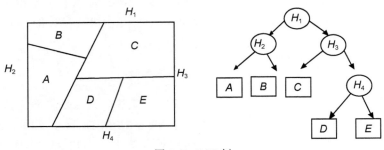

图 8-9　BSP 树

点,系统不再细分。

而后,再按同样方法,划分图件的右半部。

接下来,对于分枝节点,继续按照先纵向、后横向的顺序继续向下一层次划分,直到所有图斑或线弧段都成为包络矩形为止。

3.R 树和 R+树

BSP 树空间索引有一个缺点,即 BSP 树的深度(层次)较大,其原因是一个结点只限定有两个子结点,当图件具有大数目的图斑时,树深度很大,影响检索速度。R 树和 R+树则突破了一个结点只能有两个子结点的限制,可以有 n 个子结点,这样较大幅度地减少了树的深度,提高了检索速度。

R 树可以直接对空间中占据一定范围的空间对象进行索引。R 树的每一个结点 N 都对应着计算机硬(磁)盘页 D(N)和区域 I(N),如果结点不是叶结点,则该结点的所有子结点的区域都在区域 I(N)的范围之内,而且存储在硬盘页 D(N)中;如果结点是叶结点,那么硬盘页 D(N)中存储的将是区域 I(N)范围内的一系列子区域,子区域紧紧围绕空间对象,这里子区域一般是指空间对象的包络矩形。

R 树中每个结点所能拥有的子结点数目是有上下限的。下限保证索引对硬盘空间的有效利用,子结点的数目小于下限的结点将被删除,该结点的子结点将被分配到其他的结点中;设立上限的原因是因为每一个结点只对应一个硬盘页,如果某个结点要求的空间大于一个硬盘页,那么该结点就要被划分为两个新的结点,原来结点的所有子结点将被分配到这两个新的结点中。

由于 R 树兄弟结点对应的空间区域可以重叠,因此,R 树可以较容易地进行插入和删除操作;但正因为区域之间有重叠,空间索引可能要对多条路径进行搜索后才能得到最后的结果,因此其空间搜索的效率较低。

正是这个原因促使了 R+树的产生。在 R+树中,兄弟结点对应的空间区域没有重叠,而没有重叠的区域划分可以使空间索引搜索的速度大大提高;但由于在插入和删除空间对象时要保证兄弟结点对应的空间区域不重叠,而使插入和删除操作的效率降低。因此,在设计 R 树或 R+树时,需统筹兼顾插入、删除的方便和空间搜索效率两个方面。

4.CELL 树

考虑到 R 树和 R+树在插入、删除和空间搜索效率两方面难于兼顾,CELL 树应运而生。

它在空间划分时不再采用矩形作为划分的基本单位,而是采用凸多边形来作为划分的基本单位,具体划分方法与 BSP 树有类似之处,此时用凸多边形划分的子空间避免了相互覆盖的问题。CELL 树将索引空间划分成多个凸多边形,然后依次再对每个凸多边形进行相似的划分,直到到达预定的精度为止。因此,CELL 树是一棵多叉树。CELL 树的硬盘访问次数比 R 树和 R＋树少,由于硬盘访问次数是影响空间索引性能的关键指标,故 CELL 树是比较优越的空间索引方法(图 8-10)。

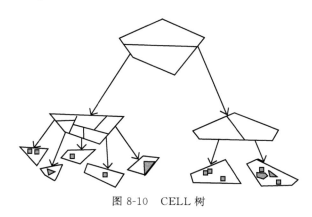

图 8-10　CELL 树

8.3　空间信息网格格式表达

8.3.1　网格格式基本概念

网格数据是将地理空间划分为均匀的网格,每个网格作为一个像元(pixel)。像元的位置由所在的行、列号确定,像元所表示的实体位置隐含在网格行列位置中,行列号实际上是像元的坐标,像元所含有的代码值表示其属性类型或是与其属性记录相联系的指针。网格数据结构是最简单、最直接的一种空间数据结构。

网格单元在地面所代表的实际面积大小为网格的空间分辨率。网格单元越细,网格数据越精确,即分辨率越高,存储空间将呈几何级数增加,同时数据处理的时间也成倍地增加。因此,在网格数据模型中,选择空间分辨率时必须考虑存储空间和处理时间的开销。

网格表达的特点为:属性明显,定位隐含。即网格数据直接记录属性本身或者属性的指针,而其所在位置则根据网格行列号转换成相应的坐标给出。需要强调的是一个网格只能表示一个属性值,以表示高程为例,一个网格只能有一个高程值,不能有多个值。

1. 点、线、面的栅格表达

在网格数据中,点用一个像元来表示,线状地物用沿线走向的一组相邻像元来表示,面状地物或区域则用具有相同属性的相邻像元集合表示。如图 8-11 所示,分别为用网格像元表示点、线、面实体的示意图。

网格数据的阵列方式很容易被计算机存储和操作,不但很直观,而且易于维护和修改。

由于网格数据的数据结构简单,定位存取性能好,因而在 GIS 中可与影像数据和 DEM 数据进行联合空间分析。这里的 DEM(digital elevation model)数据是指用网格格式表示的数字高程数据,即每一网格具有一个高程数值,以此表示地表的地形。

网格数据结构与矢量数据结构相比较,用网格数据结构表达地理要素比较直观,容易实现多元数据的叠合分析操作。但是,网格数据结构的缺点也很明显:当网格边长缩小时,网格单元的数量呈几何级数递增,数据冗余度激增;当网格数据表示复杂图形时,图形的边界比较难以提取。

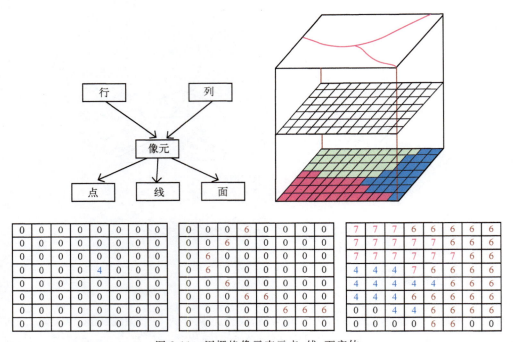

图 8-11　用栅格像元表示点、线、面实体

2. 网格单元大小的确定

在网格结构中,地表被分成相互邻接、规则排列的矩形方块(特殊的情况下也可以是三角形或菱形、六边形等),每个地块单元与一个网格相对应。网格边长决定了网格数据的精度,但是当用网格数据来表示地理实体,不论网格边长多小,与原实体特征相比较,信息都有丢失,通常通过保证最小多边形的精度标准来确定网格尺寸,使网格数据既有效地逼近地理实体,又能最大限度降低数据冗余度。如图 8-12 所示,设研究区域最小图斑的面积为 A,当网格边长为 H 时,该图斑可能丢失;当边长为 $H/2$ 时,该图斑得到很好的表示。所以,合理的网格尺寸为

$$H = \frac{1}{2}(\min\{A_i\})^{1/2} \tag{8-6}$$

式中,$i = 1, 2, \cdots, n$(区域多边形数);A_i 为第 i 个区域的面积。

网格数据的比例尺就是图面上的网格尺度与地表相应单元尺度之比。由于网格结构对

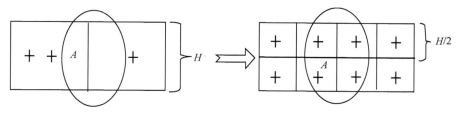

图 8-12　网格单元大小的确定

地表的量化,在计算面积、长度、距离、形状等空间指标时,若网格尺寸较大,则造成较大的误差,由于在一个网格的地表范围内,可能存在多于一种的地物,出现类似于遥感影像的混合像元问题。因而,这种误差不仅有形态上的畸形,还可能包括属性方面的偏差。

网格尺度的设置与遥感影像的空间分辨率直接对应,图 8-13 就反映这一情况。

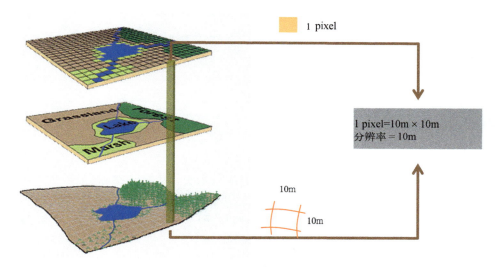

图 8-13　空间分辨率示意图

8.3.2　网格数据的类型

根据数据的显示结果,网格数据可分成两大类:一类是针对离散要素型,比如土壤类型、行政区划,对于这类网格数据,多数情况下相邻网格是一个属性,可用一个代码以及相应的代码属性表表示;另一类是针对连续要素型,比如地表温度、湿度,对于这类网格数据,多数情况下相邻网格不是一个属性值,因而不用代码属性表。

1. 离散要素的网格

离散要素的网格像元代码用整数表示,它可以用于表示分类数据,比如土地的利用类型或植被类型。一个网格像元与另一个网格像元的代码之间可以是相同的,也可以是有显著变化的。这类数据表现了具有相同代码的区域,比如土地利用图或森林分布。空间离散网格数据像元描述的是整个区域像元的分类特征。

在离散要素的网格表达中,网格像元的值为一个整形编码,网格像元所代表的实际要素类型存储在相应的网格属性表中,如图 8-14 所示。图示表中"Value"和"Count"两个字段,前者存储每个网格的唯一值,后者存储有这个唯一值的网格个数。

离散要素的网格像元编码代号可以是很复杂标识系统的一个编码。例如,在一个土地利用网格上的一个家庭居住处的代码是"4",与这个代码"4"相关联的可能是一系列的属性,比如平均的商业价值、平均的居住人数或者是人口普查代码等。网格像元的代号和具有这种代号的像元数量之间通常是一对多的关系。比如,在表示土地利用的网格数据中可能有 400 个像元的值是"4"("4"表示单个家庭的居住地),而有 150 个像元的值是"5"("5"表示的是商业区)。

属性表

Value	Count	Type	Code
23	7	Fir	400
29	18	Juniper	410
31	10	Aspen	420
37	18	Piñon	500
41	4	Cottonwood	510
43	7	Walnut	600

图 8-14　离散要素的网格表达

在网格像元中,编码代号会出现很多次,但在属性表中只出现一次,属性表中存储的是这个代号表示的所有属性。这种设计降低了存储量并简化了更新过程。一个属性的单个变化可被应用到几百个具有相同代码值的像元。这种对代码作解释的属性表又称为"数据字典"。

2. 连续要素的网格

连续要素的网格像元值用浮点数表示,这种网格像元的值可以表示一个测量值,如高程、污染物浓度、地表温度或降雨量等。从一个网格像元到另一个网格像元的值是逐渐变化的,从整体上说,这些值可以模拟一些连续变化的表面,表示连续要素在空间的分布,如图 8-15(a)所示的高程网格,用于表示高程在空间的连续分布状况。空间连续数据的网格像元值通常表示网格像元中心的采样值。

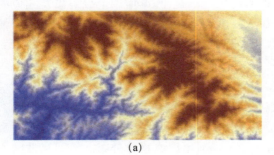

21.3	17.3	17.2	18.2
18.5	16.2	17.3	19.1
21.0	19.1	19.4	19.2
26.3	23.1	21.6	20.5

(a)　　　　　　　　　　　　　　(b)

图 8-15　高程栅格表达

在连续要素的网格表达中没有与之关联的属性表,其网格单元所代表的要素的实际状态直接用存储在该网格单元中的实数值来度量,如图 8-15(b)所示,每个网格中的实数值就表示了该处的高程大小。

8.3.3　网格数据编码

为了使用户详细了解网格数据(如 DEM、卫星影像等),在系统的数据文件中一般应该有与此网格信息相关的说明信息,如数据结构、区域范围、像元大小、行数和列数。这样,具体的像元值就可连续存储了,一般把这些说明性的信息包含在头文件中。

1. 逐个像元编码

如图 8-16 所示,逐个像元编码法提供了最简单的数据结构。网格数据被存为矩阵,其像元值写成一个行列矩阵式文件(图 8-16 右边)。这是简单直观而又非常重要的一种网格结构编码方法,通常称这种编码的图像文件为网格文件或栅格文件,网格结构不论采用何种压缩编码方法,其逻辑原型都是直接编码网格文件。直接编码就是将网格数据看作一个数据矩阵,逐行(或逐列)逐个记录代码,可以每行都从左到右逐个像元记录,也可以奇数行的从左到右而偶数行的从右向左记录,与遥感扫描方向一致。为了特定目的还可采用其他特殊的顺序,服从于特定的算法。数字高程模型常采用这样的存储结构,如图 8-17 所示。

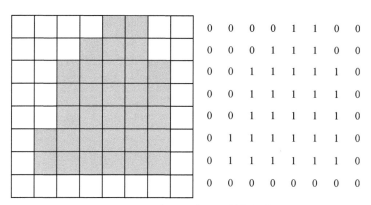

图 8-16　逐个像元编码的数据结构

2. 游程码

图 8-18(a)是一幅网格格式原始数字图像示意性的数据,这幅图为 10×10 网格点阵。每个网格中的数码代表着一种属性代码。观察这种原始网格数据可以发现,有许多在一行中相邻的网格属性代码数据都是相同的,如果将这些位置相邻又属性代码相同的数据合并,则存储空间一定可以压缩不少。合并的方法有几种,其中比较普遍的一种方法是:把网格点阵的一行或一列中连续若干个网格视为一个游程(run),又称作一个行程,每个游程用两个数字(整数)表示,即 (A,P),A 表示属性代码数值,P 表示该游程最右端一个网格所在的列号,这样可以将任意 j 行的网格属性代码序列 $x_1,x_2,\cdots,x_i,\cdots,x_n$ 映射为 K 个游程,使得原来一行

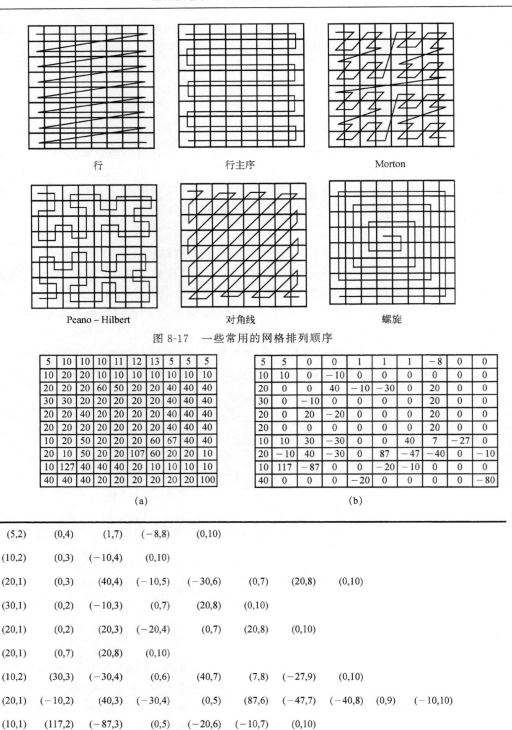

行　　　　　　　　行主序　　　　　　　　Morton

Peano – Hilbert　　　　　　对角线　　　　　　　螺旋

图 8-17　一些常用的网格排列顺序

(a)

5	10	10	10	11	12	13	5	5	5
10	20	20	10	10	10	10	10	10	10
20	20	20	60	50	20	20	40	40	40
30	30	20	20	20	20	20	40	40	40
20	20	40	20	20	20	20	40	40	40
20	20	20	20	20	20	20	40	40	40
10	20	50	20	20	20	60	67	40	40
20	10	50	20	20	107	60	20	20	10
10	127	40	40	40	20	10	10	10	10
40	40	40	20	20	20	20	20	20	100

(b)

5	5	0	0	1	1	1	−8	0	0
10	10	0	−10	0	0	0	0	0	0
20	0	0	40	−10	−30	0	20	0	0
30	0	−10	0	0	0	0	20	0	0
20	0	20	−20	0	0	0	20	0	0
20	0	0	0	0	0	0	20	0	0
10	10	30	−30	0	0	40	7	−27	0
20	−10	40	−30	0	87	−47	−40	0	−10
10	117	−87	0	0	−20	−10	0	0	0
40	0	0	0	−20	0	0	0	0	−80

(c)

(5,2)　　(0,4)　　(1,7)　　(−8,8)　　(0,10)

(10,2)　　(0,3)　　(−10,4)　　(0,10)

(20,1)　　(0,3)　　(40,4)　　(−10,5)　　(−30,6)　　(0,7)　　(20,8)　　(0,10)

(30,1)　　(0,2)　　(−10,3)　　(0,7)　　(20,8)　　(0,10)

(20,1)　　(0,2)　　(20,3)　　(−20,4)　　(0,7)　　(20,8)　　(0,10)

(20,1)　　(0,7)　　(20,8)　　(0,10)

(10,2)　　(30,3)　　(−30,4)　　(0,6)　　(40,7)　　(7,8)　　(−27,9)　　(0,10)

(20,1)　　(−10,2)　　(40,3)　　(−30,4)　　(0,5)　　(87,6)　　(−47,7)　　(−40,8)　　(0,9)　　(−10,10)

(10,1)　　(117,2)　　(−87,3)　　(0,5)　　(−20,6)　　(−10,7)　　(0,10)

(40,1)　　(0,4)　　(−20,5)　　(0,9)　　(−80,10)

图 8-18　游程码原理图

内的 n 个网格数据压缩为 K 个整数对,通常 K 要比 n 小许多,图件的图形越简单,K 就越小。每一行都这样处理,结果可以大大压缩原始数字图件的存储量。这种用游程方式压缩网格格式数据的编码方式称作游程码,又称作行程码。

图 8-18 显示了一维游程码的生成过程。图 8-18(a)为原始数据,图 8-18(b)为差值数据,即除了最左边的一列数据不动以外,其余各列都是本列当前行的网格数值减去左边网格数值,其差值存在当前行的网格内,生成差值数据阵列;然后对该阵列数据实行游程码数据压缩,差值数据阵列第一行第 1、第 2 列网格数码都为"5",可以合并,形成一个游程,即(5,2),括弧中左边数码"5"表示该游程的属性编码,右边数码"2"表示该游程到达最右边的列号。如此生成一行内的各个游程。照此生成下一行的各个游程,直到差值数据阵列的最后一行。一维游程码只能实现一个方向的数据压缩,为了提高压缩效率,采取一定技术措施(见下一小节),可以实现二维的数据压缩。

不管是一般游程编码的方法还是用差分映射后游程编码的方法,现在需要解决的问题是如何将这些游程编码数据存储到关系数据库二维表格中。观察图 8-18(c)每行的游程数是随机的,因而需要用两张二维表将全部游程数据存储进来。这两张表的设置见表 8-12 与表 8-13。

表 8-12　游程码数据表

游程序	编码值	游程列号(i)
1	5	2
2	0	4
3	1	7
4	−8	8
5	0	10
6	10	2
7	0	3
8	−10	4
9	0	10
⋮	⋮	⋮
64*	−84	10

表 8-13　游程索引表

网格行号(j)	逐行游程累计数
1	5
2	9
3	17
4	23
5	30
6	34
7	42
8	52
9	59
10	64*

* 图 8-18(c)有 64 个游程。

压缩比的大小是与图的复杂程度成负相关的,在变化多的部分,游程数就多,变化少的部分,游程数就少,图件越简单,压缩效率就越高。

游程编码数据压缩效率较高,且易于检索,对于叠加、合并等操作,运算简单,适用于计算机存储容量小、数据需大量压缩而又要避免复杂的编码解码运算的情况。

3. 四叉树 MD 码(quad-tree code)

四叉树就是将图件覆盖的区域按照四个象限进行递归分割,直到子象限的属性编码值变为单一为止或达到预定精度的网格大小为止,对于达到预定精度的网格,其覆盖的属性编码值未能单一,则将占据面积大者的属性编码作为该网格的属性编码。凡数值是单一的单元,不论单元大小,均作为最后的存储单元。图 8-19(a)所示为一个区域四叉划分递归的过程,图中阴影与空白分别代表两个不同的图斑;图 8-19(b)为对应图件四叉树存储结构,其中树根结点代表整个图件,树的每个结点有 4 个子分枝或者叶结点,叶结点对应图件上区域分割时编码数值单一不再继续分割的子象限。

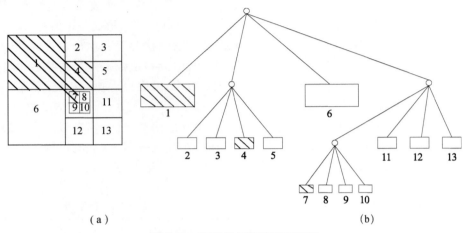

（a）　　　　　　　　　　　　　　　　　　（b）

图 8-19　四叉树压缩编码原理图

这里叙述的仅是四叉树的概念。为了实施四叉树的概念,必须从最底层的网格开始,逐层向上按照四叉树划分原则,对相同属性编码的子象限进行归并,对每个网格进行这样的检测,直到不能归并为止。为此,还必须对最底层的网格编号采用一种适宜四叉树划分的新型编码——MD 码。

观察图 8-20,图中带图廓线的部分是一张网格格式数字图件的左上角,图件上的每个网格填充上了网格编号,图廓以外给出了列(i)与行(j)的序号,在列、行序号的里侧,给出了图件网格最上行和最左列的 MD 编号 I_f 与 J_f,而 I_f 与 J_f 在对应位置有以下关系:

$$J_f(j) = 2I_f(j) \qquad (8\text{-}7)$$

图件中任意一网格点 $P(i,j)$ 的编号 $\mathrm{MD}(i,j)$ 与对应的 I_f、J_f 有以下关系:

$$\mathrm{MD}(i,j) = I_f + J_f \qquad (8\text{-}8)$$

$$\text{而}: I_f = f_i(i); J_f = f_j(j) \qquad (8\text{-}9)$$

实施 MD 码的网格编号本着以下原则给每个网格赋于编号:从左上角赋于“0”起,呈正方形的 4 个网格构成一个最底层单位,在这个单位中,按左上—右上—左下—右下这样的顺序累计编号,然后又以这个最底层单位为左上单位,按右上—左下—右下顺序从左上方向右下方逐层次铺开。这种铺开的网格编号方法是与图 8-19(a)的四叉树图件区域划分一致的。由于编号方法最先是 Morton 给出的,这种码称作 Morton 码,这里是这种码的十进制形式,因而写作 MD(Morton digital code)。

式(8-9)中已经指出,I_f 是 i 的函数,J_f 是 j 的函数,若将这两个函数关系得到,就可以将任意一个(i,j)坐标值转换为 MD 码的数值。事实上这两个函数之间还有关系,式(8-7)就给出了这种关系。

j	J_f ＼ i	0	1	2	3	4	5	6	7	8	9	10	11	12
	I_f	0	1	4	5	16	17	20	21	64	65	68	69	80
0	0	0	1	4	5	16	17	20	21	64	65	68	69	80
1	2	2	3	6	7	18	19	22	23	66	67	70	71	82
2	8	8	9	12	13	24	25	28	29	72	73	76	77	88
3	10	10	11	14	15	26	27	30	31	74	75	78	79	90
4	32	32	33	36	37	48	49	52	53	96	97	100	101	112
5	34	34	35	38	39	50	51	54	55	98	99	102	103	114
6	40	40	41	44	45	56	57	60	61	104	105	108	109	120
7	42	42	43	46	47	58	59	62	63	106	107	110	111	122
8	128	128	129	132	133	144	145	148	149	192	193	196	197	208
9	130	130	131	134	135	146	147	150	151	194	195	198	199	210
					141	152	153	156	157					

图廓线

图 8-20　MD 码原理图

j	J_f ＼ i	0	1	2	3	4	5	6	7	8	9
	I_f	0	1	4	5	16	17	20	21	64	65
			4^0	4^1	4^1+4^0	4^2	4^2+4^0	4^2+4^1	$4^2+4^1+4^0$	4^3	4^3+4^0
		0	1	4	5	16	17	20	21	64	65
		2	3	6	7	18	19	22	23	66	67

图 8-21　I 与 I_f 的关系图

现在将图 8-20 中的上图廓线部分放大，专门分析 i 与 I_f 的关系，如图 8-21 所示。这里，在 I_f 一行下面，给出了 I_f 的四进制表达式，之所以用四进制是因为四叉树一个单位总是以 4 个网格为基数来递归的。将 I_f 与 i 的关系进一步解析，得到：

$$I_0 = i$$
$$I_k = \mathrm{int}(I_{k-1}/2)$$
$$I_f = \sum_{k=0}^{k_{\max}} \mathrm{MOD}(I_k, 2) \times 4^k, \quad k_{\max} = \mathrm{int}(\log_2 i) \tag{8-10}$$

式中，MOD 为求余数算符，即将后括号中 I_k 被 2 除，除尽则 MOD 为"0"，余"1"则 MOD 为"1"。

式(8-10)是一个递归解析表达式。以 $i=12$ 为例：

$I_0=12; k_{max}=\text{int}(\log_2 12)=3$

$I_1=\text{int}(I_0/2)=\text{int}(12/2)=6$

$I_2=\text{int}(I_1/2)=\text{int}(6/2)=3$

$I_3=\text{int}(I_2/2)=\text{int}(3/2)=1$

$I_f=\sum_{k=0}^{3}\text{MOD}(I_k,2)\times 4^k=0\times 4^0+0\times 4^1+1\times 4^2+1\times 4^3=80$

这个计算结果与图 8-20 标示的结果相符。

根据式(8-7)可以将任意 j 值替换式(8-10)得到：

$$J_0=i$$
$$J_L=\text{int}(J_{L-1}/2)$$
$$J_f=2\times\sum_{L=0}^{L_{max}}\text{MOD}(J_L,2)\times 4^L, L_{max}=\text{int}(\log_2 j) \tag{8-11}$$

例如 $j=9$，则代入式(8-12)有

$$J_0=9; L_{max}=\text{int}(\log_2 9)=3$$
$$J_1=\text{int}(J_0/2)=\text{int}(9/2)=4$$
$$J_2=\text{int}(J_1/2)=\text{int}(4/2)=2$$
$$J_3=\text{int}(J_2/2)=\text{int}(2/2)=1$$

$J_f=2\times\sum_{L=0}^{3}\text{MOD}(J_L,2)\times 4^L=2\times 1\times 4^0+2\times 0\times 4^1+2\times 0\times 4^2+2\times 1\times 4^3=130$

将式(8-10)与式(8-11)代入式(8-8)有

$$\text{MD}(i,j)=\sum_{k=0}^{k_{max}}\text{MOD}(I_k,2)\times 4^2+2\times\sum_{L=0}^{L_{max}}\text{MOD}(J_L,2)\times 4^K$$
$$=\sum_{k=0}^{k_{max}}\text{MOD}(I_k,2)\times 2^{2k}\times\sum_{L=0}^{L_{max}}\text{MOD}(J_L,2)\times 2^{2L+1} \tag{8-12}$$

式(8-12)表明十进制的 Morton 码用二进制表达更为方便：

$$[M]_2=j_n i_n j_{n-1} i_{n-1}\cdots j_3 i_3 j_2 i_2 j_1 i_1 \tag{8-13}$$

因此有

$$\text{MD}=j_n\times 2^{2n-1}+i_n\times 2^{2n-2}+j_{n-1}\times 2^{2n-3}+i_{n-1}\times 2^{2n-4}+\cdots+j_1\times 2^1+i_1\times 2^0 \tag{8-14}$$

式(8-14)表明，二进制的 Morton 码实际上是将 i 转化为二进制的 $[i]_2$ 作为偶次位（0 为偶数），将 j 转化为二进制的 $[j]_2$ 作为奇次位，交叉嵌入即为二进制的 M 码 $[M]_2$。例如，对网格(11,9)可以这样求得它的 MD 码：

$[i]_2=[11]_2=1011$

$[j]_2=[9]_2=1001$

将以上结果交叉嵌入，即得

$[M]_2=[11000111]_2$

$$MD=D[11000111]_2=2^7+2^6+2^2+2^1+2^0=128+64+4+2+1=199$$

上式中,$D[\ ]$ 为将括号内其他进制的数码转为十进制的计算符。用计算机高级语言实现以上的变换是很方便的。事实上,计算机内部都是用二进制数字进行计算的。

相反,若已知一个网格的 MD 码,利用式(8-14)也可以计算得到该网格的列行号 i、j:将十进制 MD 码转换为二进制,其偶数位拣出组成的二进制即为列号 i 的二进制数,其奇数位拣出组成的二进制数即为行号 j 的二进制数,各自转换为十进制即得到列行号 i、j。例如,已知 MD 码为 208,求 i、j,可以这样计算:

$$[MD]_2=[208]_2=11010000$$
$$[i]_2=1100,[i]_{10}=2^3+2^2=12$$
$$[j]_2=1000,[j]_{10}=2^3=8$$

对于网格编号 MD 码,通过以上叙述可以有以下结论:

(1)网格编号 MD 码将二维的网格用一个十进制的 MD 数字表示,即将二维整数坐标转为一维整数,这是 MD 最大的技术优势。

(2)一个网格编号 MD 码可以通过对其二进制码的奇偶数码位分别抽取、分别转换成十进制数字,得到该网格的列、行号。

(3)一个网格的列、行号可以通过分别将其列、行号转换成二进制数字再交叉嵌入并转换成十进制数字,得到该网格的 MD 码。

(4)两个 MD 码相差 1,其对应的两个网格可能距离很远,即两网格 MD 码的差与这两网格距离没有固定的关系。

4. 网格数据检索与数据压缩

既然 MD 码将本来是二维的网格坐标转换成一维的整数,而且相互转换又非常便捷,那么可以用 MD 码作为点位坐标索引来使用。因为 MD 是一个整数,那么可以在关系型整数数据库中将 MD 作为关键字按大小进行排序,排序后用二分法、树索引法、插值检索等方法进行检索,则速度可以加快一两个数量级。

为了达到更快检索的目的,对 MD 码再加一层索引,这就是二阶 MD 码。所谓二阶 MD 码就是先将数字图件分为第一层次(阶)的 256 个(16×16)区域,每个区域用 MD 编码作为区域号,然后每个区域内再分为 256×256 个网格,这些网格用第二层次(阶)的 MD 码来编号,这样一幅 50cm×50cm 的标准地形图,网格大小可以精细到 0.122mm×0.122mm,能够满足一般图形数据表达的要求。每个网格可以用以下方式编码:

$$(MD_1,MD_2)$$

其中,MD_1 为一阶 MD 码;MD_2 为二阶 MD 码。若能够将 256 个区域的 MD_2 码分别存储,而且在每个存储区中,对 MD_2 码进行排序,则可以达到更高速度检索的目的。

二维游程码(2 dimention running encode,2DRE)。到目前为止,还未涉及二维网格数据压缩的问题。MD 的引进,将二维的网格点位表示一维化,使二维网格数据压缩成为可能。这里还是用图 8-19(a)的例子,画在图 8-22(a)中,并示意性地图示网格数据二维压缩的过程。图 8-22(b)示出图 8-22(a)图件数据存储的二维关系型表格,这张表有 64 个记录,分别对应(a)图的每一网格。这些数据按四叉树网格数据压缩模式生成如(c)图所示的表格,这种压缩编码称之为线性四叉树(linear quad tree,LQT)码,请读者注意图 8-19(b)所示的 13 个数据在这里已经准确表达并妥善存储。显然,这样存储仍然有冗余,还可以进一步压缩成如(d)图所示的表格,此时将游程(行程)码压缩方法用到这里了,只不过已不是对于一横行中连续若干属性数据相同作为一个游程进行压缩,而是一个二维区域(注意还可能不是连续的区域)属性数据相同进行压缩,这样压缩效率更高,只用 6 个记录就表达清楚了。这种数据压缩称为二维游程码数据压缩。当然系统生成图 8-22(d)这样的二维游程码数据可以不必经过线性四叉树码过渡,直接由数字图件读取完成。

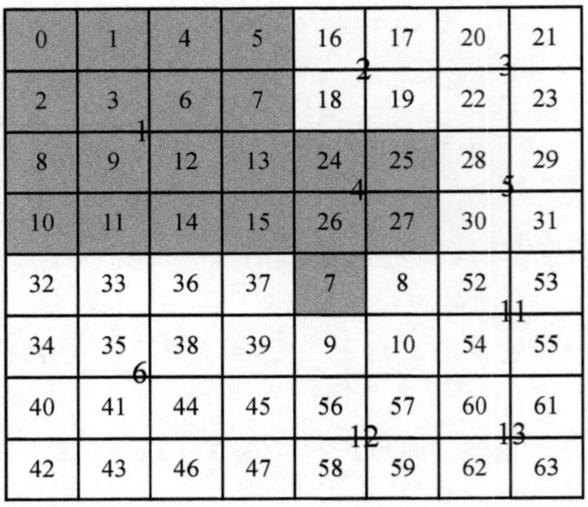

(a)

LQT	At
15	1
19	0
23	0
27	1
31	0
47	0
48	1
49	0
50	0
51	0
55	0
59	0
63	0

(c)

2DRE	At
15	1
23	0
27	1
47	0
48	1
63	0

(d)

MD	At
0	1
1	1
⋮	⋮
15	1
16	0
17	0
⋮	⋮
19	0
20	0
⋮	⋮
23	0
24	1
⋮	⋮
27	1
28	0
⋮	⋮
31	0
32	0
33	0
⋮	⋮
47	0
48	1
49	0
⋮	⋮
51	0
52	0
⋮	⋮
55	0
56	0
⋮	⋮
59	0
60	0
⋮	⋮
63	0

(b)

图 8-22 二维行程码原理

8.4 空间信息三角网格式表达

8.4.1 概述

在空间信息系统中,用数字表达的地表曲面数据结构是广义上的地表曲面,既包括狭义上的地形曲面,也包括温度、降水量因地点不同形成的"曲面"。用数学语言来说,X、Y 平面坐标表达地点位置,而 Z 坐标可以是高程,此时的三维曲面即地表曲面;如果 Z 坐标是温度,此时的三维"曲面"表示的是地表温度的分布,如此等等。根据网格结构的不同,有规则网格(矩形、正三角形、正六边形网格等)和非规则网格(三角形、四边形网格等)。这里可以认为 Z 是 X、Y 的函数,即

$$Z = F(X, Y) \tag{8-15}$$

目前一般的研究,都将式(8-15)设定为单值函数,即当 (X, Y) 确定为一个坐标值,只有一个 Z 与之相对应。

在地理信息数据中,地形是一种基础性的地理信息。在 GIS 中表达地形信息,常用的方法有网格、等高线以及不规则三角网(TIN)三种。这里所谓网格,即 DEM 模型,用网格格式表达地表高程信息数据。应当说,这是不准确的表达地形信息的方法。因为网格格式数据,对于任意一个网格,只能包含一个高程数据,实际复杂的地形,对于一个基准水平面上的一个网格点,有可能不止一个高程,比如某些网格点上方有一个山洞,山洞的地面与顶面就有两个高程,山体外表面又有一个高程。这种复杂情况,DEM 模型不能表现。因此,有人将 DEM 模型数据称为"2.5 维"的地形数据模型。

等高线是一种用相等高程间距的水平面切割地表而形成的描述地形特性的曲线,在 GIS 支持下可以将其生成数字等高线图。理论上,等高线图可以表示带有类似山洞类型的复杂地形,此时等高线发生交叉,等高面发生部分重叠。但是由于等程间距的限制,等高线图同样也不能准确表达地形信息。

不规则三角网(TIN)模型是介乎矢量格式与网格格式之间的一种表达三维空间地理现象的数据格式。理论上讲,该数据格式可以表达全三维地理信息。由于问题的复杂性,目前在实用的大型数据库中用这种格式表达复杂物体表面,特别是表达较大区域的地理空间,还并不多见,但是其潜在应用价值已经被人们所认识。

8.4.2 不规则三角网(TIN)基本概念

三角网,即三角网格(triangulated network),就是全部由三角形组成的多边形网格。三角网格在图形学和空间建模中广泛使用,用来模拟复杂物体的表面,如地形、建筑、车辆、人体等。任意多边形网格都能转换成三角网格。三角网模型可分为规则三角网和不规则三角网,在地学中,TIN 被应用于数字地面分析中。

不规则三角网(triangulated irregular network,TIN)是由 Peuker 和他的同事于 1978 年设计的一个数据模型,它是根据区域的有限个点集将区域划分成不等的三角面网络,这些三

角面通常不在一个平面上,以此逼近连续的三维不规则曲面,如图8-23所示。

由立体解析几何知道,空间任意不在一条直线上的三个点 $A(x_1,y_1,z_1)$、$B(x_2,y_2,z_2)$、$C(x_3,y_3,z_3)$可以决定一个平面;而这三个点又构成一个三角形 ABC。任意一个地理实体表面,包括复杂表面,都可以用有限个连续相邻的三角面去逼近。正如用折线坐标链逼近曲线一样,三角面越小,逼近实际复杂表面就越接近真实,三角面的形状和大小取决于不规则分布的测点密度和位置,以避免地形平坦时的数据冗余,又能按地形特征点表示数字高程特征。TIN 常用来拟合连续分布现象的覆盖表面。

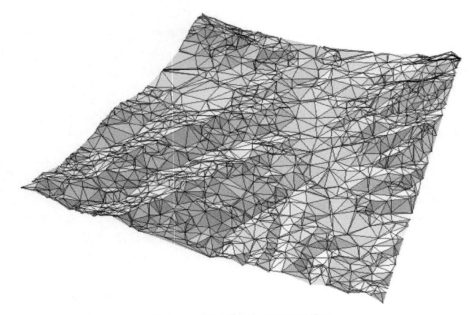

图 8-23　不规则三角网的表面模拟

8.4.3　不规则三角网(TIN)的数据组织

1. TIN 的拓扑关系

TIN 把地表近似描绘成一组互不重合的三角面,每个三角面都有一个恒定的法线,由此决定该三角面的倾斜度。在 TIN 中表达拓扑关系的基本要素包括点、线、面、体。与简单的阵列结构相比,TIN 在数据结构上要复杂:它不但要存储采样点的三维坐标(X,Y,Z),还要表达由相邻采样点组成的连线、三条首尾相接连线组成的三角面以及相邻三角面组成的多面体,还有这四种几何实体,即点、线、面、体,相互之间的拓扑关系。TIN 模型在概念上类似于多边形网络的矢量拓扑结构。注意,对于复杂地理实体地表,其一些区域的三角面水平面投影,有可能有部分重叠,这些区域可能有山洞、斜向陡崖;甚至一些区域的三角面的水平投影可能全部重叠,比如楼房中不同层次的地板,全三维地籍管理就需要表达同一楼房不同层次房间的资产权属。

TIN 表达三维空间信息的方法可以做如下表述:用相邻三维坐标点连接成三角形的边;

三条首尾相接的边形成三角形,即三角面;由相邻的多个三角面形成几何体。这里,每一坐标点都是结点,有三个或三个以上的线在此交汇;每一个边都是弧段,由两个点构成,并被两个相邻的三角面所共有;每互相连接的三条边组成三角面,三角面是一个平面,各三角面的面积通常大小不等,面积大小取决于地表形状变化的"急"或"缓";多个相邻的三角面组合成几何体的表面。这些点、线、面、体之间的空间关系就是 TIN 数据结构的拓扑关系。

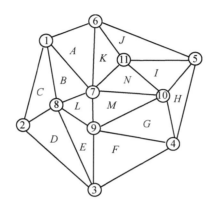

X—Y坐标	
结点	坐标
1	$x1, y1$
2	$x2, y2$
3	$x3, y3$
⋮	⋮
11	$x11, y11$

边	
三角形	相邻三角形
A	B, K
B	A, C, L
C	B, D
D	C, E
E	D, F, L
F	E, G
G	F, H, M
H	G, I
I	H, J, N
J	I, K
K	A, J, N
L	B, E, M
M	G, L, N
N	I, K, M

结点	
三角形	结点
A	1, 6, 7
B	1, 7, 8
C	1, 2, 8
D	2, 3, 8
E	3, 8, 9
F	3, 4, 9
G	4, 9, 10
H	4, 5, 10
I	5, 10, 11
J	5, 6, 11
K	6, 7, 11
L	7, 8, 9
M	7, 9, 10
N	7, 10, 11

Z坐标	
结点	坐标
1	$Z1$
2	$Z2$
3	$Z3$
⋮	⋮
11	$Z11$

图 8-24 TIN 的拓扑结构表达

TIN 拓扑结构的存储方式有多种,一个简单的记录方式是:对于每一个三角形、边和结点都对应一个记录,三角形的记录包括三个指向它三个边的记录指针;每个边的记录有四个指针字段,包括两个指向相邻三角形记录的指针和它的两个顶点的记录指针;也可以直接对每个三角形记录其顶点和相邻三角形(图 8-24)。每个结点包括三个坐标值的字段,分别存储 X、Y、Z 坐标。这种拓扑网络结构的特点是:对于给定一个三角形,查询其三个顶点高程和相邻三角形所用的时间是定长的,在沿直线计算地形剖面线时具有较高的效率。当然可以在此结构的基础上增加其他变化,以提高某些特殊运算的效率,例如在顶点的记录里增加指向其关联边的指针。

2. TIN 的库结构

为实现数据的快速查找、浏览、分析等操作,要对 TIN 数据库建立一定的空间索引,而 TIN 数据库一般是按图幅进行组织的,这就要求 TIN 数据库是无缝的,即在相邻的两幅数字图件之间数据要有对应关系注释,以保证三角形的完整。TIN 库一般由三角形库和地物特征线库组成。TIN 库的空间索引可采用"网格＋链表"的形式组织。索引网格可用公里网格(方里网)、经纬网格或按一定大小划分区域建立。对于 TIN 的进一步阐述及其应用,读者可参见本书 10.3 节。

8.5　空间信息时序化表达

8.5.1　时态地理信息系统

在 GIS 发展的初期,人们努力的方向主要集中在空间数据的存储、分析以及管理上,而对空间数据库更新等问题的关注较少。因此,此时的 GIS 属于静态 GIS(static GIS,SGIS)。SGIS 在描述变化的地理事物与地理现象时,假设它们是静止的,只存储在某一特定时刻的状态。为了保证系统运行过程中数据的现势性,用户必须不断地增加新的数据、删除旧的数据。所以,SGIS 是以静态的方式来表现动态的变化,它以牺牲过去信息数据为代价进行数据更新,不支持对于过去任意时刻的状态查询,更不具备进行地理实体变化沿革分析等最基本的时态功能。

近几年来,随着各种大型空间数据库的建设完成,人们逐渐认识到"空间信息更新将取代空间数据获取而成为 GIS 建设的瓶颈";国际摄影测量与遥感学会第四委员会主席 Fritsch 博士认为:"当前 GIS 的核心已经从数据生产转为数据更新,数据更新意味着 GIS 的可持续发展"。由此引发出时态 GIS(temporal GIS,TGIS)的诞生。TGIS 将时间概念引入 GIS 中,描述和分析地理事物与地理现象随时间的变化。它不仅描述它们在某时刻、某时段的状态,而且描述沿时间维的变化过程和对于某一局部区域过去的不同时刻、时段回放重现状态的演化过程以及任意一个时间断面上地理现象的分布,从而总结变化规律。在此基础上,预测未来时刻、时段将会呈现的状态,分析未来变化的趋势。这样,在时态 GIS 的支持下,一个区域某一时刻的地理现象被置入到时间的序列当中,将当前的地理现象视为时间演化的结果,而不是孤立、突发地出现,从而促进人们更深刻地把握自然的规律。

TGIS 的组织核心是时空数据库,概念基础是时空数据模型。时空数据模型是在时间、空间和属性语义方面更加完整地模拟客观地理世界的数据模型。时空数据模型的优劣,不仅决定了 TGIS 系统操作的灵活性及功效,而且影响和制约着 TGIS 的研究和发展。

8.5.2　时空建模基础

对问题的准确认知与表达是解决问题的一个基础性环节。时空建模既要考虑一般的数据建模问题,又要涉及空间、时间这种普遍而又难以说明的建模难题。研究者对空间和时间的理解不同,侧重点也会有所不同,这些问题使得已有的时空数据建模的思路和方法表现不一,层出不穷。动态模拟空间与属性随着时间的变化是时空数据建模的主要目标之一,因此对空间、时间、属性及变化语义的认知是构建时空数据模型的首要问题。

1. 时空语义

(1)空间。"空间(space)"的概念在不同的学科中有不同的解释。从物理学的角度看,空间是指宇宙在三个相互垂直的方向上所具有的广延性。从天文学的角度看,空间是指时空连续体系的一部分。地理学是研究地球表层空间分布规律的科学,因此地理学的空间是一个定义在地球表层地理实体集上的关系。

地理空间(geo-space)是一个相对空间,是一个地理实体组合排列集(这些地理实体具有精确的空间位置),强调宏观的空间分布和地理实体间的相关关系(关系以单个地理实体为联结的结点或载体)。地理空间若想精确定位于地球上,还必须承认它有欧氏空间基础,有相对于地球坐标系的绝对位置。这样,通过地理空间和欧氏空间的统一,将地理实体之间的宏观特性和空间位置的精确特征紧密有机地联系在一起。其中,宏观特性主要体现在地理实体之间的拓扑关系与非拓扑关系上(通过数据模型体现),其载体则是具有精确位置、起着联结结点作用的那些单个地理实体(通过单个实体的数据结构体现)。

地理空间的数学描述可以表示为:设 $E_1,E_2,E_3,\cdots,E_n$ 为 n 个不同类地理实体;R 表示地理实体之间的相互依赖、相互制约关系;$\Omega=\{E_1,E_2,E_3,\cdots,E_n\}$ 表示地理空间各组成部分的集合,那么地理空间可以形式化地表示为下式:

$$S=\langle\Omega,R\rangle \tag{8-16}$$

(2)时间。时间作为一种只能从其对自然变化的影响中才能觉察到的现象,一开始就困扰着学术界。关于时间的本质,在哲学、科学及心理学等领域,至今仍是一个在探索中的课题。亚里士多德认为时间是运动量,能够将时钟指针和路程等不同的空间运动连接在一起。牛顿认为时间是同空间维相似、但独立于空间之外的另外一维。莱布尼茨认为"时间是事件发生的顺序",即时间由事件序列引申而来,时间的方向由事件的顺序来确定,事件的不可逆性决定了时间的单方向性。而爱因斯坦的相对论认为存在是四维的,是在合并三维空间和一维时间的四维时空中的存在,而不是一个三维存在、外加它在时间上的演化。由此可以看出,尽管研究和理解时间的工作没有停止过,许多哲学家也试图给时间定义,但是截至目前,在时间概念上还没有形成共识。

在时空数据模型研究中,我们的目的不是去追究时间的本质,而是将这种普遍意义的时间观与 GIS 所处的特定地理背景结合起来,以一种适合于其应用目的的方式描述并表达它,进而确立一种指导 GIS 数据建模的合理时空概念模型。因此,从信息系统尤其是 GIS 的使用角度出发,可以认为时间是信息空间中新的一维,是一条没有端点、由过去向未来无限延伸的单向轴线,其中"过去"与"未来"不对称,是一个不可逆过程。

(3)属性。属性是用于表达实体本质特征和具体的领域语义。例如,一个点状几何图形,具有不同的属性则表达不同的语义。在电力应用中它可能表达一个变电站,在土地管理中它可能表示一个界址点,在其他系统它可能表达一个城市等。

　　属性数据一般分为定性(名称、类型等)和定量(数量、级别等)两大类。对实体特征进行描述时又有"基本属性数据"和"说明数据"之分。大多数属性数据都是基本属性数据,主要描述时空空间对象本身各种性质的数据,还有一些是描述某些空间位置关系和深层次空间关系的数据。说明数据是除基本属性数据外,为 GIS 组织或运作服务的属性数据,如描述空间对象输出符号和注记的数据等。

　　地理实体的属性特征是不断发生变化的,例如在地籍管理中,宗地的使用者会随着土地交易发生变化,宗地的用途会随着规划的改变而发生变化。因此,在时空数据模型中必须能够表达地理实体的属性特征及其变化。

2. GIS 时空观

　　根据人们对时间观点认识的差异和对时间表达机制的不同,GIS 时空观可归纳为时空平等型、时间主导型、时间从属型三种类型。

　　(1)时空平等型。该观点将时间理解为一种特殊含义的度量尺度,与空间和属性一样平等地作为地理实体的三个同样重要的基本特征。地理数据中载荷着空间、时间和属性三类不同类型的信息。空间特征偏重于地理实体在地球表面及附近空间分布的描述,时间特征偏重于地理实体时间尺度和时态关系的描述,属性特征则偏重于地理实体质量和数量信息的描述。在四维时空体系中,空间被模拟成为三维数学空间表达,时间则被模拟成为与空间平行的第四维数学空间。"时间快照"型数据模型就是这种时空观的实践,主要用于对时间依赖性较弱、信息变化有一定周期性的一些领域,如以一年为一个统计周期的土地利用信息数据。

　　(2)时间主导型。该观点认为在地理实体的三个基本特征中,时间特征占主导,位居空间和属性特征之上。将时间理解为事件序列的变化形式,时间特征由其空间特征变化和属性特征变化来共同表现,即时间语义通过改变空间状态或属性状态的地理事件序列来表达。以事件作为主线表达时空信息的模型就是这种观点的实践,主要用于对时间依赖较强、变化频繁的一些领域,如城市房地产地籍信息数据。

　　(3)时间从属型。该观点注重对时空实体的空间与属性的描述,在对地理实体的三个基本特征进行描述时,将时间看作为属性特征的一个组成部分,时间处于从属地位。以此方式来组织时间维数据,将时间信息数据作为属性数据的一个标签、加入属性数据中来处理,该时空观主要用于对时间依赖很弱、变化十分缓慢的一些领域,如生态环境信息数据、地质构造信息数据等。

3. 时空数据管理的基本要求

　　以上介绍了时空数据建模诸多的思路和方法,无论何种思路和方法都要满足以下两项基本要求,即以时间为主轴的地域变化沿革的纵向检索和时间断面的横向检索。

　　在以时间为序列的土地利用信息数据或房地产地籍信息数据等诸多时空数据集合中,所谓以时间为主轴的地域变化沿革的纵向检索是指在研究区域中任意指定一块土地,检索该地块的属性变化的历史沿革;而所谓时间断面的横向检索是指在时间表达范围内任意指定一个时段,检索该时段整个研究区域各类中属性的分布状况。快速准确地检索出这两类信息对于了解时空信息的演化现象以及发现其规律至关重要。

8.5.3　时空数据模型

数据模型是对现实世界的抽象,是建立信息系统的基础,它有助于我们理解现实世界的静态和动态属性。抽象是对现实世界的简单化描述,一个合理的抽象就是能够表达现实世界的主要特征。在计算机领域中,建模的过程就是对现实世界的抽象过程,就是利用各种工具对现实世界的描述和模拟的过程。时空数据模型由概念模型、逻辑模型与物理模型三个有机联系的层次组成。

概念数据模型是面向用户、面向现实世界的模型。在概念层次上,现实世界被看作是由对象、属性和关系等抽象形式组成,因此概念模型是地理空间中诸多实体或现象及其相互联系的抽象概念集,是现实世界到信息世界的第一层抽象。目的是确定需要处理的时空对象或实体,明确时空对象或对象之间的相互关系。构造概念模型应遵循以下原则:语义表达能力强;便于用户理解;独立于具体的计算实现;尽量与系统的逻辑数据模型保持统一的表达形式,而不需要或很容易向逻辑数据模型转换。在该层次上,诸如 E-R 模型(entity-relationship model)、扩充的 E-R 模型(extend entity-relationship model)、面向对象模型(object oriented model)等被用于语义数据建模以实现对现实世界的刻画。

逻辑数据模型是系统对地理数据进行表示的逻辑结构,是系统抽象的中间层,由概念模型转换而来,采用不同的实现方法具体地表达数据项、记录项等之间的关系。它是用户通过系统看到的现实世界的地理空间。逻辑模型的建立既要考虑到用户便于理解,又要考虑便于物理实现,易于转换为物理模型。在该层次上,当前流行的数据模型有面向结构模型和面向操作模型两大类。其中,面向结构模型显式地表达了数据对象之间的关系,包括层次数据模型、网络数据模型、面向对象数据模型三种;面向操作的逻辑数据模型包括关系数据模型和扩展关系模型。

物理数据模型则是概念模型在计算机内部具体的存储形式和操作机制,是系统抽象的底层。它必须转化为计算机能够处理的方式才能实现,主要包括空间数据的物理组织、空间存取及索引方法、数据库总体存储结构等。在该阶段,除了要考虑如何选择合适的几何数据结构实现所设计的概念几何模型外,还应考虑采用何种设计方法完成几何数据模型与专题、语义数据模型的关联,实现对专题信息的操作。

由于物理模型一般由选定的实现平台在底层完成,即对于硬件系统具有较大的依赖性,因此,一直以来,对于物理模型的研究涉及较少,研究的焦点集中于概念模型与逻辑模型两个层次。

1. 概念模型

时空数据概念模型主要研究地理认知世界中的空间、属性与时间概念及空间、属性随时间的时空变化特征。Stock 认为时空数据概念模型中表达的信息可以用一个金字塔来表示,最基本的信息位于金字塔的底部,复杂信息则位于金字塔的上部。

金字塔中表达的信息具体分为以下五个层次:

第一个层次为基础信息层。它包含了时空数据模型中三个最基本的要素,分别为空间信息、属性信息与时间信息。

第二个层次描述三个基本要素自身的变化信息。空间变化,例如空间对象位置的移动;属性变化,例如土地权属的改变;时间变化,例如产生、消亡、合并、分割等。

第三个层次主要表达两个基本要素间的变化关系。其中,两个基本要素可以为相同要素,例如时间要素间的变化关系、空间要素间的变化关系;也可以为不同要素间的变化关系,例如空间信息随时间的变化、属性信息随空间的变化。

第四个层次较第三层次表达的二重变化关系更为复杂,因为它表达了空间、属性与时间的三重变化关系,包含变化原因、过程、结果、生命周期、逻辑关系等内容。

最高层次表达了时空信息最复杂的方面,涉及空间、属性与时间不同变化类型的综合表达。例如,混乱的或稳定的;线性的、分支的或循环的;离散的或连续的。

近年来,随着研究的不断深入,提出的时空数据概念模型逐步涵盖以上五个层次的信息,使得时空数据概念模型语义的表达越来越全面、完善。下面主要介绍几种具有代表性的时空数据概念模型。

(1)时空立方体模型(the space-time cube model)。Hägerstrand 最早于 1970 年提出了空间时间立方体模型,这个三维立方体是由两个空间维度和一个时间维度组成的,它描述了二维空间沿着第三个时间维演变的过程。任何一个空间实体的演变历史都是空间-时间立方体中的一个实体。给定一个时间位置值,就可从三维立方体中获取相应截面。

该模型形象直观地运用了时间维的几何特性,表现了空间实体是一个时空体的概念,对地理变化的描述简单明了,易于接受,适合描述单个地理实体的时空变化;但是现实世界是由大量地理实体组成,因此系统需要存储大量的数据,且难以重建某一时刻现实世界的拓扑关系。

(2)快照模型(snapshots model)。快照模型是最早在 TGIS 中得到实际应用的时空数据模型,分为矢量快照模型和栅格快照模型两类。基本思路是:在固定时刻或者每隔一定的时间,将一系列时间片段快照保存起来,形成一组独立的、有序的时空合成图谱,以反映整个空间特征的状态和演化过程。片段间的时间间隔不一定等长,但可根据需要对指定时间片段的现实片段进行播放。其特点是将有效时刻标记在全局空间状态上,所以该方法适合于变化不频繁或者每次变化量较大的情况,例如自然灾害等。

这种模型的缺点是记录每个时刻的变化会导致数据库容量的激增,且记录过程需要消耗大量的时间,导致系统操作效率降低;此外,两快照间空间对象的变化以隐式结构存储,要获取两个不同时刻的状态变化,必须对两个快照进行彻底比较。因此,快照模型对于计算机的硬件与软件都造成较大的压力。

(3)基态修正模型(base state with amendments)。为了克服快照模型的缺点,Langran 提出了基态修正模型,也分为矢量模型和栅格模型两类。基态修正模型按事先设定的时间间隔采样,只存储某个时间的基态以及相对于基态的变化(又叫差文件)。基态一般指系统最后一次更新的数据状态。进行时态查询时要进行基态和差文件空间逻辑运算,当变化次数较多时,要对整个数据库进行阅读操作,以读取每次变化的变化量。

基态修正模型不存储空间目标不同时间段的所有信息,只有空间目标发生变化时才记录一个数据基态和相对于基态的变化值,提高了时态分辨率,减少了数据冗余量;而且记录了发生变化的每个时刻,可以重现每一变化时刻的状态。该模型的缺点是地理对象在空间与时间上的内在联系反映不直接,使某些时空分析发生一定的困难。

(4)时空复合模型(the space-time composite model)。时空复合模型是 Chrisman 于 1983 年基于矢量数据提出的,Langran 和 Chrisman 于 1988 年对它进行了详细描述。该模型在一个数据层中表达空间上同质、时态上一致的时空几何目标体,将空间分割成具有相同时空过程的最大公共时空单元,每次时空对象的变化都在整个空间内产生新的对象。对象在整个空间内的变化部分作为它的空间属性,变化部分的历史作为它的时态属性。时空单元中的时空过程可用关系表格表达,若时空单元分裂时,用新增的元组来反映新增的空间单元,时空过程每变化一次,采用关系表中新增一列的时间段来表达,从而达到用静态的属性表表达动态的时空变化过程的目的。这种方法数据冗余少,但在数据库中频繁地修改对象标识符较复杂,涉及的关系链的层次较多,必须对标识符逐一进行回退修改。

这种模型与矢量基态修正模型相似,不过它的当前数据和历史数据都是存储在同一个层中。这种设计保留了沿时间的空间拓扑关系,所有更新的特征都被加入到当前的数据集中,新特征之间的交互和新的拓扑关系也随之生成。与矢量基态修正模型比较,这种模型在历史特征空间拓扑关系的生成处理上要方便一些,但细碎的图斑和大量的空间拓扑计算仍然是其致命缺陷。

以上四种模型是 TGIS 发展初期提出的数据模型,它们都包含了空间、属性与时间三个基本要素,重点描述了空间目标变化前后的状态,但是缺乏对变化原因、变化过程等变化信息的描述,难以全面表达空间目标间的时空关系,所表达的信息涵盖了概念模型的第一层次、第二层次与第三层次。

(5)基于事件的时空数据模型(event-based spatiotemporal data model)。事件是世间万物发生变化的主要形式,事件发生导致实体状态多重改变,而这种改变涵盖了实体变化的各个方面。为了更好地描述变化信息,近年来,对于基于事件的时空数据模型的研究十分活跃。

Peuquet 和 Duan 在 1995 年提出了一个新的基于栅格数据记录变化信息的时空数据模型——基于事件的时空数据模型。在该模型中,时间位置成为用于记录变化的组织基础,时间维上的事件顺序表达了空间目标的时空过程,时间轴用事件来表达。事件表记录了空间目标已知变化的顺序变化过程,每个时间位置与空间目标已发生变化的一组位置或特征相关联。在给定的时间分辨率下,只记录发生变化的时刻,类似于记录空间变化的栅格游程编码。事件表达了状态的变化,存储了与时间有关的变化,且利用链表的方式提高了空间的存储效率和时态信息检索的方便性。

(6)面向对象模型(the object-oriented model)。随着计算机系统面向对象技术的不断发展,许多学者开始倡导使用面向对象的方法构建时空数据模型。对象模型克服了传统关系模型中的许多局限性,以更自然的方式对复杂的时空信息模型化,为时空建模提供了强有力的手段。面向对象的方法将需要处理的空间目标抽象为不同的对象,建立各类对象的联系图,将其属性和操作封装到一起,使其具有类、封装、继承和多态性等面向对象的特征和机制,对象之间的关系通过消息机制沟通,因此,用面向对象的方法来处理空间物体之间的关系的最大优点是比较自然,不但支持复杂对象,而且可以打破传统关系型数据库中第一范式(first normal format,1NF)的限制,在时空数据建模方面体现出了强大的优越性。

但是,面向对象的时空数据模型也并非十全十美,而它的缺点正好是传统关系时空数据模型的强项。在实际工作中,确切的对象难以定义,因为对象也是变化的;此外由于模型较为复杂,而且缺乏数学基础,使得很多系统管理功能难以实现(如权限管理),也不具备 SQL 语言处理集合数据的强大能力等。目前,面向对象时空数据模型的研究大多是概念层次的,并不具备很强的实用性。

随后的研究中,许多学者将面向对象的思想与基于事件的时空数据模型相结合,利用面向对象的特征和机制,使得基于事件模型在数据类型的表达、复杂变化过程的描述等方面都有了很大的改进,增强了模型的信息表达能力。

以事件为核心的面向对象的时空数据模型不但较好地描述了空间对象的变化原因、过程及状态等变化信息,而且通过扩展事件的语义,分别构建了离散变化和连续变化的时空数据模型,涉及了概念模型的第四、第五层次的信息,但是仍然不够全面。总之,基于事件的时空数据模型是一个新兴的方向,为普遍关注的"时空推理"问题的解决提供了一个突破口。

在过去 20 多年的研究中,已经提出了许多方法机制用于构建时空数据概念模型,随着研究的不断深入,更深层次的时空信息不断地被加入到模型的构建中,使得模型越来越复杂,但是依然没有出现一个公认完善而且能实际商用化的时空数据概念模型。一方面,数据模型设计的目的是将客观事物抽象成计算机可以表示的形式,但由于地理空间的复杂性,无论哪一种模型都无法反映现实世界的所有方面,因而就无法设计一个通用的数据模型来适用于所有情况;另一方面,随着深层次信息的不断加入,使得模型的构建越来越复杂,以至于难以在实际的信息系统中加以利用。

2. 逻辑模型

时空数据逻辑模型是概念模型在数据库中的组织方式,是数据建模的第二层次,与数据库管理系统(database management system,DBMS)有关。逻辑模型设计的关键问题是时间和空间的集成,或者说如何将时间引入空间数据库,因为时空数据集成的好坏直接影响到数据库系统数据查询的方式和效率。与空间建模相比,时空建模最大的不同就是从现实世界映射到数据库中时具有时间标记。所以,在数据库层次上,时空数据的组织包括两个方面的内容:①空间数据的管理,即非结构化的空间几何数据(图形数据)与结构化的属性数据的管理;②时空数据的集成,即时间数据和空间数据的集成。

(1)空间数据的管理。空间数据不仅包含具有空间特征、空间关系及非结构性等特点的空间几何信息,而且包含很多的属性信息,所以存储过程较为复杂。空间数据的管理方式与数据库技术的发展紧密联系,主要经历了文件管理、文件与关系数据库混合管理、全关系型数据库管理、对象-关系型数据库管理、面向对象空间数据库管理多种方式。从上述发展阶段不难看出,空间数据库技术正在逐步取代传统文件,成为越来越多的大中型 GIS 应用系统的空间数据存储解决方案。空间数据库技术在海量数据管理能力、图形和属性数据一体化存储、多用户并发访问(包括读取和写入)、完善的访问权限控制和数据安全机制等方面存在明显的技术优势。

目前,全关系型数据库管理、对象-关系数据库管理、面向对象空间数据库管理均实现了空间数据的一体化存储,但是它们的实现机制不尽相同。其中,面向对象空间数据库管理能够较好地适应于空间数据的表达和管理:它不仅支持变长记录,而且支持对象的嵌套、信息的继承与聚集;然而,由于缺乏良好的数学基础,在访问速度方面尚未有重大突破,难以发展成熟,估计在较长一段时间内面向对象数据库管理系统都不会替代关系型数据库管理系统。

全关系型数据库管理是指图形数据和属性数据都用现有的关系数据库管理系统管理。在这种管理方式中,不定长的图形坐标数据以二进制数据的形式被关系数据库系统管理。换言之,图形坐标数据被集成到 RDBMS 中,形成空间数据库,使之既能管理结构化的属性数据,又能管理非结构化的图形数据。

目前,大部分关系数据库管理系统都提供了二进制块的字段域,以适应管理多媒体数据或可变长文本字符。通常把图形的坐标数据,当作一个二进制数据,由关系数据库管理系统进行存储和管理,可以认为一个地物对应于数据表中的一条记录,这样它带来的最直接的好处是避免了对"连接关系"的查找。目前,关系数据库不论是理论还是工具均已非常成熟,它提供了一致性的访问接口以操作分布的海量数据,并且支持多用户并发访问、安全性控制和一致性检查,通用的访问接口也便于实现数据共享,这些正是构造大型数字工程所需要的。但是,由于图形坐标数据不定长,采用这种模式进行管理,常会造成存储效率降低。此外,现有的通用的访问接口并不支持空间数据检索,需要专门开发空间数据访问接口,如果要支持空间数据共享,则要对通用的访问接口进行扩展。

目前,GIS 软件厂商研发了很多成熟的空间数据访问接口,又称为空间数据库引擎(SDE)。它采用统一的 RDBMS 存储图形数据和属性数据,为用户和数据之间的交流提供接口。用户将自己的空间数据交给独立于数据库之外的空间数据引擎,由空间数据引擎来组织空间数据在关系型数据库中的存储;当用户需要访问数据的时候,再通知空间数据引擎,由引擎从关系型数据库中取出数据,并转化为客户可以使用的方式。因此,关系型数据库仅仅是存放空间数据的容器,而空间数据引擎则是空间数据进出该容器的转换通道。这种模型相对于文件管理的优点是省去了图形数据库和属性数据库之间繁琐的连接,图形数据存取速度较快,同时也有利于保证图形数据与属性数据间的完整性。

这类管理方式的典型代表有 ESRI 的 Arc-SDE、MapInfo 的 Spatial-Ware。其优点是:访问速度快,支持通用的关系数据库管理系统,空间数据按 BLOB 存取,可跨数据库平台,与特定 GIS 平台结合紧密,应用灵活。其缺点主要表现为:空间操作和处理无法在数据库内部实现,数据模型较为复杂,扩展 SQL 比较困难,不易实现不同 GIS 平台之间的数据共享与互操作。

对象-关系型数据库管理是由数据库厂商研发的管理空间数据的一种解决方案。由于关系型数据库难以管理非结构化数据(包括空间数据),数据库厂商借鉴面向对象技术,发展了对象-关系型数据库管理系统。此系统支持抽象的数据类型(ADT)及其相关操作的定义,用户利用这种能力可以增加空间数据类型及相关函数,从而将空间数据类型与函数从中间件(空间数据引擎)转移到数据库管理系统中,客户不必采用空间数据引擎的专用接口进行编程,而是使用增加了的空间数据类型和函数的标准扩展型 SQL 语言来操作空间数据。

这类支持空间扩展的产品有 Oracle 的 Oracle Spatial、IBM 的 DB2 Spatial Extender、Informix 的 Spatial Data-Blade。其优点是:空间数据的管理与通用数据库系统融为一体,空间数据按对象存取,可在数据库内部实现空间操作和处理,扩展 SQL 比较方便,较容易实现数据共享与互操作。其缺点主要表现为:实现难度大,压缩数据比较困难,目前的功能和性能与全关系型数据库管理方式尚存在差距。

(2)时空数据集成。时空数据的集成方法是时空数据组织中的核心问题。目前,TGIS 中的时空集成方法主要有两种:一是把时间作为属性;二是把时间作为新的一维。第一种方法以关系数据模型为实现基础,由于传统关系模型丰富的语义、较完善的理论和许多高效灵活的实现机制,使得时间作为属性的集成方法较易实现,被广泛采用;相反,目前要获得高维对象构建的有效算法还有根本困难,而且很难利用现有的 GIS 和 DBMS 支持高维对象,所以时间作为空间实体新的一维的集成方法仍然处于理论研究阶段。

时间作为属性的方法以关系数据模型为实现基础,为 GIS 中时态问题的解决提供了一个快速简便的方法。根据时间标记的不同水平,可分为关系级模型、元组级模型和属性级模型三类。

①关系级模型(relation-level version)。关系级方法对于管理单元每一个变化都产生一个新的关系,它通过一系列沿时间维的关系快照,模拟整个关系中各目标的历史。该方法概念简单、易于理解,但数据高度冗余,单个目标对象的历史状况表达模糊。

②元组级模型(tuple-level version)。元组级模型是将时间标记在元组上,一旦对象的性质发生任何变化,一个新的元组就被加进关系表中,而所有没发生变化的性质被重复,这将使存储空间迅速增长,影响查询的反应时间。

③属性级模型(attribute-level version)。属性级方法认为,时间应当是一种属性,而不是元组的一部分,这意味着模型中的关系不再是以前的正规形式,而是属性随时间变化的,相应提出的 N1NF 形式虽能较好地体现时间的结构和特性,减少数据冗余,但不能利用现有的 RDBMS,技术上还有一定难度。

从以上描述可以看出,从数据库冗余考虑,属性级模型最为理想;但是,由于该方法要求在一个属性字段中存放多个属性值,违背传统关系型数据库的第一范式(1NF)的要求,因此,过去的许多研究大多集中在元组级方法上。

近些年来,大容量存储设备的出现及其性价比的大幅度提高,使得保留"过时"的海量历史数据成为可能;同时,数据库技术的发展则为以上功能的实现提供了基本的理论预备和应用范例。上述因素的交合促使 TGIS 中逻辑模型的研究成为近十余年来持久不衰的热点。

不管时空数据模型如何合理、数据库技术如何发展,也不管计算机硬件的存储空间如何扩大,时空数据的定期淘汰总是不可避免的。吐故纳新、新陈代谢是自然的普遍规律,时空数据存储也不例外。目前由于遥感技术的快速发展,时空数据以几何级数的速率快速增长,而计算机存储空间却以算术级数增加,时空数据定期淘汰机制亟待研究,这也是时空数据研究的一个重要方面。

8.6　小　　结

以点、线、面以及体所归纳的地理空间信息数据是对现实世界的一种抽象,它们分别是作为一个整体出现的,而在空间信息系统中,则根据不同类型、等级、性质、用途和集合特征或地理特征要素划分为不同的图层,分别存储,便于管理与组织。从大类型划分,点、线、面对应的地理实体是三大类图层,每层下分有诸多的多层次的图层。

空间信息系统中显示的信息分为矢量格式、网格格式、不规则三角网格式等。矢量格式是目前空间数据库的主要数据格式,矢量格式可以与网格格式实行数据格式相互转换。

矢量格式适合于表达离散的有明显边界且稳定存在的地理对象,拓扑关系是这种数据格式表达空间数据的一个重要内容,对于维系空间数的完整性、一致性具有重要作用。矢量格式数据可以较精确表达空间信息,适于表达区域性信息,数据冗余度小;但数据结构较复杂,具体数据结构随着 GIS 平台的不同而不同,系统间不能通用,实施某些空间分析算法较复杂。

网格格式数据结构简单,各种系统之间通用性好,适于表达点位性信息,可以表达影像信息;但其冗余度较大,减少冗余、实施有效的数据压缩是网格格式研究的重点,基于 MD 码的二维游程码是实施网格数据压缩的一种有效方法。

不规则三角网 TIN 格式则是对连续分布的地形进行建模,可以表达三维空间信息,兼有矢量格式与网格格式的部分优点,但表达较大区域的面状信息和实施某些空间分析有困难。

空间信息数据量巨大,建立合理的索引机制是提高空间查询效率的基础性措施。实践表明,R+树是实施矢量格式数据索引的较好方法。

时间与空间是事物发展变化的两个载体,将时间与空间结合起来研究是空间信息系统发展的必然趋势。时空信息数据模型是该领域研究的关键,这种时空数据模型的设计与人们对时空信息的认识以及应用目标有关。目前,已经研究出多种时空数据模型,各有优缺点,分别适应不同的应用环境。发展面向对象技术、充分利用关系型数据库技术,是开发高性能时空数据模型的技术前沿。

思 考 题

(1)划分图层的方法有哪几种?

(2)矢量数据结构的空间拓扑关系包括哪几种?

(3)为什么矢量格式表达空间信息数据需要用多个关系表格?

(4)拓扑关系对于空间数据组织有什么意义?

(5)为什么网格格式数据不强调拓扑关系的表达?

(6)在空间数据库中设置线与图斑的包络矩形数据项对于图形检索有什么作用?

(7)试分析矢量格式与网格格式表达空间信息数据各有什么优缺点。

(8)空间数据检索相比其他类型数据检索有什么特殊性?

(9)为什么 TIN 格式数据可以表达三维空间信息,它与二维矢量格式有哪些相同与不同点?

(10)R 树、R+树与 CELL 树空间索引有哪些异同点?

(11)MD 码与四叉树图形网格格式数据压缩有什么关系?

(12)二维游程码与二阶 MD 码在空间数据网格格式表达有什么意义?

(13)网格像元取值方法有哪些?

（14）三维坐标转换的线性模型与非线性模型有什么区别？

（15）为什么人们通常将时间信息数据与空间信息数据合并称为时空信息数据？

（16）以土地管理为例，请解释在时空信息检索方面有哪些功能需求？

（17）带有时间维的地理信息系统给空间信息技术增加了什么困难，是否仅仅增加了数据存储量？

（18）设计时空数据模型有哪些技术路线，各适应什么应用需求？

参 考 文 献

陈传波,陆枫.2004.计算机图形学基础.北京:电子工业出版社

陈述彭,鲁学军,周成虎.2006.地理信息系统导论.北京:科学出版社

邓伟杰,周天颖.1998.GIS技术大观园.台北:松岗电脑图书资料股份有限公司

胡鹏,黄杏元,华一新.2002.地理信息系统教程.武汉:武汉大学出版社

黄杏元,马劲松,汤勤.2001.地理信息系统概论(修订版).北京:高等教育出版社

潘正风.1996.大比例尺数字测图.北京:测绘出版社

史文中,郭薇,彭奕彰.2001.一种面向地理信息系统的空间索引方法.测绘学报,30(2):156～161

汤国安,赵牡丹.2002.地理信息系统.北京:科学出版社

邬伦.2005.地理信息系统原理、方法和应用.北京:科学出版社

杨晓明,王军德,时东玉.2001.数字测图(内外业一体化).北京:测绘出版社

郑贵州,莫澜.2003.GIS图层在空间数据处理管理与分析中的作用.测绘科学,28(3):71～73

周天颖.2008.地理资讯系统理论与实务.台北:儒林图书出版公司

周天颖,叶美伶,洪正民,等.2009.轻轻松松学ArcGIS9(修订版).台北:儒林图书出版公司

朱德海,严泰来.2000.土地管理信息系统.北京:中国农业大学出版社

Kang-tsung Chang.2009.地理信息系统导论.陈健飞等译.北京:清华大学出版社

第 9 章　地理信息系统主要功能及其实现(Ⅰ)

地理信息系统经过半个世纪的发展,功能不断拓展,形成了具有众多的、强大的地理空间分析能力的软件平台群体。国内外地理信息系统有数以百计的软件平台,各种平台功能不一,对于基本功能的组装与拆分方法不尽相同,功能的称谓也不相同。本章以及下一章简要介绍系统的主要功能及其实现方法。有一些功能,如矢量格式与栅格格式数据的相互转换也是 GIS 的基本功能,由于这一功能作为用户应用并不常用,只是系统为了实施叠加分析等功能的需要,将这种功能作为过渡性的实施步骤,因此限于篇幅,这里也不作介绍。本章介绍系统功能的基础部分。

9.1　图件数据的输入与处理

图件数字化是利用数字化仪器设备和计算机矢量化软件将纸质地图或其他图件上的点、线、面按照一定格式与规则转化为数字形式、形成空间数据库,以便利用计算机进行存储管理与分析计算。

有悠久历史的纸质地图是我们常用的一种地图,但存在数据有限且更新慢、信息描述简单、承载信息量较小、查询分析不方便和地形景观不直观等缺点,更不能对一幅纸质地图进行修改、缩小比例和分层读图等操作。因而,传统纸质地图难以适应现代和未来的科技发展。

相对于传统纸质地图,电子地图最大的优点在于可进行多级比例尺之间无缝转换,实现图形放大、缩小、漫游等动态变化功能;另一显著的优点是具有自动查询检索和空间分析功能,可以帮助人们方便地查找和挖掘信息。

数字化图件有两种来源:纸质图件和遥感图件。它们又有不同特点:前者是人们最为常用的地理图件,包括遥感技术出现之前的历史性图件,后者是近年来自动空中摄影成像的图件;前者必须使用数字化仪器设备并经一系列处理转化生成为栅格数据或矢量数据,而后者本身就是栅格数据;前者和后者的坐标投影体系选择不同;前者因数字化仪器设备不同导致分辨率的差异,而后者则因拍摄卫星不同导致分辨率差异;前者提供抽象化的地表信息,而后者则提供原始的地面俯瞰信息。

将纸质图件转换为数字图件(数字信息),方法有两种:一种方法是采用手扶数字化仪将纸质图件中感兴趣的信息数字化为数据文件;另一种方法是将图件用扫描仪扫描进入计算机,然后采用自动识别与人机交互技术分离、提取出各种地图信息,如等值线、断层等。由于现今手扶数字化仪输入因其效率低下已不多见,这里仅介绍扫描仪矢量化。

9.1.1　扫描仪矢量化

扫描矢量化需要配备有扫描仪(彩色、黑白)、扫描和矢量化软件等。扫描仪将纸质地图扫描后直接生成的数据是栅格格式。由于多种原因,扫描结果不理想,需要使用扫描矢量化软件进行数据处理。目前市场上扫描矢量化软件有多种,其工作环境不尽相同,但是工作原理和过程却大致相同,扫描矢量化过程如图 9-1 所示。

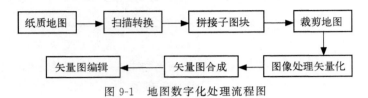

图 9-1　地图数字化处理流程图

工作步骤可归纳为:

(1)进行原图的扫描。

(2)扫描文件的校正处理以及其他各种编辑工作。

(3)对处理的扫描文件进行矢量化数据处理。

扫描仪进行原图扫描与遥感 CCD 摄像的工作原理基本相同。事实上,扫描仪的工作环境比遥感要简单得多:扫描仪扫描中传感器与被扫描对象的几何关系是固定的,不存在大气、地形起伏等外界因素的干扰,光照参数也是固定的。因此,扫描质量通常不存在问题。扫描生成的数据与遥感数字影像一样,都是栅格格式。彩色扫描完全类同于遥感在可见光波长范围内成像。

扫描精度取决于扫描仪的技术指标 DPI(dot per inch),目前一般扫描仪可达 600DPI 或 1200DPI,即扫描每一栅格的长与宽尺寸为 0.04mm 或 0.02mm,超出人眼睛的分辨率(0.1mm)。

在扫描后处理中,需要进行栅格向矢量的转换,一般称为扫描矢量化过程。扫描矢量化可以自动进行,但是扫描的地图中包含有用各种复杂符号标示的多种信息,系统难以自动识别分辨,通常需要进行人机交互式数据处理。由于该问题较为复杂,限于篇幅,这里不能对于扫描矢量化过程的细节逐一加以叙述,只能就技术梗概进行介绍。

在扫描矢量化前,计算机系统需要用户使用鼠标器点击屏幕显示的扫描地图四角点的经纬度或坐标数据,以最终生成矢量数据。下面介绍栅格转矢量一般经过的步骤。

1. 图像二值化

图像二值化用于将原始扫描黑白图像转换为二值图像,原始扫描图像一般是灰度从"0"到"255"有 256 个灰阶的图像,而所谓二值化是将图像上白色区域的栅格点赋值为"0",这些像元位于物体区域以外,称为背景;而黑色栅格赋值为"1",黑色区域对应要矢量化提取的地物,称为前景。在地图中,前景通常是地块的边界。

二值化的关键是在原始图像的灰度级最大和最小值之间选取一个适当的阈值,当灰度级大于阈值时,取值为"0";当灰度级小于阈值时,取值为"1"。注意,通常图像像元灰度值小表示偏暗(黑),灰度值大表示偏亮(白)。阈值可由灰度级直方图确定,其方法为:设 M 为灰度级数,P_k 为第 k 级的灰度的频数,n_k 为 k 灰度级的出现次数,n 为像元总数,则有

$$P_k = \frac{n_k}{n}, \quad k=1,2,\cdots,M \tag{9-1}$$

对于地图,通常在灰度级直方图上出现两个峰值(图 9-2),这时,取波谷处的灰度级为阈

值,二值化的效果较好。即

$$DN = \begin{cases} 1, & \text{当 } G \leqslant k \\ 0, & \text{当 } G > k \end{cases} \tag{9-2}$$

式中,DN 为像元(栅格)二值化灰度赋值;G 为像元原灰度值;k 为像元二值化灰度阈值。阈值 k 可以用计算机自动测算得到,也可以由用户观察直方图得到。

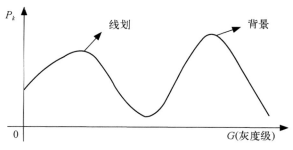

图 9-2　扫描地图灰度直方图

2. 平滑

图像平滑的直观效果是图像噪声和假轮廓得以去除或衰减,但同时图像将变得比处理前模糊,模糊的程度要看对高频成分的衰减程度而定。

例如用 3×3 的像元矩阵,规定各种情况的处理原则,图 9-3 是两个简单的例子,图中"×"表示任何像元值。在计算机系统中,规定了像元矩阵处理规则后,不难用计算机程序加以实现。

除了上述方法外,还可用其他许多方法。例如,对于灰白和污点,给定其最小尺寸,不足的消除;对于断线,采取先加粗后减细的方法进行断线相连;用低通滤波进行破碎地物的合并,用高通滤波提取区域范围等(低、高通滤波概念参见本书第 6 章遥感数字影像识别与判译中有关内容)。

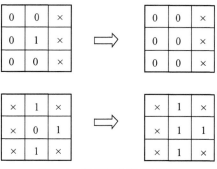

图 9-3　像元矩阵处理规则

3. 细化

由于扫描仪精度超出了人眼睛的分辨率,也超出纸质地图最细线条的宽度,因此,扫描的结果,即使是地图上最细的线,实际扫描生成的也不是线,而是由若干栅格组成的"条带"。所谓细化,就是寻找二值化图形线条的中轴线(线条骨架),以中轴线取代该图形的线条,也就是说,细化之后该图形线条的宽度为 1 个像元。细化的基本过程是:①确定需细化的像元集合;②移去非骨架的像元;③重复以上步骤,直到仅剩骨架像元。

细化的算法很多,各有优缺点。经典的细化算法是剥离法,即通过 3×3 的像元组确定是否细化"剥离"。设定线条的二值灰度为"1",该细化基本算法是:逐个将每一像元作为中心像元,连同周围 8 个像元组成 3×3 像元组,凡是去掉中心像元后不会影响原栅格图形拓扑连通性的像元都给予删除,即赋值为"0";反之,则给予保留。3×3 的像元共有 $2^8 = 256$ 种组合情况,但经过分析,合并各种对称的相同情况,只剩 51 种情况,其中只有一部分是可以将中心像元剥离的。图 9-4 是这 51 种情况中的 4 种,图中凡是带点的网格表示原图黑色,即灰度值为"1"的网格,空白的网格表示原图白色,即灰度值为"0"的网格。分析这 4 种情况中灰度值为"1"网格的分布情况得知:(a)、(b)两图的中心网格是可剥去的,而(c)、(d)的中心像元是不可剥去的。通过对每个像元点经过如此处理,最后可得到应予保留的中轴线像元。

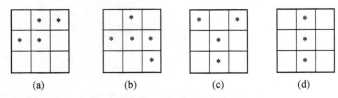

(a)   (b)   (c)   (d)

图 9-4 剥离细化算法原理示意图

对扫描后的地图图像进行细化处理,应符合下列要求:

(1)保持原线划的连续性。

(2)线宽只为一个像元。

(3)细化后的线条应是原线划的中心线,点应是原圆面的圆心。

(4)保持图形的原有特征。

由于实际问题的复杂性,现行的软件往往不能完全满足以上要求,需要用户通过系统人机对话的方式,对细化的结果给予修正,如删除、修补、连接等。

4. 链式编码

链式编码又称为弗里曼链码(Freeman,1961)或边界链码。链式编码是将细化后的图像转换成为"点链"的集合,所谓的"点链"是指相邻两个灰度值 DN 为"1"的像元中心点的"链节"。孤立的灰度值 DN 为"1"的像元不形成点链。由于相邻有两种,即上下或左右相邻,以及斜向相邻,因此 1 个点链的长度可能为"1",即 1 个像元尺度(两个相邻网格中心点的距离),也可能为"1.4",即两个斜向相邻像元中心点的距离。应当指出,点链是有方向的,这一方向取决于点链像元跟踪的先后,因此点链又可称为"链节矢量"。点链生成后,数字地图线条就成为点链的集合。

5. 弧段提取

参见本书第 8 章的定义,所谓弧段是指两个相邻结点之间的坐标链,而结点又是 3 条或 3 条以上坐标链的交点。这里,由点链定义可以看出,点链即为坐标链的链节,结点就是 3 个或 3 个以上点链的共同像元点。系统使用曲线跟踪点链的方法,从一个结点开始,按照一个方向、逐个采集每一连续相接的点链，直到另一个结点或到达点链链条的端点结束，由此形成弧段。特殊情况，曲线跟踪搜索又回到起始点链，此时形成特殊弧段，称为岛弧段，即一个弧段构成的封闭多边形，这种多边形称为"岛"。点链对于每一结点的每一方向跟踪搜索到所有点链后，弧段提取的工作才告结束，系统自动赋予每一弧段以标示代码，提取出的弧段点链数据单独存储在数据库的一个数据文件中。

6. 封闭边界的形成

封闭边界不同于图斑，因为一个封闭边界内可能还包括一个或多个小的封闭边界，即包括"岛"，"岛"还可能套"岛"。只有形成了完整内外边界的封闭区域才成为图斑。系统依靠弧段搜索、链接算法可以将相关弧段链接起来形成封闭边界。注意到每一弧段都要被两个多边形，即这里的封闭边界所共用，因此将地图所有的封闭边界形成以后，每一弧段都要被使用两次。形成封闭边界的弧段数据也要逐一、单独地存储在数据库的一个数据文件中，留待下一步骤处理。关于弧段搜索、链接的算法限于篇幅这里不作介绍。

7. 生成图斑

考虑到一些多连通域图斑由多个多边形套合组成，因此系统在形成封闭边界基础上，还要将可能套合一起的封闭边界组织在一起，生成图斑数据。对于生成有内、外边界组合的多连通域图斑数据的技术方法这里从略。对于每一图斑，都赋予编码。与此同时，生成以下结点、弧段、图斑三者的拓扑关系：

（1）结点与弧段的拓扑关系，即对于每一结点给出有哪些弧段在此交汇。

（2）弧段与图斑的关系，即沿着弧段前进的方向，给出左、右图斑的编码。

（3）图斑与弧段的关系，即对于每一图斑边界，包含有哪些弧段，对于多连通域图斑，还要区分出外边界弧段与内边界弧段，对于内边界弧段，有可能组成多个"岛"区域，此时还需将属于同一"岛"的弧段组织在一起。

以上三种基本拓扑关系都以数据文件的形式，将结点、弧段、图斑的相应编码有序地编排在一起，不能有任何混乱。地理信息系统的软件不同，表达空间数据拓扑关系的方式也不同，但是共同的目的是借助严格的拓扑关系保持空间数据的一致性。矢量格式表达空间信息的复杂性正在于此。

8. 生成矢量地图数据

到此为止，所有带有栅格点的数据，包括点链数据、结点数据，都是以行号（i）、列号（j）表示其位置的，因此需要将行列号转换成大地坐标数据，转换方法见 9.2 节坐标转换部分。

由以上叙述可以看出，扫描矢量化是一个复杂过程，其工作结果是生成某种矢量格式数据。软件不同，矢量格式数据表达方法也不同。不同软件生成的矢量格式数据不能相互兼容，需要分别通过转换成标准数据格式进行数据沟通。

由于纸质地图的种种问题、扫描矢量化软件的缺陷以及用户对数字地图的要求不同等多种原因，矢量化后还会存在若干问题，系统一般提供修改、编辑数字图件的功能，以完善地图的表达内容。

9.1.2　图形数据输入其他问题

1. 图形数据关联问题

图形数据关联是矢量格式数据存在的一个重要问题,所谓图形数据关联是指某些线状地物的坐标链同时又是面状地物的边界,而作为面状地物边界又具有多重性。比如一条公路线或其中某一段,又是两个行政区的边界;而且作为行政区边界,既是省边界,又是县边界,还是乡的边界。

图形数据关联是数字化地图中经常遇到的一个问题。本书第 8 章中已经介绍,GIS 对于图形数据是分层存储的,即点、线、面数据分别存储在空间数据库的不同数据层面上。每个层面还分成若干子层,如线状地物层还分作水系、公路、铁路等不同层次,在公路数据层面下还按公路级别分为不同的层次;再如,面状地物,对于行政区划,分为国家、省、市、县、乡等层次,其边界分别存储。

对于这些相互关联、具有多重归属的空间数据(坐标链),为了数据查询的方便,系统分别存储在相应的多个图层中。在发生数据变更时,这些相互关联的、以坐标链形式存储的数据必须同时、一致地变更,以保持空间数据的一致性。否则,将破坏空间数据的一致性,也就形成数据错误、造成数据库的破坏。为此,在数字化地图时在相关软件的支持下,需要建立相应图形数据的关联关系,在任何情况下,GIS 系统应当严格保持空间数据的一致性。软件不同,建立这种关联关系的方式可能不同,但是严格保持空间数据一致性的性能则是必需的。这是矢量格式的数据特点所致。

2. 容差(tolerance)

顾名思义,"容差"是指系统容许的空间数据误差。由于地图扫描矢量化的多种原因,矢量化过程中会产生多种误差,有些误差十分细微,人眼不能察觉,但是会产生严重后果。图 9-5 展示了地图矢量化过程中可能出现误差的各种情况。(a)图两条坐标链没有衔接,致使多边形不封闭,无法计算图斑面积。(b)图尽管没有产生多边形的"开口",但两坐标链衔接仍不理想,产生"毛刺"。(c)图是一条坐标链端点没有能与另一条坐标链的链节衔接,没有能形成应有的结点,致使这里两个多边形不封闭,无法生成图斑。(d)图两条处于不同图层的坐标链没有生成相交的共同点,出现这种情况的数据会影响以后系统的分析与计算。为处理以上前三种情况,系统设置了容差这一参数,具体数值可由用户设定,系统也备有缺省值。容差一般设定在 0.2mm 左右,凡误差在容差范围内的以上情况,系统自动进行衔接与弥合。如果两条线的间距在容差范围内,系统也自动将其合并为一条线。

图 9-5(d)是两条坐标链处于不同图层出现的情况,如一张图属于线状地物图层,另一张图属于面状地物图层,在这两条坐标链相交处应各自都有该相交点,一般系统提供补充链节点功能,有的系统采取人机对话的方式,在用户指令下完成此项工作。

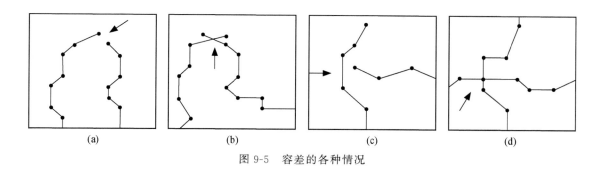

图 9-5　容差的各种情况

3. 矢量化常见的两个输入错误

（1）悬点。如果两条坐标链的端点应当链接而不链接，或一条坐标链的端点与另一条坐标链应当衔接而不衔接，造成坐标链孤立悬挂，这种坐标链端点称为悬点。悬点造成图斑不封闭，或使线状地物数据不准确。

（2）桥弧段。如图 9-6 所示，在点 B 处是一个"岛"，而弧段 AB 将"岛"与外边界连接，致使弧段 AB 的左面与右面是同一个图斑，这种弧段称为桥弧段。桥弧段违背了任何弧段都被两个图斑所共有的原则，因此是一种错误的数据。实际上，在"岛"与外边界之间再加一个弧段，如图 9-6 中的虚线所示；或将弧段 AB 消去，即改正了桥弧段的错误。

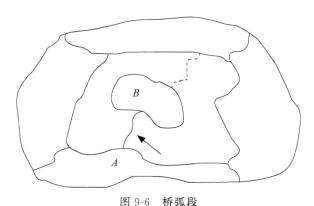

图 9-6　桥弧段

以上这两种常见的输入错误在许多 GIS 地图矢量化软件中都可以自动发现，并用某种特殊颜色加以提示。

4. 空间属性数据的输入

点状地物、线状地物以及面状地物都有各种属性，而这些属性都以编码的形式依附于对应的具体地物空间数据上。上一章已将这种关系的表达方法作了介绍，这里将一般软件提供的属性数据输入方式加以介绍。

系统在用户完成地图矢量数字化以后，一般采取人机对话的方式支持用户输入属性数据，即在计算机屏幕上以图层类别分别显示点状地物、线状地物以及面状地物的地图，用户操纵鼠标,将光标移动到相应点状或线状地物图形的附近,或面状地物图斑以内,点击鼠标按照屏幕显示的空白表格键入相应属性编码或文字即可。属性数据一般都存储于相应的关系型数据库中。

5. 数据库数据的一致性

数据的一致性是对 GIS 数据库的一个特殊性要求,这种要求可分为属性数据与其空间对象的一致性和空间对象之间的拓扑一致性两种。

GIS 数据库一般分为空间数据库和属性数据库,即使在某些系统中,将这种二元化数据存储机制变更为一元化,合两库为一个库,也分为两部分数据。如果某些属性数据与其所属空间对象的对应关系发生混乱,即破坏了属性数据与其空间对象的一致性,势必会出现"张冠李戴"的错误,数据库就不能使用。显然属性数据与其空间对象的一致性是 GIS 数据库建设的一个基本原则。

GIS 各类空间数据之间有复杂的多种拓扑关系:一个点在某个图斑内,一条线在某图斑内或穿越某图斑;一个弧段被两个图斑所共有,如此等等。如果这些拓扑关系被打乱,一个图斑的边界弧段更改、面积作相应更改;而该边界弧段另一侧图斑边界未作更改、面积未作相应更改,这就破坏了拓扑一致性,数据库就不能使用。拓扑一致性是 GIS 数据库建设的另一项基本原则。

6. 数字化地图数据的存储

数字化地图数据有两种存储策略:一种为刈幅存储;另一种为全域存储。

这里的"刈幅"是地图裁剪的意思,地图刈幅是指将地图按照一定的经差与纬差,从国际统一标准的格林威治经线与赤道纬线开始,形成一定纵向与横向跨度的图件。地图覆盖地面的经差与纬差取决于比例尺,在地图学中有统一规定。刈幅存储就是按照规定标准,将裁剪的地图分幅存入数据库,一幅地图对应一套数据文件。

全域存储是指将应用区域,常常是整个行政区域,作为一张地图,将其存储在对应的一套数据文件中。需要使用分幅地图时,系统提供剪裁功能,按用户要求,将全域存储的地图数据剪裁为需要大小的地图。

刈幅存储与全域存储各有优缺点,前者应用灵活,数据安全性好,即使一幅地图数据发生破坏,也不影响全局,修补也容易;缺点是数据库数据文件数目庞大,管理不方便。后者数据文件单一,整体性强,便于管理;缺点是一套数据文件数据量巨大,安全性差,一旦局部数据出现问题,全局数据就不能使用。

9.2　图形几何校正与坐标变换

9.2.1　图形几何校正

对地图进行扫描数字化时,需要将扫描仪的栅格坐标,即栅格行列号(i,j)转换为符合国际标准的大地坐标。此外,纸质地图本身以及扫描矢量化因多种原因都会产生误差,需要借助如式(9-3)所示的坐标变换进行几何校正。

几何校正是地图数字化的重要步骤,校正精准程度影响数字化地图的整体质量。校正精准程度取决于式(9-3)中的多项式待定系数取值,而这些系数取值又取决于控制点数据的精准以及选取合理与否,控制点的定义见以下说明。

$$
\begin{cases}
X = \sum_{i=0}^{N} \sum_{j=0}^{N-i} a_{ij} x^i y^j \\
Y = \sum_{i=0}^{N} \sum_{j=0}^{N-i} b_{ij} x^i y^j
\end{cases}
\tag{9-3}
$$

式中,X、Y 为校正后图像的参考坐标,x、y 为与 X、Y 相对应的校正前图像坐标;a_{ij}、b_{ij} 为多项式待定系数;N 为多项式的次数,N 的选取,取决于图像变形的程度、地面控制点的数量和地形位移的大小。

带有误差的坐标数据与转换后较准确的坐标数据两者之间的关系是非线性的关系,根据数学理论,这种非线性关系可以用二次以上的高次多项式模拟。式(9-3)所示的关系式就是这种模拟数学式。在该式中,包含了坐标的平移、缩放、旋转以及非线性的变换关系。原则上,多项式包含的高次项越高,模拟的效果越好。但是包含高次项越高,计算机的计算工作量就越大,模拟效果的改善并不一定十分显著。因此,一般以到二次项为限。

对于一般的纸质地图,较常使用的非线性校正模型如下式:

$$
\begin{cases}
X = a_0 + a_1 x + a_2 y + a_3 xy \\
Y = b_0 + b_1 x + b_2 y + b_3 xy
\end{cases}
\tag{9-4}
$$

式中,a_0、b_0 的几何意义为坐标平移量;a_1、b_1、a_2、b_2 为图形旋转偏移、缩放校正系数;a_3、b_3 是非线性变形校正系数。当 a_3、b_3 为"0",式(9-4)变为线性变换。当已知 4 个控制点,即 4 对 $(X,Y)(x,y)$ 坐标点,可计算出这 8 个待定系数。所谓控制点是指具有准确坐标值的图上坐标点,准确坐标值 (X,Y) 可通过实地 GPS 测量或其他方法获得。一般图像处理软件系统可接受多于 4 个控制点的坐标数值,对于这种情况,系统使用最小二乘法计算最佳待定系数。这样,如式(9-4)所示的非线性校正模型得以建立。通过式(9-4),代入数字化地图的所有 (x,y) 坐标,即可计算出相应的 (X,Y) 坐标数据。显然,控制点选取合理与否对于几何校正的效果影响很大,通常要求控制点布设均匀,有代表性。

在地图扫描矢量化中,也可使用式(9-4)进行坐标变换,此时,(x,y) 就是地图栅格的行列号,$(i,j)(X,Y)$ 就是大地坐标值。所谓 4 个控制点即地图图廓的四个顶点。一般标准地图中,图廓四个顶点的经纬度数据都是给定的,根据大地测量理论可以将任意一个经纬度数据转换为大地坐标值 (X,Y);而对应的行列号 (i,j) 可以用计算机鼠标采样得到。因此式(9-4)的转换模型也可以建立起来,从而完成扫描矢量化的全部工作。

式(9-3)所示的多项式几何校正一般模型具有普遍意义,在遥感影像处理中也使用这种模型,那里将这里的"控制点"表述为"同名点",实际上是同一个意思。

9.2.2　常用坐标变换

所谓坐标变换是指将整个图件或图件中的一部分,如标记符号,变换为理想大小或适当的位置。在空间信息技术中常用的坐标变换包括平移、缩放、旋转和镜像四种变换。前三种变换经常用于地图表示地物的标记中,最后一种变换用于印刷制版。

　　实用型的 GIS 数据库中通常带有地理符号库,这种符号库实际是各种地理物件标记符号的矢量数据文件集合,一个符号对应一个文件。用户需要对地理物件标记时,在系统软件支持下自动将标记符号对应数据文件打开,读取文件中的矢量数据并实施相应的平移、旋转和缩放变换,就将数字化符号置于地图上需要标记物件的恰当位置,以完成地图的制作工作。

1. 平 移

平移是将图形的一部分或者整体移动到坐标系中另外的位置,其变换公式如下:

$$\begin{cases} X' = X + T_x \\ Y' = Y + T_y \end{cases} \tag{9-5}$$

式中,T_x、T_y 分别为 x、y 方向上的平移量。注意,平移量可以是正值,也可以是负值,取决于平移方向。

2. 缩 放

缩放操作可以用于输出大小不同的图形,其变换公式为

$$\begin{cases} X' = X \times S_x \\ Y' = Y \times S_y \end{cases} \tag{9-6}$$

式中,S_x、S_y 分别为 x、y 方向上的缩放系数,实际工作中,这两个系数常常设定相等。

　　缩放变换常常引发出一个问题,即将某图形按照式(9-6)实施缩放变换后,位置发生了变化。如图 9-7 所示,五边形经放大 2 倍后,放大后的整个图形向右下方移动了位置,在一些情况下,甚至可能移动出了图廓以外。解决这一问题的方法是:首先对坐标系实施平移变换,将坐标系平移到一个适当位置——缩放中心,如图 9-7 中平移到五边形左上角的位置,形成一个新的坐标系;然后在新坐标系下对图形作缩放变换,生成图形在新坐标系下的图形坐标;最后再一次将新坐标系实施平移变换,回到原来初始的位置,得到缩放与平移兼有的变换。这种图形的变换称之为复合图形变换。这种缩放与平移复合的变换如下式所示。

$$\begin{cases} X_{tm} = X \cdot S_x + X_f(1 - S_x) \\ Y_{tm} = Y \cdot S_y + Y_f(1 - S_y) \end{cases} \tag{9-7}$$

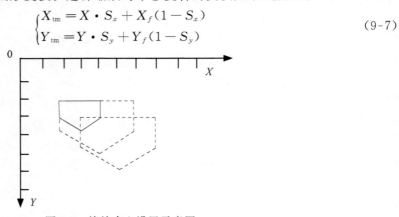

图 9-7　缩放中心设置示意图

式中，S_x、S_y 分别是缩放中心的 X 向与 Y 向的坐标。缩放中心的设置对于图形缩放后所处的位置影响很大，可以设在原图形的中心，也可以设在原图形一个顶点的位置。

3. 旋转

旋转操作可对图形旋转，设定顺时针旋转角度为 θ，其变换公式为

$$\begin{cases} X' = X\cos\theta + Y\sin\theta \\ Y' = -X\sin\theta + Y\cos\theta \end{cases} \tag{9-8}$$

旋转变换如同缩放变换一样，常常图形经旋转后位置不理想，需要实施旋转与平移的复合变换，使旋转后的图形置于理想位置。这种旋转与平移复合的变换如下式所示。

$$\begin{cases} X_{\text{tr}} = X_r + (X - X_r) \cdot \cos\theta + (Y - Y_r) \cdot \sin\theta \\ Y_{\text{tr}} = Y_r + (X - X_r) \cdot \sin\theta + (Y - Y_r) \cdot \cos\theta \end{cases} \tag{9-9}$$

式中，(X_r, Y_r) 为旋转中心坐标。

除以上三种坐标变换以外，这里再介绍一种变换，即镜像变换：

$$\begin{cases} X' = Y \\ Y' = X \end{cases} \tag{9-10}$$

式（9-10）实际上是将数字地图中的 X、Y 坐标互换，即在空间数据库中，X 坐标值当作 Y 坐标值来读，而 Y 坐标值当作 X 坐标值来读。其效果是将变换前的图形与变换后的图形以通过坐标原点并与坐标轴呈 45° 的直线为对称，获得如同镜子中得到的物像，这种坐标变换因此而得名。人们熟知刻制印章需要刻反字，印章上的文字是反字，印在纸上的文字就是印章文字的"镜像"，印刷厂印制地图就需要在制版时使用这种变换。

9.2.3　投影变换

地图是根据对于地球进行投影制作的。地球是一个巨大的不规则的球体，可以用一个旋转椭球面来近似表示。地图是一个平面，传统的地图是一张纸面，用一个平面来表达一个球面的局部，需要使用投影技术以及多种数据处理措施，而且不可避免地带来多种误差。

地图制作原理可以作如下表述：首先用一个规则的旋转椭球面去模拟不规则的地球，并且将该旋转椭球面与地球保持一个固定的设定关系；然后用一个可展面作为投影面，这个投影面可以是平面、或圆锥面、亦或圆柱面，投影面可以与地球相切或者相割，设想将一个光源设置在地球球心并向地球表面投射光线，光线穿越地球表面各个物体边界在投影面上留下"阴影"；最后将投影面展开铺平，并按比例缩小、分割裁剪，根据各个物体边界的"阴影"形成地图。

由地图制作原理可以看出，地图制作方式是多种多样的，各个国家根据本国在地球不同的位置选择不同的投影方式，制作本国的地图。需要强调指出，无论采取哪一种投影方式制作的地图，都会带来空间误差，其根本原因是地球球面是一个不可展面，用平面表现不可展面，必然有误差。地图的空间误差分为以下三种类型：

（1）距离误差。这是指在地图上任意指定两点，测算这两点距离与地面实际距离存在的误差。

(2)面积误差。这是指在地图上任意指定某一地块,测算其面积,该面积与地面对应地块实际面积存在的误差。

(3)方位误差。这是指在地图上任意指定两点,连接两点构成方向线,该方向线与正北向形成方位角,该方位角与地面对应两点的方位角存在的误差。

某种地图采取特定的投影方式和数据处理措施,只可以消除以上三种误差中的一种,不可能消除所有误差。另外,经过理论计算与实验证明,大于 1∶10 万比例尺的地图可以不考虑因地图采用投影方式不同带来的误差,因为大比例尺地图覆盖的小区域地面可以认为是平面,地球曲面的影响可以忽略不计。

当系统所使用的数据是来自小于 1∶10 万比例尺并且采用不同投影方式的多种地图时,需要将一种投影的空间数据转换成所需投影的空间数据,这就需要进行地图投影变换。地图投影变换的实质是建立两平面坐标数据场之间点与点的对应关系,变换的方法有多种,常用的方法是先解出原地图投影点的地理坐标解析公式,再将其代入新图的投影公式中求得其坐标,如图 9-8 所示。

图 9-8　地图投影变换方框图

由地理经纬坐标(Φ,λ)转换为某种投影方式下的地图上的(x,y)坐标称为正解变换;反之,由某种投影方式下的地图上的(x,y)坐标转换为地理经纬坐标(Φ,λ)称为反解变换。通常 GIS 平台提供这种投影转换软件。

9.3　图形搜索与捕捉

图形搜索与捕捉是指系统根据用户操纵鼠标在计算机屏幕上指定的位置,或者系统在数据处理时得出的坐标数据,自动检索出距离该位置最近的点、线或该位置所在的面(图斑)。此项功能在计算机图形处理中占据重要的地位,不仅在人机对话中需要使用,而且在系统内部也经常使用,是 GIS 的基础性功能之一。

9.3.1　点的捕捉

点捕捉在计算机屏幕上进行,设鼠标的光标点为 $S(i,j)$,如图 9-9 所示,i、j 分别为屏幕的行列号,则可设一捕捉区域,该区域以点 S 为圆心、半径为 D(通常为 3～5 个像素,这主要由屏幕的分辨率和屏幕尺寸决定),由系统内部设定。从点 S 最近的像元开始,逐层同心圆从里向外搜索,若搜索到某一点 A,则点 A 即为需要检索的点。考虑到计算同心圆圆周需要开平方,对于计算机快速搜索不利,实际工作中将圆周改为正方形。

正方形的四个顶点坐标分别为:$(i-N,j-N)$;$(i+N,j-N)$;$(i+N,j+N)$;$(i-N,j+N)$。其中,N 为从里向外同心矩形的层数。N 有一最大值,即

$$N_{\max}=D \qquad\qquad\qquad (9\text{-}11)$$

当 N 达到 $N_{\max}$,即搜索到捕捉区域的最外层仍然搜索不到点,则系统认为搜索失败,提

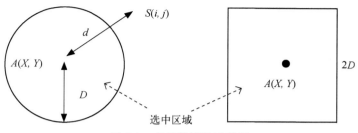

图 9-9　点捕捉算法示意图

示用户操纵鼠标重新取点。

这里有一细节在编写程序时需要注意，即如果在某一个搜索层面上存在两个点，要以距离 $S(i,j)$ 点的最近点为捕捉点。

9.3.2　线（坐标链）的捕捉

设光标点坐标为 $S(x,y)$，D 为捕捉半径，线的坐标为 (x_1,y_1)，(x_2,y_2)，…，(x_n,y_n)，这里的坐标为数据库中的大地实际坐标。上一章已经介绍，对于线（坐标链）、面（图斑）数据，在建立数据库时系统都附设了包络矩形特征信息数据 X_{min}，Y_{min}，X_{max}，Y_{max}，这是主要为加快线或面的捕捉搜索速度而设立的。

如图 9-10 所示，某一条线的包络矩形为右图里面的一个矩形，将此矩形再向外扩 D 的距离，形成外面的一个矩形。之所以外扩一个距离，是因为考虑到有可能用户点击的光标在线包络矩形以外，但距离线并不远这样一个情况。事实上，用户并没有线包络矩形这一概念，屏幕显示的图上也不显示包络矩形。

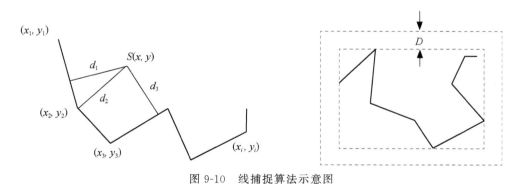

图 9-10　线捕捉算法示意图

若光标点 S 落在该矩形内，则

$$\begin{cases} (X_{min}-D)<x<(X_{max}+D) \\ (Y_{min}-D)<y<(Y_{max}+D) \end{cases} \tag{9-12}$$

某条线的包络矩形符合式（9-12）所要求的条件，则有可能该条线即为所要检索的线。通过这一措施，可去除大量不可能捕捉的情况，大幅度减少计算机运算量，以提高系统响应速度。如果遍历数据库中所有的线，只有一条线符合式（9-12）的要求，则可确定该线即为要检索的线。问题是有可能有多条线能够满足式(9-12)的要求,此时需要从这些线中寻找出一条距离点 $S(x,y)$ 最近的线。为此可按如下步骤处理:

(1)对于这些线中的每一直线段生成包络矩形,并外扩 D 构成该线段的包络矩形,若点 S 落在该矩形内,即符合式(9-12)要求的条件,才进入下一步骤,计算点到该直线段的距离;否则放弃该直线段,而取下一直线段继续搜索。

(2)计算点到该直线段的距离。点 $S(x,y)$ 到直线段 (x_1,y_1),(x_2,y_2) 的距离 d 数学上有如式(9-13)所示的计算公式,但此式计算复杂,需要占用较多机时,事实上计算此距离只是为了作比较判断,不必十分准确,可采用如图 9-11 所示的近似算法。即从点 $S(x,y)$ 向线段 (x_1,y_1),(x_2,y_2) 作水平和垂直方向的射线,取 dx,dy 的最小值作为 S 点到该线段的近似距离。由此可大大减小运算量,提高搜索速度。计算方法如式(9-14)与式(9-15)所示。这样简化处理避免了式(9-13)中的计算机开平方的计算,因为开平方需要耗费较多机时。

$$d = \frac{\left| (x-x_2)(y_2-y_1) - (y-y_2)(x_2-x_1) \right|}{\sqrt{(x_2-x_1)^2 + (y_2-y_1)^2}} \tag{9-13}$$

$$x' = \frac{(x_2-x_1)(y-y_1)}{y_2-y_1} + x_2 ; y' = \frac{(y_2-y_1)(x-x_2)}{x_2-x_1} + y_2 \tag{9-14}$$

$$\begin{cases} dx = |x'-x| \\ dy = |y'-y| \\ d = \min(dx,dy) \end{cases} \tag{9-15}$$

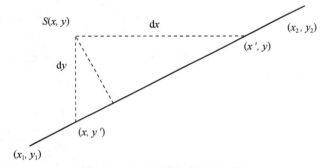

图 9-11　点到直线段距离近似算法

(3)对步骤(1)中选出的各条线的所有线段都作了以上处理并计算了距离 d 以后,选取最小的 d 对应的线即为要检索的线。

从以上介绍的算法可以看出,设置线包络矩形数据对于线状地物的快速检索起到了重要作用。

9.3.3　面(图斑)的捕捉

面(图斑)捕捉实际上是判断光标点 $S(x,y)$ 是否在表示面的多边形内,若在多边形内则说明捕捉完成。考虑到在一张数字地图中包含有大量的图斑,为节省计算机机时,一般采取以图斑包络矩形为索引的方法。如果光标点 S 坐标 (x_s,y_s) 符合以下不等式要求,则表明点 S 在当前图斑包络矩形以内。

$$X_{\min} < x_s < X_{\max} ; Y_{\min} < y_s < Y_{\max} \tag{9-16}$$

式中，$X_{\min}$、$X_{\max}$、$Y_{\min}$、$Y_{\max}$ 为当前图斑包络矩形顶点的特征值。

需要看到，式（9-16）仅仅是点 S 在包络矩形内的条件，但是并不等同于点 S 在当前图斑的条件，因为可能会有多个图斑的包络矩形符合式（9-16）的要求。以图 9-12 为例，图中所示的光标点不仅在光标点所在的图斑内，而且还在光标点附近另一相邻图斑的包络矩形以内。如果系统用式（9-16）仅检索出只有一个图斑的包络矩形符合该式要求，则该图斑即为需要捕捉的图斑。问题是如果有多个图斑的包络矩形符合式（9-16）的要求，则系统需要进一步判断在这几个图斑中点 S 究竟在哪一个图斑。判断点是否在多边形内的算法主要有穿刺法和转角法两种，以下只介绍穿刺法。

应当指出，用包络矩形辅助捕捉图斑对于提高系统捕捉速度具有十分重要的作用。因为在每一 GIS 平台中矢量格式表达面状地物都设置有包络矩形数据，其目的就是要加快检索速度。用式（9-16）进行点位判别在计算机中速度是很快的，判别出符合式（9-16）要求的图斑是很有限的，实际至多一般不会超过 5 个，在此基础上作以下判断，可以满足高速捕捉图斑的目的。

穿刺法基本思想是：从光标点处引任意方向的射线，计算射线与多边形边界的交点个数。如图 9-12 所示，若交点个数为奇数则说明该点在多边形内；若交点个数为偶数，则该点在多边形外，需要指出，这里射线与多边形相切的切点不算作交点。为计算方便，射线方向常采用水平方向或垂直方向，这里采用垂直向下方向。

在计算垂线与多边形的交点个数时，并不需要每次都对每一线段进行交点坐标的具体计算。对不可能有交点的线段应通过简单的坐标比较迅速去除。对图 9-13 所示的情况，多边形的边分别为 1～8，而其中只有第 3、7 条边可能与 S 所引的垂直方向的射线相交。即若直线段为 (x_1, y_1)，(x_2, y_2)，当 $x_1 \leqslant x \leqslant x_2$ 或 $x_2 \leqslant x \leqslant x_1$ 时才有可能与垂线相交，这样就可不必对 1、2、4、5、6、8 各边进行交点判断了。

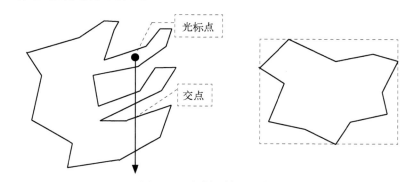

图 9-12　穿刺法算法示意图

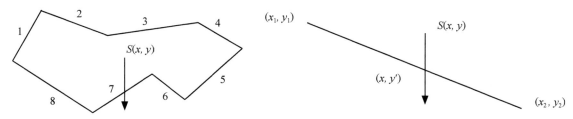

图 9-13　穿刺法简化处理算法示意图

对于 3 或 7 边的情况,若 $y>y_1$ 且 $y>y_2$,必然与 S 点所作的垂线相交(如边 7);若 $y<y_1$ 且 $y<y_2$,必然不与 S 点所作的垂线相交。这样就可不必进行交点坐标的计算就能判断出是否有交点了。

当 $y_1 \leqslant y \leqslant y_2$ 或 $y_2 \leqslant y \leqslant y_1$,且 $x_1 \leqslant x \leqslant x_2$ 或 $x_2 \leqslant x \leqslant x_1$ 时,如图 9-13 所示,可求出铅垂线与直线段的交点 (x, y'),若 $y'<y$,则是交点;若 $y'>y$,则不是交点;若 $y'=y$,则光标点在多边形的边界线上。

如果光标点 S 在多边形边线上,则此点必然同时属于两个甚至两个以上的多边形,此时需要求用户重新操纵鼠标指定光标点。

9.4　图形编辑与基本空间信息获取

9.4.1　图形编辑概述

图形编辑主要包括图形位置编辑及图形间关系的编辑,图形编辑功能主要有以下几方面:

(1)图形几何编辑:图形的删除、增加、修改、移动。

(2)图形拓扑编辑:节点吻合、匹配、拓扑关系正确性检查。

(3)属性编辑:属性范围、内容、空值检查修改。

(4)图形装饰:线型、颜色、符号、注记的检查修改。

由以上叙述可以看出,GIS 支持图形编辑的功能十分繁多,相应程序十分琐碎,限于篇幅,不可能逐一加以介绍。但是有一点必须强调,对于线状与面状地物数据,在一般系统空间数据库中通常是由多个数据文件进行表达的,更改一个地物坐标数据,常常要修改多个数据文件的多处数据,以保持空间数据的一致性。由于某种原因,如遭受计算机"病毒"攻击,破坏了数据文件之间的正确关联关系,常常是空间数据库陷于瘫痪的一个主要原因。

9.4.2　图形几何编辑

系统对于图形的几何编辑,实质上是对系统空间数据文件的编辑。每一个地理信息系统,空间数据库都有复杂的数据结构,在多种几何编辑中保持数据的一致性,是对系统功能的基本要求,也是对系统的一个检验。

1. 点状地物数据的编辑

点状地物数据的遗漏、丢失、点位不准,主要通过坐标点的移动、删除、复制等工作完成。

2. 线状地物数据的编辑

线状地物数据的编辑包括遗漏、丢失、断线编辑;公共弧段一致性检查编辑;弧段打折检查修改编辑;空间数据位置正确性编辑;结点的吻合编辑;悬线的消除等。

3. 面状地物数据的编辑

面状地物数据的编辑可以简单归纳为图斑的分割与合并。在一个图斑边界中，插入一个弧段，就可以将一个图斑一分为二；而在两个相邻图斑中删除其共用弧段，就将这两个图斑合并了。如前所述，在系统完成这类工作中，实际要将多个数据文件进行编辑修改，包括坐标数据的删除与插入、更改弧段与图斑数据的链接关系。

在面状地物数据的编辑中，有两类编辑具有一定的特殊性，即成片图斑的删除与重新输入以及定积图斑分割。

（1）成片多个图斑的删除与重新输入。这项功能常用在中国土地管理旧城改造的信息数据处理中。自改革开放以来，许多城市实施旧城改造，大片城镇土地的地籍发生变更，多个宗地消失，旧城改造区域边沿地带的一些宗地界址点发生变化，新出现一些宗地，这些新宗地边界与过去宗地边界完全没有关系。对于这种情况，最简单的处理办法是启用系统的数字化图件功能软件，将大片区域删除，重新采点数字化，然后将新、旧数据一起重新生成拓扑关系，形成整套全新数据。

（2）定积图斑分割。此项功能多用于地产市场的土地交易中，有时一宗土地需要转让出卖，而买主仅需要购买该宗土地的一部分，买主指定方位、面积，系统可以开发专用程序，自动分割出相应图斑。此项工作如果没有系统的支持，人工测量操作十分麻烦而且分割不容易准确。定积图斑分割可按以下介绍的方法进行。

如图 9-14 所示，图中央八边形图斑为待分割图斑，用户指定图斑的东南方位，即界址点为 P_i、P_{i+1}、P_{i+2}、$\cdots$、P_{i+n} 各点，分割出的地块面积用户指定为 S。显然，将这些界址点连接，再加上 P_i 与 P_{i+n} 的连线形成的区域，其面积一般不可能恰好为 S，假设其面积为 S_P，于是需要再补充一小块面积或再在分割的地块中切除一小块，使分割的地块面积恰好为 S。图 9-14 所示是加一小块面积的情况。

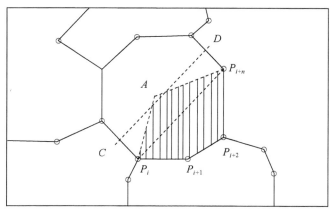

图 9-14　定积分割算法原理图

由图 9-14 可以看出，加的一小块土地可设为一个三角形 AP_iP_{i+n}，对该三角形的要求是符合下式：

$$2|S-S_p|=h \cdot P_iP_{i+n} \tag{9-17}$$

式中,h 为三角形 AP_iP_{i+n} 的高,假设 $S-S_P$ 的绝对值是因为 S 有可能大于 S_P,也可能小于 S_P。在图 9-14 所示的情况,S 大于 S_P。这里 h 为未知量,线段 P_iP_{i+n} 的长度可以由点 P_i 与点 P_{i+n} 的坐标计算得到,S_P 可由 P_i、P_{i+1}、P_{i+2}、$\cdots$、P_{i+n} 各点坐标代入辛普森求积公式(见下节)计算得到,因而有下式:

$$h=\frac{2|S-S_P|}{P_iP_{i+n}} \tag{9-18}$$

事实上,图 9-14 中直线 CD 上每一点都符合式(9-17)的要求,包括 CD 与当前被分割多边形边界的交点,只要 CD 在 P_iP_{i+n} 的外侧并与之平行且距离等于 h 即可。直线 CD 可用解析几何的方法生成,至于直线 CD 在矢量线 P_iP_{i+n} 的左侧(外侧)还是右侧(内侧),视 S 与 S_P 的大小关系而定:①如 $S>S_P$,则直线 CD 在矢量线 P_iP_{i+n} 的左侧;②如 $S<S_P$,则直线 CD 在矢量线 P_iP_{i+n} 的右侧。

直线或点与矢量线的左右侧拓扑关系的计算机判断方法见下一节。

9.4.3　点线面的空间信息获取

所谓点线面空间信息获取是指在 GIS 系统软件的支持下以人机对话的形式从计算机屏幕获取相应的空间信息。

1. 关于点的空间信息

(1)提供地图上任意一点的各类坐标,包括大地坐标、地理经纬度坐标等。GIS 系统通过屏幕坐标转换为大地坐标,再从大地坐标转换为经纬度坐标,即完成获取信息的工作。事实上,这是数字地图屏幕显示的反过程,数字地图数据库中存储各个点的空间数据是大地坐标系坐标,将该种数据经一系列变换成为计算机屏幕坐标,这就是屏幕显示地图的过程。将这个过程反过来就是提供点位大地坐标的过程。大地坐标转换为地理经纬度数据有固定的转换公式。

(2)提供两点的距离信息。由地图学原理可以知道,在小比例尺图件中,两点在地图纸面上的直线距离不是最短距离,这是因为地球表面是一个椭球面,即不可展面,而地图是用平面去表现曲面的几何信息,一定会产生误差。地球球面上指定两点最近距离可以用以下解析几何的方法求得:作过这两点以及地球球心的平面,该平面与地球表面有一条交线,该交线是地球的大圆,指定两点的最近距离即是两点截取该大圆的弧长。按此方法实际计算地球两点的最短距离是一个较复杂的过程,这里不作介绍,一般 GIS 平台都提供该项功能。

(3)提供点邻近线或点所在图斑的信息。对于点邻近的线状地物信息由上面介绍的线的捕捉方法可以得到,进一步用式(9-13)还可以得知点与线的最近距离。对于点所在图斑,也可以由面捕捉方法得到。

2. 关于线的空间信息

(1)线的长度以及其他有关信息。线由坐标链构成,已知各节点坐标,用距离公式计算各链节的长度,再将各链节长度累加即为线长度。通常线状地物的宽度作为线的属性数据存储在属性数据库中,用线长度乘以线宽,可进一步得到线状地物的面积。

(2)与当前线相交汇的其他线信息。当前线常常和其他线相交汇,公路网、水系网就是这种情况。在第 8 章曾提到,这种线坐标链就是线弧段,交汇点就是结点。通过结点数据文件,根据结点数据文件提供的信息可以检索到其他线,这样一个结点、一个结点地跟踪下去,可以搜索到相关线弧段,从而可以检索到交汇其他线的有关信息,如名称、宽度等,这为路网分析、最短路径搜索提供了条件。

3. 关于图斑的空间信息

(1)图斑面积。在系统空间数据库中,对于每一图斑,都存储有多边形 n 个顶点按照某一顺序排列的坐标数据:$(x_1,y_1)(x_2,y_2)(x_2,y_2),\cdots,(x_n,y_n)$,这个多边形的面积可用下式所示的辛普森求积公式计算。

$$A=\frac{1}{2}\times| \, s \, |=\frac{1}{2}\times\Big| \sum_{i=1}^{n}x_i(y_{i+1}-y_{i-1})\Big|\,\Big|_{\substack{y_0=y_n \\ y_{n+1}=y_1}} \tag{9-19}$$

这个公式是由高等数学环积分的思想推导得到的,如图 9-15 所示,左图中的阴影部分就是积分的积分单元,这个单元是一个梯形,在已知点 (x_i,y_i) 和点 (x_{i+1},y_{i+1}) 坐标的情况下,该梯形面积可计算,然后将各面积单元累加得到积分单元面积的代数和,并经过整理可得到如式(9-19)所示的辛普森公式,式中用到绝对值符号,这是因为面积没有负值。

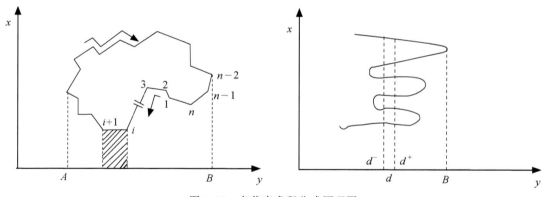

图 9-15　辛普森求积公式原理图

注意到任何图斑都是一个边界封闭的图形,任何一段线段向 y 坐标轴的投影总会与另一条或多条线段向 y 坐标轴的投影重叠,而且单元面积的代数和就留下图斑这一线段条带在图斑内的面积,以图 9-15 右图为例,在 $d^- d^+$ 条带区域中,就有 6 个线段阴影条带重叠,其代数和就留下多边形内部的区域。这样所有线段向 y 坐标轴的投影的阴影面积代数和就构成了待测多边形的面积。

由图 9-15 可看出,式(9-19)适用于所有单连通域的多边形,包括凸多边形或凹多边形。如果当前多边形为多连通域,则将包含内边界组成的"岛"面积扣除,即可得到多边形的面积值。

按辛普森公式计算图斑面积,公式本身没有误差,但是图斑边界坐标采集会有误差,系统面积量算的误差皆源于坐标采集的误差。误差的估算公式如下式所示,公式证明从略。

$$r = \pm m \cdot \frac{L}{A \cdot \sqrt{2n}} \qquad (9\text{-}20)$$

式中,r 为面积计算的相对误差;m 为多边形边界坐标采点的方差;L 为多边形周长;A 为多边形面积;n 为多边形边界坐标采点的数目。

由式(9-20)可以看出,面积测算的相对误差与多边形边界坐标采点的方差成正比;与多边形的"周长面积比"成正比;与采点数目的平方根成反比。这里"周长面积比"这一新概念值得注意,事实上如果一个图形的周长很长而面积却很小,说明图形的形状复杂,面积测算误差较大是可以预见的。此外,多边形边界坐标采点的数目对面积测算也有重要影响,采点数目越多,面积测算相对误差越小,这是因为随着采点数目的增加,面积测算正负误差相互补偿的概率也在增加,致使相对误差减少。

式(9-20)适用于估算一个多边形面积的测算误差,也可以适用于估算一幅数字化地图测算各图斑面积的总体相对误差,此时 L 取地图中各多边形周长的平均值;A 取各多边形面积的平均值;n 取各多边形边界坐标采点数目的平均值,在 GIS 软件支持下获取以上数据是不困难的。由此可以看出,地图的图形越复杂,测算各图斑面积的误差也就越大。

(2)图斑边界坐标点走向信息。式(9-19)所示的辛普森公式有绝对值符号,如果将绝对值符号去掉,经观察图 9-15 可知,在左手坐标系(Y 坐标轴横向,向右为正;X 坐标轴纵向,向上为正)条件下,若多边形顶点坐标按顺时针排列,则公式计算值为正值;反之,若多边形顶点坐标按逆时针排列,则公式计算值为负值。这个性质可以在 GIS 拓扑判断中使用,如图 9-16 所示。

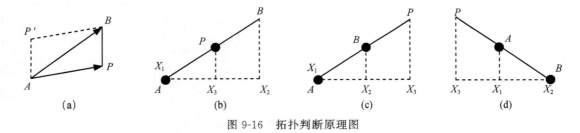

图 9-16　拓扑判断原理图

辛普森公式适用于计算三角形面积,试看图 9-16 三角形 ABP,计算其面积,将顶点坐标带入式(9-19),则有

$$2A = Y_b \cdot (X_a - X_p) + Y_p \cdot (X_b - X_a) + Y_a \cdot (X_p - X_b) \qquad (9\text{-}21)$$

对于 A 值有三种可能:$A>0$,则三角形 ABP 按顺时针方向排列,即点 P 在矢量 AB 的右面,如图 9-16(a)实线所示;$A<0$,则点 P 在矢量 AB 的左面,如图 9-16(a)虚线所示;$A=0$,则点 P 在矢量 AB 的线上。最后一种又分以下三种情况:点 P 在矢量 AB 的线段上,如图 9-16(b);点 P 在矢量 AB 的延长线上,如图 9-16(c);点 P 在矢量 AB 的反向延长线上,如图 9-16(d)。三种情况归于哪一种,由三点坐标数值关系决定。

由式(9-21)引发出的判断点 P 与矢量 AB 的拓扑关系的方法有普遍意义,可以适用于地理信息系统许多场合的拓扑关系判别。

(3)多边形空间特征提取。在遥感影像处理以及 GIS 图形处理中,有时需要根据多边形形状特征进行判断。这里给出多边形形状特征的一种判断表达方法,如图 9-17 所示。

　　图 9-17 所示的多边形是一个凹多边形，其顶点按逆时针方向排列，这可以用以上介绍的辛普森公式计算结果判断出来。进一步观察可以发现，连续取多边形 3 个顶点组成三角形，其中 $\triangle ABC$、$\triangle BCD$、$\triangle CDE$、$\triangle HIJ$、$\triangle KLA$、$\triangle LAB$ 是逆时针方向排列；而 $\triangle EFG$、$\triangle IJK$、$\triangle JKL$ 是顺时针排列，与整个多边形顶点排列方向逆向。整个多边形的面积可以计算，逆向排列的三角形面积累加和也可计算，两者之比可以作为一个多边形的特征加以定量计算，这个比称之为图形边界的凹凸比。图形边界的凹凸比作为图形特征的一个参数具有实际意义，因为一个物件的影像中难以避免因投影、物件表现的姿态等多种原因产生的种种变形，而物件对应图形边界的凹凸比却变化很小，这样利用这一特征参数就可能为识别这一物件提供依据。图 9-18 显示了图形凹凸比特征在遥感影像识别中的一个应用。

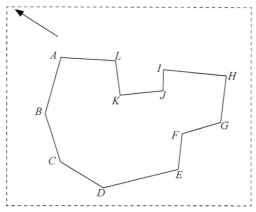

图 9-17　多边形的一种空间特征提取方法

　　图 9-18 显示遥感影像几何校正前后的情况，左图为校正前的原始图像，右图为校正后图像。由左图可以看到，原始图像变形很大，但是山东半岛、渤海湾一带图形的凹凸比并没有很大的变化。事先取一个方框，将山东半岛、渤海湾一带图形边界凹凸比计算出来，用方框自动套合原始图像，逐一移动套合方框，计算方框内多边形的凹凸比，其凹凸比值对照事前已知的目标特征值，就可以从变形很大的原始图像中将搜寻目标自动检索出来，然后自动进行几何校正。

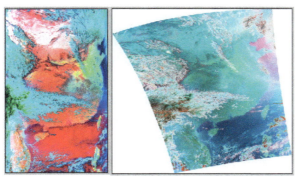

图 9-18　图形空间特征提取应用实例

　　图形的边界特征还有许多,如对称指数、似圆度(类似圆形程度)等,这些特征指数已经在自动识别一些生物样本,如识别有害昆虫物种、水果外形检验中得到应用。

9.5　离散样本点数据处理技术

　　离散样本点数据是空间信息数据中一个重要的组成部分。事实上,我们对于大面积的地理自然属性常常只能用外推方法由点到面地估测了解它,实际工作中由于受到种种条件的限制,不能逐点地获取每个细部地表的自然属性。以地下水水位研究为例,获取地下水水位一般量测井水水位作为样本点数据,然后对此加以研究。但是井位是离散、不规则分布的,如何用有限的离散样本点模拟整个研究区域的地下水水位分布,是地下水研究的一个基础性课题。

　　离散样本点数据处理技术是包括地理信息系统在内的空间信息系统的基础性技术。只有根据离散样本点数据通过某种方法生成连续分布的面状空间数据,才能将这种数据纳入到系统数据库中来与其他数据进行综合分析,全方位研究各种地理现象。样本点数据处理技术有多种方法,这里仅介绍其中几个实用性的方法。

9.5.1　泰森多边形法

　　泰森多边形(Thiesen,又叫 Dirichlet 或 Voronoi 多边形)分析法是荷兰气象学家A. H. Thiesen 提出的一种分析方法。最初用于以有限个离散分布的气象站降雨量数据计算各地块的平均降雨量,目前地理现象分析经常采用这种方法进行多种数据的快速赋值。泰森多边形算法的技术思想是:按离散样本点位置将区域分割成子区域,每个子区域包含一个样本点,各子区域到其包含的样本点的距离小于到其他任何样本点的距离,这样用其包含的样本点数据进行子区域赋值。

　　泰森多边形法用以下算法实现:设在研究地区有 n 个样本点数据,每个样本点都有$(x_i, y_i)(i=1,2,\cdots,n)$坐标,并有某种属性值,如年降雨量、月降雨量或月均气温、年均气温等,其属性值分别为 $u_1(x_1,y_1),u_2(x_2,y_2),\cdots,u_n(x_n,y_n)$,这些样本点分布,如图 9-19(a)所示。如果将这些样本点按其相邻位置,连接成三角形,组成三角网,然后作这些三角形各边的垂直平分线,这些垂直平分线相交汇,每个交汇点是对应三角形的重心。这些垂直平分线可围成 n 个多边形,这里的多边形包括垂直平分线与图廓线相交分割出的多个多边形闭合区域,而每个多边形中都包含一个样本点。这种多边形称之为泰森多边形,而样本点连成的三角形称之为泰森三角形。在给定有限个样本点情况下,数学可以证明,按照泰森三角形尽可能为锐角三角形的生成规则,最终组合生成的三角网是唯一的,因而泰森多边形也是唯一的。也就是说,一组样本点可以生成唯一的泰森多边形组合,组合的每个泰森多边形都包含一个样本点。此外,这种生成方式构造的泰森多边形有一个重要的性质:在每个多边形内任意一个点与该多边形包含的样本点的距离相比与其他样本点的距离为最近。试看图 9-19(b),在包围 P_i 样本点的多边形内任意一点 C,C 点与 P_i 的距离小于 C 点与其他任何一个样本点 $P_j(j\neq i)$ 的距离,即 $CP_i < CP_j$,因为泰森多边形的边界线都是该多边形内的样本点与周围样本点连线的

垂直平分线，而垂直平分线具有这样的性质。

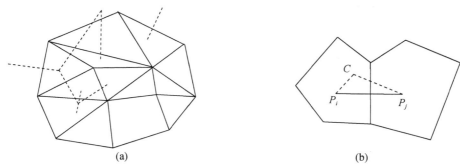

图 9-19　泰森多边形示意图

由于泰森多边形总是仅包含一个样本点，而且这个多边形内任意一点与该样本点的距离相比与其他任何样本点的距离为最近，因而可以认定以这个样本点的属性代表这个多边形内所有点的属性值，或者说是多边形内所有点的平均值，这里我们假设空间内属性值变化是渐变、连续的，两点距离越近，其属性值相差就越小。这是符合地理现象大多数自然属性变化规律的。

泰森多边形生成算法较为复杂，具体算法这里不作介绍。

泰森多边形方法的应用需要具有以下条件：

（1）样本点需有相当的数量。一个地域的自然属性的分布，通常总是较为复杂的，若没有一定的复杂程度，也就没有研究的必要了。泰森多边形法最终生成的属性等值区是与样本点数据的数目相等的。如果样本点数据过少，划分地域的该种自然属性过于粗糙，就不能代表该种自然属性分布情况。

（2）样本点数据必须有典型代表性。仍以估测地下水分布为例，如果样本点多数取自地质断裂带上或泉水源附近，这些样本点数据具有特殊性，并不能代表一般点地下水分布，自然由这些数据划分出的等值区就很难保证地下水水位分布估测的准确性。

（3）生成的泰森多边形应当面积大致在一个合理范围内，不能面积差异过大，如果过大，说明离散样本点的分布不够均匀合理，在泰森多边形面积过大的区域应当增设一个采样测试点，增设后重新划分泰森多边形。

9.5.2　反距离权重插值（IDW）

反距离权重插值方法的基本技术思想是：欲得到点 X_0 的值，设 $d_i(x_0, y_0)$ 表示已知样本点 i 到点 X_0 的距离，$W(d_i)$ 表示距离 d_i 对应的权重值，$Z(x_i)$ 表示样本点 i 的属性值，则点 X_0 值的内插公式为

$$Z(x) = \frac{\sum_i W(d_i) Z(x_i)}{\sum_i W(d_i)} \tag{9-22}$$

根据一定数目的样本点的属性值乘以权重值，再求和，并除以权重值之和，即可得未知采样点的数据值。在反距离加权法中，权重值与距离成反比，距离越小，权重值越大。确定权重值

的方法有很多，最简单的就是二值化权重值确定法，即与点 X_0 的距离小于某一固定值的所有样本点的权重值是"1"，距离大于这个固定值的点的权重值为"0"，这种方法实质上就是以点 X_0 为圆心，一定距离为半径的圆内所有点数据的平均值作为未知点 X_0 的属性值 $Z(x_i)$。其次应用较多的就是根据距离的变化确定权值，它相对于第一种确定权重值的方法的优点在于权重值是连续变化的，这种方法能获取较高的内插精度。最常用的反距离权重值函数为

$$W(d_i) = d_i^{-2} \tag{9-23}$$

这里需要注意的一个细节是：当距离为"0"时权重值要成为无穷大，为避免这种情况，需要设定一个权重最大值，当距离为"0"时权重值被赋予此值。

反距离加权内插法的概念简单，运算速度快，易于在计算机中实现，具有良好的可适应性，可以根据具体问题的不同而改变和优化权值函数，以获得更好精度的插值。应用反距离加权内插法得到的插值必须在已知样本点的最大最小数据值之间，即内插的数据取值范围不会超过观测值的范围。

反距离加权插值法简单易用，已得到了广泛的应用，但其本身算法的不足，使插值结果的准确性有很大的局限性。例如，插值的结果受样本点数目及其分布合理性的限制很大，这是限制其应用的核心问题，所以在高可信度的数据插值中，较少使用反距离加权法。

9.5.3 趋势面插值方法

某些自然属性呈现空间连续变化的特点，在数学上可以用一个平滑的曲面加以描述。思路是先用样本点数据拟合出一个平面或曲面方程，再根据该方程计算无测量值的点上的数据。这种只根据样本点的属性数据与地理坐标的关系，进行多元回归分析得到平滑曲面方程的方法，称为趋势面分析。它的理论假设是地理坐标 (x, y) 是独立变量，属性值 Z 也是独立变量且呈正态分布，同样回归误差也是与位置无关的独立变量。

多项式回归分析是描述长距离渐变特征的最简单方法。多项式回归的基本思想是：用多项式表示线、面，按最小二乘法原理对数据点进行拟合。线或面多项式的选择取决于数据是一维的还是二维的。

用一个简单示例说明：地理或环境调查中特征值 z 沿一个垂直断面在 $x_1, x_2, \cdots, x_n$ 处采样，若 z 值随 x 值增加而线性增大，则该特征值的大范围变化可以用如下式所示的回归方程进行计算：

$$z(x) = b_0 + b_1 x + \varepsilon \tag{9-24}$$

式中，b_0、b_1 为回归系数；ε 为独立于 x 的正态分布残差（噪声）。

然而在大多数情况下，自然不是以线性函数方式变化，而是以更为复杂的方式变化，则需用二次多项式进行拟合：

$$z(x) = b_0 + b_1 x + b_2 x^2 + \varepsilon \tag{9-25}$$

对于二维的情况，多元回归分析得到曲面多项式，形式如下：

$$f\{(x, y)\} = \sum_{r+s \leqslant p} (b_{rs} \cdot x^r \cdot y^s) \tag{9-26}$$

上式的右面前三种形式分别是：b_0 对应平面；$b_0 + b_{1x} + b_{2y}$ 对应斜平面；$b_0 + b_{1x} + b_{2y} + b_3 x^2 + b_4 xy + b_5 y^2$ 对应二次曲面。

趋势面方程的次数可用下式表达：

$$P = (p+1)(p+2)/2 \qquad (9\text{-}27)$$

式中，P 为趋势面多项式正常情况下最少项的数目。零次多项式是水平面，有 1 项；一次多项式是斜平面，有 3 项；二次趋势曲面有 6 项，三次趋势面有 10 项。

计算系数 b_i 是一个典型的多元回归问题。趋势面分析的优点显而易见，至少是在计算方面。大多数情况下可用低次多项式进行拟合，在高次多项式拟合时存在给复杂多项式赋予明确物理意义的问题。

趋势面是个平滑函数，很难恰好通过原始数据点，除非是数据点少且趋势面次数高才能使曲面正好通过原始数据点，所以趋势面分析法是一个近似插值方法。实际上趋势面最有成效的应用是揭示区域中不同于总趋势的最大偏离部分，所以趋势面分析的主要用途是：在使用某种局部插值方法之前，可用趋势面分析从数据中去掉一些宏观上显著背离特征的个别样本数据，不直接用它进行空间插值。

趋势面拟合程度的检验，同多元回归分析一样，可用 F 分布进行检验，其检验统计量为

$$F = \frac{U/p}{Q/(n-p-1)} \qquad (9\text{-}28)$$

式中，U 为回归平方和；Q 为残差平方和；p 为多项式项数（不包括常数项 b_0）；n 为使用样本点数据数目。当 $F > F_a$ 时，趋势显著；反之，则不显著。F_a 为事先设定的常数，根据检验要求设定。

9.5.4　克里金插值

1. 概述

克里金插值是 Krige 和 Sichel 在解决南非金矿储量计算问题时首先提出来的一种插值计算方法，后来成为地统计学的主要组成部分。所谓克里金插值法（Kriging）是以变异函数理论与结构分析为基础，在有限区域内对区域化变量的取值进行无偏最优估计的一种方法。所谓"区域化"变量的"区域"是指将整个研究区域按照一定原则与方法划分成若干局部区域，插值是逐个在局部区域内进行。这里所谓"变异函数"的"变异"是指离散样本点周围因一定的分布规律而对样本点数值产生的变异。

克里金法的实质是通过分析离散样本点的属性值及其代表的空间范围以及相互位置关系，构建代表该区域空间规律的结构模型，再考虑样本点与待插值点的空间关系，并赋予这些样本点一定的权重值，最后用加权平均值赋予待插值估计点。由此可见，构建出一个能够客观反映研究对象随空间位置变化规律的结构模型，是克里金法的核心思想与技术关键。

区域化变量是普通随机变量在区域内确定位置上的特定取值，它是随机变量与位置、距离有关的函数。变异函数能同时描述区域化变量的随机性和结构性，是分析区域化变量数值分布的主要工具之一。当区域化变量的空间分布规律不因平移而改变，且随机函数的增量只依赖于分隔它们的边界而不依赖于具体位置时（即二阶平稳假设或内蕴假设成立），变异函数 $\gamma(h)$ 的估计量为

$$\gamma^*(h) = \frac{1}{2N(h)} \sum_{i=1}^{N(h)} \left[Z(x_i) - Z(x_i + h) \right]^2 \tag{9-29}$$

式中，h 为采样点对的欧氏距离，h 在一定场合是矢量，如各向异性时；$N(h)$ 为被区域化后当前区域中计算两两样本点距离的组合对数目；$Z(x)$ 为区域化变量在 x 处的值。注意这里"x"泛指空间坐标位置变量，可以是二维空间的 x、y；也可以是三维空间的 x、y、z。

变异函数一般采用变异曲线图来表示，一般用以下四个参数来描述区域化变量的空间分布结构：变程(a)、基台值(C)、块金值(C_0)、偏基台值(C_1)，如图 9-20 所示。变程 a 是指区域化变量 $Z(x)$ 存在空间相关性的距离，超出该距离的采样点不能用于估算。基台值是指变异函数值随向量 h 的增大而趋于稳定的常数，对应最小距离也就是变程。块金值是指采样点间距离为"0"的变异函数值，理论上应该为"0"，但由于存在测量误差，以及观测尺度大于空间变异的本质尺度，实际上一般不为"0"。偏基台值是指基台值与块金值的差值，为真实的变异函数量。

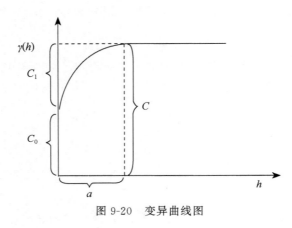

图 9-20 变异曲线图

在实际应用中，首先根据距离、方向对研究区域内的所有样本点进行分组，形成区域化子区域；其次计算出每组样本点对属性差值的平均值，接着按照前面的分组绘制成该子区域的有向(或无向)变异离散点图；然后根据样本点的分布规律选取最接近的理论模型进行拟合；最后绘制出拟合变异曲线图。理论模型分为三类：一类是有基台值模型，包括球状模型、高斯模型、指数模型、线性有基台值模型和纯块效应模型；另一类是无基台值模型，包括幂函数模型、对数模型和线性无基台值模型；第三类是孔径效应模型。

2. 理论模型

以下介绍几种经常使用的具有一定代表性的理论模型。

(1)球状模型

$$\gamma(h) = \begin{cases} 0 & h = 0 \\ C_0 + C_1 \left(\dfrac{3h}{2a} - \dfrac{h^3}{2a^3} \right) & 0 < h \leqslant a \\ C_0 + C_1 & h > a \end{cases} \tag{9-30}$$

该模型的变程为 a。

（2）高斯模型

$$\gamma(h)=\begin{cases}0 & h=0\\ C_0+C_1(1-e^{\frac{h^2}{a^2}}) & h>0\end{cases} \qquad (9\text{-}31)$$

该模型的变程为 $\sqrt{3}\,a$。

（3）指数模型

$$\gamma(h)=\begin{cases}0 & h=0\\ C_0+C_1(1-e^{\frac{h}{a}}) & h>0\end{cases} \qquad (9\text{-}32)$$

该模型的变程为 $3a$。

图 9-21 显示了这三种模型的函数曲线相互比较的情况。

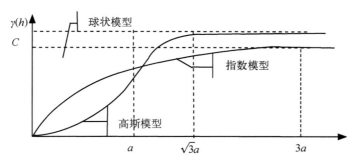

图 9-21　球状模型、指数模型和高斯模型的比较

（4）线性有基台值模型

$$\gamma(h)=\begin{cases}C_0 & h=0\\ Ah & 0<h\leqslant a\\ C_0+C_1 & h>a\end{cases} \qquad (9\text{-}33)$$

该模型的变程为 a。

（5）纯块金效应模型

$$\gamma(h)=\begin{cases}0 & h=0\\ C_0 & h>0\end{cases} \qquad (9\text{-}34)$$

该模型的变量空间相关不存在。

（6）幂函数模型

$$\gamma(h)=h^{\theta},0<\theta<2 \qquad (9\text{-}35)$$

（7）对数模型

$$\gamma(h)=\log h \qquad (9\text{-}36)$$

（8）线性无基台值模型

$$\gamma(h)=\begin{cases}0 & h=0\\ Ah & h>0\end{cases} \qquad (9\text{-}37)$$

（9）一维孔径效应模型

$$\gamma(h)=C_0+C_1\left[1-e^{-\frac{h}{a}}\cos\left(2\pi\frac{h}{b}\right)\right] \qquad (9\text{-}38)$$

由于实际应用中区域化变量在不同方向、不同距离有特定的空间结构,即所谓各向异性,需要采用套合结构进行定量化概括,以表达不同距离或不同方向上同时起作用的变异性。不同距离的套合结构一般采用分段函数叠加法,不同方向的套合结构则对向量 h 进行几何和带状方向的线性变换后转化成各向同性结构,最后把全部变换后的各向同性结构叠加在一起,成为统一的结构模型,即

$$\gamma(h) = \sum_{i=1}^{n} \gamma_i(|h_i|), i = 1, 2, \cdots, n \tag{9-39}$$

式中,$\gamma_i(|h_i|)$ 是由各向异性经过线性变换后转化成各向同性的变异函数值。

随着研究对象的空间分布和种类的多样化,产生了多种克里金法。当样本点数据满足二阶平稳假设时,可用普通克里金法;若为非平稳条件,存在漂移时,采用泛克里金法;当样本点存在多个变量的协同区域化现象,可用协同克里金法;若不服从简单分布时,选用析取克里金法;对有特异值的数据,且只需了解超过某一阈值的情况时,可用指示克里金法。克里金法发展至今,已经衍生出许多不同的插值方法,各自适应不同的实际情况,限于篇幅,这里仅就常用的两种方法作一简单介绍。

3. 普通克里金插值

设研究区域为 A,区域化变量为 $\{z(x) \in A\}$,x 泛指空间位置,$z(x_i)$ 为观测对象在样本点 $x_i(i = 1, 2, \cdots, n)$ 处的属性值,则待插值点 x_0 处属性值为 $z(x_0)$,插值结果是 n 个已知采样点属性值的线性加权和,即

$$Z_E^*(x_0) = \sum_{i=1}^{n} \lambda_i Z(x_i) \tag{9-40}$$

式中,λ_i 为待求权重系数。普通克里金插值的目的是为了求解出每个采样点的权重系数,并使 $Z_E^*(x_0)$ 为 $z(x_0)$ 的线性无偏、最优估计。在二阶平稳假设下,应满足以下两个条件:

(1)无偏性条件。要使 $Z_E^*(x_0)$ 为 $z(x_0)$ 的线性无偏估计量,数学期望需是一个常数,即 $E[Z_E^*(x_0)] = E[z(x_0)] = m$,则 $\sum_{i=1}^{n} \lambda_i = 1$ 应当成立。

(2)最优性条件。在无偏条件下,$Z_E^*(x_0)$ 估计为 $z(x_0)$ 的方差为

$$\sigma_E^2 = E[Z(x_0) - Z_E^*(x_0)]^2$$

$$= \bar{C}[Z(x_0), Z(x_0)] - 2\sum_{i=1}^{n} \lambda_i \bar{C}[Z(x_0), Z(x_i)] + \sum_{i=1}^{n}\sum_{j=1}^{n} \lambda_i \lambda_j \bar{C}[Z(x_i), Z(x_j)]$$

$$\tag{9-41}$$

式中,$\bar{C}[Z(x_0), Z(x_0)]$ 为矢量 h 的两个端点分别独立在信息域 $Z(x_0)$ 及 $Z(x_0)$ 中移动,求出区域化变量的协方差平均值,其他同理。

要使 $Z_E^*(x_0)$ 为 $z(x_0)$ 的最优估计量,即估计方差最小,根据拉格朗日定理,对估计方差式(9-41)求偏导数,并令其为零,得到普通克里格方程组及估计方差:

$$\begin{cases} \sum_{j=1}^{n} \lambda_j \bar{C}[Z(x_i), Z(x_j)] - \mu = \bar{C}[Z(x_i), Z(x_0)] \\ \sum_{i=1}^{n} \lambda_i = 1 \end{cases} \tag{9-42}$$

$$\sigma_E^2 = \bar{C}[Z(x_0), Z(x_0)] - \sum_{i=1}^{n} \lambda_i \bar{C}[Z(x_i), Z(x_0)] + \mu \tag{9-43}$$

由于协方差函数与变异函数之间存在式（9-44）所示的关系，方程组（9-42）可用变异函数表示为方程组（9-45）。

$$C(h) = C(0) - \gamma(h) \tag{9-44}$$

$$\begin{cases} \sum_{j=1}^{n} \lambda_j \bar{\gamma}[Z(x_i), Z(x_j)] + \mu = \bar{\gamma}[Z(x_i), Z(x_0)] \\ \sum_{i=1}^{n} \lambda_i = 1 \end{cases} \tag{9-45}$$

将参与估计的 n 个样本点属性值代入 $n+1$ 阶线性方程组（9-45）求出 n 个样本点的权重系数 $\lambda_i (i=1,2,\cdots,n)$ 以及 μ，再代入式（9-40）就可以得到待估点的属性值。其估计方差为

$$\sigma_E^2 = \sum_{i=1}^{n} \lambda_i \bar{\gamma}[Z(x_i), Z(x_0)] - \bar{\gamma}[Z(x_0), Z(x_0)] + \mu \tag{9-46}$$

影响方程组（9-45）的因素主要有两方面：一方面是理论模型的选择，表现为变异尺度、变程、块金效应、模型种类的选择对估计值的影响；一方面是领域内参与估计的样点数选择，需要根据样本数据的估计方差来确定。需要注意，不管是协方差函数表示的估计方差（9-43），还是变异函数表示的估计方差（9-46），其误差项 μ 的系数都为"$+1$"。

4. 协同克里金插值

设研究区域为 A，两个已观测的区域化变量为 $\{Z_1(x) \in A, Z_2(x) \in A\}$，$x$ 表示空间位置，$Z_1(x_i)$、$Z_2(x_i)$ 为观测对象在采样点 $x_i (i=1,2,\cdots,n)$ 处的主要变量、次要变量的属性值，则待估点 x_0 处的属性值 $Z(x_0)$ 插值结果是 n 个已知采样点主要、次要变量属性值的线性加权和的叠加，即

$$Z_{COK}^*(x_0) = \sum_{i=1}^{n} \lambda_i Z_1(x_i) + \sum_{j=1}^{m} \omega_j Z_2(x_j) \tag{9-47}$$

式中，$\lambda_i (i=1,2,\cdots,n)$、$\omega_j (j=1,2,\cdots,m)$ 为待求权重系数。协同克里金插值的实质是利用两个各变量之间的互相关性，用其中易于观测的变量去局部估计难以观测的变量。例如，在纬度变化不大的有限范围内，利用海拔高度与温度固定的相关性，以及海拔高度的易获取性，选取海拔高度为主要变量，温度为次要变量，进行协同克里金插值，可以得到更好的插值效果。这里在应用专业意义上要求两个变量的相关性足够大。

协同克里金插值在理论上与普通克里金插值本质相同，它是普通克里金插值在区域化变量维度上的扩展，可以推导出两个变量的协同克里金方程组：

$$\begin{cases} \sum_{i=1}^{n} \lambda_i \bar{C}[Z_1(x_i), Z_1(x_j)] + \sum_{i=1}^{m} \omega_i \bar{C}[Z_2(x_i), Z_1(x_j)] + \mu_1 = \bar{C}[Z_1(x_0), Z_1(x_j)] \\ \sum_{i=1}^{n} \lambda_i \bar{C}[Z_1(x_i), Z_2(x_j)] + \sum_{i=1}^{m} \omega_i \bar{C}[Z_2(x_i), Z_2(x_j)] + \mu_2 = \bar{C}[Z_1(x_0), Z_2(x_j)] \\ \sum_{i=1}^{n} \lambda_i = 1 \\ \sum_{i=1}^{m} \omega_i = 0 \end{cases}$$

$$\tag{9-48}$$

代入 $n+m+2$ 阶线性方程组(9-48)求出协同克里金方程组的权重系数 λ_i 和 ω_i,再代入式(9-47)得到待估点的协同克里金线性无偏最优估计值。其估计方差为

$$\sigma_{\text{COK}}^2 = \bar{C}[Z_1(x_0), Z_1(x_0)] + \mu_1 - \sum_{i=1}^n \lambda_i \bar{C}[Z_1(x_i), Z_1(x_j)] - \sum_{j=1}^m \omega_j \bar{C}[Z_2(x_j), Z_1(x_0)]$$

$$(9\text{-}49)$$

方程组(9-48)有唯一解的条件是交叉协方差矩阵严格正定且没有相对多余的数值,主要变量 $Z_1(x_i)$ 的观测值个数不能为零。

只有当 $C_{21}(h) = C_{12}(h)$ 时,使 $\gamma_{21}(h) = C_{21}(0) - C_{21}(h)$ 成立,才能用交叉变异函数表示协同克里金方程组。另外需要注意的是,只有当某一变量采样数据明显不足时,才采用协同克里金法进行估计。

5. 计算实例

在一个规则网格研究区域内,见图 9-22,$Z(x)$ 是一个满足二阶平稳假设的区域化变量,设其变异函数 $\gamma(h)$ 是一个二维各向同性的球状模型,球状模型的主要参数为 $C_0 = 2$,$C_1 = 40$,$a = 50$,则模型公式为

$$\gamma(h) = \begin{cases} 0 & h = 0 \\ 2 + 40 \times \left(\dfrac{3}{2} \times \dfrac{h}{50} - \dfrac{1}{2} \times \dfrac{h^3}{50^3} \right) & 0 < h \leqslant 50 \\ 2 + 40 & h > 50 \end{cases} \quad (9\text{-}50)$$

如图 9-22 所示,设研究区域内有一个未知点 x_0,其 1 个变程领域内有 4 个已知观测点,其观察值 $Z(x_1)$、$Z(x_2)$、$Z(x_3)$、$Z(x_4)$ 分别为 35、25、45、15。代入(9-45)得其普通克里金方程组为

$$\begin{bmatrix} \lambda_1 \\ \lambda_2 \\ \lambda_3 \\ \lambda_4 \\ \mu \end{bmatrix} = \begin{bmatrix} \gamma_{11} & \gamma_{12} & \gamma_{13} & \gamma_{14} & 1 \\ \gamma_{21} & \gamma_{22} & \gamma_{23} & \gamma_{24} & 1 \\ \gamma_{31} & \gamma_{32} & \gamma_{33} & \gamma_{34} & 1 \\ \gamma_{41} & \gamma_{42} & \gamma_{43} & \gamma_{44} & 1 \\ 1 & 1 & 1 & 1 & 0 \end{bmatrix}^{-1} \times \begin{bmatrix} \gamma_{01} \\ \gamma_{02} \\ \gamma_{03} \\ \gamma_{04} \\ 1 \end{bmatrix} \quad (9\text{-}51)$$

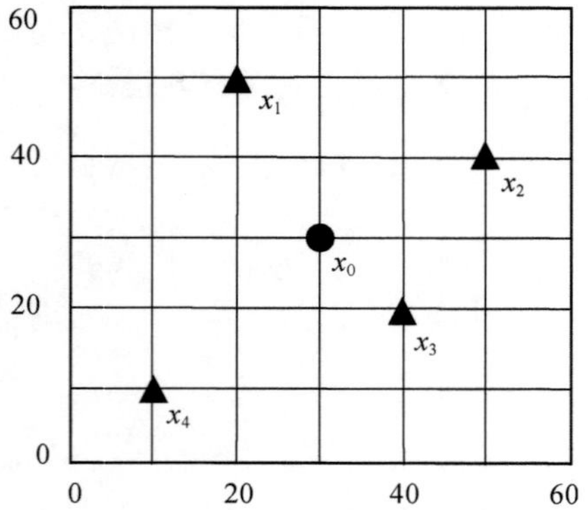

图 9-22　普通克里金插值法计算实例

根据图 9-22,将所有点对的距离代入式(9-50),并求解每个点对的变异函数值为

$$\gamma_{11} = \gamma_{22} = \gamma_{33} = \gamma_{44} = \gamma(0) = C(\infty) = 0$$

$$\gamma_{12} = \gamma_{21} = \gamma_{34} = \gamma_{43} = \gamma(\sqrt{10^2 + 30^2})$$

$$= \gamma(10\sqrt{10}) = 2 + 40 \times \left[\frac{3}{2} \times \frac{10\sqrt{10}}{50} - \frac{1}{2} \times \frac{(10\sqrt{10})^3}{50^3} \right] = 34.89$$

$$\gamma_{13} = \gamma_{31} = \gamma(\sqrt{20^2 + 30^2}) = 37.77$$

$$\gamma_{14} = \gamma_{41} = \gamma(\sqrt{10^2 + 40^2}) = 40.26$$

$$\gamma_{23} = \gamma_{32} = \gamma_{01} = \gamma_{02} = \gamma(\sqrt{10^2 + 20^2}) = 27.04$$

$$\gamma_{24} = \gamma_{42} = \gamma(\sqrt{30^2 + 40^2}) = 42$$

$$\gamma_{03} = \gamma(\sqrt{10^2 + 10^2}) = 18.52$$

$$\gamma_{04} = \gamma(\sqrt{20^2 + 20^2}) = 32.32$$

将上面的变异函数值计算结果代入普通克里金方程组(9-51)得

$$\begin{bmatrix} \lambda_1 \\ \lambda_2 \\ \lambda_3 \\ \lambda_4 \\ \mu \end{bmatrix} = \begin{bmatrix} 0 & 34.89 & 37.77 & 40.26 & 1 \\ 34.89 & 0 & 27.04 & 42 & 1 \\ 37.77 & 27.04 & 0 & 34.89 & 1 \\ 40.26 & 42 & 34.89 & 0 & 1 \\ 1 & 1 & 1 & 1 & 0 \end{bmatrix}^{-1} \times \begin{bmatrix} 27.04 \\ 27.04 \\ 18.52 \\ 32.32 \\ 1 \end{bmatrix} = \begin{bmatrix} 0.27 \\ 0.14 \\ 0.45 \\ 0.13 \\ -0.34 \end{bmatrix}$$

普通克里金权重系数为 $\lambda_1 = 0.27, \lambda_2 = 0.14, \lambda_3 = 0.45, \lambda_4 = 0.13, \mu = -0.34$,代入式 (9-40)得出点 x_0 的普通克里金估计值为

$$Z_E^*(x_0) = 0.27 \times 35 + 0.14 \times 25 + 0.45 \times 45 + 0.13 \times 15 - 0.34 = 35.05$$

代入式(9-46)普通克里金估计方差为

$$\sigma_E^2 = 0.27 \times 27.04 + 0.14 \times 27.04 + 0.45 \times 18.52 + 0.13 \times 32.32 - 0 - 0.34 = 23.58$$

9.6　小　　结

　　本章介绍了 GIS 软件功能的基础部分,包括图件的输入与处理、几何校正、图形变换、图形的几何编辑、图形搜索与捕捉、点线面空间信息获取、离散样本点数据处理等基础性功能。

　　图件的数字化输入是 GIS 数据库建立的核心与基础,所有的 GIS 软件各项功能都是在数字化后的地图数据上进行,地图数字化的工作成果是矢量格式的数字地图数据。十几年前,手扶数字化仪是图件数字化的主要硬件工具,随着技术的进步,手扶数字化仪已经被扫描仪所取代。本章介绍了在一般 GIS 平台支持下用扫描仪进行地图数字化的大致工作过程,包括图像二值化、平滑、细化、链式编码、弧段提取、封闭边界形成、生成图斑以及最后生成矢量地图数据等步骤。在该过程中,计算机系统进行了大量空间数据的整理与处理工作,特别是形成带有拓扑关系的一整套空间数据,这是 GIS 的特点。完备的空间拓扑关系数据是 GIS 进行空间分析的基础。由于目前各种 GIS 软件之间尚不能兼容,生成的数据尚不能直接在各个 GIS 平台中共享。

　　地图的几何校正是地图进入计算机系统后的一项必要的数据处理工作。地图数字化过

程以及地图本身都有一定的几何误差,需要进行几何校正。本章介绍的多项式校正模型是遥感影像几何校正以及 GIS 数字地图几何校正的通用模型,其基本原理是用多项式高次曲面模拟带有几何误差的曲面,以求得几何误差的校正。

图形变换本章介绍了平移、缩放、旋转、镜像四种基本变换,这四种功能在 GIS 数据输出制作地图、人机交互标注地图符号以及地图印刷中需要使用。

图形的几何编辑包括对于图件的点、线、面三种地物的增删、更改位置等数据编辑工作。需要注意的是地理空间数据具有复杂关联性的特点,在图形编辑中要保持空间数据的一致性至关重要,对于任何一种 GIS 平台软件都是如此。在做图形编辑时,往往需要变更的不只是一个数据文件,而是多个相关文件。在诸多的图形编辑功能中,定积图斑分割是一个来自土地管理实际工作、带有一定特色的功能,可以用于土地市场交易的特殊需要。

图形搜索与捕捉是为 GIS 软件支持图文互访需要而设定的功能。搜索与捕捉的对象包括在屏幕上显示的点、线、面状地物,捕捉后即可检索相应的属性信息。对于捕捉面状地物的算法,本章介绍了以图斑包络矩形检索为辅助手段的穿刺法,这种方法使用图斑包络矩形数据,对于提高计算机捕捉速度起到了关键的作用。

关于点、线、面空间信息获取功能,本章介绍了系统从屏幕显示的地图中获取任意一点的大地坐标或地理经纬度坐标、地图中两点距离、点与线最短距离、曲线长度、图斑面积等数据测算功能。在计算机测算图斑面积的算法介绍中,重点叙述了辛普森求积公式及其应用,特别介绍了该公式在点与线拓扑关系的判断以及图形特征提取方面的应用,以辛普森公式为基础的空间分析方法在其他空间信息技术领域都有广泛的应用。

离散样本点数据是空间信息技术经常使用的数据,为了使这种数据可以与其他信息数据一起进行综合分析,需要将这些离散的样本点数据转换为连续分布的数据,为此本章提供了四种方法,体现两种不同的技术路线。四种方法是泰森多边形法、反距离权重插值、趋势面插值和克里金插值,其中泰森多边形法属于几何图形处理的方法,而其他三种方法属于构建函数的处理方法。

泰森多边形法将 N 个样本点生成 N 个多边形,每个多边形包含一个样本点,多边形内任意一点与其包含的样本点距离为最近,用样本点的属性代表多边形区域的属性。泰森多边形法生成的属性呈面状分布,以矢量格式数据表示。

反距离权重插值、趋势面插值和克里金插值三种方法是用不同的构建函数方法对研究区域进行布设网格点属性数据插值,生成属性呈网格分布,以网格格式数据表示。本章着重介绍了克里金插值方法,该方法通过构建变异函数进行插值。克里金插值应用十分广泛,已经形成一整套理论体系,成为地统计学的一个主要支撑技术。

思　考　题

(1)扫描仪地图输入生成矢量格式数据需要经过哪些技术环节,这些环节中哪些需要人机对话或人工操作?

(2)扫描仪地图扫描后为什么需要对线条进行细化,为保障地图数字化的准确,细化应当遵循的原则是什么?

(3)地图数字化输入过程中为什么先生成封闭区域边界,后生成图斑,封闭区域与图斑的区别是什么,如何从封闭边界最后生成图斑?

(4)什么是空间数据库的拓扑一致性,它对数据的有效性有什么影响?

(5)地图数字化需要输入地图图廓四角点的地理经纬度坐标,这一步骤的重要性是什么?

(6)GIS软件中几何校正的原理是什么,在GIS中的几何校正与遥感影像处理中的几何校正有什么不同?

(7)图形变换在地图数字化中有什么作用?

(8)为什么在印制地图制版中需要使用数据的镜像变换?

(9)图形的几何编辑包括哪些内容,为了保持空间数据库矢量数据的一致性,为什么在修改线或面状地物数据中需要更改多个数据文件?

(10)GIS软件如何实现图斑的定积分割,为什么需要在实施分割中进行点与线拓扑关系的判断?

(11)点、线、面的图形搜索与捕捉中,为提高搜索速度,GIS软件一般采取哪些措施? 线与面的包络矩形数据在提高搜索速度方面起了什么作用?

(12)穿刺法是为矢量格式的图形搜索与捕捉而设计的方法,该方法在网格格式的图形数据中是否适用,为什么?

(13)GIS系统可以从屏幕显示的数字图件中直接获取点、线、面的哪些空间信息?

(14)用辛普森公式判断点与矢量线的拓扑关系对于构建GIS平台有什么重要意义,这种判别方法的优点在哪里?

(15)"除遥感技术获取的地面信息数据以外,人工实地获取的地理信息数据都是离散样本点数据",这句话对吗? 为什么?

(16)为什么要处理离散样本点数据,处理方法有哪些技术路线?

(17)泰森多边形处理离散样本点数据的方法优点是什么,缺点又是什么?

(18)克里金插值相比反距离权重插值、趋势面插值优点在哪里,为什么能够较真实地模拟、还原真实场景?

参 考 文 献

陈传波,陆枫.2004.计算机图形学基础.北京:电子工业出版社

陈述彭,鲁学军,周成虎.2006.地理信息系统导论.北京:科学出版社

侯景儒.1998.实用地质统计学.北京:地质出版社

胡鹏,黄杏元,华一新.2002.地理信息系统教程.武汉:武汉大学出版社

黄杏元,马劲松,汤勤.2001.地理信息系统概论(修订版).北京:高等教育出版社

刘南,刘仁义.2009.地理信息系统.北京:高等教育出版社

潘正风.1996.大比例尺数字测图.北京:测绘出版社

史文中,郭薇,彭奕彰.2001. 一种面向地理信息系统的空间索引方法.测绘学报,30(2):156～161

申永利,郑贵州.2008.GIS 图层及其在空间数据组织中的作用.科技研发,11(1):89～95

孙洪泉.1990. 地质统计学及其应用.北京:中国矿业大学出版社

汤国安,赵牡丹.2002. 地理信息系统.北京:科学出版社

王劲峰,姜成晟,李连发,等.2009. 空间抽样与统计推断.北京:科学出版社

王政权.1999. 地统计学及在生态学中的应用.北京:科学出版社

邬伦.2005. 地理信息系统原理、方法和应用.北京:科学出版社

严泰来.2000. 资源环境信息系统概论.北京:北京林业出版社

杨晓明,王军德,时东玉.2001. 数字测图(内外业一体化).北京:测绘出版社

周天颖,叶美伶,洪正民,等.2009. 轻轻松松学 ArcGIS9.台北:儒林图书出版公司

朱德海,严泰来.土地管理信息系统.北京:中国农业大学出版社

Freeman.1961. On the encoding of arbitrary geometric configurations. IEEE Transactions on Electronic Computers, EC 10(2):260～268

Kang-tsung Chang.2009. 地理信息系统导论.陈健飞等译.北京:清华大学出版社

第 10 章　地理信息系统功能及其实现(Ⅱ)

10.1　缓冲区分析

10.1.1　缓冲区定义及其应用

缓冲区(buffer),又称环域,是指对于图件的某一个指定地物,包括点、线、面状地物,在其周围划出一个特定的区域,在该区域内任意一点到该指定地物的距离小于某指定值 A,则此划出的区域称为指定地物的缓冲区,指定值 A 称为缓冲区宽度。需要说明的是,计算机技术中有多处提到缓冲区,比如屏幕缓冲区、内存缓冲区,这里是指图形缓冲区,有别于其他缓冲区。

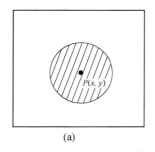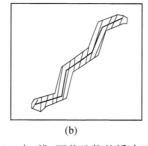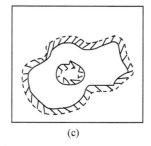

(a)　　　　　　　　　(b)　　　　　　　　　(c)

图 10-1　点、线、面状地物的缓冲区示意图

图 10-1 分别给出了点、线、面状地物缓冲区的示意图。图 10-1(a)给出了点状地物的缓冲区,它就是以点状地物 $P(x,y)$ 为圆心,以指定值 A 为半径,画出的圆。显然该圆内任意点到点状地物 P 的距离小于指定值 A。图 10-1(b)给出了线状地物的缓冲区,在矢量数据格式下,线状地物表示为一条折线,而其缓冲区的边界也是一条折线,但线状地物的两个端点部位除外,折线的每一段线段与线状地物对应的线段平行,且距离为缓冲区宽度 A。缓冲区两端部位则为扇形区域,其半径为缓冲区宽度 A,圆心为线状地物的端点。图 10-1(c)给出了面状地物的缓冲区。由于面边界可以看作是首尾端点相重合的线,因而面状地物缓冲区可看作是面边界线单侧——外侧的缓冲区。需要注意的是,这里的面状地物有可能是多连通域,即面状地物内可能还有岛——内边界,此时缓冲区还应包括内边界线单侧——里侧的缓冲区。

图形缓冲区是人为划定的,缓冲区宽度 A 按实际情况拟定。缓冲区的划定对于土地管理以及经济地理分析具有重要的实际意义。比如,在做土地利用规划时,水浇地必须设置在河流两侧有限的范围内,即河流这一线状地物的缓冲区内;菜地需要规划在居民区周边有限范围内,以就近供应居民吃菜,这就需要在居民区面状地物(小比例尺也可能是点状地物)的缓冲区内规划出一定面积的菜地。又比如,分析设计修筑某条公路对于路两边经济发展的带动作用,也需划定路两侧有限范围内涵盖的土地利用情况,以分析未来交通改善对于各类用地的影响。

10.1.2　缓冲区的生成

点状地物缓冲区的生成无需介绍,因为任何一种计算机语言都有以一点 $P(x,y)$ 为圆心,一个常量 A 为半径作一圆的语句。

线状地物缓冲区的生成与面状地物缓冲区的生成实质上是一样的,可以作为一个问题来处理,两者区别仅在于面状地物缓冲区只是面状地物边界线的单侧缓冲区。生成线状地物缓冲区有两种技术路线:一种采用矢量格式数据生成;另一种采用网格格式数据生成。前者适用于缓冲区宽度较大的情况;而后者适用于缓冲区宽度较小的情况。限于篇幅,以下只介绍用矢量格式数据生成缓冲区的方法。

用矢量格式数据生成缓冲区用数学语言可表述为:

已知坐标链 $(x_1,y_2)-(x_2,y_2)-(x_3,y_3)\cdots(x_n,y_n)$,求解坐标链 $(x_1',y_2')-(x_2',y_2')-(x_3',y_3')\cdots(x_n',y_n')$ 和 $(x_1'',y_1'')-(x_2'',y_2'')-(x_3'',y_3'')\cdots(x_n'',y_n'')$ 并使 $(x_1',y_1')-(x_2',y_2')//(x_1,y_1)-(x_2,y_2)//(x_1'',y_1'')-(x_2'',y_2'')$;$(x_2',y_2')-(x_3',y_3')//(x_2,y_2)-(x_3,y_3)//(x_2'',y_2'')-(x_3'',y_3'')\cdots(x_{n-1}',y_{n-1}')-(x_n',y_n')//(x_{n-1},y_{n-1})-(x_n,y_n)//(x_{n-1}'',y_{n-1}'')-(x_n'',y_n'')$,见图 10-2 所示,且生成两折线的每线段分别与对应线状地物坐标链折线线段的距离为指定值 A。对于生成缓冲区作出这样表述以后,编程算法的问题基本上已经化解为平面解析几何的问题,读者参照图 10-2(b)不难设计出合理的算法。

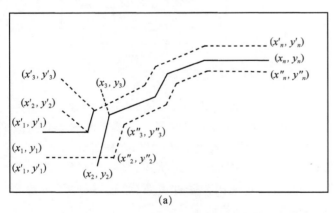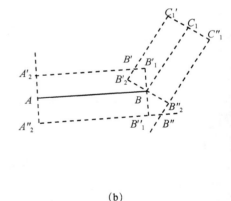

图 10-2　线性地物缓冲区生成原理图

需要指出,这一算法中关键之一是正确选择折线同一侧的两直线方程联立,以计算交点坐标值,得到 (x_i',y_i')、(x_i'',y_i'') 也就是说,以图 10-2(b)为例,在计算得到的 $A_2'B_1'$、$A_2''B_1''$、$B_2'C_1'$、$B_2''C_1''$ 四线段中,需要将 $A_2'B_1'$ 与 $B_2'C_1'$ 两线段的直线方程联立,$A_2''B_1''$ 与 $B_2''C_1''$ 两线段的直线方程联立;而不能将 $A_2'B_1'$ 与 $B_2''C_1''$ 两线段的直线方程联立,$A_2''B_1''$ 与 $B_2'C_1'$ 两线段的直线方程联立,尽管这样联立也能求解出交点坐标值。计算机程序判断 A_2' 点与 B_1' 点是否在 AB 直线的同一侧的方法参见第 4 章中提到的辛普森三角形求积法,即以三角形 $A_2'AB$ 与三角形 $B_2'AB$ 的面积值是否正负同号为根据。

编排程序自动生成以上两坐标链以后,如图 10-3(a)所示,对于这两个坐标链的端点还需做封口处理,才能生成封闭的区域,即生成一个以缓冲区宽度 A 为半径,以端点为圆心的半圆弧。缓冲区生成过程中,还有三个细节问题需要处理:

(1)缓冲区锐角修饰。当线状地物某两个相邻的链节呈锐角相交时,按照以上缓冲区的生成方法,在这个锐角的外侧生成的缓冲区边界线也呈相同的锐角角度相交,但该锐角顶点远离了线状地物坐标链,如图 10-3(b)所示。如果这个锐角越尖锐,则距离越远,这是我们不希望的。工程上常常采取切割处理,即对此锐角平分线作一垂线,垂线到线状地物锐角顶点 (x_i,y_i) 的距离为 A。

(2)"瓶颈"问题。是当线状地物在某处呈"瓶颈"状走向,如图 10-3(c)所示。此时在其内侧生成的缓冲区边界出现了自相交的情况,即缓冲区变成为多连通域。对于这种情况,计算机程序需作特殊处理,销掉图中虚线部分。

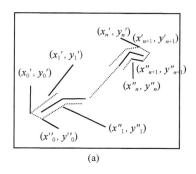
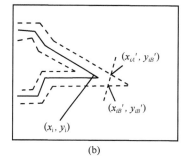
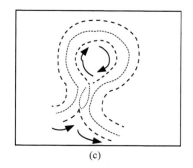

(a) (b) (c)

图 10-3 生成缓冲区中的特殊问题

(3)单侧缓冲区。对于有方向的线状地物,如河流、单向铁路等,在一些特殊场合需要生成单侧缓冲区,比如,生成长江右岸 50km 的缓冲区作为经济开发区,在某些 GIS 软件中提供这一功能。事实上,实现这一功能并不困难,在前面介绍的生成缓冲区算法中,对于判断线状地物同侧两线段求交点时就提到了用辛普森三角形求积法进行方位的判断,使用这一功能,对于生成缓冲区程序稍加改变,即可生成单侧缓冲区。

10.1.3 缓冲区分析

生成点、线、面的缓冲区不是目的,只是应用工作的一个中间环节,应用工作常常是在缓冲区生成以后,搜索其中包含了哪些点、线、面。比如土地利用规划时常要研究在某铁路沿线 20km 两侧包含了哪些公路、居民点、集镇、耕地、园地、林地等各类用地,并各占多少,这项工作就需要进行缓冲区分析(搜索)。

事实上,可以将线状地物或面状地物缓冲区当作一幅底图,将线状地物、面状地物各图层与该图进行叠加分析,检索在底图当前图斑,即当前缓冲区中包括的线状地物、面状地物的编码名称以及它们的长度与面积,这就是缓冲区分析功能的内容。由此可以看出,缓冲区分析就是图形叠加分析,对于这种分析,留待 10.5 节中介绍。

10.2 地形分析

10.2.1 概述

地形分析在土地管理、水资源管理、生态环境保护等领域有很多的应用,例如,中国大陆地区从 21 世纪初实施的 25°以上的坡耕地退耕还林政策就需要使用 GIS 的坡度分析功能,从地形图中将 25°以上的坡地划分出来,再将此坡地与土地利用图进行叠加分析,可以将既是 25°以上的坡地又是耕地的地块定量、定位地检索出来,提供给当地政府执行退耕还林的政策。

在 GIS 系统中,地形分析通常有两条技术路线:一条是使用 DEM 模型数据(网格格式数据)进行;另一条是使用矢量化的等高线图数据进行,比较而言,后者使用得较多,精度也较高一些。

地形分析的内容较多,包括坡度坡向分析、流域分析、两点通视性分析、平整土地土石方工程量测算、三维立体显示、表面积测算等。这里仅就常用的几种地形分析的功能计算法进行介绍。

10.2.2 坡度、坡向分析

1. 坡度定义

坡度在理论上有其严格的定义:如果坡面是一个平面,则该平面与水平面的两面角称为该坡面的坡度。问题是在自然界,山坡坡面为平面的情况是不存在的,自然坡面总是一个曲面。对于自然坡面,不存在整体上的坡度,但可以定义该坡面(曲面)上每个点的坡度。对于坡面任意一点 A,其坡度作如下定义:过点 A 作坡面的切面,该切面的法线与过点 A 的铅垂线交角 α 即为坡面在点 A 处的坡度,如图 10-4 所示。以上对于坡度的定义与通常人们理解的坡度是一致的。

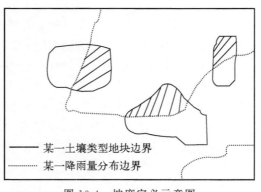

图 10-4 坡度定义示意图

2. 等高线图分析

图 10-5 示意性地给出了等高线图的式样。

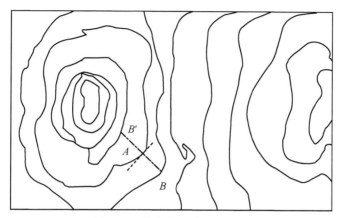

图 10-5　等高线图分析示意图

从等高线图上可以看到等高线具有如下性质:

(1)每一高程下的等高线都是一个封闭的曲线。

(2)凡是等高线越密集的地方,表明该地的坡度越陡,如果几条等高线在某地重合,表明该地是悬崖峭壁。

(3)等高线可以相交,即一条高程低的线可能交叉到相邻的另一条高程高的线以内,出现这种现象的部位则是山洞或反向峭壁。

(4)如果相邻两条等高线的高程相等,则这两条等高线之间的空地是山谷地带。

3. 矢量等高线图上的坡度、坡向测算

观察图 10-5 中的点 A 部位,过点 A 坡面的切面与水平面的交线即是点 A 处等高线的切线,坡面点 A 处切面的法线在水平面的投影即是图中的直线 BB',点 B 与点 A 不在一个水平面上,两点的高程差为 Δh,两点在同一水平面上的投影距离即是图中线段 AB 的长度乘以图比例尺的分母 m,线段 AB 在地面的实际长度在测量学上称为"平距",这样点 A 处的坡度角 α 可由下式决定:

$$\tan\alpha = \frac{\Delta h}{AB \cdot m} \tag{10-1}$$

式中,分子、分母都取米为单位。

当然线段 AB 的反向延长线上还有另一个平距 AB',也还可以得到另一个坡度角 α',取这两个坡度角的平均值作为点 A 处的坡度。

坡向也是一个地块地形的重要信息数据,对于该地块的生态环境有重要影响。在地形图上,任意点 A 处的坡向可以用以下方法判定,设定点 B 的高程小于点 A,则:如果点 B 在点 A 的左下方,点 A 处的坡向是西南向;如果点 B 在点 A 的右下方,点 A 处的坡向是东南向;如果点 B 在点 A 的右上方,点 A 处的坡向是东北向;如果点 B 在点 A 的左上方,点 A 处的坡向是

西北向。点 B 在点 A 的方位不难从两点的坐标数据关系进行判定。

4. 等高线图插值计算

在一张等高线图上，两条相邻等高线的高差是固定的，这个高差的设置取决于图的比例尺。在实际工作中，对于地形变化平缓的地区，按照原有的相邻等高线高差的设置，往往两条相邻等高线的间距很大，使用不方便。这就需要在两条相邻等高线之间，内插一条或几条等高线，使相邻等高线的高差减小，等高线间距减小。这就是等高线图插值计算。

等高线图插值的原则是：要使插入的新等高线按比例始终保持在相邻两条原等高线之间，以内插一条等高线为例，要使插入的新等高线始终在左右两侧的原等高线之间的中轴位置。按照这个原则，根据几何学的知识，设计这种计算机程序是不难的，这里不作详细介绍。

需要指出，这种等高线插值方法隐含着一个假设，即认为某一点周围的相邻两条等高线之间的坡度是不变化的，这样才允许作如上线性化处理。显然，这是对实际情况的一个理想化处理，真实的山坡坡面不会这样理想、规则。这种内插等高线的方法只是一种近似的处理方法。

原则上，内插等高线以后，按照上面介绍的坡度、坡向测算方法实施更方便了，甚至在图上用直尺作简单的量算即可估算坡度、坡向。

5. DEM 模型数据图上的坡度、坡向测算

如前所述，DEM 模型数据是网格格式数据，每一网格附有一个高程数据。用 DEM 模型数据图也可以测算任意一点的坡度、坡向。设定任意一点 e，以点 e 为中心，取 DEM 数据中的 3×3 窗口，如图 10-6 所示。每个窗口中心点 e 的坡度/坡向的计算公式如下：

$$\text{Slope} = \tan^{-1}\sqrt{\text{Slope}_{we}^2 + \text{Slope}_{sn}^2} \qquad (10\text{-}2)$$

$$\text{Aspect} = \text{Slope}_{sn}/\text{Slope}_{we} \qquad (10\text{-}3)$$

式中，Slope 为坡度；Aspect 为坡向；Slope_{we} 为 X（东西向）方向上的坡度，Slope_{sn} 为 Y（南北向）方向上的坡度。

e_5	e_2	e_6
e_1	e	e_3
e_8	e_4	e_7

图 10-6 3×3DEM 数据窗口计算点的坡度、坡向

图 10-6 中，网格即 DEM 网格，每网格中的字符及标号代表高程值。

关于 Slope_{we}、Slope_{sn} 的计算可采用几种算法，式（10-4）是在一般软件程序中经常使用的算法。

$$\text{Slope}_{we} = \frac{e_1 - e_3}{2 \times \text{cellsize}}$$

$$\text{Slope}_{sn} = \frac{e_4 - e_2}{2 \times \text{cellsize}} \qquad (10\text{-}4)$$

式中，cellsize 为网格的尺寸。从式（10-4）可以看到，Slope_{we}、Slope_{sn} 可以为正值，也可为负值。

但是,式(10-2)得到的是坡度(角度),这个角度为 $0° \sim 90°$,坡向由 $Slope_{we}$ 和 $Slope_{sn}$ 的正负符号组合决定:如果 $Slope_{we}$ 和 $Slope_{sn}$ 皆为正,则坡度为东北向;如果 $Slope_{we}$ 和 $Slope_{sn}$ 皆为负,则坡度为西南向;如果 $Slope_{we}$ 为正,而 $Slope_{sn}$ 为负,则坡度为东南向;如果 $Slope_{we}$ 为负,而 $Slope_{sn}$ 为正,则坡度为西北向。

当然,坡度还有正北、正南、正西、正东四个方向,读者可以依照以上规律自行给出判别条件。

10.2.3　地貌立体显示与分析

1. 地形剖面图制作

所谓过任意指定两点 A、B 的地形剖面是指过两点 A、B 作水平面的垂面,该垂面与地球的相交平面即为地形剖面,该垂面与地表相交的曲线即为地形剖面线。如图 10-7 所示,上图为等高线图,图上有任意指定的两点 A、B;下图对应的带斜线的面就是地形剖面。该剖面的上边曲线即为地形剖面线,下边线是坐标轴,该坐标轴与纵坐标轴的交点不是通常的坐标原点,而是 (h_0, x_0),这里 h_0 为基准面高程。显然,下图显示的该剖面在东西向是被压缩了,因为直线 AB 与横坐标轴有一个倾斜角度 α,其压缩比例 S 为

$$S = (1/\cos\alpha) : 1 \tag{10-5}$$

式中,所示的压缩比例 $S > 1$,表示图件做了压缩。

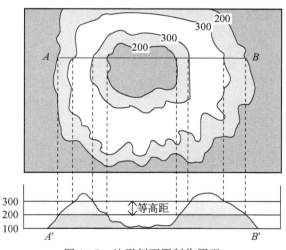

图 10-7　地形剖面图制作原理

2. 电子沙盘制作

沙盘实体模型是人们观察研究地形、地貌的有力工具。所谓电子沙盘就是沙盘实体在计算机上的立体显示,如图 10-8 所示。

仔细观察图 10-8 所示的电子沙盘立体图可以看到,此立体图实际上是由为数众多的有一定间距的纵向与横向剖面线组成,图中最靠近读者的剖面展示了一张完整横向南侧剖面以

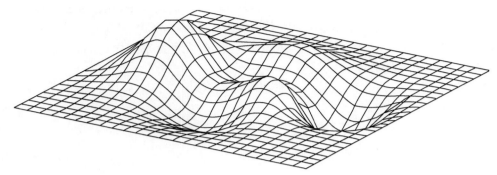

图 10-8　电子沙盘立体图

及纵向西侧剖面,其他横向与纵向剖面依次在水平面两坐标轴上摆放;摆放中有一个问题,即如果前面剖面在某些地点的高程高于后面剖面,就将后面剖面的剖面线"遮盖",因此在电子沙盘立体图上就需将"遮盖"部分隐去不画,这个过程在计算机图形学上称为"消隐",实现这一过程需要进行较复杂的拓扑判断,该算法原理这里从略。将纵向与横向剖面线集合按照以上要求在计算机屏幕显示,就形成了电子沙盘立体图。

如果事先形成多个方向的纵向与横向剖面线集合,利用计算机数据处理快速的特点,分别按照剖面角度的顺序在屏幕上显示,电子沙盘立体图就可以在屏幕上"旋转"起来,给人以围绕真实地形沙盘观察的感觉。这就是动态化的电子沙盘,具有全方位观察地形地貌更多的真实感。

3. 两点通视性检测

"通视"是测量学的一个术语,是指大地测量现场的两点之间可以对面视线通达,没有视觉障碍物。在传统的测量技术中,两点的通视性是进行两点间多种测量的必要条件。本书第7章在介绍差分式全球定位系统(DGPS)中,也需要基准站与游动站之间具有通视性。借助等高线图,可以判别两点的通视性。

观察图 10-7 上图可以看出,若使 A、B 两点通视,只需直线 AB 与剖面线没有交点(A、B 两点除外)即可,因此判别 A、B 两点是否具有通视性,需要使用数字化等高线图数据,过 A、B 两点制作剖面图,判断直线 AB 与剖面线是否有交点,没有交点,即为通视。

4. 土地工程的土石方量检测

从图 10-7 还可以看出,由 (h_0,x_0)、(h_a,x_a)、(h_1,x_1)、(h_2,x_2)、$\cdots$、(h_n,x_n)、(h_b,x_b)、(h_0,x_0) 各点围成的闭合多边形即为过 A、B 两点的地形剖面,这个多边形的面积 R 可以用第 9 章介绍的辛普森求积公式计算。需要注意的是,如前所述,图 10-7 上图所绘出的剖面是一个东西向被压缩的多边形,还原它真实的宽度需要乘以压缩比例 S,见式(10-5)。这就是说,用图 10-7 所示的剖面多边形各顶点坐标代入辛普森求积公式,计算得到的多边形面积 R 还需乘以压缩比例 S 才是真实的剖面多边形的面积。

如果从 A 到 B 修筑一条公路,这条公路的路宽设为 W,路面高程设为 h_0,则开挖这条公路的土石方 C 可以估算为

$$C = S \cdot R \cdot W \tag{10-6}$$

一般公路当然不可能是一条直线,通常是一条曲线,可以简化为一条折线,式(10-6)所示的土石方 C 只是折线中一节线段的土石方开挖量,将折线各节线段土石方开挖量累加起来即为土石方开挖总量。此外,这里土石方开挖量的估算方法还没有考虑公路设计为一定坡度的情况,此时,在用以上方法计算剖面面积时还需扣除公路底面是斜向平面所多算的面积,这种扣除留待读者自行设计计算。

5. 流域划分

流域(watershed)又称集水区,即在此区域内所有水流都汇集到一个低洼地点或一条山谷河道,流向区域以外,这样的区域称为流域。从地理学分析,流域是由山脊线划分生成的。所谓山脊线就像屋顶的屋脊一样,将降落到屋顶的雨水分为两边,按照瓦片形成的垄沟方向各自流出屋檐以外。因此,山脊线又称山岭的分水线,山脊线两侧各自形成一个流域(集水区)。

GIS 可以在数字等高线图数据基础上,自动生成山脊线,其生成原理是:凡是一条等高线上曲率半径小于某一经验值的点即为山脊线的巅峰点,等高线在巅峰点处拐弯较急,地理信息系统软件按照此规则寻求此巅峰点是不困难的。将相邻等高线上的巅峰点顺次连接起来即为山脊线。山脊线围成的区域就是流域。注意有时山脊线不能围成闭合区域,此时需要用户根据经验补充线条将其闭合,以形成流域。

在水系周围划分流域对于水系生态环境管理与保护有重要作用。

10.3　TIN 模型及空间信息全三维表达

10.3.1　概述

上一章以及本章多次提到 DEM 模型,该模型在某些场合可以表达三维空间信息,但是该模型并不是全三维空间信息表达模型(full 3D model),其原因是:DEM 模型是一种网格格式数据模型,网格格式对于数据存储有一个要求,即每一网格点只能存储某类属性数据的一个数据,而不能存储多个数据。对于 DEM 模型,每个网格只能存储一个高程数据。这个特点,不能适应表达复杂地形地貌的要求。例如,某座山的山腰处有一个山洞,为了表达山洞这一空间信息,在山洞位置的网格,起码应当有 3 个高程数据:山洞的底面高程、山洞的顶面高程、山洞上方的山体表面高程。这种多层次的数字信息数据是通常网格数据格式所不能接受的。因此,有人称 DEM 模型数据只是 2.5 维空间数据,并非全三维空间数据。

随着空间信息应用的普及与深入,全三维模型表达空间信息的要求提了出来。比如,三维地籍管理就有这个要求:一幢高楼有若干层,其产权分属几位房产主,甚至是楼房的同一层,还可能分属于几位房产主。多层结构的停车场管理、矿井设计、地质结构研究等也都需要全三维模型空间信息的表达。

全三维空间信息模型不仅数据量增加了一个档次,数据类型从点、线、面三类扩充到点、线、面、体四类,更为复杂的是三维空间拓扑关系表达及其分析出现了新的理论与技术上的种种困难。迄今为止,对该问题的研究者很多,也有一些研究成果,提出了十几种数据模型,但是实用的软件程序还不多见,尚没有被普遍使用的技术平台,甚至还有一些深层次的理论问题没有完全解决。这里限于篇幅,对于全三维空间信息的各种表达模型不做系统介绍,仅介绍一些学科前沿的技术思想,并对于表达全三维空间信息的 TIN 模型作一简单介绍。

10.3.2　全三维空间信息模型设计的技术思想

经过多年的努力,全三维空间信息模型设计的技术思想逐渐明确起来。明确的技术思想对于模型设计研究十分重要,是模型设计沿着正确道路前进的重要保证。确立全三维模型的技术思想应当遵循以下原则:

(1)与二维空间信息模型要有继承性。

现在社会上各个管理部门、相关企业的各种地理信息应用管理系统存储有大量空间信息数据,而这些数据绝大部分都是用二维模型表达的。为了实现三维空间信息的管理,舍弃原有的二维信息数据,不但不能为广大用户所接受,而且对于现有信息资源也是一个巨大的浪费。即使全三维空间信息模型设计再好,也不具有实施使用的可行性。因此将全三维空间信息模型与二维模型的继承性列为模型设计的首要技术思想。这一技术思想具体体现在:

①容易实现三维模型与二维模型的相互转换,即承认原有二维模型的有效性,在二维模型基础上,补充数据,增加数据项和补充数据,就可以从二维模型转换为三维模型;反过来,也可以从三维模型转换为二维模型,转换后的二维模型不改变原有的数据结构。

②数据结构概念的继承与延拓。在二维模型中,数据类型有点、线、面及其相互拓扑关系的表达;在三维模型中,数据类型在二维模型基础上增加了体,即成为点、线、面、体及其相互拓扑关系的表达。这样在数据结构表达上支持三维模型与二维模型的相互转换。

③数据索引机制的继承关系。空间信息的数据量巨大,高效的索引机制是有效管理空间信息数据的一项基本条件。二维空间信息数据库在各种 GIS 平台中都有多种形式的成熟索引机制,GIS 平台在将数据库延拓至三维以后,需要保持索引机制的连续性,对索引机制作一定补充以后,应当可以继续使用。

(2)支持二维模型与三维模型的混合编制。

由于并不是所有地点都需要全三维的空间信息表达,大量的地形较为简单,地物属性不存在空间立体层次性等应用场合,就可以用原有的二维模型;只是在少量地形较为复杂、需要考虑地物属性空间立体的层次性等应用场合,才使用三维模型。考虑到地学信息的连续性与完备性,要求二维模型与三维模型各自表达的地区"无缝隙"衔接,两者数据在一个数据库管理系统下统一管理,以达到完备的地形地貌描述、节约数据存储空间、数据使用方便的目的。

(3)有利于改善三维空间信息的可视化效果。

信息可视化是地理信息系统研制的出发点之一。地理信息原本是三维的,三维模型应当起到改善三维空间信息可视化的作用,即使用三维模型数据,应当可以更方便地绘制三维立体图形,充分表达物件的三维形状,以使地理信息可视化,达到显示物件真实场景的效果。

10.3.3　TIN 数据格式下的全三维空间信息模型

本书第 8 章曾介绍过 TIN 数据格式,这里从表达全三维空间信息角度,分析这种数据格式的特点与二维模型的继承性以及三维信息的检索技术。为研究与叙述的方便,这里需要对于 TIN 的定义以及数据格式做必要的重复与回顾。

TIN 是不规则三角网(triangulated irregular network)英文的缩写。这种空间数据组织的基本思想是:用三个点组成的面积不等、形状各异、具有不同方位朝向的三角形去逼近三维形体复杂物件的表面。这里使用三角形作为空间数据的基本数据元,原因是空间中任意三点可以唯一地决定一个平面,三角形三个顶点顺次连接生成的平面按照数学的右手定则可以确定其法线方向,用这个法线方向可以确定该平面与它所在体的拓扑关系。

TIN 数据格式的特点、继承性以及检索技术可以归纳为以下几个方面:

(1)数据格式简单。一律由两点且仅有两点构成一条线,三条线构成一个面,若干个面构成一个体。这种数据格式结构简单,适于用记录定长的二维关系表格表达;而且一个面可以作为一个对象,即基本数据元。对于形体复杂、表面棱角多变的物件表面,可以将三角形划分致密;而对于形体简单、表面舒缓的物件表面,可以将三角形划分稀疏一些。因此,这种数据格式可以准确地表达各种物件表面,而且自然地将面向对象的数据组织思想与关系型数据结构形式结合起来。

(2)具有二维矢量格式的延续性。TIN 数据集合中,两个相邻坐标点用直线连接,且有方向,形成矢量;这一矢量同时也是弧段;每一坐标点都是结点;三条弧段(三角形的三个边)顺次连接构成面,而且面有法线方向;具有法线方向的面与它所在的体有确定的拓扑关系,这个面与体的拓扑关系类似于弧段与左右两侧图斑的拓扑关系。

(3)与网格格式的 DEM 数据有密切的关系。将 DEM 数据每一网格立体单元的三维表面用对角线分割,可以直接生成规则三角网,参见图 10-9 以及后面分析。规则三角网是 TIN 数据格式的一种特殊形式。

(4)检索方便。在第 8 章介绍二维矢量格式数据时曾经阐述了包络矩形(range)的概念,设置包络矩形的目的就是为了方便检索,因为包络矩形给出图斑的大致范围,根据任意指定一点的坐标数据,可以较快地检索出相应的图斑。在 TIN 数据格式中也可以衍生定义包络立方体的概念:

$$X_{\min} = \min(x_1, x_2, x_3, \cdots, x_n); \quad X_{\max} = \max(x_1, x_2, x_3, \cdots, x_n)$$
$$Y_{\min} = \min(y_1, y_2, y_3, \cdots, y_n); \quad Y_{\max} = \max(y_1, y_2, y_3, \cdots, y_n) \qquad (10\text{-}7)$$
$$Z_{\min} = \min(z_1, z_2, z_3, \cdots, z_n); \quad Z_{\max} = \max(z_1, z_2, z_3, \cdots, z_n)$$

式中,$(x_1, x_2, x_3, \cdots, x_n)$、$(y_1, y_2, y_3, \cdots, y_n)$、$(z_1, z_2, z_3, \cdots, z_n)$ 分别表示属于当前物件(体)的各三角形顶点坐标值。

包络立方体将物件占据的三维空间囊括其中,与二维情况类同,方便了三维物件的检索。

(5)还原为二维数据模型便捷简单。事实上,只需将 TIN 数据集合中每点 (x, y, z) 坐标数据的 z 坐标抽去,即成为类同二维矢量格式的数据集合。事实上,三维坐标表示的三角形 (x_1, y_1, z_1)-(x_2, y_2, z_2)-(x_3, y_3, z_3) 与三角形 (x_1, y_1)-(x_2, y_2)-(x_3, y_3) 的关系是一个投影的关系,即前者在水平面的投影就是后者。因而只需经并不十分复杂的拓扑判断即可生成完全的二维矢量格式数据。这里需要注意的是三维坐标表示的三角形投影到水平面上以后,有可能发生重叠,如一幢楼的不同楼层,用 TIN 数据格式表示,不同楼层的三角形在水平面的投影就发生重叠,因为两者的 x、y 坐标值完全相同,只是 z 坐标不同。

从上述的 TIN 数据格式特点可以看出,TIN 数据格式符合全三维模型技术思想应当遵循的原则,因此目前有多种三维数据模型的设计是以 TIN 数据格式为基础。

10.3.4　全三维空间信息模型实例

图 10-9 是一幢有复杂结构的多层楼房物件示意图。

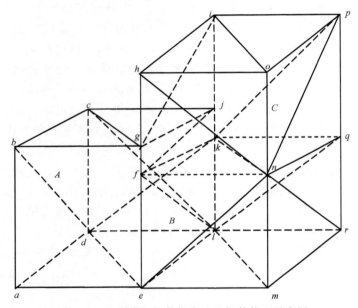

图 10-9　全三维空间数据表达及物件管理示意图

图 10-9 给出三宗互相邻近的宗地 **A**、**B** 和 **C**,宗地 **A** 是由 $abcd$、$bcjg$、$gjkf$、$fkle$、$lead$、$abge$ 和 $dcjl$ 七个界址面围聚而成的三维物件实体;宗地 **B** 是由 $elrm$、$efkl$、$fkqn$、$nqrm$、$fnme$、$kqrl$ 六个界址面围聚而成的三维物件实体;宗地 **C** 是由 $fgjk$、$gjhi$、$hipo$、$kipq$、$opqn$、$honf$ 和 $fkqn$ 七个界址面围聚而成的三维物件实体,每个界面又分别由若干个三角形组合而成。这里所谓宗地是地籍管理的专用术语,表示有独立土地产权的地块实体。

从空间上看,**A** 和 **B**、**C** 相互邻接,为了表达和存储三维宗地的邻接关系,在界址面表中,通过存储界址面左右两宗地编号,进而显示存储宗地的邻接关系。注意,这里"宗地"已不是地表平面的概念,而是三维地产的概念。

图 10-9 的三宗宗地的信息数据存储表结构如图 10-10 所示。空间与属性信息数据分别存储在 6 张二维表格中,表格之间通过主、外码进行联系,用关系型数据库管理系统管理。所谓主码是指在本表中作为识别的代码,在本表中不得重复、不得空项,每一横行都必须有主码

标示,在图 10-10 中,每一张表的左面第一栏即为主码,用英文"ID"表示。而表中在"ID"后附有数字的栏目或用箭头连接的栏目,如第二行第一张表中"ID1"、"ID2"表示外码,即该码在第一行第一张表中为主码。

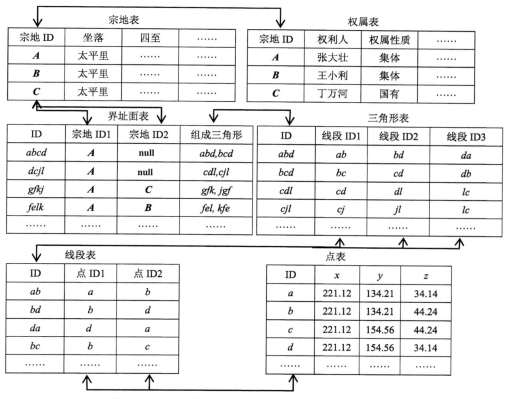

图 10-10　全三维空间数据及物件管理信息方框示意图

对于图 10-10 中需要特别解释的有:

(1)第二行第一张表,即"界址面表",这里所谓"界址面"是指两个邻接的物件共用的、作为分界的面;该表中有两个外码,即"宗地 ID1"、"宗地 ID2",表示这两个宗地相邻接,共用此界址面;注意界址面的顶点顺序,如第一个面"abcd",这个顺序对照图 10-9 可以发现,其法线方向相对于"宗地 ID1"所示的宗地 A 是向外,相对于"宗地 ID2"所示的"宗地"是向内,因共用该界址面的另一宗地没有,所以"宗地 ID2"栏目下填入"null",表示为空。以下都是如此。这里以界址面法线方向作为面与体拓扑关系的标示,相当于二维模型中弧段的左右图斑。还有界址面表的第四个栏目"组成三角形",还以第一行记录为例,界址面 abcd 的组成三角形 abd、bcd,注意这两个三角形顶点的顺序与界址面顶点顺序是一致的,法线方向相同。这种标号严格的顺序是保证三维空间数据库数据一致性的必要条件。

(2)第二行第二张表,即"三角形表",该表将数据库覆盖的区域所有不规则三角形数据纳入其中。注意如前所述,TIN 模型中的三角形三个边要求是矢量,而且首尾相接,这样按照右手法则具有一个法线方向。以第一记录为例,三角形 abd 的三个边,标号 ab、bd、da 是符合矢量首尾相接要求的。这也体现了空间数据拓扑关系的一致性。

注意在图 10-10 中,没有将包络立方体数据设置在相应表格中。在实际三维数据库中,对于三维物件实体、三角形都设有式(10-7)所示的包络立方体数据,用作索引以提高数据的检索速度。三维物件的检索方法类同于二维图斑的检索,这里从略。

10.4　路　网　分　析

10.4.1　概述

路网分析是对基础设施网络(如道路、航线、供水、排水管道等)、自然地理网络(如河流、洋流、气流、动物迁徙路径等)进行模型化和地理分析的过程。它通过研究各种网络的状态、模拟和分析资源在网络上的流动和分配情况,以解决对网络结构及其资源利用的优化问题。

路网分析的理论基础是计算机图论和运筹学。计算机图论是离散数学的一个重要组成内容,研究顶点和边组成图的数学理论和方法,是路网分析对现实生活中的事物及其关系的抽象化、模型化的理论依据。运筹学是一门多学科交叉的应用科学,研究提高系统运行效率的组织方法,在路网分析中主要用于解决资源消耗最小化和资源获取最大化这两类问题。

路网分析在资源紧缺、人们追求效益最大化的今天具有特别重要的意义。城市交通问题是当前困扰人们生产、生活以及社会活动的重大问题之一。解决交通问题,仅仅寻求两点之间的最短路径是远远不够的,还要综合考虑交通安全、行车速度、节省能源等多种因素,使这个问题由一个简单的几何问题演变为一个复杂的系统问题。以 GIS 平台为基础的交通信息系统可以为缓解这一问题、应对社会的紧迫需求提供有力的支持。

路网分析使用网络模型对现实路网进行研究分析,而网络模型是对现实路网系统中空间实体的抽象表示,下面的网络图就是网络模型的具体表达。网络模型由节点、链和转弯三类基本要素构成。

1. 节(结)点

节点是指网络中任意两条链的交点,又是链的端点,可以表示交汇路口、公交站、江河汇合口等。根据状态属性内容,分为以下四类:

(1)中心:网络中具有接受或分配资源能力的节点,如飞机场、配电站、商业中心等,其状态属性有两种:一种是资源容量,它可以代表与中心连接的链的最大数量;另一种是阻碍强度,它代表中心与链之间的最大距离或时间限制。

(2)站点:网络中资源装、卸的节点,如邮局、库房等,其状态属性包括资源需求量和阻碍强度。资源需求量是指经过该节点需要增加资源还是减少资源,阻碍强度是指在该节点消耗的时间或费用。

(3)拐点:网络中能改变资源移动方向的节点,如立交桥、水库等,其状态属性主要包括阻碍强度,如流动方向的限制和时间。由于现实生活中资源在节点的流动情况较为复杂,一般采用转弯类进行管理。

(4)障碍:网络中禁止资源移动的节点,如交通管制点、关闭的闸门等,其状态属性包括阻碍强度,如限行时间或限制通过的资源类型。

2. 链

链是指连接两个相邻节点的线性要素,一个链包括两个节点,链可以有方向,也可以无方向。由有方向链组成的图称为有向图,由无方向链组成的图称为无向图。链是网络中资源传输的通道,如公路、输电线、光纤线、河道等。链的阻碍强度是指通过该链所需要花费的时间或费用,不同方向的阻碍强度可能不同。链的资源需求量是指沿着该链可以收集或分配给相连中心的资源总量。

3. 转弯

转弯是指网络中资源在节点的移动方式,在每个节点处均有 n^2 种转弯,其中 n 表示连接到该节点的链的数量。图 10-11 表示假设节点连接 3 条链,则可能发生的 9 种转弯情况。在某些 GIS 平台中采用转弯表进行建模,转弯表的字段包括节点编号、转向涉及的起止链编号、阻碍强度(如时间阻抗)等。

路网分析主要包括最佳路径分析、连通分析和资源分配分析三类研究热点。经过数十年的研究,路网分析已经越出了交通路网研究分析的界限,应用到决策理论的领域中,将最佳路径选择视为最佳决策选择,路网分析的复杂性又进一步提升了。

目前,所有技术市场上流行的 GIS 平台都提供路网分析的功能,但是各种平台的功能完备程度、运行效率以及采用的算法等,有较大的区别。本书不可能对路网分析的所有问题以及所有算法进行深入分析,只就其中常用的主要问题介绍解决问题的思路以及当前 GIS 平台的主要功能。

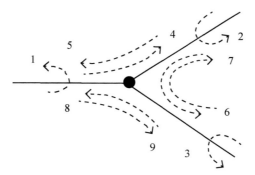

图 10-11　节点所有可能发生的转弯图

10.4.2　最佳路径分析

最佳路径分析是指在网络中选择节点之间资源消耗最小化和资源累积最大化的最佳路线研究方法。这里的"最佳路线"在不同的情况下有不同的含义,具体取决于所选的阻碍强度。如果阻碍强度是时间,那么"最佳路线"是最快路线;如果阻碍强度是距离,那么"最佳路线"是最短路线;如果阻碍强度是错过的风景,那么"最佳路线"是最美路线。因此很多网络路径分析问题,如最便捷路径问题、最低成本路径问题、最大流量路径问题和各种路径分配问题都可转换为最佳路径问题的求解。无论其最优标准和约束条件如何变化,其核心实现算法都是最短路径算法。

最短路径是在网络中寻找两个节点之间累积阻碍强度最小的路径。解决最短路径问题的算法有很多,根据算法的结果可以分为三类:第一类是确定起点或终点的最短路径,如Dijkstra算法;第二类是确定起点和终点的最短路径,如 Floyd-Warshall 算法;第三类是所有节点之间的全局最短路径,如邻接矩阵算法。如果链的阻碍强度(或权重)存在负值,则不能采用 Dijkstra 算法,而应采用 Floyd-Warshall 算法或 Bellman-Ford 算法。由于 Dijkstra 算法是最早提出也是经典的解决最短路径问题的算法,其他算法都是对其基本思想的扩展和特殊情况考虑的补充,本节主要介绍 Dijkstra 算法的基本思想和计算实例。

1. Dijkstra 算法基本思想

Dijkstra 算法是 E. W. Dijkstra 于 1956 年提出并与 1959 年发表的经典最短路径算法,用于计算一个节点到其他所有节点的最短路径。假设节点(S)是我们选择的起始位置,其余节点(I)是我们选择的目标位置,d_{si}是指从节点(S)到节点(I)的最短路径的距离,Dijkstra 算法的实质是对 d_{si} 逐步加以改进的过程,其基本步骤如下:

(1)给每个节点(I)设定一个距离值:节点(S)设置为 $d_{ss}=0$,其他节点都为无穷大,即 $d_{si}=\infty, i\neq s$。

(2)所有节点标记为未访问,节点(S)标记为当前节点(K),即 $k=s$。

(3)对于当前节点(K),考虑它所有的未访问邻居节点,并计算与它们的暂定距离 d_{sk}。

例如,如果与当前节点(A)有距离为 $d_{sa}=6$,而且连接它和节点(B)的链的值为 $l_{ab}=2$,经过(A)到(B)的距离将是 $d_{sk}=d_{sa}+l_{ab}=8$。如果这个距离 d_{sk} 比之前记录的距离 d_{sb} 小,那么覆盖那个距离令 $d_{sb}=d_{sk}$,否则保留那个距离 d_{sb}。

(4)添加所有的未访问邻居节点到未访问集合中。

当我们考虑了当前节点的所有邻居节点之后,标记该当前节点为已访问,这样使已访问的节点不会被重复访问,测算起始点到它的距离已经完成而且是最小的。

(5)如果所有节点已经被访问,则全部工作结束。否则,设置拥有最小距离的未访问节点(该距离是从起点算起,考虑了图形中所有的点)为下一个"当前节点(K)",即 $k=j$ 且 $d_{sj}=\min[d_{si}], j\in i$,并且返回步骤(3),继续以下步骤的工作。

2. Dijkstra 算法计算实例

图 10-12(a)表示有 6 个节点的网络路径图,这种图在图论中称作"带权无向图",这里所谓"权"即路网中的两节点距离;所谓"无向"即沿路两个方向资源消耗或资源积累相同,不考虑方向。事实上,在很多实际问题中,路径往往不是无向而是有向的,比如,对于山坡道路,上坡与下坡的耗油是不一样的;又比如,对于连接城乡的道路,早晨进城方向车辆拥堵状况要比出城方向严重,等等。这里将问题简化,不考虑以上复杂的情况。

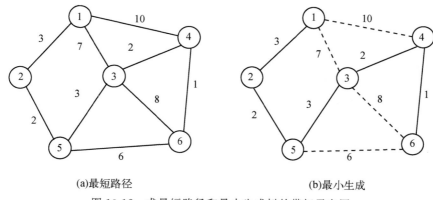

(a)最短路径　　　　　　　　　　　　(b)最小生成

图 10-12　求最短路径和最小生成树的带权无向图

表 10-1　从起点(1)到其余节点的距离值 d_{1j} 和最短路径求解过程

终点	当前节点					
	$k=0$	$k=1$	$k=2$	$k=5$	$k=3$	$k=4$
(1)	0					
(2)	∞	3[(1),(2)]				
(3)	∞	7[(1),(3)]		7[(1),(3)]		
(4)	∞	10[(1),(4)]			9[(1),(3),(4)]	
(5)	∞	∞	5[(1),(2),(5)]			
(6)	∞	∞		11[(1),(2),(5),(6)]		10[(1),(3),(4),(6)]
(j)	0(1)	3(2)	5(5)	7(3)	9(4)	10(6)

在图 10-12(a)中设定要寻找节点(1)到其他所有节点的最短路径,采用 Dijkstra 算法,需设置如表 10-1 所示的表格,以记录中间数据,具体过程如下:

(1)给每个节点设置初始距离,见表中的 $k=0$ 列,标识所有节点为未访问。

(2)设置节点(1)为当前节点,并求与节点(1)相邻的未访问节点(2)、(3)、(4)的暂定距离,见表中的 $k=1$ 列,标识节点(1)为已访问。

(3)判断最小暂定距离 $d_{12}=3$,选取节点(2)为当前节点,并求与节点(2)相邻的未访问节点(5)的暂定距离,见表中的 $k=2$ 列,标识节点(2)为已访问。

(4)判断最小暂定距离 $d_{15}=5$,选取节点(5)为当前节点,并求与节点(5)相邻的未访问节点(3)、(6)的暂定距离,见表中的 $k=5$ 列,标识节点(5)为已访问。

(5)判断最小暂定距离 $d_{13}=7$,选取节点(3)为当前节点,并求与节点(3)相邻的未访问节点(4)、(6)的暂定距离,见表中的 $k=3$ 列,标识节点(3)为已访问。

(6)判断最小暂定距离 $d_{14}=9$,选取节点(4)为当前节点,并求与节点(4)相邻的未访问节点(6)的暂定距离,见表中的 $k=4$ 列,标识节点(4)为已访问。

(7)判断最小暂定距离 $d_{16}=10$,选取节点(6)为当前节点,未找到与节点(6)相邻的未访问节点,标识节点(6)为已访问。

(8)确定所有节点已被访问,程序结束。

检查表 10-1,最终可求得节点(1)到(2)、(3)、(4)、(5)、(6)的最短路径,其距离分别为 3、7、9、5、10。

10.4.3 连通分析

连通分析是指在评估网络中所有节点或链之间的可达性和建立资源消耗最小连通方案的研究方法。连通分析主要包括两类问题:一类是连通分量求解问题,该类问题的目标是分析从某个节点或链出发能否到达所有的节点和链,其实质是对网络生成树的求解过程,即对图的遍历方法的研究;一类是费用最小的连通方案建立问题,即资源消耗最小的情况下使全部节点相互连通,其本质是研究最小生成树的方法。在网络分析中,节点之间可能存在不连通的情况,如果先对网络的连通性进行分析并将其划分为若干个连通子图,可以避免无意义的最短路径搜索。

1. 图的遍历方法

图的遍历是指从某一节点或链出发,访遍网络中其余节点或链,且使每个节点或链仅被访问一次的过程。图的遍历问题主要分为四类:一类是遍历完所有的链而没有重复经过的链,即"欧拉路径";一类是遍历完所有的节点而没有重复经过的节点,即"哈密尔顿问题";一类是遍历完所有的链而可以有重复经过的链,即"邮递员问题";一类是遍历完所有的节点而可以有重复经过的节点,即"货郎担问题"或"TSP 问题"。遍历图的基本搜索方法有两种:深度优先搜索和广度优先搜索。

深度优先搜索是一种递归、向纵深方向发展的搜索过程,其基本思想是:从网络图中某个节点出发并标识该节点为已访问,然后标识其任意一个相邻节点为已访问,并以其为新的搜索源继续访问其下一层未标识访问的相邻节点,直到这一路径搜索到端点为止;然后回溯到其上一层存在未访问的相邻节点重复相同步骤,直到网络图中所有节点都被标识为已访问为止。广度优先搜索是一种遍历、向宽度方向发展的搜索过程,其基本思想是:从网络图中某个节点出发并标识该节点为已访问,接着标识其所有相邻节点为已访问,然后从这些相邻节点出发逐层搜索其未访问的相邻节点,直到网络图中所有节点都被访问到为止。图 10-13(a)是一个无向图,对其进行以上两种遍历方法,其搜索过程分别如图 10-13(b)和(c)。

2. 最小生成树算法

最小生成树是指在能够到达网络中所有节点的生成树中,寻找链权重之和最小的生成树的过程。构造最小生成树的两个条件:一个是保证所有节点之间的连通性;另一个是尽可能选取权重最小的链。"贪心"算法是构建最小生成树的最好方法,其基本思想是:将全局最优解分解为局部最优解,在每一步选择中都采取当前状态最有利的选择且不能回退,具体实现算法有 Prim 算法和 Kruskal 算法。

Prim 算法的基本思想是:建立一个节点集合存放初始节点和被选中链的另一个节点,不停地寻找与该节点集合连接且权重最小的链,要求待添加的节点不属于节点集合,并更新节点集合重复相同步骤,直到网络图中所有节点都被访问到为止。Kruskal 算法的基本思想是:

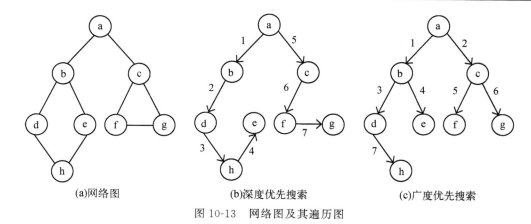

(a)网络图　　　　　　　(b)深度优先搜索　　　　　　　(c)广度优先搜索

图 10-13　网络图及其遍历图

对网络图中的所有链的权重进行升序排列,从小到大选取不构成回路的链,直到有 $n-1$ 条链被选中为止(n 为该网络图的所有节点数量)。对图 10-12(a)进行以上两种最小生成树算法,其结果都为图 10-12(b)中的实线:(1)◆─◆(2)◆─◆(5)◆─◆(3)◆─◆(4)◆─◆(6)。

10.4.4　资源分配分析

　　资源分配分析是指在网络中分析中心节点的最佳位置和影响范围的研究方法。根据分析内容分为两类问题:一类是选址问题(或定位问题),即已知需求源的分布,求供应源的布设;另一类是分配问题(或服务区问题),即已知供应源的分布,求中心服务范围或中心资源分配范围。资源分配分析的目标是通过确定资源供给者和需求者的最有利空间位置,解决共享资源在空间上达到最优配置。

　　1. 选址问题

　　选址是指在网络中选择某个节点或链作为供应节点,使得网络代表的真实系统获得利益最大化。选址的指导思想是区位理论和配置理论,主要包括以下两类问题:最小距离问题和最大覆盖问题。最小距离问题也称为 p 中心定位问题,其研究内容是探索 p 个供应节点在网络中的最佳位置,使得所有需求节点到其最近供应节点的总距离最小。该问题可采用基本启发式法等算法解决。最大覆盖问题也称为 p-覆盖问题,主要是研究在供应节点的数目和影响半径已知的条件下,如何设立 p 个供应节点使得其在影响范围内能提供最大的供应量。

　　2. 分配问题

　　分配是指对网络中确定的中心节点,分析其在一定的成本约束条件(时间或距离)下的扩散范围。分配主要包括两类问题:服务区分析和资源配置分析。路网分析中的服务区分析是确定一个中心节点在给定的时间或范围内能够到达的区域。由"路网分析"创建的服务区还能用于评估局部网络的可达性。资源配置分析是将地理网络中的节点或链,按照中心节点的供应量及节点和链的需求量,分配给一个中心节点的过程。其优化的目的是在保证中心节点有足够供应量的前提下降低资源消耗。

　　计算机解决选址以及分配问题的背后,都有经典的数学理论支持,这里不予涉及。

10.5　叠 加 分 析

10.5.1　概述

叠加分析(overlay)是对于地理信息数据的综合空间分析,旨在从空间数据中挖掘未知信息。地理现象是多种因素相互影响、相互作用的结果,而这些结果往往不为人们所察觉,或者察觉不十分准确;还有某些现象,多种因素相互影响、相互作用需要一个过程,一时还没有表现出来,对此人们缺乏认识。比如,有这样的案例:内蒙古东部草场,从月均降水量、月均气温、土壤类型等地理因素,经分析认为可以适宜马铃薯的生产,也确有人为了一时的经济收益,将其开发为马铃薯园地,两三年内得到可观的收入。但是没有将这一地区的土层厚度、沙性土壤这些因素考虑进去,结果是草场彻底毁坏,很薄的表层土壤失去草根的保护,土壤经过持续的风蚀作用,三年下来表层土壤不复存在,土壤下的大粒径沙石暴露,变成一片戈壁。不但马铃薯再也不能种植,就连草也不能生长,变成河北、北京等地沙尘暴的沙源地区。

叠加分析可以支持对于土地资源、气象资源、生态资源等进行综合评价;可以辅助人们对于涉及地理现象的多种问题进行决策判断,如公路线路设计、绿色食品基地选址、旅游资源开发等;可以进行地理现象的预测,如地质灾害预测、气象预报、水源富营养化分析等。

地理现象的综合叠加分析方法并非自 GIS 技术出现才开始,事实上,人们很早就使用这种方法:20 世纪 30 年代,人们将多种地理要素的分布分别以地图的形式绘制在透明纸上,套叠起来,手工进行综合叠加分析,其效果与今天的 GIS 叠加分析相似,只是费时费力,工作效率无法与 GIS 相比。

实施叠加分析的必要条件是系统具有两幅或两幅以上的数字化图件。本书第 8 章曾经介绍了图层(map layer)的概念,当时对于图层作了如下的定义:图层是一定空间范围内,属性一致、特征相同并具有一定拓扑关系的地理实体或地理因子在空间分布上的集合。GIS 叠加分析是系统数据库中两个图层之间的空间分析。对于实施叠加分析的两个图层要求是两图层覆盖的空间范围必须一致,即两图件图廓四角点的地理坐标必须完全一致,这也意味着两幅图的比例尺也一致;如果两图件是网格格式数据,要求网格大小也需完全一致。

在 GIS 平台支持下,叠加分析从功能上可以分为两类:拓扑叠加分析和统计叠加分析;从分析对象上通常可以分为点与线的叠加分析、点与面的叠加分析、线与面的叠加分析以及面与面的叠加分析四种;从实施叠加分析的数据格式可分为矢量格式的叠加分析和网格格式的叠加分析两种。矢量格式的叠加分析技术路线复杂,分析结果精确,限于篇幅,以下不作介绍。事实上,一般 GIS 软件系统实施叠加分析也接受矢量格式数据,只是多数软件系统先将参加叠加分析的所有矢量格式数据一律转换为网格格式数据,用网格格式叠加分析的方法进行分析,分析结果再转换回到矢量格式,其原因就是因为网格格式叠加分析技术简单,软件稳定性好。

GIS 系统实施网格格式数据下的叠加分析只需将两幅图件对应的网格逐个检索出来,分别读取其在相应图层中的属性,按照属性逻辑关系进行分类即可,具体属性逻辑关系分类见后面介绍。

10.5.2　点与线、点与面、线与面的图层叠加分析

这里之所以将点与线、点与面、线与面三种图层叠加分析功能置于一节中加以介绍,是因为 GIS 系统内部编制这三项功能的软件并不是独立的,准确地讲,是将系统内部相关的子模块(subroutine)组合而成的,而这些子模块的算法介绍已经散见于第 9 章的各节之中。从这里可以看出,包括 GIS 在内的计算机各类系统平台或较大型的功能软件都是由若干相关子模块有机地组织在一起构成,而这些子模块分别以不同的组合,组织在多个功能软件之中。这种功能软件的编制思想称之为软件结构化思想,属于软件工程的一种编程策略。这种编程策略不仅可以大幅度减少软件开发工作量,而且可以使软件乃至系统平台工作稳定可靠。问题的关键在于如何合理设计这些子模块的大小,又称模块的粒度,粒度过大,子模块组合不灵活,适用场合不多;粒度过小,子模块过于琐碎,管理不方便。

1. 点与线

点与线图层的叠加分析是为了解决如下实际问题:在线图层上所有线左右两侧一定阈值距离内将点图层上的所有点检索出来,以表格的形式将每个检索出来的点与阈值距离内的线统计出来。这一功能对于交通路网管理、经济规划等领域有重要应用价值。

GIS 为实施这种功能构建的软件模块实质上就是第 9 章中叙述的系统对于线(坐标链)捕捉功能的翻版:当时在线捕捉功能中的"点"是指用户操纵鼠标给出的点,"线"是显示在屏幕上的线;而这里的"点"与"线"分别是两个图层上的点与线坐标数据。逐个取出点图层上的每一个点坐标,设定点与线距离的阈值,沿用线捕捉功能子模块,将凡是点与线距离在阈值范围内的点与线编码标号逐一记录下来,即生成点与线图层叠加分析的结果。注意这种叠加分析的结果可能出现同一个点与两条或两条以上线距离在阈值范围内的情况。

2. 点与面(图斑)

点与面(图斑)图层的叠加分析是为了解决如下实际问题:将面图层上各个图斑所囊括的所有点逐一检索出来,以表格数据形式给出点与图斑的拓扑关系。这一功能对于行政管理、经济规划等领域有重要应用价值。

GIS 为实施这种功能构建的软件模块实质上就是第 9 章中叙述的系统对于面(图斑)捕捉功能的翻版:当时在面捕捉功能中的"点"是指用户操纵鼠标给出的点,"面"是显示在屏幕上的图斑;而这里的"点"与"面"分别是两个图层上的点与图斑坐标数据。逐个取出点图层上的每一个点坐标,沿用面捕捉功能子模块,将凡是点与该点所在的面的各自编码标号记录下来,即生成点与面图层叠加分析的结果。注意这种叠加分析的结果,一般情况下一个点只在一个面中,特殊情况下,点在多个面的边界上。

3. 线与面(图斑)

线与面(图斑)图层的叠加分析是为了解决如下实际问题:将面图层上各个图斑或某一指定图斑所包含的线或线网逐一检索出来,以表格数据形式给出线与线所在图斑的拓扑对应关

系,并给出线或线网在图斑内的总长度。这里的"线",包括公路、水路。这一功能对于区域经济潜力分析有重要应用价值,因为公路与水路对于发展区域经济关系很大,交通线路总长度说明区域经济的发展程度。

GIS为实施这种功能构建的软件模块通常用到第9章中叙述的系统对于面(图斑)捕捉的功能;当时在面捕捉功能中的"点"是指用户操纵鼠标给出的点,"面"是显示在屏幕上的图斑;而这里的"点"与"面"分别是线图层上线坐标链的节点和面图层的图斑坐标数据。采用线包络矩形与图斑包络矩形辅助进行线状地物与面状地物空间关系的判断可以加速这种叠加分析的速度。逐个取出线图层上的每条线的每一点坐标,沿用面捕捉功能子模块,将凡是线所属的各坐标点中在当前图斑内(包括在图斑边界上)的点一一顺次记录下来,并且相邻两点之间计算长度,将这些长度累加,即为线在当前图斑内的长度。

10.5.3 面与面的叠加分析

面与面的叠加分析在叠加分析中是实际最经常使用的功能,因为各类地物及其性状中的大多数通常以图斑形式表现,研究分析它们之间的相互空间关系就要使用GIS的叠加分析功能。

如前所述,叠加分析分为两类:拓扑叠加分析和统计叠加分析。

1. 拓扑叠加分析

顾名思义,拓扑叠加是对两幅面状地物分布图上的对应图斑进行空间拓扑关系的分析,分析类型分为:交集(and 或 intersect)、并集(or 或 union)、差集(erase)三种(三种拓扑叠加分析的英语称谓见于 ArcGIS)。三种拓扑叠加分析的结果通常都要生成新的图层。

(1)交集。所谓交集是指两幅不同属性类型的图件中符合兼具两个设定条件的空间区域。

图 10-14 所示是土壤类型分布图与降雨量分布图进行交集叠加分析得到的结果图,图中用实线标示的地块是某种土壤类型的分布区域,用虚线标示的地块是月均降雨量为某一数量的分布区域,而阴影部分的地块是符合兼具两个设定条件的空间区域,即既为某种土壤类型又月均降雨量为某一数量。

当然在求得某种土壤类型与某一月均降雨量交集的基础上,还可以继续与其他第三种属性,如土壤 pH(酸碱性),寻求交集,即同时具有三个设定条件的空间区域。

(2)并集。所谓并集是指两幅不同属性类型的图件中只要符合两个设定条件中任意一个的空间区域。

图 10-15 所示是年积温在某一阈值范围的地块分布图与 6 月平均气温在某一阈值范围的地块分布图进行并集叠加分析得到的结果图,图中用实线标示的地块是年积温在某一阈值范围的地块分布区域,用虚线标示的地块是 6 月平均气温在某一阈值范围的地块分布区域,而阴影部分的地块是符合两个设定条件中任意一个的空间区域,即年积温在某一阈值范围或 6 月平均气温在某一阈值范围,这两个条件在实际工作中常常可以相互替代。

以上交集与并集常应用在两个不同属性间进行设定条件的综合分析之中,这类综合分析在土地质量评价中经常应用。

（3）差集。所谓差集是指两幅具有相同属性类型但是不同时间的图件中对于某种属性发生变化的空间区域。

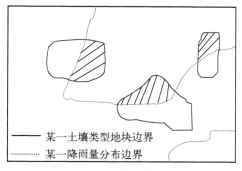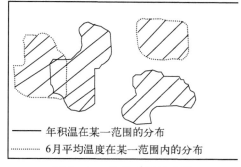

图 10-14　交集功能示意图　　　　　　　　图 10-15　并集功能示意图

　　图 10-16 所示是 A 年度土地利用图与 B 年度土地利用图对于耕地地块进行差集叠加分析得到的结果图，A 年度早于 B 年度。图中用细实线标示 A 年度一块耕地的地块，用粗实线标示 B 年度一块耕地的地块，而用阴影部分标示 A 年度是耕地但在 B 年度已不是耕地的地块，即在 B 年度耕地发生变化的地块。差集叠加分析将全图中凡是耕地发生变化的地块标示出来，必要时还可以计算变化的面积。

　　在一个大范围区域，地块的土地利用类型发生变化较为频繁，特别是蚕食、侵吞耕地在经济建设高速发展时期十分常见，土地管理者使用 GIS 叠加分析这种功能进行耕地损失的统计十分必要。这里需要注意的是，指令参与差集叠加分析的两图顺序，A 图与 B 图的差集叠加分析同 B 图与 A 图的差集叠加分析结果完全不同，实际意义也不相同。

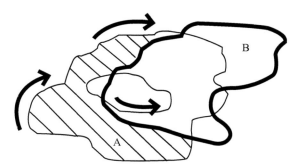

图 10-16　差集功能示意图

　　（4）拓扑叠加的"滤波"问题。在实施拓扑叠加，特别是交集运算以后，会产生大量细碎的小图斑，这些细碎小图斑面积相当小，对于统计分析不产生重要影响，如图 10-17 所示。此时，需要系统提供剔除小图斑的功能。

　　系统实施这种功能的算法很简单，即将小图斑边界中的一个弧段删除即可，如图 10-17 的右图所示。在系统实施这种功能之前，需要用户给出小图斑面积的阈值或系统内部设定缺省值，凡面积小于此值的小图斑则实施"滤波"程序处理。

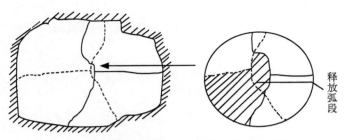

图 10-17　拓扑叠加中产生细碎小图斑示意图

2. 统计叠加分析

统计叠加不同于拓扑叠加,差别在于:统计叠加分析不生成新图层。统计叠加也是对两幅图件进行叠加分析,一幅图件通常是行政区划图或其他不做分割的图件,作为底图;另一幅图件是某种属性分布图,如年均降雨量分布图,作为叠加图。在做统计叠加分析时,系统将叠加图叠置到底图上,通常底图的每个图斑被叠加图的某些图斑所分割。系统进行统计叠加分析完成以下工作:逐一对底图每个图斑计算被叠加图某些图斑所分割的面积,并以分割面积作为权重,对参与分割的叠加图图斑属性值进行加权平均,得到的平均值赋予当前底图图斑。

参见图 10-18,图中用实线标示行政区划区域的边界,每个区域用"P_{a***}"标号表示,下标"a"表示底图,"a"后的数码表示底图图斑编号;虚线标示年均降雨量区域分布的边界,每个区域用"P_{b***}"标号表示,下标"b"表示叠加图,"b"后的数码表示叠加图图斑编号。

例如,系统将底图图斑 P_{a313} 作为当前图斑,见图 10-15 的中部实线图斑区域。底图图斑 P_{a313} 被叠加图图斑 P_{b232}、P_{b561}、P_{b135}、P_{b123}、P_{b523}、P_{b106} 6 个图斑所分割,其在底图图斑 P_{a313} 的面积分别是 S_{b232}、S_{b561}、S_{b135}、S_{b123}、S_{b523}、S_{b106},注意面积"S"下标即为叠加图图斑的编号。用标号(F)表示括弧内图斑的属性值,如 $F(P_{a313})$ 表示底图图斑 P_{a313} 被赋予的年均降雨量值;又如 $F(P_{b232})$ 表示叠加图图斑 P_{b232} 的年均降雨量值。

这样赋予底图图斑 P_{a313} 年均降雨量值可按照下式计算:

$$F(P_{a313}) = [F(P_{b232}) \cdot S_{b232} + F(P_{b561}) \cdot S_{b561} + F(P_{b135}) \cdot S_{b135} + F(P_{b106}) \cdot S_{b106} + F(P_{b123}) \cdot S_{b123}$$
$$+ F(P_{b523}) \cdot S_{b523}]/(S_{b232} + S_{b561} + S_{b135} + S_{b106} + S_{b123} + S_{b523}) \qquad (10\text{-}8)$$

统计叠加的一个合理之处在于:赋予底图每个图斑的属性值考虑到了参与分割底图当前图斑的每个叠加图图斑的贡献,尽管有的叠加图图斑在底图当前图斑内的面积很小,例如图 10-15 中图斑 P_{b232},但是这样的图斑对于底图图斑的属性值赋予的贡献都没有忽略,只是权重较小而已。当然,如果底图的图斑面积过大,叠加图图斑属性值进行加权平均计算中会损失大量的信息,这又是统计叠加的缺点。

由以上叙述可以看出,尽管统计叠加分析不生成新图层,但是给底图赋予了新的信息,如上例中,给底图每个图斑增加了年均降雨量的信息数据。在完成了行政区划图件与年均降雨量分布图件做统计叠加的分析后,该行政区划图件还可以继续与表现土地其他属性的多个图件,如年均气温分布图件、坡度分布图件、pH 值分布图件等,进行统计叠加分析。在完成这些统计叠加分析以后,就可以对底图每一图斑进行综合评价,以区分各个图斑土地质量的优劣等级。

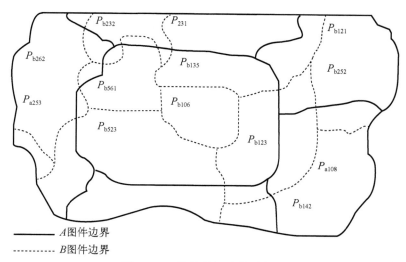

图 10-18　统计叠加功能示意图

在多数 GIS 系统中没有统计叠加分析的概念,这是因为该功能可以通过拓扑叠加中的交集运算以及相应的属性值加权平均计算实现。由于统计叠加分析具有重要的实用性,这里有必要将其独立出来加以介绍。

10.6　系 统 输 出

10.6.1　概述

GIS 平台的输出部分提供三种类型数据的输出:文本数据、表格数据以及图形数据。

1. 文本数据

在一般 GIS 应用系统中,文本数据通常是一般的、以文本文件管理的地理信息文字说明之类的数据。计算机操作系统对于文本文件的输入、编辑、打印等工作都给予支持,开发者无需针对 GIS 应用系统加以特殊开发。

2. 表格数据

表格数据则有所不同,GIS 系统与一些其他系统对这类数据有特殊要求,即输出多维表格数据,图 10-19 是中国大陆地区土地管理部门经常使用的土地利用统计汇总表格的一部分,这种汇总表格不是一般的二维表格,而是多维表格。

所谓二维表格纵向设置若干个栏目,一个栏目占有一列;而横向设置记录,每一记录占有一行。以学生成绩表为例,纵向栏目设有各门课程,如数学、物理、外文等;横向即学生的姓名,以此登载各位学生的各科学习成绩。这种表格结构简单,一目了然:纵向与横向只设一个种类内容,但是没有更多的统计性内容。多维表格则不然,观察图 10-19 所示的表格,纵向栏

序号	年份	按土地权属性质汇总		土地总面积	耕地						园地						…
					小计	灌溉水田	望天田	水浇地	旱地	菜地	小计	果园	桑园	菜地	橡胶园	其他园地	…
					10	11	12	13	14	15	20	21	22	23	24	25	…
1	一九九三年	合计		A	A_0	a_1	a_2	a_3	a_4	a_5	B_0	b_1	b_2	b_3	b_4	b_5	…
2		集体所有		A_1	A_{01}	a_{11}	a_{21}	a_{31}	a_{41}	a_{51}	B_{01}	b_{11}	b_{21}	b_{31}	b_{41}	b_{51}	…
3		国有土地	小计	A_2	A_{02}	a_{12}	a_{22}	a_{32}	a_{42}	a_{52}	B_{02}	b_{12}	b_{22}	b_{32}	b_{42}	b_{52}	…
4			其中国有后备土地	A_3	A_{03}	a_{13}	a_{23}	a_{33}	a_{43}	a_{53}	B_{03}	b_{13}	b_{23}	b_{33}	b_{43}	b_{53}	…
5	一九九四年	合计		—	—	—	—	—	—	—	—	—	—	—	—	—	…
6		集体所有		—	—	—	—	—	—	—	—	—	—	—	—	—	…
7		国有土地	小计	—	—	—	—	—	—	—	—	—	—	—	—	—	…
8			其中国有后备土地	—	—	—	—	—	—	—	—	—	—	—	—	—	…
⋮	⋮	⋮		⋮	⋮	⋮	⋮	⋮	⋮	⋮	⋮	⋮	⋮	⋮	⋮	⋮	⋮

图 10-19　多维表格示例

目中,既有土地利用一级分类的种类,如"耕地"、"园地"等;也有二级分类的种类,如"耕地"下属,分有"灌溉水田"、"望天田"(指没有任何灌溉设施的农田)等,"园地"下属,分有"果园"、"桑园"等。栏目下的数据还有小计,将一级地类下属的各二级地类面积累加起来即为小计数据,如此等等。多维表格打破了二维表格纵向与横向只设一个种类内容的限制,表格结构趋于复杂,但是赋予了更多的内容,甚至将按时间进行统计的内容也设置在表格之中。

在高版本的办公室自动化软件,如 Office 软件系统支持下,用户可以自行设置表格格式,需要用户将每一空格的数据与其他数据的关系以数学公式的形式表示清楚,软件即可自动将相应数据经计算后填入空格内,比如图 10-19 中:

$$A_{01} = a_{11} + a_{21} + a_{31} + a_{41} + a_{51} \tag{10-9}$$

上式表示了"耕地"小计的计算方法。这些诸多的数据来源于数据库中的各个数据文件中的数据。用户使用简单的编程语言即可实现数据自动填表的任务。

3. 图形数据

输出系统制作地图的图形数据是 GIS 系统中数据量最多的数据,需要处理的内容最多、也最复杂。这是因为人们对于地图制作的要求是多方面的:不仅要求表达的信息准确、完备;而且要求地图美观、形象、富有表现力,并且符合一定规范。有人讲,地图不应当仅仅是科学的产品,而且也应当是艺术品。

地图用点、线、线形、渲染点线面的颜色、标注文字、图形符号等多种技术手段表现各种地理信息,GIS 系统运用人机交互的方式,将以上这些表现地理信息的各种技术手段逐一实施在设定的图面几何位置上。从而,多方位地将诸多地理信息表达在有限面积的纸质地图上。

由此可见,GIS 平台输出系统图形数据处理功能十分繁杂,随着地理信息多样化、复杂化,输出系统功能还在不断发展。

4. 地图辅助图标

地图的图标包括指北针、比例尺、图例、图廓等。它们是每一幅地图必不可少的标示,这些图标既有规范化要求,又有灵活掌握的一面。

(1)指北针。指北针图标一般设置在地图右上方空白适当位置,用箭头指向北向,这里的北向是指通过地图中心的子午线指向的北。

(2)比例尺。地图中比例尺一般有两种标示方法:数字法,即用比例数字表示图件比例尺,如"1∶1 000"等;图示法,即用标有刻度的直线以及直线下的数字标明比例尺。一般地图同时使用这两种标示方法表示比例尺。比例尺图标一般设置在地图下方、图廓内侧附近。

(3)图例。图例一般设置在地图右下角或左下角的空白适当位置,图例内给出本地图主要注示符号的含义,用文字与相应图件符号两部分对应标示,以便读者阅读。

(4)图廓。图廓是指用粗细适当的直线给出的地图边框线。很多地图图廓分为内、外两道图廓线,两道线之间给出经纬线或公里网的刻度。在大幅、小比例尺的地图中两道线之间常常用花纹图案填充。

在 GIS 平台支持下,所有图标都可以自动或半自动在地图上加以标注。

5. 机 助 制 图

GIS 系统在计算机主机以及绘图仪设备的支持下提供计算机辅助制图的功能。机助制图以人机交互方式进行,主要工作步骤包括有:

(1)调出相应图层,显示在屏幕上。GIS 系统数据库将点、线、面三大类地物细分的各小类图形数据以图层的形式分别存储在相应的数据文件中,用户只需在系统罗列的文件清单上点击,就可以将地图内容相应的图形套叠显示在屏幕上。

(2)图件整饰。整饰内容包括曲线平滑(详见后面介绍)、指北针、图例等图标的布设、地图名称及制作单位字样的设置等。

(3)文字及符号注记。GIS 系统备有种类繁多的符号库,用户按照地图制作标准,根据需要将相应符号调出,在系统支持下,经过平移、旋转、缩放等操作布设到相应位置,对点、线、面状地物分别进行注记;并且系统还支持对点与线(包括图斑边界线)勾绘上色,对线赋予需要的线型,对图斑渲染适当颜色并布设相应符号。这里,线型、颜色都是地理信息的一种表达方式。

(4)地图模拟显示。在以上步骤的基础上,系统提供未来的地图模拟显示,包括局部放大显示,供用户对地图进行全面细致的审查。如果发现有任何问题,可退回上面步骤,对图件任何部位进行补充修改,直至满意为止。

(5)地图自动打印。GIS 系统指令绘图仪喷墨打印彩色地图,必要时也可以指令黑白打印机打印黑白图件。一些专业草图可以由打印机制作。

10.6.2　曲线平滑

1. 曲线平滑的由来及其数学思想

曲线平滑在 GIS 系统中完全是为了线条的美观。由于在图件矢量化中,将本来是平滑弯曲的自然地物,如河流、山区道路、海岸线等,用折线表示,折线的顶点以坐标链的形式存储在数据库中。当输出制图时,这种用折线表示的自然地物在地图中影响图形的美观,也与真实地物不符。为此,一般 GIS 平台在输出系统中提供曲线平滑的功能,将折线经数学处理,"改造"成平滑的曲线。

曲线平滑是计算机图形学(computer graphics)的一个重要内容。实现曲线平滑的基本思想是:构造一个模拟连续函数,此函数曲线通过或者逼近折线的各个顶点,借助该函数在折线相邻两顶点之间代入若干个自变量,得到相应因变量,形成两顶点之间的插值,从而将原来折线生硬转弯部分改变为较缓慢的转弯,成为趋近平滑的曲线。

用于曲线平滑的模拟函数主要有三种:多项式函数、贝塞尔函数以及张力样条函数。前一种构造的曲线通过原折线的每一个顶点,而后两种模拟曲线只通过原折线的开始点与结束点,逼近并不通过原折线中间部位的顶点。限于本书的篇幅要求,这里只介绍多项式函数的原理及应用。

2. 多项式函数的曲线平滑原理

二维曲线可以用因变量与自变量的显式函数关系表示,也可以用如下式所示的参数方程来表示。

$$\begin{cases} X = \sum_{i=1}^{n} x_i B_i(u) \\ Y = \sum_{i=1}^{n} y_i B_i(u) \end{cases} \tag{10-10}$$

式中,u 为参变量;x_i,y_i 为折线第 i 个顶点的坐标值;n 为折线的顶点数目。

由式(10-10)可以看到,在函数 $B_i(u)$ 确定的情况下,对应每一个参变量取值,可以得到模拟曲线的一对坐标值(X,Y)。这里的函数 $B_i(u)$ 就是为曲线平滑而设计的多项式函数,见下式:

$$B_i(u) = \frac{(u+1)(u)(u-1)\cdots[u-(i-3)][u-(i-1)]\cdots[u-(n-2)]}{(i-1)(i-2)(i-3)\cdots(1)(-1)\cdots(i-n)} \tag{10-11}$$

式中,i 的取值为 $1\sim n$。

观察式(10-11)可以发现,函数 $B_i(u)$ 有以下特点:

(1)函数 $B_i(u)$ 用一个分数表示,分子、分母包括相同数目的代数项,即式中的括弧数目,各有 $n-1$ 项。

(2)当 $u=i-2$ 时,分子、分母完全一样,即 $B_i(u)=1$。

(3)当 u 取 $-1\sim(n-2)$、非 $i-2$ 的其他任何数据值时,$B_i(u)=0$。

(4)当 u 取 $-1\sim(n-2)$ 的非整数值时,就为(x_1,y_1)与(x_n,y_n)之间的插入值。

使用此方法曲线平滑时,一般 n 取 4,即一次顺次取 4 个坐标点,对这 4 个坐标点为顶点的折线进行平滑,此时多项式函数有 4 个表达式,i 取值为 1~4,根据式(10-11),可以得到下式:

$$
\begin{cases}
B_1(u) = \dfrac{u(u-1)(u-2)}{(-1)(-2)(-3)} \\[2mm]
B_2(u) = \dfrac{(u+1)(u-1)(u-2)}{(+1)(-1)(-2)} \\[2mm]
B_3(u) = \dfrac{u(u+1)(u-2)}{(-1)(+1)(+2)} \\[2mm]
B_4(u) = \dfrac{(u+1)u(u-1)}{(+3)(+2)(+1)}
\end{cases}
\tag{10-12}
$$

将式(10-12)代入式(10-10)中,可以发现,当 $u=-1$ 时,$B_1(u)=1$,而 $B_2(u)$、$B_3(u)$、$B_4(u)$ 皆为 0,由此可以看出,模拟曲线通过 (x_1,y_1) 点;当 $u=0$ 时,$B_2(u)=1$,而 $B_1(u)$、$B_3(u)$、$B_4(u)$ 皆为 0,模拟曲线通过 (x_2,y_2) 点;当 $u=1$ 时,$B_3(u)=1$,而 $B_1(u)$、$B_2(u)$、$B_4(u)$ 皆为 0,模拟曲线通过 (x_3,y_3) 点;当 $u=2$ 时,$B_4(u)=1$,而 $B_1(u)$、$B_2(u)$、$B_3(u)$ 皆为 0,模拟曲线通过 (x_4,y_4) 点。

而当 u 取值在 -1~0 的任意一个分数时,就可以得到 (x_1,y_1) 与 (x_2,y_2) 之间的一个插值;同理当 u 取值在 0~1 的任意一个分数时,就可以得到 (x_2,y_2) 与 (x_3,y_3) 之间的一个插值;当 u 取值在 1~2 的任意一个分数时,就可以得到 (x_3,y_3) 与 (x_4,y_4) 之间的一个插值。如果在相邻两点之间 u 的取值越多,即插值越多,则曲线平滑效果就越好。以上分析,图示在图 10-20 中。

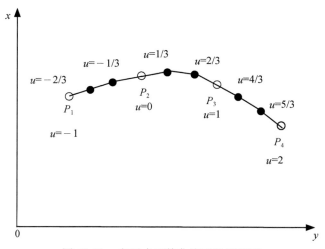

图 10-20　多项式函数曲线平滑原理图

当然,实际需要平滑的折线不会只有 4 个顶点,系统对于多于 4 个顶点的一般折线沿用以上方法平滑,只是第一次取折线前 4 个顶点,即第 1、2、3、4 个顶点进行平滑,但只是在第 1、2 点之间进行平滑;而第二次取折线第 2、3、4、5 共 4 个顶点进行平滑,依然是只在第 2、3 点之间,即在 4 个顶点构成折线的第一段之间进行平滑;如此下去,依次直到最后 4 个顶点构成折线,对其 3 段全部进行平滑。这样做可以避免 4 个顶点构成折线进行平滑的首尾交接处不平滑。

3. 曲线平滑在其他领域的应用

这里介绍的曲线平滑属于二维曲线平滑,实质是线插值。如前所述,在 GIS 平台输出系统中,曲线平滑就是为了美观,一般不能作为数据补充的手段,比如用插值的数据参与图斑面积的量算,平滑并不能增加数据的精度。但是在其他一些场合,在做某些假设的条件下,线插值可以作为数据的补充,填补缺漏的数据,实际工作存在以下两个案例,可说明此种方法的应用。

(1)曲线平滑在遥感影像处理中的应用。在可见光-多光谱遥感影像中,地面部分区域被云遮盖是经常存在的现象。本书第 5 章曾介绍过消除云影响的算法,这里介绍运用曲线平滑方法消除云影响的另一种算法。

遥感影像是网格格式数据,在影像同一横行的网格(像元)自左向右顺序排列,形成一个 X 向的坐标轴,其刻度就是网格横向的长度;而将纵向,即 Y 向作为像元的灰度坐标轴,Y 值越大表明对应像元地面单元光谱反射率越高,以此形成二维坐标系。这样,当前一横行像元灰度的值系列在此二维坐标系中就形成一条灰度曲线。当天空无云,即正常情况下,这条灰度曲线应当是近似平滑的(如果地面出现河流或道路等情况例外)。而在天空有云情况下,这条灰度曲线发生异常,因为云对可见光至近红外反射率很高,因而在有云的像元,Y 值异常突然增大,其斜率超过正常阈值,此时需要对这样的像元灰度进行插值处理,可以运用曲线平滑的方法补充数据,以解决云遮盖地区灰度数据正常化的问题。

(2)曲线平滑在非空间数据插值中的应用。实际工作在以时间系列的非空间数据集中,常常发生数据缺漏的问题。比如,农业考古就经常发生这样的问题:为研究人类稻米生产历史,就常有时段数据的缺漏。人类稻米种植可追溯到 8 千至 1 万年前,一万年来经过人类育种与栽培,米粒的长度与直径有较大的变化。但是考古发现古稻米的时间序列并不连续,时有时无。此时,就可以将时间作为 X 轴,以米粒的长度或直径作为 Y 轴,用曲线平滑的方法补充考古时段缺漏的数据。当然这种数据仅供研究参考。

以上两种曲线平滑方法的应用案例都有一个共同的假设:认定数据变化是平缓的,曲线曲率变化是相似(不是相同)的。这样就为曲线平滑找到了理论依据。

10.6.3　地图注记

地图注记分为两种:文字注记与图形符号注记。每个国家与地区出版的地图都要用自己使用的文字对地图上的地名、山脉、河流等重要地物进行注示,这就是文字注记。在很多情况下,还需要对土地覆盖的类别,如森林、湖泊、沼泽、沙漠等,用标准化的图示加以注示,这就是图形符号注记。

1. 文字注记

对于计算机讲来,文字与图形符号没有区别,计算机看待文字也认为是一种特殊的图形符号,特别是汉字,更类似于图形。计算机表达每一汉字,也与一般图形一样,有网格格式与矢量格式两种。

　　网格格式表示汉字或字母是将其逐个投影在有一定致密度的网格上,如同一般图形输入一样,凡是笔画落入网格,占据网格一半以上空间,则该网格赋值为 0,表示黑色;反之,凡是笔画没有落到的网格或占据网格不到一半空间,则该网格赋值为 1,表示白色,即空白,如图 10-21 所示。系统将每一汉字或字母形成一个网格格式的数据文件,存入专门为汉字或字母设置的数据库中。对于每一汉字,都设有唯一标示的编码,供用户调用。此外,计算机表达的汉字又分有多种字体,如仿宋体、楷体、行书体等。对于每一种字体,对应专门的汉字数据库。中国大陆通用简化汉字,台湾通用繁体汉字,汉字数据库数量有所不同,而网格格式表示汉字的方法大致相同。计算机一般汉字输入,打印输出较多使用仿宋体汉字数据库。这种汉字数据格式与针式打印机打印方式、计算机屏幕显示方式相对应,因此使用普遍。

　　矢量格式表示汉字是逐个将每一汉字都按照矢量格式下的图形进行处理,汉字笔画用双钩方式将汉字变成图斑,一个汉字有可能有若干个图斑,因为有的汉字笔画较多,其中有的笔画并不相互连通。矢量格式表示汉字的优点是可以输出空心的美术字,还可以对汉字进行多种立体化处理。这种空心的、立体化汉字常用来印制大幅地图的图名标题。由于有些地名用字十分生僻,汉字数据库中没有,在一些 GIS 应用系统中还提供由用户自行输入汉字的功能。这项功能看似简单,实际程序非常复杂。因为用户操纵鼠标输入汉字,实际只是给出汉字的笔画骨架,系统自动将骨架扩展为有一定粗细、一定结构的标准字体汉字,大量的潜在数据处理规则要体现在程序中。这些内容超出本书设定的范围,不做陈述。

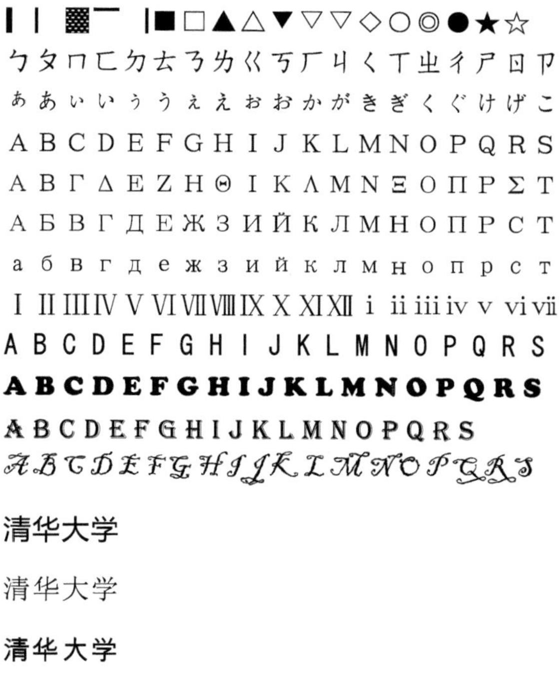

图 10-21　计算机输出的各种字符与字体(中文简体字)

2. 点状地物注记

地图中,特别是比例尺较小的地图,点状地物很多,比如城镇、旅游景点、名胜古迹、桥梁、水渠闸门、井架、高压线铁架等。对于城镇一类的点状地物需要两种注记:文字注记与图形符号注记;而对于其他点状地物则仅需要标准化的图形符号注记。图形符号有标准的含义,比如用同心圆表示城镇或城市,同心圆圆圈的圈数表示城市的规模。特殊的点状地物图示则需要在图例中给出其含义解释。

(1)文字注记。GIS 平台输出系统一般有以下功能供用户选择:汉字字体、字号、纵横比、斜体或正体、文字下划线、位置、打印颜色、倾斜、字间距等。

(2)图形符号注记。GIS 平台输出系统一般有以下功能供用户选择:图形符号种类、尺寸、倾斜角度、颜色等。

3. 线状地物注记

地图中,特别是比例尺较小的地图,线状地物有多种,比如水系、人工灌溉水渠、道路、铁路、边境线、运河一类人工建筑地物等。对于主要河流以及部分专业地图中的人工建筑地物一类的重要线状地物需要两种注记:文字注记与图形符号注记;而对于一般线状地物则仅需要标准化的线型符号加以注记,如铁路、行政区域边界等。

(1)文字注记。GIS 平台输出系统一般有以下功能供用户选择:汉字字体、字号、纵横比、位置、打印颜色、倾斜等。由于线状地物多数较长,而且线路曲折,要求汉字要随地物走向调整文字的方位以及位置,使汉字以一定间距基本涵盖线状地物的开始与结尾。

(2)图形符号注记。对于线状地物图形注记,都是以线型图形符号加以注记。GIS 平台输出系统一般有以下功能供用户选择:图形符号种类、粗细尺寸、颜色等。系统可以自动设置图形符号沿着线的位置自动延伸,如多种点划线、虚线、双钩线(如公路)等。对于 GIS 平台,每一种图形符号标注背后一般都带有一个小程序,用人机交互的方式,用户输入适当参数,如线的粗细、双钩线间距等,系统运行相应程序,自动完成注记。对于同一个线状地物,可能有多种属性。比如,一条边境线,可能既是国境线,又是省、市、县的边境线。因此图形符号注记可以套叠使用。

4. 图斑注记

图斑一般以文字、填充颜色、布设特殊图形符号等形式加以属性注记。比如,行政区划图,不仅用文字注记其名称,而且用填充颜色来区分各自区划的位置与形状。一些特殊属性,还需布设特殊标准图形符号,如沼泽地用间隔一定的虚线表示、森林用布设均匀的树状图形符号表示、沙漠用布设均匀的圆点符号表示,等等。对于图形符号的含义,需要在图例中加以解释。

对于某些地区的土地属性,注记要求不仅要求图形符号布设均匀,而且要求走向为斜向。图 10-22 显示了这种图形符号注记的过程,图中注记的图斑是草地,以图案化的"草"象征性地表示草地。图(a)显示要表现为草地的图斑,该图斑已经被旋转,旋转方向朝向图形符号布设的方向,并加以布设均匀网格。图(b)显示在每一均匀网格内植入草地符号。图(c)显示再将图斑反向旋转,从 $x'y'$ 坐标系恢复正常的 xy 坐标系。

　　对于图斑注记使用的文字、填充颜色、特殊图形符号,GIS 系统以人机交互的方式给予支持,由用户做相应选择,并给出相应参数。支持用户在符合地图制作标准的原则下,按照不同的审美观点对地图加以美化,以加大地图的表现力。

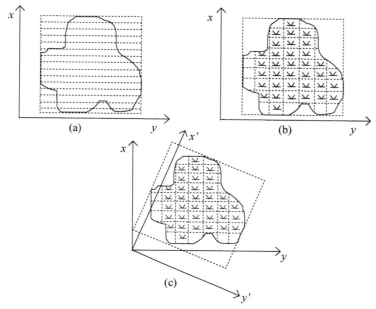

图 10-22　图斑注记示意图

10.7　云计算与地理信息系统

10.7.1　云计算概述

1. 云计算定义

　　云计算(cloud computing),又称为云端技术,是近几年兴起的一种计算机网络技术。它是继计算机格网(computer grid)技术之后,又一次技术提升与发展的计算机宽带网络技术。

　　云计算是在技术集成层次上的创新,作为一种网络技术并不是技术上的突破,重要的是管理理念的创新。它的理念是充分利用计算机现有的网络技术,调用计算机网络各终端服务器的数据资源与计算处理功能资源,以提高网络整体的性能与效率。云计算是一种分布式的并行多路网络数据处理与计算,它将任务自动分配到各终端服务器上,各终端任务完成后由系统负责组装集成。

2. 云计算系统结构

　　云计算系统可分为物理资源、虚拟化资源池、管理中间件、SOA 构建层四个组成部分。

物理资源包括计算机、存储器、网络设施等硬件以及数据库和相关软件。

虚拟化资源池利用虚拟化技术来掩蔽物理资源的复杂性,简化资源的利用并使其标准化,从而实现各网络终端的资源整合,包括硬件、软件、数据等资源的整合,形成同构或接近同构的资源池,例如计算资源池、存储资源池等。不同应用可以根据需要从资源池中获取资源,而不必考虑资源的具体来源。

管理中间件负责对云计算的资源进行管理,对应用任务进行分解、分配与调度,使各终端资源能够高效、安全地为应用提供服务;用户管理是实现云计算商业模式的一个重要环节,包括提供用户交互接口、管理和识别用户身份、创建用户程序的执行环境、对用户的使用进行计费等。安全管理保障云计算设施的整体安全,包括身份认证、访问授权、综合防护和安全审计等。

SOA 构建层通过调用中间件提供的 API 和接口函数,将云计算资源封装成标准的 web services 服务,并纳入到 SOA 体系进行管理。

3. 云计算系统的特点

(1)分布式:用户使用的物理节点是分布式的,而这些节点可以是多层分布,即云系统下设若干个"云",一片云下还可分为若干"子云",云或子云下属多个节点。这里的"云"一般是指一个专业系统,而所谓节点是计算机服务器与计算机终端,包括带有微型计算机的移动通信系统,如手机 iPhone 等。

(2)超大规模:"云"具有相当的规模,Google 云计算已经拥有数百万台服务器,亚马逊、IBM、微软和 Yahoo 等公司的"云"均拥有几十万台服务器。这些超大规模的云计算系统的规模,包括计算机硬件以及数据处理功能的规模都还在迅速扩展。

(3)虚拟化:这是最重要的特点,每一个应用部署的环境和物理平台没有关系,通过虚拟平台进行管理,达到对应用进行扩展、迁移和备份等种种操作,通过虚拟化层次完成。由于实行虚拟化管理,因此云计算系统保留每个节点的软硬件工作模式,每种软件系统可以按照原有的工作方式进行,容许各个节点计算机性能的差异。虚拟化数据管理是现代计算机网络系统实施"兼容并蓄"工作原则的一项重要措施。

(4)灵活性:现在大部分的软件和硬件都对虚拟化有一定的支持,用户可以把各种 IT 资源虚拟化,放到云计算系统平台进行统一管理。这里的资源包括计算机硬件资源与软件资源。

4. 云计算系统数据存储以及并行计算

云计算的数据一般采用分布式方式进行存储,采用冗余存储方式来保证存储数据的可靠性,即同一份数据存储多个副本,以保障数据的安全。比如,云计算系统 HDFS(hadoop distributed file system)采用主从式 master/slave 架构,一个 HDFS 集群是由一个名称节点(name-node)和一定数目的数据节点(data-nodes)组成。名称节点是一个中心服务器,负责管理文件系统的名字空间(name-space)以及客户端对文件的访问。数据节点在集群中一般是一个节点一个,负责管理节点上的数据存储。

云计算系统的数据管理通常采用数据库领域中纵列存储的数据管理模式,即将表按纵列划分后存储。在现有云计算的数据管理技术中，最著名的是谷歌（Google）的 big-table 数据管理技术。Google 的很多数据，包括 web 索引、卫星图像数据等在内的海量结构化和半结构化数据，都是存储在 big-table 中的。因此，这种管理方式支持非关系型的数据，在一定程度上支持不定长的地理信息数据。

云计算系统实施分布式、并行计算的运行模式，其根本原因是为了发挥计算机终端每一台计算机的软硬件资源，包括数据资源的效益，使每一台计算机可以同时工作。系统不干预终端计算机的工作，必要的管理工作通过系统的虚拟平台进行。这里管理工作的重要任务之一是分配数据处理与计算的任务，使任务量在涉及的计算机终端中大体平衡，以发挥系统整体的工作效益。

计算机终端接收到系统分配的数据处理与计算任务后，立即投入工作。云计算系统工作中的系统内部联系主要是在中央计算机与终端计算机之间进行，而终端计算机之间的相互联系很少，必要时通过中央计算机进行，即将需要联系的内容先上传至中央计算机，再由中央计算机发送至需要联系的终端计算机。这样看来，云计算系统中终端计算机之间联系应尽量避免，因为这种联系工作效率不高，需要使用较多机时。

云计算系统分布式、并行计算运行模式不仅大幅度地提高了计算机系统运行效率，而且从总体上节省了系统的经费投入。这是因为在一个庞大的拥有数十万台、甚至百万千万台计算机的大系统中，只需共用一台性能强大的中央计算机即可，这台中央计算机一般是大型或超大型计算机，而系统终端计算机可以是廉价的、性能相对较弱的笔记本微型计算机，甚至安装在移动电话内的计算机即可。由于这个原因，云计算技术有力地推动了信息社会化在广度与深度上的全面发展，使信息社会化达到一个全新的层次。

10.7.2　GIS 与云计算技术相结合

GIS 与云计算技术相结合是 GIS 发展的合理选择。GIS 是社会各类民众共同使用的计算机信息系统，而 GIS 拥有巨额数据量的数据，GIS 与云计算相结合正好可以发挥云计算的技术优势，使 GIS 高效地发挥功能，而且可以同时服务众多的用户。

GIS 有两种数据格式：矢量格式（vector）与网格格式（grid）。矢量格式数据具有空间信息表达精确、数据冗余量较小、便于信息检索、程序运行效率较高等多种优点，至今仍然是大部分空间数据库的主要数据格式。但是，对于云计算系统，矢量格式具有一个重要的技术缺陷，即数据之间的关联性过强。本书第 8 章曾经介绍，在矢量格式下，图斑边界一般由多个弧段坐标链构成，而弧段又是由多个坐标点构成。任何一个弧段总是被两个图斑共有，改动弧段上任意一点，都要影响两个或者多于两个图斑的面积、周长等几何属性。同样，三个或三个以上弧段相交汇形成结点，改动结点要影响三个或三个以上弧段，进而影响三个或三个以上图斑。为了保持数据库数据的一致性，在改动任何一个数据时，都要将所有相关联的数据统统改动过来，否则数据一致性就要遭受破坏。

由于云计算系统分布式、并行计算运行模式的需要，系统必须要将一个区域连续分布的图斑数据分割为若干个子区域数据，分别交付给相应的若干个计算机并行处理。矢量格式难以适应云计算系统的这种运行环境，因为子区域边界弧段被相邻的两个子区域所共有，为了保持数据的一致性,处理子区域边界弧段数据需要两个相应的终端计算机保持经常的联系,而这种情况恰恰是云计算系统应当尽量避免的。

网格格式可以克服矢量格式带来的问题。网格格式数据的最大特点是数据库容纳一个一个的网格,而网格彼此相互关联性不强,每个网格有独立的属性,网格属性的改动不影响其他网格。网格格式弱化了数据的关联性,这样使地理数据可以适应云计算系统中分布式、并行计算对于数据的要求。

10.7.3 云计算环境下 GIS 的数据处理

1. 矢量格式转换为网格格式

如前所述,目前 GIS 数据库系统中大部分数据仍然是矢量格式,为适应云计算系统的要求,需要将数据由矢量格式转换为网格格式。这种数据格式的转换方法有多种,每种方法的技术细节又多种多样,这里仅介绍几个关键技术的基本原理。

(1)设置网格大小。网格大小的设置取决于矢量格式数据的精度,而矢量格式数据精度又取决于原被矢量化地图的比例尺,因而设置网格大小与原被矢量化地图的比例尺有直接关系。一般来讲,有以下经验公式:

$$w = m \times 2 \times 10^{-3} \tag{10-13}$$

式中,w 为网格覆盖地面单元的纵向与横向的长度,单位为 m;m 为原地图比例尺的分母数值;常数 2×10^{-3} 单位为 m,即 2mm。

式(10-13)是考虑到人眼睛的分辨率而设置的网格大小与原被矢量化地图比例尺的关系。因为人眼睛分辨率一般为 2mm 以内,地图上的这一尺寸乘以地图比例尺分母数值设置为地面单元的尺度。10^{-3} 是长度单位换算系数。比如,原地图比例尺为 1:500,其分母数值为 500,代入式(10-13),计算得到网格大小为 1m。

(2)向每一网格赋予属性编码。网格格式下,每一网格需要有属性编码,而赋予属性编码的根据是矢量格式下提供的数据。某一网格在当前多边形以内,则该网格的属性编码即取当前多边形的编码;如果网格在多边形边界上被两个或多个多边形分割,则该网格属性编码取占据网格面积最大的多边形编码。

向网格赋予属性编码可以运行相应的计算机程序,这类程序有多种,每种程序由相应计算机算法编写而成。通常使用的算法有两种:种子填充法和边界代数法。这类算法的设计属于计算机图形学(computer graphics)中的内容,涉及的技术细节很多,限于篇幅,这里从略。

2. 网格数据压缩

对于任何信息系统,无论从使用角度或从系统运行角度,数据的存储与检索都是最为重要、最为基本的功能之一。对于地理信息系统,网格格式数据结构简单,便于管理,信息检索相对简单。但是网格格式数据量庞大,特别是精度较高的网格数字图件,巨额的数据量不但占用大量的存储空间,而且严重影响检索的效率。因此,对于网格格式数据,高效数据压缩是一个必须解决的问题。

本书第 8 章曾经介绍,网格数据压缩有多种方法,但都属于无损压缩,即没有任何信息数据损失的压缩,可以原原本本地恢复数据的原始状态。需要指出的是,遥感影像数据也需要使用数据压缩方法存储数据,但是遥感影像数据压缩通常使用的是有损压缩方法,因为有损压缩方法的压缩效率比无损压缩方法要高出很多,缺点是不能将数据恢复到原始状态。不过,解压后的遥感数据,对于遥感影像的空间精度没有损失,仅仅在图像色调上有一定变化。对于遥感数据的有损压缩方法这里从略。

第 8 章也曾经详细介绍,GIS 系统中通常采用的 MD 编码下四叉树二维游程码网格数据压缩的方法。这种数据压缩方法比较适合于云计算的数据环境,这是因为:

(1)四叉树二维游程码数据压缩的压缩效率较高,它适合于大比例尺的网格格式数据的压缩。由于数据是大比例尺,图斑一般较为规整,一个图斑常常包含有为数较多的网格,在这种情况下四叉树二维游程码数据压缩方法可以发挥其技术优势。而且,在压缩过程中需要进行大量的数值二进制与十进制之间的转换,而计算机即使不进行数据压缩作业,也需进行这种转换,因为计算机内部一律使用的是二进制数据,接收的却是十进制数据,因此数据压缩作业并不占用计算机过多额外的工作量。

(2)四叉树编码方式与遥感影像数据的金字塔模型数据结构吻合,便于 GIS 系统数据与遥感影像数据实行一体化数据管理。所谓遥感影像的金字塔模型是这样的数据组织模型:它是从顶层在比例尺上逐渐向下放大、而影像数目以"4"的整数次幂逐渐扩展、层次之间相互叠加的影像数据组织结构。顶层"1"幅影像数据,比例尺最小,设定为"$1:m$"(m 是相当大的某一个数)。当然,该幅影像覆盖地面面积最大,将其分割为"田字格"4 个部分,每一部分又分别拥有下一层的"4^1"幅影像,比例尺放大 2 倍,即比例尺从"$1:m$"变为"$1:m/2$";再次将其分割为"田字格"4 个部分,每一部分再次分别拥有下一层的 4 幅影像,即该层拥有总数为"4^2"幅影像,其比例尺再次放大 2 倍,即比例尺变为"$1:m/2^2$"。如此下去,直到金字塔的底层,即第 n 层影像,注意这里的层数是指从顶层向下数的层数,顶层为第 1 层,向下依次为第 2 层、第 3 层,直到底层,即第 n 层。底层拥有影像的总数为

$$N = 4^{n-1} \tag{10-14}$$

底层每幅影像的比例尺为

$$S = 1 : (m/2^{n-1}) \tag{10-15}$$

由以上遥感影像的金字塔模型设置可以看出,遥感影像尽管有 n 个层次,但是每一层覆盖地面的区域并没有改变;改变的是比例尺,其比例尺逐层放大,也就是说影像的空间分辨率在逐渐增高,地面的空间信息逐渐表现清晰。有人以此遥感影像数据组织技术模拟"鸟瞰"的效果,即从影像数据金字塔模型的顶层开始,设定影像某一点,逐层向下显示,显示的影像逐渐清晰,如同天空中的鸟一样,逐渐向下飞行下降,看到地面景象与计算机显示完全一样。

图 10-23 显示的是金字塔数据模型最底层,即第 n 层的网格格式编码,每一格子中的数字编号即为 MD 码。按照金字塔模型数据组织的规则,第 $n-1$ 层的网格格式编码应当这样设定:

第 n 层网格编号,"0×4"至"$1 \times 4 - 1$"归并为"0";

"1×4"至"$2 \times 4 - 1$"归并为"1";

"2×4"至"$3 \times 4 - 1$"归并为"2";

"3×4"至"$4 \times 4 - 1$"归并为"3";

……

“$k\times 4$”至“$(k+1)\times 4-1$”归并为“k”。

这里的“k”为上一层,即第 n 层网格总数 j 的 $1/4$,因为金字塔模型数据组织的规则是下一层的 4 个网格归并为上一层的 1 个网格。而 j 须是 4^m,(m 为正数),即为“4”的正整数次幂,以保持区域的正方形。

MD 列 行		i	0	1	2	3	4	5	6	7	8	9	10	11	12
		I_f	0	1	4	5	16	17	20	21	64	65	68	69	80
j	J_f														
0	0		0	1	4	5	16	17	20	21	64	65	68	69	80
1	2		2	3	6	7	18	19	22	23	66	67	70	71	82
2	8		8	9	12	13	24	25	28	29	72	73	76	77	88
3	10		10	11	14	15	26	27	30	31	74	75	78	79	90
4	32		32	33	36	37	48	49	52	53	96	97	100	101	112
5	34		34	35	38	39	50	51	54	55	98	99	102	103	114
6	40		40	41	44	45	56	57	60	61	104	105	108	109	120
7	42		42	43	46	47	58	59	62	63	106	107	110	111	122
8	128		128	129	132	133	144	145	148	149	192	193	196	197	208
9	130		130	131	134	135	146	147	150	151	194	195	198	199	210
						141	152	153	156	157					

////// 图廓线

图 10-23　MD 码设置原理图(本图重复显示第 8 章图 8-20)

对于金字塔模型第 i 层中任意一个网格,其编号为 MD_i,该网格在上一层,即 $i-1$ 层的对应网格 MD_{i-1},两者之间应有如下关系:

$$MD_{i-1}=[MD_i/4] \tag{10-16}$$

式中,[ ]是取整算符。取整算符的定义是算符内计算结果的任意数字,将小数点后的所有数字一律舍去,如 $[12.43]=12$;$[8.9]=8$,对数字不进行四舍五入。式(10-16)如此设置是考虑到金字塔模型数据组织规则是下一层 4 个网格归并为上一层 1 个网格的原因所致。

由此可以将遥感影像数据与 GIS 的网格数据有机地结合起来,实现空间数据的一体化管理,其前提是对于遥感影像数据的网格也做 MD 码编号。系统借助于云计算技术网络数据管理的技术优势,可以加快海量数据的检索速度,对于每一网格既可以显示其影像信息,又可以显示其地理属性信息,这样使信息显示更为形象化。

3. 网格数据索引

1)数据索引概念

对于包括 GIS 系统在内的各种计算机信息系统,信息数据检索是人们使用系统最经常、最基本的功能;而且也是系统其他信息分析功能的基础。计算机信息系统通常包含有数据量极为巨大的数据,快速、准确地从这些数据中将需要的数据检索出来,其基本技术途径就是依靠索引技术。

所谓索引是指减少信息数据搜索范围的一种技术措施。计算机中通常数据搜索的技术措施就是遍历，即从数据集合中的第一个数据逐个搜索、检核到最后一个数据，直到检索到需要的数据为止。对于空间信息这样的数据量极其巨大的数据集合，即使对于工作速度极为迅速的计算机系统，包括采用云计算技术的网络系统，如果不采用有效的索引技术，也常常是检索速度不能满足人们的要求。因此，使用或研制高效的索引技术，成为空间数据库管理的一个技术关键。

2）索引的主要方法

计算机系统实施索引技术的前提是数据集合中数据分布的规律性，对于完全随机分布的数据集合，无法建立有效的索引机制。一般讲来，信息数据索引机制可分为分类索引、特征关键字索引、数值排序索引等多种机制。在实用中，常常将多种索引机制结合使用。

（1）分类索引。所谓分类索引就是将信息数据按其性质、用途进行分类，在每一类别下又有若干子类，构建分类树，将海量数据一一归类，形成有一定结构的数据集合。比如，对于土地利用信息数据，可以按照土地利用类别标准，将一个个图斑编码归结在各个类别下。计算机系统可以根据用户需要检索的信息内容归属的类别进行检索。

（2）特征关键字索引。所谓特征关键字索引就是对于数据库中每一信息数据给出其特征关键字，计算机系统可以根据用户需要检索的信息内容与特征关键字的符合程度进行检索。GIS 系统中图斑的包络矩形（见第 8 章定义）或图斑中心点坐标就可以作为空间信息的特征关键字；而文字性的信息，如文件、论文、技术规程一类，其主题可以作为特征关键字。

（3）数值排序索引。所谓数值排序索引就是将数据库的主码转换为数值型，对其进行排序，然后使用多种方法索引。比如，地名汉字，可以用其第一个汉字的笔画数目或汉语拼音字母顺序进行排序。计算机技术工作者已经创造出多种排序方法，如"冒泡法"、"沉降法"等。当用户对某一数值信息进行检索时，可以将已排序的数值数据库数据进行折半，比较要检索的数值在数据库的上半部还是下半部，以决定在上半部还是下半部检索；然后继续对数据库数据折半处理，继续进行比较，最后将需要遍历检索的数据范围缩小到允许的大小，进行遍历检索，直到检索到需要的数据信息。

3）地理信息数据的索引

对于地理空间数据，索引机制一般分为两种：数据文件集合索引和数据编码索引。

（1）数据文件集合索引

GIS 系统中，诸多的空间数据集合通常被分别组织在一个个数据文件中。每一个数据文件都有文件名，将索引机制融入文件名之中，可以有效地加快数据检索的速度。下面以国土资源部颁发的《县级土地利用数据库标准》中对于土地利用标准图幅数据文件命名格式的规定为例，介绍数据集合的索引方法。

土地利用标准图幅数据文件名由主文件名和扩展文件名两部分组成，如图 10-24 所示。主文件名有 10 个字节，扩展文件名有 3 个字节。下面介绍文件命名规则。

主文件名采用十位字符与数字混编型代码，自左向右分为 5 个独立的部分：第 1 部分 1 个字节，字符码，表示 1∶100 万图幅行号；第 2 部分 2 个字节，数字码（第 1、2 部分代码的定义见后面说明），表示 1∶100 万图幅列号；第 3 部分 1 个字节，字符码（字符码定义见表10-2），表示当前图幅的比例尺;第 4 部分 3 个字节,数字码,表示当前图幅行号;第 5 部分 3 个字节,数字码[第 4、5 部分数字码定义见式(10-17)及其说明],表示当前图幅列号。

对于具体一幅比例尺大于 1：100 万地形图的编号,首先要求给出该地形图所在 1：100 万地形图的编号。1：100 万比例尺地形图的编号方法是国际统一规定的,这里按照该方法沿用。

从赤道起向两极以纬差每 4° 为一横行或称为一个纬线带,将南北半球分别分成 22 行,赤道向北或向南,到北纬 4° 或到南纬 4°,这一纬线带编号为 A,然后向北或向南的各条带依次编号为 B、C、D、E、…、Q、S、R。为了区别南、北半球,在(横)行号前分别冠以 n 和 s,我国领土全部处于北半球,这种列号前的 n 全部都可省略。对于经差 6° 的纵行或经线带,则由经度 180° 起,从西向东,每经差 6° 为一纵列,将全球分为 60 列,依次用阿拉伯数字 1、2、3、…、60 表示。该方法可用以下数学公式,在已知某区域的经纬度时,计算该区域 1：100 万比例尺的地形图横行与纵列编号:

$$\begin{cases} a = \left[\dfrac{\varphi}{4°}\right] + 1 \\ b = \left[\dfrac{\lambda}{6°}\right] + 31 \end{cases} \tag{10-17}$$

式中,[ ]表示商取整数;a 表示 1：100 万地形图图幅所在纬线带英文符号码所对应的数字码;b 表示 1：100 万地形图图幅所在经线带的数字码;λ 表示图幅内某点的经度或图幅西南图廓点的经度;φ 表示图幅内某点的纬度或图幅西南图廓点的纬度。

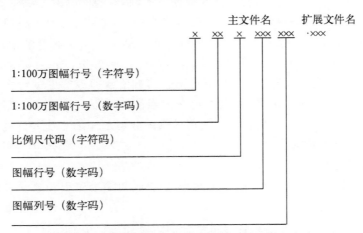

图 10-24　土地利用标准图幅数据文件名命名格式

中国版图领域内的 1：100 万地形图共计 77 幅。以北京所在的 1：100 万地形图图号为例,标准写法应为 J-50。覆盖中国最西部的 3 幅 1：100 万地形图,其图号分别为 K-43、J-43、I-43;覆盖最东部的 2 幅 1：100 万地形图,其图号分别为 M-53、L-53;覆盖最北部的 2 幅 1：100 万地形图,其图号分别为 N-51、N-52;覆盖最南部的 1 幅 1：100 万地形图,其图号为:A-49。中国从北到南,覆盖了 14 个纬线带;从西到东,覆盖了 11 个经线带。

对于比例尺 1：25 万以及 1：25 万以下地形图,其比例尺用英文字母代码表示,见表 10-2。

表 10-2　比例尺代码对照表

比例尺	1:2000	1:5000	1:10000	1:25000	1:50000	1:100000	1:200000	1:250000
代码	I	H	G	F	E	D	C	B

对于比例尺 1:25 万以及 1:25 万以下地形图,其图幅编号可用下式计算:

$$c = 4°/\Delta\varphi - [(\varphi/4°)/\Delta\varphi]$$
$$d = [(\lambda/6°)/\Delta\lambda] + 1 \tag{10-18}$$

式中,( )表示商取小数点后四舍五入的整数;[ ]表示商取整数;c 表示所求比例尺图幅的行号;d 表示所求比例尺图幅的列号;λ 表示图幅内某点的经度或图幅西南廓点的经度;φ 表示图幅内某点的纬度或图幅西南廓点的纬度;$\Delta\lambda$ 表示所求比例尺图幅的经差(1:1 万图幅经差 3′45″);$\Delta\varphi$ 表示所求比例尺图幅的纬差(1:1 万图幅纬差 2′30″)。

行列号位数不足者前面补零,扩展文件名采用三位字母数字型代码。下面介绍一个命名实例。

例:某 1:1 万土地利用图,图幅内某一点纬度为 39°22′30″,经度为 114°33′45″,求其数据文件的命名。

$\Delta\varphi = 2′30″, \Delta\lambda = 3′45″$,1:10000 比例尺代码为 G

$a = [39°22′30″/4°] + 1 = 10$(字符码 J)

$b = [114°33′45″/6°] + 31 = 50$

$c = 4°/2′30′ - [(39°22′30″/4°)/2′30″]$
$\quad = 96 - [32°2′30″/2′30″] = 015$

$d = [(114°33′45″/6°)/3′45″] + 1 = 10$

主文件名为:J50G015010

所求数据文件的命名为:J50G015010. XXX。

(2)数据编码的索引

空间数据都是用 x、y 表示二维数据或用 x、y、z 表示三维数据,对其进行排序不便于进行检索。本书第 8 章曾经指出,MD 码最大特点是将地理信息网格位置编号的二维坐标数据用一个十进制整数表示,随着这个十进制整数的增大,网格自图件左上方向右下方逐渐延伸。这就为坐标数据排序创造了条件,进而可以设计有效的索引机制。第 8 章还介绍了二阶 MD 码的概念,这是一种空间数据的索引机制。所谓二阶 MD 码就是先将数字图件分为第一层次(阶)的 256(16×16)个区域,每个区域用 MD 编码作为区域号,然后每个区域内再分为 256×256 个网格,这些网格用第二层次(阶)的 MD 码来编号,这样一幅 50cm×50cm 的标准地形图,网格大小可以精细到 0.122mm×0.122mm,能够满足一般要求。每个网格可以用以下方式编码:

$$(MD_1, MD_2)$$

如果对于一个面积在 3.6 万 km² 以内的区域,先将数字图件分为第一层次的 256×256 个子区域,每个子区域用 MD 编码作为区域号,然后每个子区域内再分为 256×256 个网格,这些网格用第二层次的 MD 码来编号,这样可以将最小的网格设置为 1m×1m,以实现土地的网格化管理。依照这样的思想,使用三阶 MD 码,最小的网格设置为 1m×1m,则可以覆盖

面积为 $2.78 \times 10^8 \mathrm{km}^2$ 以内的广阔区域。当然这里没有考虑地球曲面带来问题。

在二阶或三阶 MD 码设置下,检索任意一个 1m 见方的网格,可以运用简单的数学计算,看其属于第 1 层次哪一网格,再看其属于第 2 层次哪一网格,然后在最后一个层次中用折半法检索需要检索的网格。

将多阶 MD 码空间索引技术、二维游程码压缩技术以及其他索引技术结合在一起,并且在云计算技术支持下,可以大幅度提高空间信息数据的检索技术,使巨额空间信息的数据检索实时化,在 1s 以内将精准的空间数据检索出来。

10.8 小 结

本章叙述 GIS 系统一般具有的主要功能及其实现方法。这些主要功能包括:缓冲区分析、地形分析、空间信息全三维表达、路网分析、叠加分析、系统制表与制图输出以及云计算网络技术支持下的地理信息表达与检索等。

缓冲区分析是点、线、面三类地物与其周边地物空间关系的一种分析,该项功能在土地利用规划、防灾救灾等领域有重要应用。根据点线面的数据以及设定的缓冲区宽度划分缓冲区是实现该项功能的关键,缓冲区划定后进行的空间分析通常依靠系统叠加分析功能模块进行。点状地物缓冲区是一个圆;线状地物缓冲区是一个单连通域或多连通域;而面状地物缓冲区则是多连通域。

划分缓冲区功能模块的程序一般设定的工作对象是矢量格式数据,在少数情况下也可以使用网格格式数据。实现划分缓冲区功能主要运用解析几何学计算平行线的原理编程。对于复杂形状的线状地物,在其"瓶颈"部位缓冲区可能生成"岛",即形成多连通域。线状地物缓冲区一般在线的两侧并以线为中轴线,少数情况需要划定单侧缓冲区,此时可将线连接辅助线,形成"面",对该"面"作缓冲区,然后将此和缓冲区剪裁,生成该线状地物的单侧缓冲区。

地形分析是土地工程最常使用的 GIS 功能模块,使用的基础数据是矢量格式地形图或等高线图,也常使用网格格式 DEM 数据。地形分析功能包括坡度坡向分析、按照指定坡度阈值划出坡地区域、地形剖面线分析、电子沙盘制作、筑路与平整土地土石方工程测算、流域划分等。坡度分析是诸多地形分析功能中的基础性工作,需要注意的是自然坡面的坡度是指一个点的坡度,自然坡面是一个曲面,曲面的"坡度"是没有定义的。因而以测算点坡度为基础的多种地形分析测试量,包括坡地区域划分、土石方工程测算等都是一个估计值,使用不同精度的基础数据,会有不同的测试结果。

空间信息全三维表达是 GIS 技术研究的一个前沿性研究课题,目前已有多种模型,但还尚未形成较为普遍使用的模型。由于城镇房地产地籍管理的精细深入,三维地产的地籍管理势在必行。本章提出了确立全三维模型技术思想应当遵循的原则,即与二维空间信息模型具有继承性、支持二维模型与三维模型的混合编制、有利于改善三维空间信息的可视化效果三项原则。

TIN 模型是表达全三维空间信息使用较多的模型,它用有限个不规则的三角形模拟复杂物件的表面,包括在水平面的投影有所重叠、但高程不同、方位不同的曲面。三角形的三个顶点空间位置用 x、y、z 三个坐标描述,而三个点又可以决定一个平面,这就是 TIN 模型可以表达全三维空间信息的基本条件。TIN 模型是平面多边形描述平面图斑的延续,它将对物件的描述由"面"延伸到"体"。本章叙述了 TIN 模型的特点、数据结构、数据组织,以及用实例介绍了该模型用于三维地籍管理的方法。对于空间信息全三维表达的研究问题还有很多,限于篇幅以及当前研究水平的限制,本章还仅限于初步的分析与介绍。

路网分析是 GIS 对于线状地物进行空间分析的一种重要功能,对于充分利用陆上或水上交通资源、节约交通成本、提高交通效率有重要意义。路网分析是以地理空间数据为基础,使用 GIS 空间信息检索与测算技术,结合有关道路或水路的管理规则、交通流量、交通安全等有关信息数据,进行交通效益分析的一种技术。路网分析的数学基础包括图论、运筹学等经典数学理论。路网分析是 GIS 平台的基本功能之一,GIS 平台不同,系统性能以及使用对象有所差异。

路网分析使用网络模型生成网络图对现实路网进行研究分析。网络模型由节点、链和转弯三类基本要素构成,这三类要素是地理空间数据中有关交通效益部分的浓缩与抽象。路网分析不仅仅是最短路径分析,但以最短路径分析为基础,得到最佳路径为分析目的。最佳路径的定义随具体分析目的不同而变化。经典最短路径算法的基本思想是:从给定起始点开始,搜索所有与起始点连通的所有相邻节点,选择最短距离节点;然后以选择的节点为当前点,继续搜索,以不重复访问已被访问的节点为原则,不断搜索,不断修改已经搜索出的路径;最后访问到全部节点,得到通向网络图中所有节点的最佳路径。路网分析还可解决路网资源在路网中的最佳地点布设以及分配覆盖范围的问题。

叠加分析是多种地理信息的空间综合分析,其工作对象是两幅或多幅地图,用于土地质量、环境生态、土地开发适宜性的评价等多种应用领域。叠加分析从功能角度分为拓扑叠加分析与统计叠加分析两种;从实现方法角度又分为网格格式数据叠加分析与矢量格式数据叠加分析。叠加分析需要使用多幅同一地区、同一比例尺的多种属性分布图件,一般使用网格格式数据,其程序算法简单、功能稳定。

拓扑叠加分析的一个特点是参与叠加分析的两幅或多幅图件各自作用"平等",分析结果使各幅图件的图斑形状、个数发生变化。拓扑叠加分析又分为交集(and 或 intersect)、并集(or 或 union)和差集(erase)三种分析,对土地不同属性进行多种逻辑的综合。拓扑叠加常常会产生细碎小图斑,系统可以按照用户设定的标准对小图斑进行"剔除"。

统计叠加分析的一个特点是参与叠加分析的两幅图件各起不同的作用,一幅地图作为底图,另一幅地图作为叠图。底图的每一图斑作为评价单元,在叠加过程中不分裂;而叠图的土地属性在底图各图斑中有一定分布,按其各自占有面积作为权重进行加权平均,将此加权平均属性值一一赋予到叠图的各图斑,即各评价单元上去。

GIS 系统输出功能包括制表与制图输出,是系统信息数据产出、服务于用户的窗口。实际应用部门要求制作的表格样式与关系型数据库二维表格不同,含有多种归类统计数据的展示,这种表格称为多维数据表。GIS 系统一般使用专门的制表软件,由系统数据库提供数据,以人机对话的方式支持用户设计制作各种多维表格。

GIS 系统制图输出的功能相当繁杂,包括图形的美化,点、线、面物件的标记,文字标注、颜色渲染、图例设置等。制图规范、美观是用户对系统的基本要求。这些功能实现的基础在于系统附设相应的各种数据库,包括汉字字形数据库、点线面图形符号标记数据库等。系统使用图形平移、缩放、旋转等多种变换程序,支持用户将图形符号标记在适当的位置。本章在这一节中还介绍了折线平滑的计算机算法,该算法还可用于其他领域的数据处理。

云计算技术是当代计算机技术的重要发展成果,包括 GIS 技术在内的各个信息技术都在与云计算技术相结合,发挥云计算强大的多种计算机软硬件网络资源综合功能,解决复杂系统的各种技术问题。云计算系统是一种并行、分布式的计算机网络系统,适于组织全网络数以万计的计算机软硬件资源进行巨额数据量的数据处理,可以满足地理信息巨额数据量数据的传输与检索,但是前提是数据元要有相对稳定与独立性,不能带有强烈的关联性。GIS 系统中的网格数据格式可以满足云计算系统的这一要求。

本章在最后一节简要介绍了云计算系统的组成与技术特点,阐述了为适应云计算系统的要求,对于网格格式数据采取的 MD 编码及其数据压缩、数据索引等技术方法。这些方法并不是云计算环境下空间数据处理的唯一方法,事实上还有多种方法,本章只是介绍作者对该问题的初步研究成果。

思 考 题

(1)通过对点、线、面三种地物进行缓冲区分析,可以获取哪些信息? 举例说明。

(2)某线状地物左右两边经济发展有差异,如果要作该种地物的缓冲区,要求左右不对称,试问应当如何使用现有 GIS 软件,划分该种缓冲区。

(3)已有专家证实,候鸟迁徙是禽流感传播、扩散的原因,已知从东北向西南的 A、B、C、D、…、M、N 是候鸟迁徙的路径,该路径上各节点的坐标已经测出,又已知该路径左右两侧各 20km 是候鸟的迁徙通道,并且现在是十月,在坐标点 D 发现了禽流感,请设计一种方法,进行禽流感传播、扩散预测,通知有关行政部门进行禽流感预防。

(4)为什么自然的一个山坡面不能确定坡度,从而思考为什么一个地段的坡度是一个不确定问题。

(5)已知一个地区的数字等高线图数据,并且在该地区一个指定区域进行土地平整,指定区域边界已知,请设计一种计算方法,测算平整该块土地,需要开挖多大土石方量。

(6)由等高线图划分流域(集水区)的原理是什么?

(7)旋转的三维电子沙盘有什么实用意义?

(8)DEM 数据或数字等高线图数据的精度对于测算一个地区平整土地土石方工程量有什么作用? 试作具体分析。

(9)确立全三维模型技术思想应当遵循与二维空间信息模型具有继承性、支持二维模型与三维模型混合编制的原则,有什么实际意义?

(10)以 TIN 模型作为全三维信息表达的数据模型与二维模型有哪些传承关系?

（11）试具体分析用 TIN 模型作为全三维数据模型有什么优点，在与一般二维模型相结合上还需解决哪些技术问题。

（12）按照网络图的制作规则，用一套城市交通网数据，补充每段路的交通阻塞信息，将交通阻塞状况分为 5 级，作为路段的权重，添加到交通网络图的每段路中，并将实际路网抽象化转换为网络图，研究以节约行车时间为目的的路网最佳路径。

（13）本章第 4 节给出了采用 Dijkstra 算法进行最短路径测算的实例，见图 10-12 和表 10-1，请具体指出在最短路径测算过程中哪里进行了测算结果的修正与调整，由此理解此算法设置中间结果表格的作用。

（14）网格格式下的叠加分析相比矢量格式下叠加分析有什么技术优势，又有什么缺点？

（15）GIS 系统支持下的叠加分析对于地理科学的发展有什么重要作用？

（16）试用具体的工作实例说明三种拓扑叠加分析功能的应用情况。

（17）非数值型的属性分布数据，比如土壤类型分布、民族分布、作物种植分布等，不能参与统计叠加分析，为什么？

（18）为什么矢量格式数据不适宜在云计算环境下进行数据处理？

（19）在云计算环境下用网格格式数据进行数据处理需要解决哪些技术问题？

（20）请思考用金字塔模型进行遥感影像数据与 GIS 空间数据一体化管理的可行性，为此需要解决哪些技术问题？

参 考 文 献

陈传波,陆枫.2004.计算机图形学基础.北京:电子工业出版社

陈述彭,鲁学军,周成虎.2006.地理信息系统导论.北京:科学出版社

胡鹏,黄杏元,华一新.2002.地理信息系统教程.武汉:武汉大学出版社

黄杏元,马劲松,汤勤.2001.地理信息系统概论(修订版).北京:高等教育出版社

黎夏,刘凯.2006.GIS 与空间分析——原理与方法.北京:科学出版社

刘南,刘仁义.2009.地理信息系统.北京:高等教育出版社

刘湘南,黄方,王平.2005.GIS 空间分析原理与方法.北京:科学出版社

刘耀林.2003.土地信息系统.北京:中国农业出版社

潘正风.1996.大比例尺数字测图.北京:测绘出版社

史文中,郭薇,彭奕彰.2001.一种面向地理信息系统的空间索引方法.测绘学报,30(2):156～161

孙家广.1998.计算机图形学.北京:清华大学出版社

汤国安,赵牡丹.2002.地理信息系统.北京:科学出版社

邬伦.2005.地理信息系统原理、方法和应用.北京:科学出版社

严泰来.2000.资源环境信息系统概论.北京:北京林业出版社

杨晓明,王军德,时东玉.2001.数字测图(内外业一体化).北京:测绘出版社

周天颖,叶美伶,洪正民,等.2009.轻轻松松学 ArcGIS9.台北:儒林图书出版公司

朱德海,严泰来.2000.土地管理信息系统.北京:中国农业大学出版社

De Smith M J,Goodchild M F,Longley P A. 2007. Geospatial Analysis：A Comprehensive Guide to Principle，Techniques and Software Tools. UK：The Winchelsea Press

Dijkstra E W. 1959. A note on two problems in connexion with graphs. Numerische Mathematik，1：269 ～ 271. Doi：10. 1007/ BF01386390

Hearn D,Baker M P. 1997. 计算机图形学. 蔡士杰等译. 北京；电子工业出版社

Kang-tsung Chang. 2009. 地理信息系统导论(第三版). 陈健飞等译. 北京；清华大学出版社